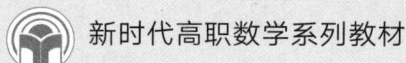

新时代高职数学系列教材

高等数学

（轻工纺织类）

□ 主　编　龚飞兵　曹　敏　黄龙如　郭　蕾

□ 副主编　张庆亮　桑宗曦　梅玲玲　裴琴娟　林涵彬

□ 主　审　秦志林

中国教育出版传媒集团

高等教育出版社·北京

内容提要

本书是新时代高职数学系列教材,是高等职业教育新形态一体化教材。本书根据培养高素质技术技能人才的目标要求,结合轻工纺织类专业特点、多年教学实践和职业教育课程改革的理念编写而成。

本书的主要内容有一元函数微积分、向量与空间解析几何、多元函数微积分、常微分方程、无穷级数、线性代数、概率论与数理统计等。每一节均尽可能结合现代轻工纺织技术发展的成果,选取轻工纺织产业实践中的案例,体现学以致用的职教原则。本书遵循精练内容、降低难度、贴近生产生活的指导思想,尽可能简明易懂地引出概念,由易到难安排例题及应用案例。一元函数微积分、多元函数微积分均设置概念、运算、应用三个学习任务。

本书每一章还从概念讲授、方法介绍、应用拓展等方面提供了开放性的微课资源,作为在线学习该课程的必要补充。同时在有关小节中设置了有关轻工纺织产业实践或者数学史方面的知识链接,将育人目标融入全程。

本书既可以作为高职院校轻工纺织类各专业高等数学课程教材,也可以作为一般理工类高职院校各专业高等数学课程教学参考书。

图书在版编目(C I P)数据

高等数学:轻工纺织类／龚飞兵等主编. --北京:高等教育出版社,2023.8

ISBN 978 - 7 - 04 - 059633 - 5

Ⅰ.①高… Ⅱ.①龚… Ⅲ.①高等数学-高等职业教育-教材 Ⅳ.①O13

中国国家版本馆 CIP 数据核字(2023)第 008765 号

GAODENG SHUXUE:
QINGGONG FANGZHI LEI

项目总策划 贾瑞武

| 策划编辑 | 马玉珍 | 责任编辑 | 马玉珍 | 封面设计 | 王 洋 | 版式设计 | 王 洋 |
| 责任绘图 | 于 博 | 责任校对 | 高 歌 | 责任印制 | 存 怡 |

出版发行	高等教育出版社		网 址	http://www.hep.edu.cn
社 址	北京市西城区德外大街 4 号			http://www.hep.com.cn
邮政编码	100120		网上订购	http://www.hepmall.com.cn
印 刷	肥城新华印刷有限公司			http://www.hepmall.com
开 本	850 mm×1168 mm 1/16			http://www.hepmall.cn
印 张	21.25			
字 数	520 千字		版 次	2023 年 8 月第 1 版
购书热线	010-58581118		印 次	2023 年 8 月第 1 次印刷
咨询电话	400-810-0598		定 价	52.00 元

委员（按姓氏笔画排序）

马凤敏　河北工业职业技术大学　教授

毕渔民　黑龙江教师发展学院　副教授

朱文明　深圳信息职业技术学院　高级工程师

陈笑缘　浙江商业职业技术学院　教授

金跃强　南京工业职业技术大学　副教授

侯风波　河北石油职业技术大学　教授

骈俊生　南京信息职业技术学院　教授

袁安锋　北京联合大学　副教授

黄国建　南京信息职业技术学院　副教授

龚飞兵　江苏工程职业技术学院　副教授

蒲冰远　成都纺织高等专科学校　教授

雷田礼　深圳职业技术学院　教授

蔡鸣晶　南京信息职业技术学院　副教授

总　序

　　党的二十大报告指出："教育、科技、人才是全面建设社会主义现代化国家的基础性、战略性支撑。"学习贯彻党的二十大精神，要求职业教育必须坚持以习近平新时代中国特色社会主义思想为指导，全面贯彻党的教育方针，着眼推进中国式现代化，扎根中国大地办教育，培养一代又一代拥护中国共产党领导和我国社会主义制度、立志为中国特色社会主义事业奋斗终身的有用人才。进入新时代以来，党和国家进一步加强了职业教育工作，先后出台了一系列推动现代职业教育体系建设改革的政策举措，印发了《关于加快发展现代职业教育的决定》《国家职业教育改革实施方案》《关于推动现代职业教育高质量发展的意见》《关于深化现代职业教育体系建设改革的意见》等重要文件，为新征程上我国现代职业教育的改革发展指明了方向。

　　2023年5月29日，在二十届中央政治局第五次集体学习会上，习近平总书记强调指出，要把服务高质量发展作为建设教育强国的重要任务。统筹职业教育、高等教育、继续教育，推进职普融通、产教融合、科教融汇，源源不断培养高素质技术技能人才、大国工匠、能工巧匠。这是新征程上党和国家事业对职业教育提出的新要求，落实这一要求，职业教育必须进行深刻的变革。加强基础理论学习，补齐知识化短板是这一变革的应有之义。数学课程作为高职院校学生的公共基础课程，具有基础性、应用性、职业性和发展性的特点，是补齐知识化短板的重要内容。教材是实施课程教学的主要工具，高职数学教材应反映类型特色和人才培养目标，反映新时代对高素质技术技能人才的要求，成为学生获得数学基础知识和基本技能、掌握基本数学思想、积累基本数学活动经验、形成理性思维和科学精神的重要载体。

　　为贯彻落实2022年全国教育工作会议精神，大力发展适应新技术和产业变革需要的职业教育，2022年1月，中国职业技术教育学会专门组织了加强职业教育文化基础课程体系建设的说课研讨会，提出要聚焦新技术和产业变革，补齐职业教育文化知识短板，着力提高职业教育内涵质量，以更好落实职业教育立德树人根本任务，为此建议组织编写"新时代高职数学系列教材"。

　　本系列教材全面贯彻党的教育方针，牢牢把握正确政治方向和价值导向，以打造培根铸魂、启智增慧的精品教材为目标。系列教材注重中高本衔接和一体化设计，包括高等数学、线性代数、概率论与数理统计等多本教材，涵盖高职专科和职业本科领域的数学知识。同时，教材的编写也充分考虑了学生的实际需求和学习特点，注重理论与实践相结合，注重教材的可读性和实用性。系列教材充分体现了深化职业教育"三教"改革的精神，编写理念独具匠心，内容、体例焕然一新。具体特色如下：

1. 落实立德树人根本任务，贯彻党的二十大精神

　　系列教材紧紧围绕为党育人、为国育才根本目标，全面落实立德树人根本任务，着力深化课程思政建设。教材融入了我国数学家的伟大贡献，介绍了中国传统的数学文化，宣传了我国新时代取得的科学技术的卓越成就,精选党的二十大报告中提出的关键核心技术,战略性新兴产业,载人航天、探月探火、深海深地探测、超级计算机、卫星导航、量子信息、核电技术、新能源技术、大飞机制造、生物医药等重大成果,以小切口展现大时代,以小故事反映大主题,增强学生民族自豪感,厚植学生爱国主义情怀,培养学生的责任担当和使命感。

2. 坚持课程标准指导,重构知识体系,加强文化素质教育

系列教材编写遵照最新课程标准要求,深刻体现数学学科核心素养的内涵、育人价值、表现形式和层次水平,将教材知识内容、逻辑结构、数字资源等聚焦于培养和发展学生的数学核心素养。教材强化知识与技能、过程与方法、情感态度与价值观的整合;强化数学与其他学科以及现实社会的联系;强化学生发现与提出问题并加以分析、解决实际问题的综合素质。

3. 体现职业教育类型定位,凸显与产业、专业的紧密联系

系列教材内容加强了与产业活动、专业课程和职业应用相关的教学情境,注重选择和设计与行业企业相关联的教学案例,注重跨学科交叉与融合,增强学生应用数学的意识。通过选择或建立合适的数学模型解决生产生活中的问题,培养学生运用数学工具解决实际问题的能力,以帮助学生养成用数学的眼光观察世界、用数学的思维分析世界、用数学的语言表达世界的能力。

4. 加大数字技术赋能,融合丰富的课程资源

系列教材充分体现数字技术的应用,介绍数学软件,利用数学软件或计算工具进行数据的计算、统计和分析,绘制函数曲线和统计图表等,帮助学生理解数学知识,使学生感悟利用信息技术学习数学的优势,丰富研究问题的方法。以新形态教材为核心,提供数字学习资源、在线自测和题库等,高效、直观、生动地呈现教学内容。充分利用"智慧职教""爱课程(中国大学 MOOC)"平台获取教学资源,提高课堂教学的信息化程度,改变传统的教学方式和学习方式,让学生在开放、个性化、有趣味性、交互性的学习氛围中快乐学习。

系列教材由中国职业技术教育学会担纲策划,高等教育出版社牵头组织,邀请普通本科、职业本科、高职"双高"院校的 30 余位数学学科专家、教研专家和骨干教师承担编审工作,在认真学习我国职业教育相关政策文件,总结近年来高职数学教育改革成果以及吸收多种较为成熟的数学教学改革成功经验的基础上,按照相关专业人才培养方案和课程标准的要求编写。可以相信,凝聚了各方智慧和经验的"新时代高职数学系列教材"必将担当起培养高素质技术技能人才的重任,必将肩负起落实党的教育方针、传承民族文化、服务国家发展战略、办好人民满意教育的使命。

我们相信,随着系列教材的不断推广和普及,更多的高职学生的文化素质必将会有一个大的提升,尤其在数学方面取得新进展,由此带动职业教育质量的进一步提高。同时,我们也期望系列教材能够成为学校和企业推进产教深度融合的重要抓手,为我国职业教育高质量发展做出积极的贡献。

2023 年 6 月

前　言

《教育部关于职业院校专业人才培养方案制订与实施工作的指导意见》中明确了职业院校的培养目标,提出了课程设置的实施要求,即提高对公共基础课程在职业教育中作用、地位的认识,加强和改进公共基础课程教学管理,保证其内容与总课时数,促进职业教育中公共基础课与专业技能课的有机融通,为高职学生今后职业生涯的可持续发展提供坚强保证。

高等数学是高等职业教育一门重要的公共基础课程,是大学生必需的基本技能、必备的文化修养。面对日益激烈的国际竞争,在高等职业教育大发展的当下,要求高等数学课程在有限的课时下,根据教学对象、培养目标,有的放矢地精选内容、架构体系、学以致用。

本教材编写始终贯彻以学生为主体的教学理念,通过展现数学思想以及轻工纺织产业发展成果中所提出的数学问题,传播崇尚科学的思想。通过相关数学运算以及应用案例的分析求解,达成对数学思维的训练与职业素养的培养。

本教材整体框架是根据高等职业教育人才培养目标及数学课程的教学规律而定。本教材融入党的二十大精神,注重从现实生活中提出数学问题,用数学解决实践问题,让学习者不仅感觉数学有趣而且有用,更贴近高等职业教育培养高素质技术技能人才的实际需要。本教材重视数学基本概念的建立、基本运算的训练,较好地处理了数学推理与数学运算技巧之间的广度和深度问题。

另外,本教材每一章的习题分为基础练习和提高练习两部分,以便学生能够根据自己的学习基础、学习能力达成相应的学习目标。

当前,高等职业教育数学教学中面临一些新情况、新问题:

一是生源差别较大,一些学生认为高等数学枯燥乏味、理论空洞抽象、应用性不强,费力学习下来没有多少用处;对数学史了解不全面,对数学的科学价值、文化价值的认识不高,对数学的应用意识不强。

二是课堂教学展示难以充分展现数学的内在美,数学教育以培养学生的逻辑思维能力和空间想象能力为己任,但传统的理论讲解,在培养学生提出、分析、解决问题的能力,在形成理性思维、发展智力、培养创新意识等方面存在短板,黑板上传统的习题演算难以展示数学内在的美学特征。

三是在海量信息充斥网络,5G 技术快速发展,学生追求个性化发展的当下,如何应用数学服务于自主学习的需要? 在学习数学的同时,如何潜移默化、以润物细无声的方式传播知识、传授美德,将思想教育、品德教育、社会主义核心价值观教育贯穿始终?

为此,我们配套开发了立体化、开放性、高质量的教学微课资源,其中有些微课是江苏省微课比赛一等奖作品。这些资源制作精良、设计巧妙、素材丰富,将思政元素巧妙融入数学课程中,具有鲜明的时代特征,可满足学生线上自主学习需要,也有助于教师线上线下混合式教学模式的开展。

本教材由江苏工程职业技术学院、浙江纺织服装职业技术学院、常州纺织服装职业技术学院等院校长期在一线教学、具有丰富教学实践经验的数学教师与江苏奥神新材料股份有限公司的行业专家组成的团队编写而成,秦志林任主审,龚飞兵、曹敏、黄龙如、郭蕾任主编,张庆亮、桑宗曦、梅玲玲、裴琴娟、林涵彬任副主编。龚飞兵、桑宗曦负责统稿工作。徐亮、李从胜等同志也参与了本教材的部分编写工作。

感谢江苏工程职业技术学院、浙江纺织服装职业技术学院、常州纺织服装职业技术学院等院校领导以及高等教育出版社的编辑对于本教材的出版所给予的大力支持。江苏工程职业技术学院的蔡永东、张曙光两位教授在本教材的轻工纺织产业应用方面做了许多指导工作,在此一并表示感谢。

尽管我们付出了很多努力,但由于编者水平有限,书中难免有欠妥之处,期待得到专家、同仁和广大读者的批评指正。

编者

2023 年 4 月

目　录

第 1 章
函数　极限　连续

极限是研究变量在某一过程中的变化趋势的有力工具,极限概念的提出具有划时代的意义.微积分学中的几个重要概念,如连续、导数、定积分等,都是用极限表述的,并且微积分学中的很多定理也是用极限方法推导出来的.本章将在对函数概念进行复习和补充的基础上介绍数列极限与函数极限的概念、极限的性质与运算,并进一步讨论函数的连续性.

1.1 函数基本知识

 任务导入

改革开放以来,东南沿海特别是苏南地区涌现出许多小型纺织企业.这些企业不断发展壮大,慢慢形成了影响全国的产业集群,譬如:苏州的丝绸印染、常熟的服装、南通的床上用品等.进入21世纪,纺织行业更呈现了强劲增长的势头,行业的快速发展也带动了劳动者的收入增长,提高了群众的获得感、幸福感.据调查,某纺织厂的李女士旺季收入可达一万多元,根据《中华人民共和国个人所得税法》规定:居民个人从中国境内和境外取得的所得,依照本法规定缴纳个人所得税.从2019年1月1日起,每月应纳税所得额为:工资、薪金等综合所得以每月收入额减除5 000元后的余额(注:这里未考虑五险一金及其他扣除),个人所得税纳税税率如表1-1所示:

表1-1　个人所得税税率表(工资、薪金等综合所得)

级数	全月应纳税所得额(超出5 000元的数额)	税率%
1	不超过3 000元的部分	3
2	超过3 000元不超过12 000元的部分	10
3	超过12 000元不超过25 000元的部分	20
4	超过25 000元不超过35 000元的部分	25
5	超过35 000元不超过55 000元的部分	30
6	超过55 000元不超过80 000元的部分	35
7	超过80 000元的部分	45

现假设李女士12月份的工资为11 000元(不考虑五险一金及其他扣除),试求李女士12月份应纳税为多少? 这里的应纳税数额其实是关于每月工资的函数,接下来我们就来了解一下函数的相关知识吧.

一、集合、区间与邻域

一般地,我们把具有某种特定性质的事物或对象的总体称为**集合**,组成集合的事物或对象称为该集合的**元素**.通常用大写字母 $A,B,C,\cdots$ 表示集合,用小写字母 $a,b,c,\cdots$ 表示集合中的元素.数学中常见的集合有:

(1) 全体非负整数组成的集合称为非负整数集(或自然数集),记作 **N**;

(2) 所有正整数组成的集合称为正整数集,记作 $\mathbf{N}^*$ 或 $\mathbf{N}_+$;

(3) 全体整数组成的集合称为整数集,记作 **Z**;

(4) 全体有理数组成的集合称为有理数集,记作 **Q**;

（5）全体无理数组成的集合称为无理数集,记作 $\mathbf{Q}^c$;

（6）全体实数组成的集合称为实数集,记作 $\mathbf{R}$.

在初等数学中,常见的集合是**区间**.设 $a,b\in\mathbf{R}$,且 $a<b$,定义:

（1）开区间 $(a,b)=\{x\mid a<x<b\}$;

（2）半开半闭区间 $[a,b)=\{x\mid a\leqslant x<b\}$,$(a,b]=\{x\mid a<x\leqslant b\}$;

（3）闭区间 $[a,b]=\{x\mid a\leqslant x\leqslant b\}$;

（4）无穷区间 $[a,+\infty)=\{x\mid x\geqslant a\}$,$(a,+\infty)=\{x\mid x>a\}$,$(-\infty,b]=\{x\mid x\leqslant b\}$,$(-\infty,b)=\{x\mid x<b\}$,$(-\infty,+\infty)=\{x\mid x\in\mathbf{R}\}$.

以上四类集合统称为区间,其中（1）—（3）称为有限区间,（4）称为无限区间.在微积分的概念中,有时需要考虑由某点 x_0 附近的所有点组成的集合,为此引入邻域的概念.

定义 1.1.1 设 δ 为某个正数,称开区间 $(x_0-\delta,x_0+\delta)$ 为点 x_0 的 δ 邻域,简称为点 x_0 的邻域,记作 $U(x_0,\delta)$,即

$$U(x_0,\delta)=\{x_0\mid x_0-\delta<x<x_0+\delta\}=\{x\mid\mid x-x_0\mid<\delta\}.$$

其中,点 x_0 称为邻域的中心,δ 称为邻域的半径,如图 1-1 所示:

另外,点 x_0 的邻域去掉中心 x_0 后,称为点 x_0 的**去心邻域**,记作 $\mathring{U}(x_0,\delta)$,即 $\mathring{U}(x_0,\delta)=\{x\mid 0<\mid x-x_0\mid<\delta\}$,如图 1-2 所示.

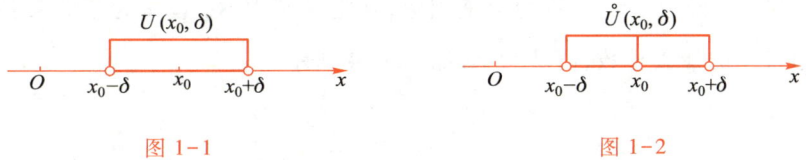

图 1-1　　　　　　　　　　　　　图 1-2

二、函数的概念

（一）函数的定义

定义 1.1.2 设 x,y 是两个变量,D 是给定的非空数集,如果对于每个 $x\in D$,通过对应法则 f,有唯一确定的 y 与之对应,则称 y 是 x 的**函数**,记作 $y=f(x)$.其中 x 为自变量,y 为因变量,D 为定义域,函数值 $f(x)$ 的全体称为函数 f 的值域,记作 R_f,即

$$R_f=\{y\mid y=f(x),x\in D\}.$$

函数的两要素:函数的定义域和对应法则为确定函数的两要素.

例1 求函数 $y=\dfrac{1}{x}-\sqrt{1-x^2}$ 的定义域.

解 $\dfrac{1}{x}$ 的定义域为 $\{x\mid x\neq0,x\in\mathbf{R}\}$;

$\sqrt{1-x^2}$ 的定义域为 $\{x\mid 1-x^2\geqslant0,x\in\mathbf{R}\}$,即 $\{x\mid-1\leqslant x\leqslant1,x\in\mathbf{R}\}$.

这两个区间的公共部分是 $\{x\mid-1\leqslant x<0$ 或 $0<x\leqslant1,x\in\mathbf{R}\}$.

所以,所求函数定义域为 $[-1,0)\cup(0,1]$.

例 2　判断下列各组函数是否相同.

(1) $f(x)=2\lg x,g(x)=\lg x^2$;

(2) $f(x)=x,g(x)=\sqrt{x^2}$.

解　(1) $f(x)=2\lg x$ 的定义域为 $\{x\mid x>0,x\in \mathbf{R}\}$,

$\qquad g(x)=\lg x^2$ 的定义域为 $\{x\mid x\neq 0,x\in \mathbf{R}\}$.

两个函数定义域不同,所以 $f(x)$ 和 $g(x)$ 不相同.

(2) $f(x)=x,g(x)=\sqrt{x^2}=|x|$,因为两者对应法则不同,所以 $f(x)$ 和 $g(x)$ 不相同.

函数的表示法有表格法、图形法、公式法(解析法)三种.常用的是图形法和公式法两种.在此不再多做说明.

例 3　函数 $y=\operatorname{sgn} x=\begin{cases}-1, & x<0,\\ 0, & x=0,\\ 1, & x>0,\end{cases}$ 称为**符号函数**,其定义域为 $\mathbf{R}$,值域为 $\{-1,0,1\}$,如图 1-3 所示.

例 4　函数 $y=[x]$ 称为**取整函数**,其定义域为 $\mathbf{R}$,设 x 为任意实数,定义 y 为不超过 x 的最大整数,值域为 $\mathbf{Z}$,如图 1-4 所示.

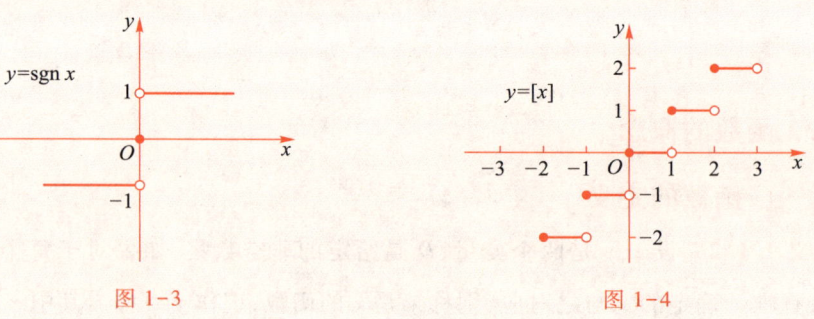

图 1-3　　　　　　　　　　　　　图 1-4

任务导入的问题解答

任务导入部分的纳税问题实质是个分段函数问题,根据表格可将每月收入看成自变量 x(元),纳税数额是因变量 y(元),y 关于 x 的函数表达式为(这里只列出 $5\,000<x\leqslant 30\,000$ 的表达式):

$$y=\begin{cases}(x-5\,000)\times 3\%, & 5\,000<x\leqslant 8\,000,\\ 3\,000\times 3\%+(x-8\,000)\times 10\%, & 8\,000<x\leqslant 17\,000,\\ 3\,000\times 3\%+12\,000\times 10\%+(x-17\,000)\times 20\%, & 17\,000<x\leqslant 30\,000,\\ \qquad\qquad\cdots\cdots\cdots\cdots\end{cases}$$

李女士 12 月份的工资为 11 000 元,即应纳税 $3\,000\times 3\%+3\,000\times 10\%=390$(元).

（二）函数的性质

设函数 $y=f(x)$，定义域为 D，区间 $I \subset D$.

1. 函数的有界性

定义 1.1.3 若存在常数 $M>0$，使得对每一个 $x \in I$，有 $|f(x)| \leqslant M$，则称函数 $f(x)$ 在 I 上**有界**，如图 1-5 所示.

若对任意 $M>0$，总存在 $x_0 \in I$，使 $|f(x_0)|>M$，则称函数 $f(x)$ 在 I 上**无界**.

例如，函数 $f(x)=\sin x$ 在 $(-\infty, +\infty)$ 上是有界的，这是因为 $|\sin x| \leqslant 1$. 函数 $f(x)=\dfrac{1}{x}$ 在 $(0,1)$ 上无界，在 $(1,2)$ 上有界.

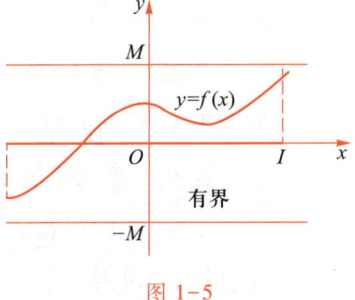

图 1-5

2. 函数的单调性

设函数 $y=f(x)$ 在区间 I 上有定义，x_1 及 x_2 为区间 I 上任意两点，且 $x_1 < x_2$. 如果恒有 $f(x_1) < f(x_2)$，则称 $f(x)$ 在 I 上是**单调递增**的；如果恒有 $f(x_1)>f(x_2)$，则称 $f(x)$ 在 I 上是**单调递减**的. 单调递增和单调递减的函数统称为**单调函数**（图 1-6）.

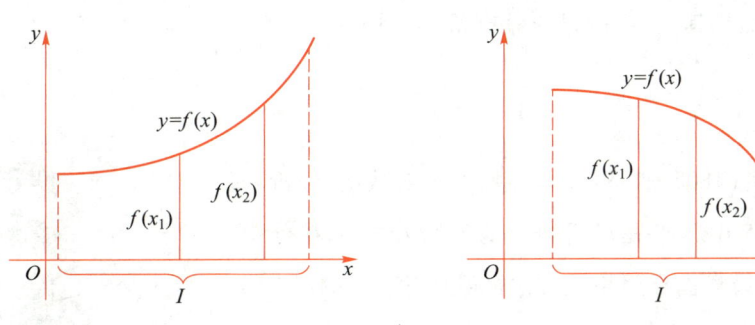

图 1-6

3. 函数的奇偶性

设函数 $y=f(x)$ 的定义域 D 关于原点对称. 如果在 D 上有 $f(-x)=f(x)$，则称 $f(x)$ 为**偶函数**；如果在 D 上有 $f(-x)=-f(x)$，则称 $f(x)$ 为**奇函数**.

例如，函数 $f(x)=x^2$，由于 $f(-x)=(-x)^2=x^2=f(x)$，所以 $f(x)=x^2$ 是偶函数；又如函数 $f(x)=x^3$，由于 $f(-x)=(-x)^3=-x^3=-f(x)$，所以 $f(x)=x^3$ 是奇函数. 如图 1-7 所示.

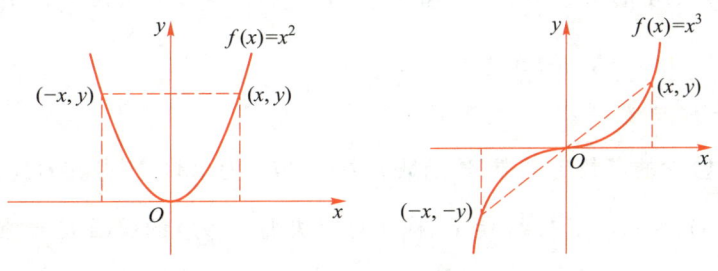

图 1-7

从函数图形上看,偶函数的图形关于 y 轴对称,奇函数的图形关于原点对称.

4. 函数的周期性

设函数 $y=f(x)$ 的定义域为 D. 如果存在一个不为零的数 l,使得对于任一 $x\in D$ 有 $(x+l)\in D$,且 $f(x+l)=f(x)$,则称 $f(x)$ 为**周期函数**,l 称为 $f(x)$ 的周期. 如果在函数 $f(x)$ 的所有周期中存在一个最小的正数,则我们称这个正数为 $f(x)$ 的**最小正周期**.我们通常说的周期是指最小正周期.

例如,函数 $y=\sin x$ 和 $y=\cos x$ 是周期为 2π 的周期函数,函数 $y=\tan x$ 和 $y=\cot x$ 是周期为 π 的周期函数.

在此需要指出的是,周期函数不一定存在最小正周期.

例如,常数函数 $f(x)=C$,对任意实数 l,都有 $f(x+l)=f(x)$,故任意非零实数都是其周期,所以它没有最小正周期.

又如,狄利克雷函数

$$D(x)=\begin{cases} 1, & x\in\mathbf{Q}, \\ 0, & x\in\mathbf{Q}^c. \end{cases}$$

对任意有理数 l,当 $x\in\mathbf{Q}^c$ 时,$x+l\in\mathbf{Q}^c$;当 $x\in\mathbf{Q}$ 时,$x+l\in\mathbf{Q}$,所以有 $D(x+l)=D(x)$,故任意非零有理数都是其周期,所以它没有最小正周期.

 **知识链接**

狄利克雷(1805—1859),德国数学家.对数论、分析和数学物理有突出贡献,是解析数论的创始人之一.在分析学方面,他是最早倡导严格化方法的数学家之一.1837 年他提出函数是 x 与 y 之间的一种对应关系的现代观点.在数论方面,他是高斯思想的传播者和拓广者.1833 年狄利克雷撰写了《数论讲义》,对高斯划时代的著作《算术研究》做了明晰的解释并富有创见,使高斯的思想得以广泛传播.1837 年,他构造了狄利克雷级数.1846 年,他证明狄利克雷单位定理,这是代数数论中的重要结果.在数学物理方面,他对椭球体产生的引力、球在不可压缩流体中的运动、由太阳系稳定性导出的一般稳定性等课题都有重要论著.1850 年他发表了有关位势理论的文章,论及著名的第一边值问题,现也称狄利克雷问题.

（三）反函数

在初等数学的函数定义中,若函数 $f:D\to f(D)$ 为单射,则存在对应法则 $f^{-1}:f(D)\to D$,满足 $f^{-1}(f(x))=x$,$f(f^{-1}(x))=x$,称此对应法则 f^{-1} 为 f 的**反函数**.通常 $y=f(x)$,$x\in D$ 的反函数记 $y=f^{-1}(x)$,$x\in f(D)$.

例如,指数函数 $y=\mathrm{e}^x, x \in (-\infty, +\infty)$ 的反函数为 $y=\ln x$, $x \in (0, +\infty)$,如图 1-8 所示.

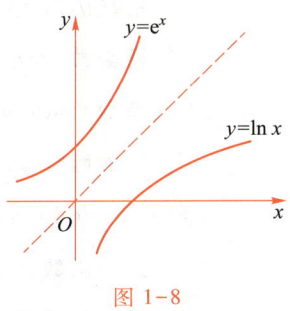

图 1-8

反函数的性质:

(1) 若函数 $y=f(x)$ 单调递增(减),则其反函数 $y=f^{-1}(x)$ 存在,且也单调递增(减).

(2) 函数 $y=f(x)$ 与其反函数 $y=f^{-1}(x)$ 的图形关于直线 $y=x$ 对称.

下面介绍几个常见的三角函数的反函数:

正弦函数 $y=\sin x$ 的反函数 $y=\arcsin x$,正切函数 $y=\tan x$ 的反函数 $y=\arctan x$.

反正弦函数 $y=\arcsin x$ 的定义域是 $[-1, 1]$,值域是 $\left[-\dfrac{\pi}{2}, \dfrac{\pi}{2}\right]$;反正切函数 $y=\arctan x$ 的定义域是 $(-\infty, +\infty)$,值域是 $\left(-\dfrac{\pi}{2}, \dfrac{\pi}{2}\right)$,如图 1-9 所示.

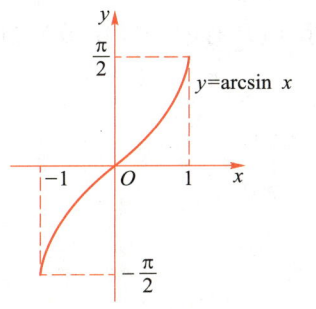 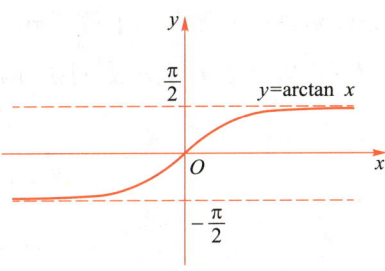

图 1-9

(四)复合函数

定义 1.1.4 设函数 $y=f(u), u \in D_f$,函数 $u=g(x), x \in D_g$,值域 $R_g \subset D_f$,则 $y=f(g(x))$ 或 $y=(f \circ g)(x), x \in D_g$ 称为由 $y=f(u), u=g(x)$ 复合而成的复合函数,其中 u 为中间变量.

注:函数 f 与函数 g 构成复合函数 $f \circ g$ 的条件是 $R_g \subset D_f$,否则不能构成复合函数.

例如,函数 $y=\arcsin u, u \in [-1, 1], u=x^2+2, x \in \mathbf{R}$.在形式上可以构成
$$y=\arcsin(x^2+2).$$
但是 $u=x^2+2$ 的值域为 $[2, +\infty) \not\subset [-1, 1]$,故 $y=\arcsin(x^2+2)$ 没有意义.

例 5 对函数 $y=a^{\sin x}$ 分解.

解 $y=a^{\sin x}$ 由 $y=a^u, u=\sin x$ 复合而成.

例 6 对函数 $y=\sin^2(2x+1)$ 分解.

解 $y=\sin^2(2x+1)$ 由 $y=u^2, u=\sin v, v=2x+1$ 复合而成.

(五)初等函数

在初等数学中我们已经接触过下面各类函数:

常数函数：$y = C$（C 为常数）；

幂函数：$y = x^{\mu}$（$\mu \in \mathbf{R}$ 是常数）；

指数函数：$y = a^x$（$a > 0$ 且 $a \neq 1$）；

对数函数：$y = \log_a x$（$a > 0$ 且 $a \neq 1$），特别地，当 $a = e$ 时，记为 $y = \ln x$，称为自然对数；当 $a = 10$ 时，记为 $\lg x$，称为常用对数；

三角函数：$y = \sin x$，$y = \cos x$，$y = \tan x$，$y = \cot x$，$y = \sec x$，$y = \csc x$；

反三角函数：$y = \arcsin x$，$y = \arccos x$，$y = \arctan x$，$y = \operatorname{arccot} x$.

这六种函数统称为**基本初等函数**.

定义 1.1.5 由基本初等函数经过有限次的四则运算和有限次的函数复合步骤所构成的可用一个式子表示的函数，称为**初等函数**.

例如，$y = e^{\sin x}$，$y = \sin(2x+1)$，$y = \sqrt{\cot \dfrac{x}{2}}$ 等都是初等函数.

需要指出的是，在本课程中遇到的函数一般都是初等函数，但是分段函数一般不是初等函数，因为分段函数一般都有几个解析式来表示.但是有的分段函数通过形式的转化，可以用一个式子表示，从而是初等函数.例如，函数

$$y = \begin{cases} -x, & x < 0, \\ x, & x \geq 0 \end{cases}$$

可表示为 $y = \sqrt{x^2}$.

任务训练

1. 函数具有哪些性质？

2. $y = \arcsin x$，$y = \arccos x$，$y = \arctan x$ 的值域分别是什么？

文档
扫一扫，看答案

思考题

$y = \cos^3(1+2x)$，$y = e^{\sin x^2}$ 分别是由哪些函数复合而成的？

1.2 极限

任务导入

纺织工业是我国国民经济的重要组成部分.纺织工序中的印染环节如退浆、漂白以及染色、印花和整理等工艺操作会产生大量的印染废水.这种印染废水含有大量的化学染料，比较难处理，如果印染废水直接排放，将产生大面积的水污染事件.因此，印染废水处理是工业废水处理的主要工作之一.有效治理印染废水已经成为保护水体的主要任务之一.

1942 年,莫诺德(Monod)提出了废水中微生物生长速度和底物浓度之间的关系式: $\mu = \mu_{\max} \dfrac{x}{x+k}$,其中 μ 为微生物的生长速度,$\mu_{\max}$ 为微生物的最大生长速度,x 为底物的浓度,k 为半饱和常数.

(1) 当 x 趋于无穷大时,μ 的变化趋势是如何的呢?

(2) 当 x 趋于 0 时,μ 的变化趋势又是如何的呢?

这个变化趋势其实是我们所说的函数极限问题,接下来我们打开极限世界的大门进行探究吧.

一、极限的概念

(一) 数列的极限

1. 数列的基本知识

定义 1.2.1　若存在某一个确定的法则 f,按这一法则,对任意正整数 n 有一个确定的数 u_n 与之对应,那么,这列有序数 $u_1, u_2, \cdots, u_n, \cdots$ 称之为数列,且第 n 项 u_n 称为该数列的通项. 用函数的观点来看,数列 u_n 也可看作自变量为正整数 n 的函数: $u_n = f(n)$.

由此,我们可以由函数的单调性及有界性同样地来定义数列的单调性和有界性.

数列 $\left\{\dfrac{1}{n}\right\}$ 是这样一个数列 $\{u_n\}$,其中 $u_n = \dfrac{1}{n}, n = 1, 2, 3, 4, \cdots$ 也可写为 $1, \dfrac{1}{2}, \dfrac{1}{3}, \dfrac{1}{4}, \cdots, \dfrac{1}{n}, \cdots$. 可以发现这个数列是一个单调递减的有界数列,而且随着 n 的增大,u_n 的数值越来越小,无限接近于 0.

数列 $\left\{u_n = 1 + (-1)^{n+1}\dfrac{1}{n}\right\}$: $2, \dfrac{1}{2}, \dfrac{4}{3}, \cdots, 1 + \dfrac{(-1)^{n+1}}{n}, \cdots$. 该数列的通项为 $u_n = 1 + (-1)^{n+1}\dfrac{1}{n}$,经观察,易知它是一个非单调但有界的数列,由于当 n 愈来愈大时,$(-1)^{n+1}\dfrac{1}{n}$ 的值愈来愈接近于 0,因此 u_n 的值愈来愈接近于 1.

数列 $\{u_n\}$: $1, -1, 1, -1, 1, -1, \cdots, (-1)^{n+1}, \cdots$. 易知它是一个非单调但有界的数列,但 u_n 随着 n 愈来愈大时没有一定的变化趋势.

对一个数列来说,研究它在无穷远处是否无限逼近于某个数是很有意义的. 这就是以下要讨论的数列的极限问题.

2. 数列极限的概念

在数学上,两个数 a 与 b 之间的接近程度可以用 $|a-b|$ 来度量,$|a-b|$ 越小,a 与 b 就越接近. 如 $u_n = 1 + (-1)^n \dfrac{1}{n}$ 与 1 的接近程度为 $|u_n - 1| =$

$$\left|(-1)^n \dfrac{1}{n}\right| = \dfrac{1}{n}.$$

微视频
数列的极限

所谓"当 n 愈来愈大时, u_n 的值愈来愈接近于 1",意指当 n 取得足够大时, $|u_n-1|$ 可以小于任意给定的正数 ε.

如给定 $\varepsilon=\dfrac{1}{100}$,只要 $n>100$,那么数列从第 101 项后的一切项 u_{101}, u_{102}, $\cdots$, u_n, $\cdots$ 均使不等式 $|u_n-1|=\dfrac{1}{n}<\dfrac{1}{100}=\varepsilon$ 成立.

如给定 $\varepsilon=\dfrac{1}{1\,000}$,只要 $n>1\,000$,那么数列从第 1 001 项后的一切项 $u_{1\,001}$, $u_{1\,002}$, $\cdots$, u_n, $\cdots$ 均使不等式 $|u_n-1|=\dfrac{1}{n}<\dfrac{1}{1\,000}=\varepsilon$ 成立.

定义 1.2.2(数列极限的 ε-N 定义) 设有数列 $\{u_n\}$ 和常数 A,若对于任意给定的正数 ε(无论多么小),总存在一个正整数 N(与 ε 有关),当 $n>N$ 时,不等式 $|u_n-A|<\varepsilon$ 恒成立,则称 A 为数列 $\{u_n\}$ 的极限,或称数列 $\{u_n\}$ 收敛于 A,记作 $\lim\limits_{n\to\infty}u_n=A$ 或 $u_n\to A\,(n\to\infty)$.

极限存在的数列称为收敛数列.如果不存在这样的常数 A,就说数列 $\{u_n\}$ 没有极限,或者说数列 $\{u_n\}$ 是发散的.

定义 1.2.3 在数列 $\{u_n\}$ 中任意抽取无限多项并保持这些项在原数列 $\{u_n\}$ 中的先后次序,这样得到的一个数列称为原数列 $\{u_n\}$ 的子数列(或子列).设在数列 $\{u_n\}$ 中,第一次抽取 u_{n_1},第二次抽取 u_{n_2},第三次抽取 u_{n_3}, $\cdots\cdots$,如此反复抽取下去,就得到数列 $\{u_n\}$ 的一个子数列 u_{n_1}, u_{n_2}, $\cdots$, u_{n_k}, $\cdots$.

注:在子数列 $\{u_{n_k}\}$ 中, u_{n_k} 是 $\{u_{n_k}\}$ 中的第 k 项,是原数列 $\{u_n\}$ 中的第 n_k 项,显然 $n_k\geqslant k$.

3. 收敛数列的判定与性质

定理 1.2.1(极限的唯一性) 如果数列 $\{u_n\}$ 收敛,那么它的极限是唯一的.

定理 1.2.2(收敛数列的有界性) 如果数列 $\{u_n\}$ 收敛,那么数列 $\{u_n\}$ 一定有界.并且,单调有界数列一定收敛.

定理 1.2.3(收敛数列的保号性) 如果 $\lim\limits_{n\to\infty}u_n=A$ 且 $A>0(A<0)$,那么一定存在正整数 $N>0$,当 $n>N$ 时,恒有 $u_n>0(u_n<0)$ 成立.

定理 1.2.4(收敛数列与其子数列间的关系) 如果数列 $\{u_n\}$ 收敛于 A,那么它的任一子数列也收敛,且收敛于 A.

(二)函数的极限

1. 函数 $y=f(x)$ 在点 x_0 的极限

定义 1.2.4 设有函数 $y=f(x)$ 和常数 A,若对于任意给定的正数 ε(无论多么小),总存在一个正数 δ(与 ε 有关),当 $0<|x-x_0|<\delta$ 时,不等式 $|f(x)-A|<\varepsilon$ 恒成立,则称 A 为函数 $y=f(x)$ 在 $x=x_0$ 处的极限,或称函数 $y=f(x)$ 在 $x=x_0$ 处的极限为 A,记为 $\lim\limits_{x\to x_0}f(x)=A$ 或 $f(x)\to A(x\to x_0)$.

定义 1.2.5 设有函数 $y=f(x)$ 和常数 A,若对于任意给定的正数 ε(无论多么小),总存在一个正数 $\delta(\delta>0)$,使得当 $0<x-x_0<\delta(0<x_0-x<\delta)$ 时,不等式 $|f(x)-A|<\varepsilon$ 恒成立,则称 A 为

函数 $y=f(x)$ 在 $x=x_0$ 处的右(左)极限,或称函数 $y=f(x)$ 在 $x=x_0$ 处的右(左)极限为 A,记为 $\lim\limits_{x\to x_0^+}f(x)=A$($\lim\limits_{x\to x_0^-}f(x)=A$)或 $f(x)\to A(x\to x_0^+)$($f(x)\to A(x\to x_0^-)$).

左极限和右极限统称为单侧极限.显然有

定理 1.2.5 设函数 $y=f(x)$ 在 $\mathring{U}(x_0,\delta)$ 内有定义.则 $\lim\limits_{x\to x_0}f(x)=A$ 的充要条件是 $\lim\limits_{x\to x_0^-}f(x)=\lim\limits_{x\to x_0^+}f(x)=A$.

例 1 试讨论函数 $f(x)=\begin{cases}x+1, & x<0, \\ x^2, & 0<x<1, \\ 1, & x>1\end{cases}$ 在 $x=0$ 和 $x=1$ 处的极限.

解 因为
$$\lim_{x\to 0^-}f(x)=\lim_{x\to 0^-}(x+1)=1, \quad \lim_{x\to 0^+}f(x)=\lim_{x\to 0^+}x^2=0.$$
所以当 $x\to 0$ 时,$f(x)$ 的极限不存在.

又因为 $\lim\limits_{x\to 1^-}f(x)=\lim\limits_{x\to 1^-}x^2=1$,$\lim\limits_{x\to 1^+}f(x)=\lim\limits_{x\to 1^+}1=1$,即函数 $f(x)$ 在 $x\to 1$ 处左、右极限存在而且相等.所以当 $x\to 1$ 时,$f(x)$ 的极限存在且 $\lim\limits_{x\to 1}f(x)=1$.

微视频
函数的极限

2. 函数 $y=f(x)$ 在 $x\to\infty$ 时的极限

定义 1.2.6 设有函数 $y=f(x)$ 和常数 A,若对于任意给定的正数 ε(无论多么小),总存在一个正数 M(与 ε 有关),当 $|x|>M$ 时,不等式 $|f(x)-A|<\varepsilon$ 恒成立,则称 A 为函数 $y=f(x)$ 在无穷远处的极限,或称函数 $y=f(x)$ 在无穷远处的极限为 A,记为 $\lim\limits_{x\to\infty}f(x)=A$,或 $f(x)\to A(x\to\infty)$.

例如函数 $f(x)=\dfrac{1}{x}$,当 $x\to\infty$ 时,$f(x)\to 0$;而函数 $f(x)=\sin x$ 当 $x\to\infty$ 时的极限不存在.

比较函数 $y=f(x)$ 在 $x\to\infty$ 时的极限与数列的极限显然可以得到:数列的极限是函数 $y=f(x)$ 在 $x\to\infty$ 时的极限的一种特殊情形而已.

$\lim\limits_{x\to\infty}f(x)=A$ 的几何意义:对任意的 $\varepsilon(\varepsilon>0)$,总能找到 M,当 $|x|>M$ 时,$f(x)$ 的值都落到 $A-\varepsilon$ 与 $A+\varepsilon$ 之间.即只要 x 离原点充分远,函数 $y=f(x)$ 的图形都落在 $A-\varepsilon$ 与 $A+\varepsilon$ 的条形域之间.

类似于 $x\to x_0$ 的左极限和右极限可以得到函数在无穷远处的单侧极限并有:
$$\lim_{x\to\infty}f(x)=A\Leftrightarrow\lim_{x\to+\infty}f(x)=A=\lim_{x\to-\infty}f(x).$$

定理 1.2.6 若 $x\to x_0$(或 $x\to\infty$)时,函数 $y=f(x)$ 的极限存在,则函数 $y=f(x)$ 在 x_0 的一个去心邻域内即 $\mathring{U}(x_0,\delta)$(或 $|x|$ 充分大范围内)有界.

3. 函数极限的性质

类比数列极限的性质,可以推得函数极限的性质.由于函数极限自变量的变化趋势有不同的形式,下面仅以 $\lim\limits_{x\to x_0}f(x)$ 为代表讨论.

定理 1.2.7(函数极限的唯一性）   若 $\lim\limits_{x \to x_0} f(x) = A$，则这极限值是唯一的.

定理 1.2.8(函数极限的局部有界性）   如果 $\lim\limits_{x \to x_0} f(x) = A$，则存在常数 $M > 0$ 及 $\delta > 0$，使得当 $0 < |x - x_0| < \delta$ 时，有 $|f(x)| \leqslant M$.

定理 1.2.9(函数极限的局部保号性）   如果 $\lim\limits_{x \to x_0} f(x) = A$，且 $A > 0$(或 $A < 0$)，则存在 $\delta > 0$，当 $0 < |x - x_0| < \delta$ 时，有 $f(x) > 0$(或 $f(x) < 0$).

定理 1.2.10(夹逼准则）   设 $f(x)$、$g(x)$、$h(x)$ 是三个函数，若存在 $\delta > 0$，当 $0 < |x - x_0| < \delta$ 时，有

$$g(x) \leqslant f(x) \leqslant h(x), \quad \lim\limits_{x \to x_0} g(x) = \lim\limits_{x \to x_0} h(x) = A,$$

则

$$\lim\limits_{x \to x_0} f(x) = A.$$

4. 无穷小量与无穷大量

定义 1.2.7   若当 $x \to x_0$(或 $x \to \infty$)时，对应的函数值的绝对值 $|f(x)|$ 可以大于预先指定的任何很大的正数 M，则称函数 $f(x)$ 是当 $x \to x_0$(或 $x \to \infty$)时的无穷大量，简称为无穷大. 例如当 $x \to x_0$(或 $x \to \infty$)时，函数 $y = f(x)$ 为无穷大量，记作 $\lim\limits_{x \to x_0} f(x) = \infty$ 或 $\lim\limits_{x \to \infty} f(x) = \infty$. 如 $\lim\limits_{x \to 1} \dfrac{1}{x-1} = \infty$，$\lim\limits_{x \to \infty} x^2 = \infty$. 如果在无穷大的定义中，把 $|f(x)|$ 换成 $f(x)$(或 $-f(x)$)，就记作 $\lim\limits_{\substack{x \to x_0 \\ (x \to \infty)}} f(x) = +\infty$ (或 $\lim\limits_{\substack{x \to x_0 \\ (x \to \infty)}} f(x) = -\infty$). 特别注意切不可把绝对值很大的常数认为是无穷大量.

定义 1.2.8   若函数 $\alpha = \alpha(x)$ 在 x 的某种变化趋势下以 0 为极限，则称函数 $\alpha = \alpha(x)$ 在 x 的这种变化趋势下为无穷小量，简称为无穷小. 如 $\lim\limits_{x \to \infty} \dfrac{1}{x^2} = 0$. 特别注意，切不可把绝对值很小的常数认为是无穷小量，但 0 是无穷小量.

无穷小量的性质定理：

定理 1.2.11   若函数 $y = f(x)$ 在 $x \to x_0$(或 $x \to \infty$)时的极限为 A，则 $f(x) = A + \alpha(x)$，其中 $\alpha(x)$ 为在 $x \to x_0$(或 $x \to \infty$)时的无穷小量. 反之，若上式成立，则函数 $y = f(x)$ 在 $x \to x_0$(或 $x \to \infty$)时的极限为 A.

定理 1.2.12   在自变量的同一变化过程中，如果 $f(x)$ 为无穷大，则 $\dfrac{1}{f(x)}$ 为无穷小；反之，如果 $f(x)$ 为无穷小，且 $f(x) \neq 0$，则 $\dfrac{1}{f(x)}$ 为无穷大.

如 $\lim\limits_{x \to \infty} \dfrac{1}{x^2} = 0$，而 $\lim\limits_{x \to \infty} x^2 = \infty$.

定理 1.2.13   有限个无穷小量的代数和或积仍然是无穷小量.

定理 1.2.14   有界函数与无穷小量的乘积仍是无穷小量. 特别地，常数与无穷小量的乘积是无穷小量.

定理 1.2.14 是求极限的一种方法.

例 2　求极限 $\lim\limits_{x \to 0} x \sin \dfrac{1}{x}$.

解　由于 $\left| \sin \dfrac{1}{x} \right| \leqslant 1$, 是有界函数, 而 $\lim\limits_{x \to 0} x = 0$. 由定理 1.2.14 得 $\lim\limits_{x \to 0} x \sin \dfrac{1}{x} = 0$.

5. 无穷小的比较

引例　当 $x \to 0$ 时, x、x^2、$3 \sin x$ 都是无穷小, 而极限

$$\lim\limits_{x \to 0} \frac{x^2}{x} = 0, \quad \lim\limits_{x \to 0} \frac{x}{x^2} = \infty, \quad \lim\limits_{x \to 0} \frac{3 \sin x}{x} = 3.$$

引例中, 在 $x \to 0$ 时, 三个函数都是无穷小, 但比值的极限结果不同, 这反映了不同的无穷小趋于 0 的速度"快慢"不同.

定义 1.2.9　设 $\alpha(x)$ 和 $\beta(x)$ 为 $x \to x_0$ (或 $x \to \infty$) 时的两个无穷小量.

（1）如果 $\lim\limits_{\substack{x \to x_0 \\ (x \to \infty)}} \dfrac{\alpha(x)}{\beta(x)} = 0$, 则称 $\alpha(x)$ 是比 $\beta(x)$ 高阶的无穷小, 或者 $\beta(x)$ 是 $\alpha(x)$ 的低阶无穷小, 记作 $\alpha = o(\beta)$.

（2）如果 $\lim\limits_{\substack{x \to x_0 \\ (x \to \infty)}} \dfrac{\alpha(x)}{\beta(x)} = C \, (C \neq 0)$, 则称 $\alpha(x)$ 是 $\beta(x)$ 的同阶无穷小; 特别地, 当 $C = 1$ 时, 称 $\alpha(x)$ 和 $\beta(x)$ 为等价无穷小量, 记为 $\alpha(x) \sim \beta(x)$.

（3）如果 $\lim\limits_{\substack{x \to x_0 \\ (x \to \infty)}} \dfrac{\alpha(x)}{\beta^k(x)} = C \, (C \neq 0, k > 0)$, 则称 $\alpha(x)$ 是关于 $\beta(x)$ 的 k 阶无穷小.

当 $x \to 0$ 时, 常见的等价无穷小有 $\sin x \sim x$, $\tan x \sim x$, $1 - \cos x \sim \dfrac{1}{2} x^2$, $\arcsin x \sim x$, $\arctan x \sim x$, $\ln(1 + x) \sim x$, $\sqrt[n]{1 + x} - 1 \sim \dfrac{1}{n} x$.

有了这些等价无穷小量, 就可使用等价无穷小量替换法来求函数的极限.

定理 1.2.15　若 $\alpha(x) \sim \alpha_1(x)$, $\beta(x) \sim \beta_1(x)$, 且 $\lim\limits_{\substack{x \to x_0 \\ (x \to \infty)}} \dfrac{\alpha_1(x)}{\beta_1(x)}$ 存在或为无穷大量, 则 $\lim\limits_{\substack{x \to x_0 \\ (x \to \infty)}} \dfrac{\alpha(x)}{\beta(x)}$ 也存在或为无穷大量, 且 $\lim\limits_{\substack{x \to x_0 \\ (x \to \infty)}} \dfrac{\alpha(x)}{\beta(x)} = \lim\limits_{\substack{x \to x_0 \\ (x \to \infty)}} \dfrac{\alpha_1(x)}{\beta_1(x)}$ (或为 ∞).

例 3　求（1）$\lim\limits_{x \to 0} \dfrac{\ln(1 + x)}{e^x - 1}$;（2）$\lim\limits_{x \to 0} \dfrac{\tan 5x}{\sin 3x}$;（3）$\lim\limits_{x \to 0} \dfrac{1 - \cos 2x}{x \sin x}$.

解　（1）因为当 $x \to 0$ 时有 $\ln(1 + x) \sim x$, $e^x - 1 \sim x$, 所以

$$\lim_{x \to 0} \frac{\ln(1+x)}{e^x - 1} = \lim_{x \to 0} \frac{x}{x} = 1 \ .$$

（2）因为当 $x \to 0$ 时有 $\tan 5x \sim 5x$，所以 $\lim\limits_{x \to 0} \dfrac{\tan 5x}{3x} = \lim\limits_{x \to 0} \dfrac{5x}{3x} = \dfrac{5}{3}$.

（3）因为当 $x \to 0$ 时有 $1 - \cos 2x \sim 2x^2$，所以 $\lim\limits_{x \to 0} \dfrac{1 - \cos 2x}{x \sin x} = \lim\limits_{x \to 0} \dfrac{2x^2}{x \sin x} = 2$.

注：做等价无穷小量替换时，在分子或分母为和式时，通常不能将和式中的某一项或若干项以其等价无穷小量替换，而应将分子或分母整体地加以替换. 若分子或分母为几个因式之积，则可以将其中的一个或某些因式以等价无穷小量替换.

例 4　求 $\lim\limits_{x \to 0} \dfrac{\tan x - \sin x}{\sin^3 x}$.

解　$\lim\limits_{x \to 0} \dfrac{\tan x - \sin x}{\sin^3 x} = \lim\limits_{x \to 0} \dfrac{\sin x \cdot \dfrac{1 - \cos x}{\cos x}}{\sin^3 x} = \lim\limits_{x \to 0} \dfrac{1}{\cos x} \cdot \dfrac{1 - \cos x}{\sin^2 x}$

$= 1 \cdot \lim\limits_{x \to 0} \dfrac{\dfrac{1}{2} x^2}{x^2} = \dfrac{1}{2}$.

此题若将 $\sin x \sim x$ 及 $\tan x \sim x$ 来做等价无穷小量替换，那么它的极限为零，显然是错误的.

二、极限的运算

前面我们已经讨论了极限、无穷小量的概念与性质，并由此可以知道一些基本初等函数的极限，但如何求初等函数的极限问题，还需要有效的求解方法.

在下面讨论中，极限记号"lim"下面没有标明自变量的变化过程，下面的定理对 $x \to x_0$ 及 $x \to \infty$ 都是成立的.

（一）极限的四则运算法则

定理 1.2.16　如果 $\lim f(x) = A$，$\lim g(x) = B$，则

（1）$\lim[f(x) \pm g(x)] = \lim f(x) \pm \lim g(x) = A \pm B$；

（2）$\lim f(x) g(x) = \lim f(x) \cdot \lim g(x) = AB$；

特别地有

① $\lim c f(x) = c \cdot \lim f(x) = cA$（$c$ 为常数）；

② $\lim[f(x)]^n = [\lim f(x)]^n = A^n$（$n$ 为自然数）；

（3）$\lim \dfrac{f(x)}{g(x)} = \dfrac{\lim f(x)}{\lim g(x)} = \dfrac{A}{B}$（$B \neq 0$）.

证明 （1）因为 $\lim f(x)=A,\lim g(x)=B$，所以

$$f(x)=A+\alpha,\quad g(x)=B+\beta,\quad 其中\lim\alpha=0,\quad \lim\beta=0,$$

于是

$$f(x)\pm g(x)=(A+\alpha)\pm(B+\beta)=(A\pm B)+(\alpha\pm\beta),$$

从而得

$$\lim[f(x)\pm g(x)]=A\pm B.$$

类似可证明此定理的(2)与(3)式.

例5 求 $\lim\limits_{x\to 1}(x^2-3x+2)$；

解 $\lim\limits_{x\to 1}(x^2-3x+2)=\lim\limits_{x\to 1}x^2-\lim\limits_{x\to 1}3x+\lim\limits_{x\to 1}2$

$$=(\lim\limits_{x\to 1}x)^2-3\lim\limits_{x\to 1}x+2=1-3+2=0.$$

例6 求(1) $\lim\limits_{x\to 3}\dfrac{x^2+1}{x-4}$；　(2) $\lim\limits_{x\to 3}\dfrac{x^2-9}{x-3}$；　(3) $\lim\limits_{x\to 2}\dfrac{2x}{x-2}$.

解 （1）$\lim\limits_{x\to 3}\dfrac{x^2+1}{x-4}=\dfrac{\lim\limits_{x\to 3}(x^2+1)}{\lim\limits_{x\to 3}(x-4)}=\dfrac{\lim\limits_{x\to 3}x^2+1}{\lim\limits_{x\to 3}x-4}$

$$=\dfrac{9+1}{3-4}=-10.$$

（2）因为 $\lim\limits_{x\to 3}(x-3)=0$，　所以不能直接用运算法则. 事实上

$$\lim\limits_{x\to 3}\dfrac{x^2-9}{x-3}=\lim\limits_{x\to 3}\dfrac{(x-3)(x+3)}{x-3}=\lim\limits_{x\to 3}(x+3)=3+3=6.$$

（3）因为 $\lim\limits_{x\to 2}(x-2)=0$，且 $\lim\limits_{x\to 2}2x=4$，所以不能直接用运算法则.

但又因为 $\lim\limits_{x\to 2}\dfrac{x-2}{2x}=0$，所以 $\lim\limits_{x\to 2}\dfrac{2x}{x-2}=\infty$（利用无穷大量与无穷小量的关系）.

例7 求(1) $\lim\limits_{x\to\infty}\dfrac{2x^2+3}{3x^2+1}$；(2) $\lim\limits_{x\to\infty}\dfrac{3x^2+x+2}{4x^3+2x+3}$；(3) $\lim\limits_{x\to\infty}\dfrac{x^2+x+1}{x+1}$.

解 （1）$\lim\limits_{x\to\infty}\dfrac{2x^2+3}{3x^2+1}=\lim\limits_{x\to\infty}\dfrac{2+\dfrac{3}{x^2}}{3+\dfrac{1}{x^2}}=\dfrac{\lim\limits_{x\to\infty}\left(2+\dfrac{3}{x^2}\right)}{\lim\limits_{x\to\infty}\left(3+\dfrac{1}{x^2}\right)}=\dfrac{2}{3}.$

（2）$\lim\limits_{x\to\infty}\dfrac{3x^2+x+2}{4x^3+2x+3}=\dfrac{\lim\limits_{x\to\infty}\left(\dfrac{3}{x}+\dfrac{1}{x^2}+\dfrac{2}{x^3}\right)}{\lim\limits_{x\to\infty}\left(4+\dfrac{2}{x^2}+\dfrac{3}{x^3}\right)}=\dfrac{0}{4}=0.$

（3）$\lim\limits_{x\to\infty}\dfrac{x^2+x+1}{x+1}=\lim\limits_{x\to\infty}\dfrac{1+\dfrac{1}{x}+\dfrac{1}{x^2}}{\dfrac{1}{x}+\dfrac{1}{x^2}}=\dfrac{\lim\limits_{x\to\infty}\left(1+\dfrac{1}{x}+\dfrac{1}{x^2}\right)}{\lim\limits_{x\to\infty}\left(\dfrac{1}{x}+\dfrac{1}{x^2}\right)}=\infty.$

注:一般地,有如下结论:

$$\lim_{x \to \infty} \frac{P_n(x)}{Q_m(x)} = \lim_{x \to \infty} \frac{b_n x^n + b_{n-1} x^{n-1} + \cdots + b_1 x + b_0}{a_m x^m + a_{m-1} x^{m-1} + \cdots + a_1 x + a_0}$$

$$= \begin{cases} \infty, & n > m, \\ \dfrac{b_n}{a_m}, & n = m, \\ 0, & n < m \end{cases} \quad (\text{其中}, m, n \text{ 为非负整数}, a_m, b_n \text{不为} 0).$$

例 8 已知生产 x 对汽车挡泥板的成本是 $C(x) = 100 + 10\sqrt{1+x^2}$(元),每对的售价为 50 元,销售 x 对汽车挡泥板的收入为 $R(x) = 50x$.

(1) 出售 $x+1$ 对比出售 x 对所产生的利润增长额为 $I(x) = [R(x+1) - C(x+1)] - [R(x) - C(x)]$,当生产稳定、产量很大时,这个增长额为 $\lim\limits_{x \to +\infty} I(x)$,试求这个极限;

(2) 生产了 x 对挡泥板时,每对的平均成本为 $\dfrac{C(x)}{x}$,同样当产品产量很大时,每对的成本大致是 $\lim\limits_{x \to +\infty} \dfrac{C(x)}{x}$,试求这个极限.

解 (1) $I(x) = [50(x+1) - (100 + 10\sqrt{1+(1+x)^2})] - [50x - (100 + 10\sqrt{1+x^2})]$

$$= 50 + 10(\sqrt{1+x^2} - \sqrt{1+(1+x)^2}),$$

求 $\lim\limits_{x \to +\infty} I(x)$,实质上是求 $\lim\limits_{x \to +\infty}(\sqrt{1+x^2} - \sqrt{1+(1+x)^2})$,而

$$\lim_{x \to +\infty}(\sqrt{1+x^2} - \sqrt{1+(1+x)^2})$$

$$= \lim_{x \to +\infty} \frac{1+x^2 - [1+(1+x)^2]}{\sqrt{1+x^2} + \sqrt{1+(1+x)^2}}$$

$$= \lim_{x \to +\infty} \frac{-2x-1}{\sqrt{1+x^2} + \sqrt{1+(1+x)^2}}$$

$$= \lim_{x \to +\infty} \frac{-2 - \dfrac{1}{x}}{\sqrt{\dfrac{1}{x^2}+1} + \sqrt{\dfrac{1}{x^2}+\left(1+\dfrac{1}{x}\right)^2}} = -1,$$

所以 $\lim\limits_{x \to +\infty} I(x) = 50 - 10 = 40$.

(2) $\lim\limits_{x \to +\infty} \dfrac{C(x)}{x} = \lim\limits_{x \to +\infty} \dfrac{100 + 10\sqrt{1+x^2}}{x} = \lim\limits_{x \to +\infty}\left(\dfrac{100}{x} + 10\sqrt{\dfrac{1}{x^2}+1}\right) = 10$.

任务导入的问题解答

莫诺德提出了废水中微生物生长速度和底物浓度之间的关系式：$\mu = \mu_{\max} \dfrac{x}{x+k}$，其中 μ 为微生物的生长速度，$\mu_{\max}$ 为微生物的最大生长速度，x 为底物的浓度，k 为半饱和常数.

根据本节所讲知识，当 x 趋于无穷大时 μ 的变化趋势可表示为

$$\lim_{x \to \infty} \mu_{\max} \frac{x}{x+k} = \lim_{x \to \infty} \mu_{\max} \cdot \frac{1}{1+\dfrac{k}{x}} = \mu_{\max} \lim_{x \to \infty} \frac{1}{1+\dfrac{k}{x}} = \mu_{\max},$$

当 x 趋于 0 时 μ 的变化趋势可表示为

$$\lim_{x \to 0} \mu_{\max} \frac{x}{x+k} = \mu_{\max} \lim_{x \to \infty} \frac{x}{x+k} = 0.$$

所以，当 $x \to \infty$ 时，$\mu \to \mu_{\max}$；当 $x \to 0$ 时，$\mu \to 0$.

（二）两个重要极限

1. 第一个重要极限：$\lim\limits_{x \to 0} \dfrac{\sin x}{x} = 1$

作单位圆（图 1-10）.

取圆心角 $\angle AOB = x$，设 $0 < x < \dfrac{\pi}{2}$，由图 1-10 可知，

$\triangle AOB$ 的面积 $<$ 扇形 AOB 的面积 $< \triangle AOD$ 的面积，

即

$$\frac{1}{2}\sin x < \frac{1}{2}x < \frac{1}{2}\tan x,$$

整理，得

图 1-10

$$\sin x < x < \tan x.$$

不等式两边同时除以 $\sin x$，取倒数，得

$$\cos x < \frac{\sin x}{x} < 1.$$

因为 $\cos x$，$\dfrac{\sin x}{x}$ 都是偶函数，所以当 x 取值范围换成区间 $\left(-\dfrac{\pi}{2}, 0\right)$ 时，不等式仍然成立.

当 $x \to 0$ 时，$\lim\limits_{x \to 0} \cos x = 1$，由夹逼准则知

$$\lim_{x \to 0} \frac{\sin x}{x} = 1.$$

微视频
第一个重要极限

注：在利用 $\lim\limits_{x \to 0} \dfrac{\sin x}{x} = 1$ 求函数的极限时，要注意使用条件：

（1）极限是 $\dfrac{0}{0}$ 型；（2）式中带有三角函数；（3）$\lim\limits_{\Delta \to 0} \dfrac{\sin \Delta}{\Delta} = 1$ 中 Δ 的变量一致，都趋向于 0.

例9 求（1）$\lim\limits_{x\to 0}\dfrac{\tan x}{x}$；（2）$\lim\limits_{x\to 0}\dfrac{1-\cos x}{x^2}$；（3）$\lim\limits_{x\to 0}\dfrac{\arctan x}{x}$.

解 （1）$\lim\limits_{x\to 0}\dfrac{\tan x}{x}=\lim\limits_{x\to 0}\dfrac{\sin x}{x}\cdot\dfrac{1}{\cos x}=\lim\limits_{x\to 0}\dfrac{\sin x}{x}\cdot\lim\limits_{x\to 0}\dfrac{1}{\cos x}=1.$

（2）$\lim\limits_{x\to 0}\dfrac{1-\cos x}{x^2}=\lim\limits_{x\to 0}\dfrac{2\sin^2\dfrac{x}{2}}{x^2}=\dfrac{1}{2}\lim\limits_{x\to 0}\dfrac{\sin^2\dfrac{x}{2}}{\left(\dfrac{x}{2}\right)^2}$

$$=\dfrac{1}{2}\left(\lim\limits_{x\to 0}\dfrac{\sin\dfrac{x}{2}}{\dfrac{x}{2}}\right)^2=\dfrac{1}{2}.$$

（3）令 $u=\arctan x$，则有 $\lim\limits_{x\to 0}\dfrac{\arctan x}{x}=\lim\limits_{u\to 0}\dfrac{u}{\tan u}=1.$ 即

$$\lim\limits_{x\to 0}\dfrac{\arctan x}{x}=1.$$

例10 求（1）$\lim\limits_{x\to 0}\dfrac{\sin 2x}{3x}$；　　（2）$\lim\limits_{x\to\infty}2x\cdot\sin\dfrac{1}{3x}$.

解 （1）$\lim\limits_{x\to 0}\dfrac{\sin 2x}{3x}=\lim\limits_{x\to 0}\dfrac{2\sin 2x}{3\cdot 2x}=\dfrac{2}{3}\lim\limits_{2x\to 0}\dfrac{\sin 2x}{2x}=\dfrac{2}{3}.$

（2）令 $\dfrac{1}{3x}=t$ 则有当 $x\to\infty$ 时，有 $t\to 0.$ 即

$$\lim\limits_{x\to\infty}2x\sin\dfrac{1}{3x}=\lim\limits_{t\to 0}2\cdot\dfrac{1}{3t}\cdot\sin t=\lim\limits_{t\to 0}\dfrac{2}{3}\cdot\dfrac{\sin t}{t}=\dfrac{2}{3}，或$$

$$\lim\limits_{x\to\infty}2x\cdot\sin\dfrac{1}{3x}=\lim\limits_{x\to\infty}2\cdot\dfrac{1}{3}\cdot\dfrac{\sin\dfrac{1}{3x}}{\dfrac{1}{3x}}=\dfrac{2}{3}.$$

2. 第二个重要极限：$\lim\limits_{x\to\infty}\left(1+\dfrac{1}{x}\right)^x=\mathrm{e}$

证明从略. 证明思路是首先用单调有界定理证明 $\lim\limits_{n\to\infty}\left(1+\dfrac{1}{n}\right)^n$ 的极限存在，且将其记为

$\lim\limits_{n\to\infty}\left(1+\dfrac{1}{n}\right)^n=\mathrm{e}$，其次说明 $\lim\limits_{x\to\infty}\left(1+\dfrac{1}{x}\right)^x$ 也存在并与 $\lim\limits_{n\to\infty}\left(1+\dfrac{1}{n}\right)^n$ 相等，从而有 $\lim\limits_{x\to\infty}\left(1+\dfrac{1}{x}\right)^x=\mathrm{e}$.

注：在利用 $\lim\limits_{x\to\infty}\left(1+\dfrac{1}{x}\right)^x=\mathrm{e}$ 求函数极限时，要注意使用条件：

（1）极限是 1^∞ 型；（2）$\lim\limits_{\Delta\to\infty}\left(1+\dfrac{1}{\Delta}\right)^\Delta=\mathrm{e}$ 和 $\lim\limits_{\Delta\to 0}(1+\Delta)^{\frac{1}{\Delta}}=\mathrm{e}$ 中 Δ 的变量一致，且括号内 $\dfrac{1}{\Delta}$

与括号右上角处 Δ 互为倒数.

例 11 求（1）$\lim\limits_{x\to\infty}\left(1+\dfrac{1}{x}\right)^{2x}$；（2）$\lim\limits_{x\to\infty}\left(1-\dfrac{4}{x}\right)^{2x}$；（3）$\lim\limits_{x\to\infty}\left(\dfrac{2x+3}{2x+1}\right)^{x}$.

解　（1）$\lim\limits_{x\to\infty}\left(1+\dfrac{1}{x}\right)^{2x}=\lim\limits_{x\to\infty}\left[\left(1+\dfrac{1}{x}\right)^{x}\right]^{2}=\mathrm{e}^{2}.$

（2）$\lim\limits_{x\to\infty}\left(1-\dfrac{4}{x}\right)^{2x}=\lim\limits_{x\to\infty}\left[\left(1+\dfrac{1}{-\dfrac{x}{4}}\right)^{-\frac{x}{4}}\right]^{-8}=\mathrm{e}^{-8}.$

（3）$\lim\limits_{x\to\infty}\left(\dfrac{2x+3}{2x+1}\right)^{x}=\lim\limits_{x\to\infty}\left(1+\dfrac{2}{2x+1}\right)^{x}$，令 $\dfrac{2}{2x+1}=\dfrac{1}{t}$，且当 $x\to\infty$ 时，$t\to\infty$，所以

$$\lim\limits_{x\to\infty}\left(\dfrac{2x+3}{2x+1}\right)^{x}=\lim\limits_{t\to\infty}\left(1+\dfrac{1}{t}\right)^{t-\frac{1}{2}}=\lim\limits_{t\to\infty}\dfrac{\left(1+\dfrac{1}{t}\right)^{t}}{\sqrt{1+\dfrac{1}{t}}}=\mathrm{e}.$$

另解

$$\lim\limits_{x\to\infty}\left(\dfrac{2x+3}{2x+1}\right)^{x}=\lim\limits_{x\to\infty}\left(\dfrac{1+\dfrac{3}{2x}}{1+\dfrac{1}{2x}}\right)^{x}=\lim\limits_{x\to\infty}\dfrac{\left(1+\dfrac{3}{2x}\right)^{x}}{\left(1+\dfrac{1}{2x}\right)^{x}}=\dfrac{\lim\limits_{x\to\infty}\left(1+\dfrac{3}{2x}\right)^{\frac{2x}{3}\cdot\frac{3}{2}}}{\lim\limits_{x\to\infty}\left(1+\dfrac{1}{2x}\right)^{2x\cdot\frac{1}{2}}}$$

$$=\dfrac{\mathrm{e}^{\frac{3}{2}}}{\mathrm{e}^{\frac{1}{2}}}=\mathrm{e}.$$

一般地有　$\lim\limits_{x\to\infty}\left(1+\dfrac{a}{x}\right)^{x}=\mathrm{e}^{a}$，$\lim\limits_{x\to0}(1+ax)^{\frac{1}{x}}=\mathrm{e}^{a}$，$\lim\limits_{x\to\infty}\left(1+\dfrac{a}{x}\right)^{bx}=\mathrm{e}^{ab}$，

$\lim\limits_{x\to0}(1+ax)^{\frac{b}{x}}=\mathrm{e}^{ab}$，$\lim\limits_{x\to\infty}\left(\dfrac{x+a}{x+b}\right)^{x}=\dfrac{\mathrm{e}^{a}}{\mathrm{e}^{b}}=\mathrm{e}^{a-b}$，$\lim\limits_{v(x)\to\infty}\left[1+\dfrac{1}{v(x)}\right]^{v(x)}=\mathrm{e}.$

 任务训练

1. 由本节所学的内容，可归纳出多少种的求极限方法？分别是什么？

2. 列出无穷小的几个性质.

文档
扫一扫，看答案

 思考题

利用单调有界准则求证极限：设 $x_1=10$，$x_{n+1}=\sqrt{6+x_n}$（$n=1,2,\cdots$），证明数列 $\{x_n\}$ 有极限，并求出该极限.

1.3 连续函数

任务导入

据中国纺织工业联合会统计,2018 年度、2019 年度,纺织行业景气度总体处于扩张区间,2019 年第四季度纺织行业景气指数为 55.2,达到全年景气度最高值.2020 年中国纺织行业面临的外部形势更加复杂严峻,全球经济风险点增多的复杂局面与国内结构性问题等仍存在.但 2020 年第四季度,随着我国疫情防控和经济社会发展各项工作有效推进,我国纺织行业总体景气指数向好,达到 61.3,比第三季度景气指数略低 0.2 个点,企业对第四季度行业运行信心与第三季度基本持平,呈现较好趋势.图 1-11 呈现了 2014—2020 年我国纺织行业景气指数变化的情况.

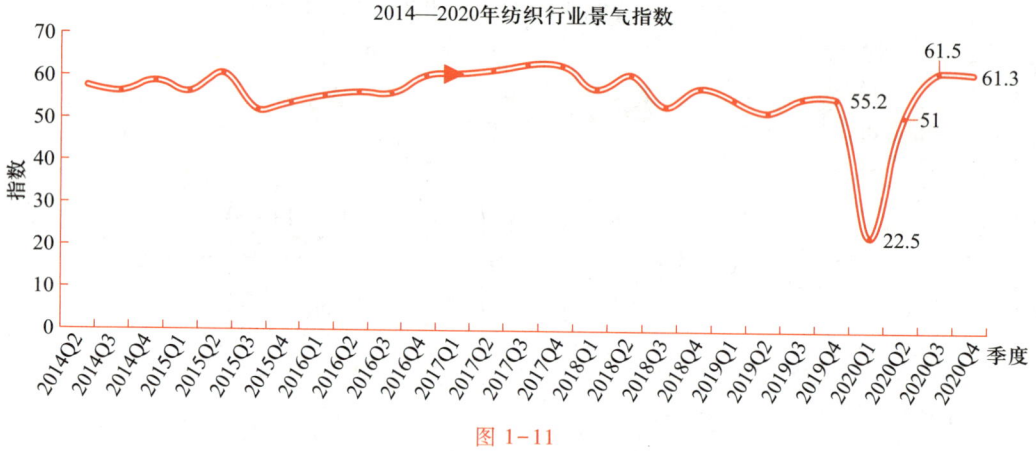

图 1-11

我国纺织行业景气度变化是一条连续不断的曲线,那么数学中连续如何定义呢?

一、连续函数的概念

连续性是函数的重要性态之一. 它不仅是研究函数的重要内容,而且具有广泛的应用. 自然界中有许多现象,如气温的变化、河水的流动、植物的生长等都是连续变化着的,这种现象在函数关系上的反映就是函数的连续性. 例如,就气温的变化来看,当时间变动很小时,气温的变化也很小,这种特点就是所谓的连续性. 那么如何准确地描述函数的连续性呢?

定义 1.3.1 设函数 $y=f(x)$ 在点 x_0 的某个邻域内有定义,如果有 $\lim\limits_{x \to x_0} f(x)=f(x_0)$,则称函数 $y=f(x)$ 在点 x_0 处连续,称 x_0 为函数 $y=f(x)$ 的连续点.

设变量 x 从它的一个初值 x_0 变到终值 x,终值与初值的差 $x-x_0$ 就叫做变量 x 的增量,记为 $\Delta x=x-x_0$,增量 Δx 可正可负.若函数 $y=f(x)$ 在点 x_0 的邻域内有定义,当自变量 x 在邻域内从 x_0 变到 $x_0+\Delta x$ 时,函数 y 相应地从 $f(x_0)$ 变到 $f(x_0+\Delta x)$,其函数对应的增量为 $\Delta y=f(x_0+\Delta x)-f(x_0)$,称之为函数 $y=f(x)$ 在 x_0 处的增量.那么定义 1.3.1 也可以叙述为:

高等数学(轻工纺织类)

定义 1.3.2 设函数 $y=f(x)$ 在点 x_0 的某个邻域内有定义,且 $\lim\limits_{\Delta x \to 0}\Delta y = 0$,即 $\lim\limits_{\Delta x \to 0}[f(x_0+\Delta x)-f(x_0)]=0$,则称函数 $y=f(x)$ 在点 x_0 处连续.

这表明函数 $y=f(x)$ 在点 x_0 处连续的直观意义是:当自变量的增量很小时,函数相应的增量也很小. 函数 $y=f(x)$ 在点 x_0 处连续具有三层含义:函数 $y=f(x)$ 在点 x_0 处有定义、在点 x_0 处极限存在且极限值与该点的函数值相等.

设函数 $y=f(x)$ 在点 x_0 的 $(x_0-\delta,x_0]$(或$[x_0,x_0+\delta)$)上有定义,如果有 $\lim\limits_{x \to x_0^-}f(x)=f(x_0)$(或 $\lim\limits_{x \to x_0^+}f(x)=f(x_0)$),则称函数 $y=f(x)$ 在点 x_0 处左连续(或右连续). 由此可知,函数 $y=f(x)$ 在点 x_0 处连续的充要条件是函数 $y=f(x)$ 在点 x_0 处既左连续又右连续.

定义 1.3.3 若函数 $y=f(x)$ 在 (a,b) 内各点处均连续,则称函数 $y=f(x)$ 在 (a,b) 内连续. 若函数 $y=f(x)$ 在 (a,b) 内连续,且在 a 点右连续,在 b 点左连续,则称函数 $y=f(x)$ 在 $[a,b]$ 上连续.

连续函数的几何意义是函数 $y=f(x)$ 的曲线在相应的区间上是连续不断的.

例 1 证明函数 $y=\sin x$ 在 $(-\infty,+\infty)$ 内连续.

证明 对任意的 $x_0 \in (-\infty,+\infty)$,有

$$\Delta y = f(x_0+\Delta x)-f(x_0)$$

$$= \sin(x_0+\Delta x)-\sin x_0 = 2\cos\left(x_0+\frac{\Delta x}{2}\right)\cdot\sin\frac{\Delta x}{2},$$

所以 $\lim\limits_{\Delta x \to 0}\Delta y = \lim\limits_{\Delta x \to 0}\left[2\cos\left(x_0+\frac{\Delta x}{2}\right)\cdot\sin\frac{\Delta x}{2}\right]$

$$= \lim\limits_{\Delta x \to 0}\frac{\sin\frac{\Delta x}{2}}{\frac{\Delta x}{2}}\cdot\lim\limits_{\Delta x \to 0}\left[\Delta x\cdot\cos\left(x_0+\frac{\Delta x}{2}\right)\right] = 1\times 0 = 0.$$

因此,函数 $y=\sin x$ 在 x_0 处连续,又由于 x_0 的任意性,故函数 $y=\sin x$ 在 $(-\infty,+\infty)$ 内连续.

例 2 设函数 $f(x)=\begin{cases} \sin x, & x<\frac{\pi}{2}, \\ a+x, & x\geq\frac{\pi}{2} \end{cases}$ 在 $x=\frac{\pi}{2}$ 处连续,求 a 的值.

解 因为 $\lim\limits_{x \to \frac{\pi}{2}^-}f(x) = \lim\limits_{x \to \frac{\pi}{2}^-}\sin x = 1$,而 $\lim\limits_{x \to \frac{\pi}{2}^+}f(x) = \lim\limits_{x \to \frac{\pi}{2}^+}(a+x) = a+\frac{\pi}{2}$,且 $f\left(\frac{\pi}{2}\right) = a+\frac{\pi}{2}$,要使函数 $f(x)$ 在 $x=\frac{\pi}{2}$ 处连续,必须 $\lim\limits_{x \to \frac{\pi}{2}^-}f(x) = \lim\limits_{x \to \frac{\pi}{2}^+}f(x) = f\left(\frac{\pi}{2}\right)$,即 $a+\frac{\pi}{2} = 1$,所以 $a = 1-\frac{\pi}{2}$.

二、函数的间断点

定义 1.3.4 设函数 $y=f(x)$ 在点 x_0 的一个去心邻域内有定义,如果函数 $y=f(x)$ 有下列三种情形之一:(1) 在 $x=x_0$ 没有定义;(2) 虽有定义却无极限;(3) 虽有定义,且 $\lim\limits_{x\to x_0}f(x)$ 存在,但 $\lim\limits_{x\to x_0}f(x)\neq f(x_0)$,那么函数 $f(x)$ 在点 x_0 处不连续,而称点 x_0 是函数 $y=f(x)$ 的间断点或不连续点,也称函数 $y=f(x)$ 在该点处间断.

第一类间断点 若 x_0 是函数 $y=f(x)$ 的间断点,且 $\lim\limits_{x\to x_0^-}f(x)$ 和 $\lim\limits_{x\to x_0^+}f(x)$ 都存在,则称 x_0 为 $y=f(x)$ 的第一类间断点. 即左、右极限都存在的间断点为第一类间断点. 特别地,左、右极限存在且相等的间断点称为可去间断点.

例 3 判断函数 $f(x)=\dfrac{x^2-1}{x-1}$ 的连续性.

解 因为 $y=\dfrac{x^2-1}{x-1}$ 在 $x=1$ 无定义,所以 $x=1$ 是间断点.

又因为 $\lim\limits_{x\to 1}\dfrac{x^2-1}{x-1}=\lim\limits_{x\to 1}(x+1)=2$,所以 $x=1$ 是可去间断点.

而函数 $f(x)$ 是初等函数,则函数 $f(x)$ 除点 $x=1$ 外是连续的.

例 4 判断 $f(x)=\begin{cases} x-1, & x<0, \\ 0, & x=0, \\ x+1, & x>0 \end{cases}$ 在 $x=0$ 处的连续性.

解 因为 $\lim\limits_{x\to 0^-}f(x)=\lim\limits_{x\to 0^-}(x-1)=-1$,$\lim\limits_{x\to 0^+}f(x)=\lim\limits_{x\to 0^+}(x+1)=1$,故 $x=0$ 是函数 $f(x)$ 的第一类间断点.

第二类间断点 若 x_0 是函数 $y=f(x)$ 的间断点,且 $\lim\limits_{x\to x_0^-}f(x)$ 和 $\lim\limits_{x\to x_0^+}f(x)$ 中至少有一个不存在,则称 x_0 为 $y=f(x)$ 的第二类间断点. 即左、右极限中至少有一个不存在的间断点为第二类间断点.

例 5 讨论函数 $y=\sin\dfrac{1}{x}$ 在 $x=0$ 处的连续性.

解 因为函数 $y=\sin\dfrac{1}{x}$ 在 $x=0$ 处无定义,所以 $x=0$ 是间断点.

又因为 $\lim\limits_{x\to 0^+}\sin\dfrac{1}{x}$ 不存在,故 $x=0$ 是函数 $f(x)$ 的第二类间断点.

今后,我们讨论函数在某点是连续的还是间断的,就简称为讨论函数在指定点处的连续性. 对于间断点,则应指出间断点的类型. 讨论函数在区间上的连续性时,则应该指出连续区间和间断点.

三、连续函数的性质

根据函数连续的定义,容易知道:基本初等函数在其定义域内连续.

(一) 连续函数的基本性质

定理 1.3.1 若函数 $f(x)$ 和 $g(x)$ 均在 x_0 处连续,则 $f(x)\pm g(x)$、$f(x)g(x)$ 在 x_0 处均连续,又若 $g(x_0)\ne 0$,则 $\dfrac{f(x)}{g(x)}$ 在 x_0 处也连续.

说明:此定理的证明只需用极限的四则运算法则和连续的概念即可.同时该定理可以推广到有限个函数运算的情形.

定理 1.3.2 设函数 $y=f(u)$ 在 u_0 处连续,函数 $u=\varphi(x)$ 在 x_0 处连续,且 $u_0=\varphi(x_0)$,则复合函数 $y=f[\varphi(x)]$ 在 x_0 处连续.

证明略. 该定理可以推广到有限个函数的复合运算的情形.

定理 1.3.3 若函数 $y=f(x)$ 在某区间上单调递增(或单调递减)且连续,那么它的反函数 $x=f^{-1}(y)$ 也在对应的区间上单调递增(单调递减)且连续.

综上所述,我们可以得到关于初等函数连续性的重要结论:

定理 1.3.4 初等函数在其定义区间内连续.

由定理 1.3.4 知,求初等函数在其定义区间内某一点处的极限时,只需要计算它在该点的函数值即可.

例 6 求 $(1)\ \lim\limits_{x\to 3}\sqrt{\dfrac{x-3}{x^2-9}}$;$(2)\ \lim\limits_{x\to a}\dfrac{\tan x-\tan a}{x-a}\left(a\ne k\pi+\dfrac{\pi}{2},k\in\mathbf{N}\right)$;$(3)\ \lim\limits_{x\to 0}\dfrac{\sqrt{1+x^2}-1}{x}$.

解 (1) 令 $u=\dfrac{x-3}{x^2-9}$,则 $y=\sqrt{u}$,又因为 $\lim\limits_{x\to 3}u=\lim\limits_{x\to 3}\dfrac{x-3}{x^2-9}=\dfrac{1}{6}$,而函数 $y=\sqrt{u}$ 在点 $u=\dfrac{1}{6}$ 连续,所以 $\lim\limits_{x\to 3}\sqrt{\dfrac{x-3}{x^2-9}}=\sqrt{\lim\limits_{x\to 3}\dfrac{x-3}{x^2-9}}=\sqrt{\dfrac{1}{6}}=\dfrac{\sqrt{6}}{6}$;

$(2)\ \lim\limits_{x\to a}\dfrac{\tan x-\tan a}{x-a}=\lim\limits_{x\to a}\dfrac{\dfrac{\sin x}{\cos x}-\dfrac{\sin a}{\cos a}}{x-a}$

$\qquad=\lim\limits_{x\to a}\dfrac{\sin(x-a)}{(x-a)\cos a\cos x}=\lim\limits_{x\to a}\dfrac{\sin(x-a)}{x-a}\lim\limits_{x\to a}\dfrac{1}{\cos x\cos a}$

$\qquad=\dfrac{1}{\cos^2 a}$;

$(3)\ \lim\limits_{x\to 0}\dfrac{\sqrt{1+x^2}-1}{x}=\lim\limits_{x\to 0}\dfrac{(\sqrt{1+x^2}-1)(\sqrt{1+x^2}+1)}{x(\sqrt{1+x^2}+1)}$

$\qquad=\lim\limits_{x\to 0}\dfrac{x}{\sqrt{1+x^2}+1}=\dfrac{0}{2}=0.$

例7 求 (1) $\lim\limits_{x\to 0}\dfrac{\ln(1+x)}{x}$; (2) $\lim\limits_{x\to 0}\dfrac{e^x-1}{x}$.

解 (1) $\lim\limits_{x\to 0}\dfrac{\ln(1+x)}{x}=\lim\limits_{x\to 0}\ln(1+x)^{\frac{1}{x}}=\ln\lim\limits_{x\to 0}(1+x)^{\frac{1}{x}}=1$.

(2) 令 $u=e^x-1$,则 $x=\ln(1+u)$,当 $x\to 0$ 时 $u\to 0$.所以

$$\lim\limits_{x\to 0}\dfrac{e^x-1}{x}=\lim\limits_{u\to 0}\dfrac{u}{\ln(1+u)}=1.$$

例8 求 $\lim\limits_{x\to\infty}\left(1+\dfrac{1}{x-1}\right)^{2x}$.

解 $\lim\limits_{x\to\infty}\left(1+\dfrac{1}{x-1}\right)^{2x}=\lim\limits_{x\to\infty}e^{\ln\left(1+\frac{1}{x-1}\right)^{2x}}=\lim\limits_{x\to\infty}e^{2x\ln\left(1+\frac{1}{x-1}\right)}$

$$=e^{\lim\limits_{x\to\infty}\frac{2x}{x-1}(x-1)\ln\left(1+\frac{1}{x-1}\right)}=e^{\lim\limits_{x\to\infty}\frac{2x}{x-1}\cdot\frac{\ln\left(1+\frac{1}{x-1}\right)}{\frac{1}{x-1}}}=e^2.$$

（二）闭区间上连续函数的性质

定理 1.3.5(最大值和最小值定理) 若函数 $y=f(x)$ 在闭区间 $[a,b]$ 上连续,则

(1) 在 $[a,b]$ 上至少存在一点 ξ_1,使得对于任意 $x\in[a,b]$,恒有 $f(\xi_1)\geqslant f(x)$;

(2) 在 $[a,b]$ 上至少存在一点 ξ_2,使得对于任意 $x\in[a,b]$,恒有 $f(\xi_2)\leqslant f(x)$.

其中 $f(\xi_1),f(\xi_2)$ 分别称为函数 $y=f(x)$ 在闭区间 $[a,b]$ 上的最大值和最小值.

推论 若函数 $y=f(x)$ 在闭区间 $[a,b]$ 上连续,则函数 $y=f(x)$ 在闭区间 $[a,b]$ 上有界.

定理 1.3.6(介值定理) 若函数 $y=f(x)$ 在闭区间 $[a,b]$ 上连续,则它在 $[a,b]$ 上能取得介于最大值和最小值之间的任何数.

推论(根的存在定理) 若函数 $y=f(x)$ 在闭区间 $[a,b]$ 上连续,且 $f(a)\cdot f(b)<0$,则至少存在一点 $c\in(a,b)$,使得 $f(c)=0$.

注:定理及推论中的条件是充分的,要使结论成立,条件缺一不可.

 **知识链接**

介值定理的提出者——伯纳德·波尔查诺

波尔查诺是微积分严格化的先驱,他第一个给出了连续函数的严格定义.在数学分析中,关于有界实数数列的波尔查诺-魏尔斯特拉斯定理和关于闭区间上连续函数的零点定理以他命名.波尔查诺曾率先构造出了一种处处连续却处处不存在导数的奇怪函数.后来,魏尔斯特拉斯在 1861 年也发现了类似的函数并引发轰动(但魏尔斯特拉斯直到 1874 年才将其发表),人们称其为魏尔斯特拉斯函数.波尔查诺的发现不但更早(早了 30 年),而且只用了无穷次折线逼近的直观化方法,比魏尔斯特拉斯的方法更简单明了.

波尔查诺并不认为微积分学中常说的"无穷大量"和"无穷小量"是一种实实在在的数学量.他和伽利略一样都注意到了无穷集合可以与自身的子集建立一一对应(即希尔伯特旅馆悖论),并都为无穷集具有这种违反直觉的性质而感到困惑和不安.波尔查诺尝试将无穷集的合理性寄托于神学论证.

例 9 证明方程 $x^3-4x^2+1=0$ 在 $(0,1)$ 内至少有一个根.

证明 因为 $f(x)=x^3-4x^2+1$ 在区间 $[0,1]$ 上连续,且 $f(0)=1>0$, $f(1)=-2<0$,由介值定理知,至少存在一点 $\xi\in(0,1)$,使得 $f(\xi)=0$ 成立,即方程 $x^3-4x^2+1=0$ 在区间 $(0,1)$ 至少有一个根 ξ.

 任务训练

1. 函数在某点处连续的充要条件是什么?

2. 函数间断点类型如何判断?

文档
扫一扫,看答案

 思考题

"若函数 $f(x)$ 在 $x\to x_0$ 时有极限,则 $f(x)$ 在 x_0 处一定连续."是否正确?

请说明理由.

习题一

一、基础练习

1. 求下列函数的定义域.

(1) $y = \sqrt{1-x^2}$;

(2) $y = \dfrac{1}{1+x} + \sqrt{4-x^2}$;

(3) $y = \ln \dfrac{x-x^2}{2}$;

(4) $y = \arcsin \dfrac{x-3}{4}$.

2. 下列各题中,函数 $f(x)$ 和 $g(x)$ 是否相同,为什么?

(1) $f(x) = \lg x^4, g(x) = 4\lg x$;

(2) $f(x) = |x|, g(x) = \sqrt{x^2}$.

3. 设 $f(x+1) = x^2 + 3x + 5$,求 $f(x)$, $f(x-1)$.

4. 判断下列函数的奇偶性.

(1) $y = \sin x \cdot \tan x$;

(2) $y = \lg(x + \sqrt{x^2+1})$.

5. 下列函数中哪些是周期函数? 如果是,确定其周期.

(1) $y = \sin(x+1)$;

(2) $y = \cos 2x$.

6. 求下列函数的反函数.

(1) $y = \sqrt[3]{x-1}$;

(2) $y = \dfrac{e^x}{1+e^x}$.

7. 下列函数是由哪些函数复合而成的?

(1) $y = \sin(3x+1)$;

(2) $y = \ln(\arcsin(x+1))$.

8. 根据数列的变化趋势,求下列数列的极限:

(1) $u_n = (-1)^n \dfrac{1}{n^2}$;

(2) $u_n = \dfrac{2^n + (-1)^n}{2^n}$.

9. 根据数列极限的定义,证明:

(1) $\lim\limits_{n\to\infty} \dfrac{1}{n^2} = 0$;

(2) $\lim\limits_{n\to\infty} \dfrac{n-1}{3n+1} = \dfrac{1}{3}$.

10. 根据函数极限的定义,证明:

(1) $\lim\limits_{x\to-2} \dfrac{x^2-4}{x+2} = -4$;

(2) $\lim\limits_{x\to2}(2x-1) = 3$.

11. 求下列函数在指定点处的左、右极限,并判断函数在该点处极限是否存在.

(1) $f(x) = \dfrac{|x|}{x}$,在 $x=0$ 处;

(2) $f(x)=\begin{cases}\cos x, & x>0, \\ 1+x, & x<0\end{cases}$ 在 $x=0$ 处.

12. 指出下列函数在什么情况下是无穷小，什么情况下是无穷大.

(1) $f(x)=\dfrac{x+1}{x-1}$;　　　　　　　　(2) $f(x)=\ln x$.

13. 证明：

(1) $\lim\limits_{n\to\infty}\sqrt{1+\dfrac{1}{n}}=1$;

(2) $\lim\limits_{n\to\infty}\left(\dfrac{n}{n^2+1}+\dfrac{n}{n^2+2}+\cdots+\dfrac{n}{n^2+n}\right)=1$.

14. 求下列极限：

(1) $\lim\limits_{x\to1}(2x^2+x-3)$;　　　　　　(2) $\lim\limits_{x\to2}\dfrac{x^3+8}{x-2}$;

(3) $\lim\limits_{x\to1}\dfrac{x^2-2x+1}{x^2-1}$;　　　　　(4) $\lim\limits_{x\to\infty}\left(1-\dfrac{1}{x}+\dfrac{2}{x^2}\right)$;

(5) $\lim\limits_{n\to\infty}\dfrac{1+\dfrac{1}{2}+\cdots+\dfrac{1}{2^n}}{1+\dfrac{1}{3}+\cdots+\dfrac{1}{3^n}}$;　　　(6) $\lim\limits_{x\to\infty}\dfrac{x^2+1}{3x^2+x+1}$;

(7) $\lim\limits_{x\to+\infty}(\sqrt{x^2+1}-\sqrt{x^2-1})$;　　(8) $\lim\limits_{x\to+\infty}\dfrac{3^{x+1}+1}{3^x+2}$;

(9) $\lim\limits_{n\to\infty}\dfrac{n(n+1)(n+2)}{2n^3}$;　　　(10) $\lim\limits_{x\to0}(\sin 2x)^3$;

(11) $\lim\limits_{x\to\alpha}\dfrac{\tan x-\tan\alpha}{x-\alpha}$;　　　　(12) $\lim\limits_{x\to\infty}\left(1+\dfrac{1}{x}\right)^{\frac{x}{3}}$.

15. 用定义证明 $y=\cos x$ 在 $(-\infty,+\infty)$ 内是连续的.

16. 讨论下列函数在指定点处的连续性，如果间断，说明间断点的类型；如果是可去间断点，补充或改变函数的定义使其连续.

(1) $y=\dfrac{x^2-1}{x^2-2x-3}$，在 $x=-1,x=1,x=3$ 处；

(2) $y=\begin{cases}\dfrac{\tan 2x}{x}, & x\neq0, \\ 0, & x=0\end{cases}$ 在 $x=0$ 处.

17. 已知函数 $f(x)=\begin{cases}\dfrac{\ln(1-3x)}{bx}, & x<0, \\ 2, & x=0, \\ \dfrac{\sin ax}{x}, & x>0\end{cases}$ 在 $x=0$ 处连续，求 a 和 b 的值.

18. 证明：若 $f(x)$ 与 $g(x)$ 都在 $[a,b]$ 上连续，且 $f(a)<g(a)$，$f(b)>g(b)$，则存在点 $c\in(a,b)$，使得 $f(c)=g(c)$.

二、提高练习

1. 求下列函数的定义域.

（1）$y=\sqrt{x^2(x-2)}+\arcsin\dfrac{x-1}{3}$；　　　　（2）$y=\sqrt{\log_2 x}$；

（3）$y=\ln(5x+1)$；　　　　（4）$y=\sqrt{\sin x}-\sqrt{36-x^2}$；

（5）$y=f(x-1)+f(x+1)$，已知 $f(t)$ 的定义域为 $(0,3)$；

（6）$y=\begin{cases}2x, & -1\leqslant x<0,\\ 1-3x, & x>0.\end{cases}$

2. 设 $f\left(x+\dfrac{1}{x}\right)=x^2+\dfrac{1}{x^2}$，求 $f(x)$，$f\left(x-\dfrac{1}{x}\right)$.

3. 求下列函数的反函数.

（1）$y=2^{3x-1}$；　　　　（2）$y=\sin 2x$；

（3）$y=\dfrac{1-2x}{1+2x}$；　　　　（4）$y=\ln(x+\sqrt{x^2+1})$.

4. 求下列函数的极限.

（1）$\lim\limits_{x\to 2}\dfrac{x+1}{x^2-3}$；　　　　（2）$\lim\limits_{x\to -2}\dfrac{x^3+8}{x+2}$；

（3）$\lim\limits_{x\to 0}\dfrac{\sqrt{x^2+1}-1}{2x^2}$；　　　　（4）$\lim\limits_{n\to\infty}\dfrac{n^3-5n+8}{2n^2+n+1}$；

（5）$\lim\limits_{h\to 0}\dfrac{(x+h)^2-x^2}{h}$；　　　　（6）$\lim\limits_{x\to\infty}(\sqrt{x^2+1}-\sqrt{x^2-1})$；

（7）$\lim\limits_{x\to\infty}\dfrac{(3x+1)^3(x+2)^2}{(3x+2)^5}$；　　　　（8）$\lim\limits_{x\to 0}\dfrac{1-\cos 2x}{x\ln(1+x)}$；

（9）$\lim\limits_{x\to 0}\dfrac{\tan x-\sin x}{x\sin^2 x}$；　　　　（10）$\lim\limits_{x\to\pi}\dfrac{x-\pi}{\sin(x-\pi)}$；

（11）$\lim\limits_{x\to\infty}\left(1+\dfrac{5}{x}\right)^x$；　　　　（12）$\lim\limits_{x\to\infty}\left(\dfrac{x}{x-1}\right)^x$；

（13）$\lim\limits_{x\to\infty}\left(\dfrac{3+x}{6+x}\right)^{\frac{x-1}{2}}$；　　　　（14）$\lim\limits_{x\to\frac{\pi}{2}}(1+2\cos x)^{3\sec x}$；

（15）$\lim\limits_{x\to 0}\dfrac{\ln(1-2x)}{x}$；　　　　（16）$\lim\limits_{x\to 0}\dfrac{\arcsin x}{2x}$；

（17）$\lim\limits_{x\to\infty}\left(1-\dfrac{k}{x}\right)^x\ (k\neq 0)$；　　　　（18）$\lim\limits_{n\to\infty}2^n\sin\dfrac{x}{2^n}\ (x\neq 0)$.

5. 求极限 $\lim\limits_{n \to \infty}\left(\dfrac{1}{\sqrt{n^2+1}} + \dfrac{1}{\sqrt{n^2+2}} + \cdots + \dfrac{1}{\sqrt{n^2+n}}\right)$.

6. 设 $\lim\limits_{x \to 1}\dfrac{x^2+ax+b}{1-x} = 5$，求 a, b 的值.

7. 指出下列函数的间断点，并指出间断点类型.

（1）$f(x) = \dfrac{e^{\frac{1}{x}}-1}{e^{\frac{1}{x}}+1}$；

（2）$f(x) = \dfrac{x^2-1}{x(x-1)}$.

8. 已知 $\lim\limits_{x \to \infty}\left(\dfrac{x+c}{x-c}\right)^{\frac{x}{2}} = 4$，求常数 c.

9. 证明：方程 $x = a\sin x + b\,(a>0, b>0)$ 至少有一个正根，且它不超过 $a+b$.

第 2 章
导数及其应用

　　微分、积分是微积分的两个重要组成部分,其中研究导数、微分及其应用的部分称为微分学.导数反映函数相对于自变量变化的快慢程度,即变化率.本章主要讨论导数的概念、计算方法,以及简单应用.

2.1 导数的概念

经济学家经常把一个函数的导数称为该函数的边际值,例如,某工厂生产一种产品,它的成本函数是 $y=f(x)$,即生产 x 单位产品所花费的成本是 $f(x)$ 元.现在生产了 $x+\Delta x$ 单位产品,所用的成本是 $f(x+\Delta x)=y+\Delta y$,于是每多生产一单位产品,平均要用成本 $\dfrac{\Delta y}{\Delta x}$ 元,称 $\lim\limits_{\Delta x \to 0}\dfrac{\Delta y}{\Delta x}$ 为边际成本,边际成本表示了在生产 x 单位产品与 $x+\Delta x$ 单位产品之间,每生产一单位产品所需成本的近似值,它在经济学中的重要性是利用它可以较快估计或预测比现状再多生产一单位产品所需的成本.当函数 $y=f(x)$ 代表收益时,它的导数 $f'(x)$ 就是边际收益,它可以估计在销售了 x 单位商品后,再多销售一单位商品所得收益的近似值.当函数 $y=f(x)$ 代表利润时,$f'(x)$ 就是边际利润,它可以估计在销售了 x 单位商品后再多销售一单位商品所得利润的近似值.

某企业生产一种产品,每天的总利润 $P(x)$(元)与产量 $x(t)$ 之间的函数关系为 $P(x)=250x-5x^2$,求其边际利润,并求其产量分别为 10 t、25 t 和 30 t 时的利润.这里的边际利润就是 $P(x)$ 的导数,本节将研究学习函数导数的相关概念.

一、一个引例

为了引入导数概念,我们先讨论一个物体的自由落体运动问题.

> **引例** 一物体作自由落体运动,求此物体在 $t=t_0$ 时的瞬时速度 v_{t_0}(自由落体的运动规律:$s(t)=\dfrac{1}{2}gt^2$.

解 首先取从 $t=t_0$ 到 $t=t_0+\Delta t$ 这样一个时间间隔,在这段时间内,物体从 $s(t_0)=\dfrac{1}{2}gt_0^2$ 运动到 $s(t_0+\Delta t)=\dfrac{1}{2}g(t_0+\Delta t)^2$,物体的平均速度为

$$\frac{\Delta s}{\Delta t}=\frac{s(t_0+\Delta t)-s(t_0)}{(t_0+\Delta t)-t_0}$$

$$=\frac{\dfrac{1}{2}g(t_0+\Delta t)^2-\dfrac{1}{2}gt_0^2}{(t_0+\Delta t)-t_0}=\left(gt_0+\frac{1}{2}g\Delta t\right).$$

如果这个时间间隔足够短,上述平均速度就可用来表示物体在时刻 $t=t_0$ 的瞬时速度.

更确切地，当 $\Delta t \to 0$ 时，

$$\lim_{\Delta t \to 0} \frac{\Delta s}{\Delta t} = \lim_{\Delta t \to 0} \frac{s(t_0 + \Delta t) - s(t_0)}{\Delta t}$$

$$= \lim_{\Delta t \to 0} \frac{\frac{1}{2}g(t_0 + \Delta t)^2 - \frac{1}{2}gt_0^2}{\Delta t}$$

$$= \lim_{\Delta t \to 0}\left(gt_0 + \frac{1}{2}g\Delta t \right)$$

$$= gt_0,$$

这个极限值称为物体在时刻 $t = t_0$ 的瞬时速度.

一般地，在变速直线运动中，路程 s 与时间 t 的函数关系为 $s = s(t)$，当 $\Delta t \to 0$ 时，平均速度 $\bar{v}$ 的极限就定义为物体在时刻 t 的瞬时速度：

$$v = \lim_{\Delta t \to 0} \frac{\Delta s}{\Delta t} = \lim_{\Delta t \to 0} \frac{s(t + \Delta t) - s(t)}{\Delta t},$$

瞬时速度 v 反映了路程函数 $s(t)$ 对于时间 t 变化的快慢程度，也就是对于自变量的变化率.

知识链接

艾萨克·牛顿（1643—1727），爵士，英国皇家学会会长，英国著名的物理学家、数学家，百科全书式的"全才"，著有《自然哲学的数学原理》《光学》等.

在数学上，牛顿与莱布尼茨共同发展出微积分学.他也证明了广义二项式定理，提出了近似计算函数的零点的"牛顿法"，并为幂级数的研究做出了贡献.其中创立微积分是牛顿最卓越的数学成就.这种和物理概念直接联系的数学理论，牛顿称之为"流数术".它所处理的一些具体问题，如切线问题、求面积问题、瞬时速度问题以及函数的极值问题等，在牛顿前已经得到人们的研究了.但牛顿超越了前人，他站在了更高的角度，对以往分散的结论加以综合，将自古希腊以来求解无限小问题的各种技巧统一为两类普通的算法——微分和积分，并发现了这两类运算的互逆关系，为近代科学发展提供了最有效的工具，开辟了数学上的一个新纪元.

二、导数的定义

求自由落体运动的瞬时速度用到了这样的数学结构：函数的增量与自变量的增量之比，当自变量的增量趋于零时的极限，即 $\lim_{\Delta x \to 0} \frac{\Delta y}{\Delta x} = \lim_{\Delta x \to 0} \frac{f(x_0 + \Delta x) - f(x_0)}{\Delta x}$. 由此得到函数导数的概念.

微视频
导数的概念

（一）函数在一点处的导数

定义 2.1.1 设函数 $y=f(x)$ 在点 x_0 的某个邻域内有定义,当自变量 x 在 x_0 处取得增量 Δx(点 $x_0+\Delta x$ 仍在该邻域内)时,函数取得相应的增量 $\Delta y=f(x_0+\Delta x)-f(x_0)$. 若极限 $\lim\limits_{\Delta x\to 0}\dfrac{\Delta y}{\Delta x}$ 存在,那么称函数 $y=f(x)$ 在点 x_0 处可导,也可说成函数 $f(x)$ 在点 x_0 处具有导数或导数存在,并称这个极限值为函数 $y=f(x)$ 在点 x_0 处的导数,记为

$$f'(x_0)=\lim_{\Delta x\to 0}\frac{\Delta y}{\Delta x}=\lim_{\Delta x\to 0}\frac{f(x_0+\Delta x)-f(x_0)}{\Delta x}, \tag{1}$$

也可记为 $y'\big|_{x=x_0}$,$\dfrac{\mathrm{d}y}{\mathrm{d}x}\Big|_{x=x_0}$ 或 $\dfrac{\mathrm{d}f(x)}{\mathrm{d}x}\Big|_{x=x_0}$.

若极限 $\lim\limits_{\Delta x\to 0}\dfrac{\Delta y}{\Delta x}$ 不存在,就称函数 $y=f(x)$ 在点 x_0 处不可导,或者称函数在点 x_0 处的导数不存在. 若 $\lim\limits_{\Delta x\to 0}\dfrac{\Delta y}{\Delta x}=\infty$,我们有时也称函数 $y=f(x)$ 在点 x_0 处的导数为无穷大.

(1)式还有一种等价形式:

$$f'(x_0)=\lim_{x\to x_0}\frac{f(x)-f(x_0)}{x-x_0}. \tag{2}$$

（二）函数在开区间 (a,b) 内的导函数

若函数 $y=f(x)$ 在一个开区间 (a,b) 内任意点 x 处可导,就称函数 $y=f(x)$ 在开区间 (a,b) 内可导. 此时得到一个新函数,它是由原来函数 $y=f(x)$ 求导数得到,称为函数 $y=f(x)$ 的导函数,记为: $f'(x),y',\dfrac{\mathrm{d}y}{\mathrm{d}x},\dfrac{\mathrm{d}f(x)}{\mathrm{d}x}$.

在(1)式中把 x_0 换成 x,得到导函数的定义式:

$$f'(x)=\lim_{\Delta x\to 0}\frac{f(x+\Delta x)-f(x)}{\Delta x}.$$

需要说明的是:虽然自变量 x 在一个开区间 (a,b) 内是任意取的,但是上面极限中,x 是相对固定的,Δx 是变化的量.

为了方便起见,导函数 $f'(x)$ 也常简称为函数 $f(x)$ 的导数,显然 $f(x)$ 在点 x_0 处的导数值 $f'(x_0)$ 就是导函数 $f'(x)$ 在 x_0 处的函数值,即 $f'(x_0)=f'(x)\big|_{x=x_0}$.

（三）求函数导数的方法

根据导数定义,求函数 $y=f(x)$ 的导数 $f'(x)$,分以下三个步骤:

(1) 求函数的增量 $\Delta y=f(x_0+\Delta x)-f(x_0)$;

(2) 求函数的增量与自变量的增量的比值 $\dfrac{\Delta y}{\Delta x}$;

(3) 求出当 $\Delta x\to 0$ 时 $\dfrac{\Delta y}{\Delta x}$ 的极限,即

$$f'(x)=\lim_{\Delta x\to 0}\frac{\Delta y}{\Delta x}=\lim_{\Delta x\to 0}\frac{f(x+\Delta x)-f(x)}{\Delta x}.$$

高等数学(轻工纺织类)

例1 求常数函数 $f(x)=C$ 的导数.

解 （1）求增量：$\Delta y=f(x+\Delta x)-f(x)=C-C=0$；

（2）求比值：$\dfrac{\Delta y}{\Delta x}=\dfrac{C-C}{\Delta x}=0$；

（3）求极限：从而有 $\lim\limits_{\Delta x\to 0}\dfrac{\Delta y}{\Delta x}=\lim\limits_{\Delta x\to 0}\dfrac{0}{\Delta x}=0.$

所以 $C'=0.$ 即**常数的导数等于零**.

例2 求函数 $y=f(x)=x^3$ 在点 $x=2$ 的导数.

解 （1）求增量：$\Delta y=f(x+\Delta x)-f(x)=(2+\Delta x)^3-2^3=12\Delta x+6(\Delta x)^2+(\Delta x)^3$；

（2）求比值：$\dfrac{\Delta y}{\Delta x}=12+6\Delta x+(\Delta x)^2$；

（3）求极限：$\lim\limits_{\Delta x\to 0}\dfrac{\Delta y}{\Delta x}=\lim\limits_{\Delta x\to 0}\left[12+6\Delta x+(\Delta x)^2\right]=12.$

所以，$f'(2)=12.$

例3 求函数 $y=x^n\,(n\in\mathbf{N}_+)$ 的导数.

解 $\Delta y=(x+\Delta x)^n-x^n=C_n^1x^{n-1}\Delta x+C_n^2x^{n-2}(\Delta x)^2+\cdots+C_n^n(\Delta x)^n.$

$\lim\limits_{\Delta x\to 0}\dfrac{\Delta y}{\Delta x}=\lim\limits_{\Delta x\to 0}\left[C_n^1x^{n-1}+C_n^2x^{n-2}\Delta x+\cdots+C_n^n(\Delta x)^{n-1}\right]=nx^{n-1}$，所以，$(x^n)'=nx^{n-1}.$

对于一般的**幂函数** $y=x^\mu\,(\mu\in\mathbf{R})$，也有类似的结果，即

$$(x^\mu)'=\mu x^{\mu-1}(\mu\in\mathbf{R}).$$

下面两个公式出现频率很高：

$$\left(\sqrt{x}\right)'=\left(x^{\frac12}\right)'=\frac12 x^{\frac12-1}=\frac{1}{2\sqrt{x}},$$

$$\left(\frac{1}{x}\right)'=(x^{-1})'=-x^{-2}=-\frac{1}{x^2}.$$

例4 证明函数 $y=\cos x$ 在 $(-\infty,+\infty)$ 内每一点都可导.

证明 在 $(-\infty,+\infty)$ 内任取一点 x，依定义求函数在点 x 的导数.

（1）求增量：$\Delta y=\cos(x+\Delta x)-\cos x=-2\sin\left(x+\dfrac{\Delta x}{2}\right)\sin\dfrac{\Delta x}{2}$；

（2）求比值：$\dfrac{\Delta y}{\Delta x}=-\sin\left(x+\dfrac{\Delta x}{2}\right)\dfrac{\sin\dfrac{\Delta x}{2}}{\dfrac{\Delta x}{2}}$；

（3）求极限：$\lim\limits_{\Delta x\to 0}\dfrac{\Delta y}{\Delta x}=-\lim\limits_{\Delta x\to 0}\sin\left(x+\dfrac{\Delta x}{2}\right)\dfrac{\sin\dfrac{\Delta x}{2}}{\dfrac{\Delta x}{2}}=-\sin x.$

即 $(\cos x)' = -\sin x$.

类似地,可求得正弦函数的导数 $(\sin x)' = \cos x$.

例5　求指数函数 $y = a^x (a > 0, a \neq 1)$ 的导数.

解　$\Delta y = a^{x+\Delta x} - a^x = a^x (a^{\Delta x} - 1)$.

$$\lim_{\Delta x \to 0} \frac{\Delta y}{\Delta x} = \lim_{\Delta x \to 0} a^x \frac{a^{\Delta x} - 1}{\Delta x} = a^x \lim_{\Delta x \to 0} \frac{a^{\Delta x} - 1}{\Delta x} = a^x \ln a,$$

这是因为当 $\Delta x \to 0$ 时, $a^{\Delta x} - 1 = e^{\Delta x \ln a} - 1 \sim \Delta x \ln a$, 所以, $(a^x)' = a^x \ln a$.

特别地,当 $a = e$ 时,有 $(e^x)' = e^x$.

例6　求对数函数 $y = \log_a x (a > 0, a \neq 1)$ 的导数.

解　(1) 求增量: $\Delta y = \log_a (x + \Delta x) - \log_a x = \log_a \left(1 + \frac{\Delta x}{x}\right)$;

(2) 求比值:

$$\frac{\Delta y}{\Delta x} = \frac{1}{\Delta x} \log_a \left(1 + \frac{\Delta x}{x}\right) = \frac{1}{x} \frac{x}{\Delta x} \log_a \left(1 + \frac{\Delta x}{x}\right) = \frac{1}{x} \log_a \left(1 + \frac{\Delta x}{x}\right)^{\frac{x}{\Delta x}};$$

(3) 求极限:

$$\lim_{\Delta x \to 0} \frac{\Delta y}{\Delta x} = \lim_{\Delta x \to 0} \frac{1}{x} \frac{x}{\Delta x} \log_a \left(1 + \frac{\Delta x}{x}\right)$$

$$= \frac{1}{x} \lim_{\Delta x \to 0} \log_a \left(1 + \frac{\Delta x}{x}\right)^{\frac{x}{\Delta x}} = \frac{1}{x} \log_a e = \frac{1}{x \ln a}.$$

所以, $(\log_a x)' = \frac{1}{x \ln a}$.

特别地,当 $a = e$ 时,有 $(\ln x)' = \frac{1}{x}$.

（四）左导数与右导数

定义 2.1.2　设函数 $y = f(x)$ 在 $x \in (x_0 - \delta, x_0] (\delta > 0)$ 上有定义,且极限 $\lim\limits_{\Delta x \to 0^-} \dfrac{f(x_0 + \Delta x) - f(x_0)}{\Delta x}$ 存在,那么称此极限值为函数 $y = f(x)$ 在点 x_0 处的左导数,记作: $f'_-(x_0)$. 若设函数 $y = f(x)$ 在 $x \in [x_0, x_0 + \delta] (\delta > 0)$ 上有定义,且极限 $\lim\limits_{\Delta x \to 0^+} \dfrac{f(x_0 + \Delta x) - f(x_0)}{\Delta x}$ 存在,那么称此极限值为函数 $y = f(x)$ 在点 x_0 处的右导数,记作: $f'_+(x_0)$.

若记 $x = x_0 + \Delta x$, 函数 $y = f(x)$ 在点 x_0 处的左、右导数也可分别表示为

$$f'_-(x_0) = \lim_{x \to x_0^-} \frac{f(x) - f(x_0)}{x - x_0}, \quad f'_+(x_0) = \lim_{x \to x_0^+} \frac{f(x) - f(x_0)}{x - x_0}.$$

因此,我们可以得到如下定理:

定理 2.1.1　$f(x)$ 在点 x_0 处可导的充要条件是 $f(x)$ 在点 x_0 处的左导数与右导数存在

且有 $f'_-(x_0) = f'_+(x_0)$. 也可简单表示为

$$f'(x_0) 存在 \Leftrightarrow f'_-(x_0) = f'_+(x_0).$$

例 7 讨论函数 $f(x) = |x|$ 在 $x = 0$ 处是否可导.

解 因为 $\Delta y = |\Delta x|$, $\lim\limits_{\Delta x \to 0} \dfrac{\Delta y}{\Delta x} = \lim\limits_{\Delta x \to 0} \dfrac{|\Delta x|}{\Delta x}$, 此时, 有

$$\lim\limits_{\Delta x \to 0^-} \frac{\Delta y}{\Delta x} = \lim\limits_{\Delta x \to 0^-} \frac{-\Delta x}{\Delta x} = -1, \quad \lim\limits_{\Delta x \to 0^+} \frac{\Delta y}{\Delta x} = \lim\limits_{\Delta x \to 0^+} \frac{\Delta x}{\Delta x} = 1.$$

由于 $\lim\limits_{\Delta x \to 0^-} \dfrac{\Delta y}{\Delta x} \neq \lim\limits_{\Delta x \to 0^+} \dfrac{\Delta y}{\Delta x}$, 所以 $\lim\limits_{\Delta x \to 0} \dfrac{\Delta y}{\Delta x}$ 不存在.

因此, 函数 $f(x) = |x|$ 在 $x = 0$ 处不可导.

有了左、右导数后, 我们可以在开区间 (a, b) 内可导的基础上, 进一步规定:

如果函数 $f(x)$ 在开区间 (a, b) 内可导, 且在左端点 a 处的右导数 $f'_+(a)$ 以及在右端点 b 处的左导数 $f'_-(b)$ 都存在, 则称函数 $f(x)$ 在闭区间 $[a, b]$ 上可导.

三、函数可导性与连续性的关系

函数的连续与可导是两个不同的概念, 但它们之间有如下的关系:

定理 2.1.2 如果函数 $y = f(x)$ 在点 x_0 处可导, 那么 $f(x)$ 在点 x_0 处连续.

证明 函数 $y = f(x)$ 在点 x_0 处可导, 即 $\lim\limits_{\Delta x \to 0} \dfrac{\Delta y}{\Delta x} = f'(x)$ 存在, 也就是: $\dfrac{\Delta y}{\Delta x} = f'(x) + \alpha$, 其中 α 为当 $\Delta x \to 0$ 时的无穷小. 上式两边同乘 Δx, 得 $\Delta y = f'(x)\Delta x + \alpha\Delta x$. 当 $\Delta x \to 0$ 时, $\Delta y \to 0$. 这就是说 $f(x)$ 在点 x_0 处连续.

注: 函数在某点连续, 但不一定在该点可导.

例 8 证明函数 $f(x) = |x|$ 在点 $x = 0$ 处连续但不可导.

证明 因为 $\lim\limits_{x \to 0^-} f(x) = 0$, $\lim\limits_{x \to 0^+} f(x) = 0$, 所以, $\lim\limits_{x \to 0^-} f(x) = \lim\limits_{x \to 0^+} f(x) = f(0)$. 因此, $f(x) = |x|$ 在点 $x = 0$ 处连续, 而

$$f'_-(0) = \lim\limits_{x \to 0^-} \frac{f(x) - f(0)}{x - 0} = \lim\limits_{x \to 0^-} \frac{-x - 0}{x} = -1, \quad f'_+(0) = \lim\limits_{x \to 0^+} \frac{f(x) - f(0)}{x - 0} = \lim\limits_{x \to 0^+} \frac{x - 0}{x} = 1.$$

因为 $f'_-(0) \neq f'_+(0)$, 所以, $f(x) = |x|$ 在点 $x = 0$ 处不可导.

综上所述, $f(x) = |x|$ 在点 $x = 0$ 处连续但不可导.

四、导数的几何意义

若函数 $y = f(x)$ 在点 x_0 处可导, 从几何上看, $f'(x_0)$ 表示曲线 $y = f(x)$ 在点 $M(x_0,$

$f(x_0))$ 处的切线的斜率, 即 $f'(x_0) = \tan \alpha$, 其中 α 是切线的倾斜角, 这就是导数的几何意义.

如图 2-1 所示, 曲线 $y = f(x)$ 在点 $M(x_0, f(x_0))$ 的切线

方程为

$$y - f(x_0) = f'(x_0)(x - x_0).$$

当 $f'(x_0) \neq 0$ 时, 法线方程为

$$y - f(x_0) = -\frac{1}{f'(x_0)}(x - x_0).$$

当 $f'(x_0) = 0$ 时, 曲线 $y = f(x)$ 在点 $M(x_0, f(x_0))$ 处有垂直于 x 轴的法线 $x = x_0$.

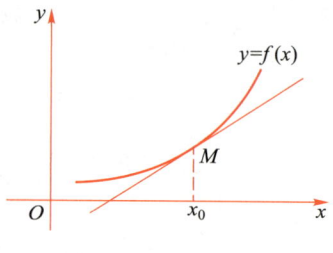

图 2-1

例 9　求双曲线 $y = \dfrac{1}{x}$ 在 $x = 2$ 处的切线方程与法线方程.

解　因为 $y' = -\dfrac{1}{x^2}$, 所以 $y'|_{x=2} = -\dfrac{1}{4}$ 是该双曲线在点 $\left(2, \dfrac{1}{2}\right)$ 的切线斜率, 则法线的斜率为 4. 因此, 所求切线方程为: $y - \dfrac{1}{2} = -\dfrac{1}{4}(x - 2)$, 即 $x + 4y - 4 = 0$. 法线方程为: $y - \dfrac{1}{2} = 4(x - 2)$, 即 $8x - 2y - 15 = 0$.

任务导入的问题解答

通过本节的学习可知, 边际利润 $P'(x) = 250 - 10x$. 当 $x = 10$ 时, $P'(10) = 150$, 它表示每天产量是 10 t 时, 再多生产 1 t, 总利润将增加 150 元; 当 $x = 25$ 时, $P'(25) = 0$, 说明每天产量是 25 t 时, 再多生产 1 t, 总利润几乎没有变化, 这 1 t 产量并没有产生利润; 当 $x = 30$ 时, $P'(30) = -50$, 表明每天产量是 30 t 时, 再多生产 1 t, 总利润就要减少 50 元. 这说明并非生产的产品数量越多, 利润越高.

文档
扫一扫, 看答案

 任务训练

1. 导数的几何意义是什么?

2. 函数连续与可导有什么关系?

 思考题

求正弦函数 $y = \sin x$ 在 $x = \dfrac{\pi}{3}$ 处的切线方程和法线方程.

2.2 导数的运算

微视频
导数的四则
运算法则

任务导入

现有一家制衣公司,每天服装生产中的次品率 $p(x)$ 与产量 x 之间满足以下关系:

$p(x) = \dfrac{1}{a-x}$(a 为常数).已知生产一件正品服装盈利 k 元,生产一件次品服装损失 $\dfrac{k}{3}$ 元(k 为

给定常数),日利润 $y(x)$ 可以表示为:$y(x) = kx\left(1-\dfrac{1}{a-x}\right) - \dfrac{kx}{3(a-x)}$.

若研究每天利润的变化情况,需要进一步去求边际利润(利润函数的导数),但用前面的导数的定义去求比较繁琐,所以本节我们需要进一步研究函数的求导法则.

函数的求导法则与求导公式

在上一节中,我们已经用导数的定义求出了几个基本初等函数的导数,但根据导数定义求导数比较麻烦,尤其对于一些较复杂的函数求导.本节将介绍一些求导的基本方法,结合基本初等函数的导数公式,进行初等函数的导数求解就比较简单方便.

（一） 函数的和、差、积和商的求导法则

定理 2.2.1　如果函数 $u(x)$,$v(x)$ 在点 x 处可导,那么 $u(x) \pm v(x)$,$u(x)v(x)$,$\dfrac{u(x)}{v(x)}$ 在

点 x 处也可导.并且有

(1) $[u(x) \pm v(x)]' = u'(x) \pm v'(x)$;

(2) $[u(x)v(x)]' = u'(x)v(x) + u(x)v'(x)$;

(3) $\left[\dfrac{u(x)}{v(x)}\right]' = \dfrac{u'(x)v(x) - u(x)v'(x)}{v^2(x)}$ $(v(x) \neq 0)$.

所述定理中,法则(1)、(2)可推广到任意有限个可导函数的情形.

譬如假设函数 $u(x)$,$v(x)$,$w(x)$ 在点 x 处都可导,那么有

$$[u(x) + v(x) + w(x)]' = u'(x) + v'(x) + w'(x),$$

$$[u(x)v(x)w(x)]' = u'(x)v(x)w(x) + u(x)v'(x)w(x) + u(x)v(x)w'(x).$$

在法则(2)中,令 $v(x) = C$(C 为常数),可得 $[Cu(x)]' = Cu'(x)$.

在法则(3)中,令 $u(x) = 1$ 时,有

$$\left[\dfrac{1}{v(x)}\right]' = -\dfrac{v'(x)}{v^2(x)}.$$

例1 设 $f(x)=3x^4-e^x+5\cos x-1$，求 $f'(x)$.

解
$$f'(x)=(3x^4-e^x+5\cos x-1)'$$
$$=(3x^4)'-(e^x)'+(5\cos x)'-(1)'$$
$$=12x^3-e^x-5\sin x.$$

例2 求 $y=x^3\sin x$ 的导数.

解
$$y'=(x^3)'\sin x+x^3(\sin x)'$$
$$=2x^2\sin x+x^3\cos x.$$

例3 求 $y=\tan x$ 的导数.

解
$$(\tan x)'=\left(\frac{\sin x}{\cos x}\right)'$$
$$=\frac{(\sin x)'\cos x-\sin x(\cos x)'}{\cos^2 x}$$
$$=\frac{\cos^2 x+\sin^2 x}{\cos^2 x}$$
$$=\frac{1}{\cos^2 x}=\sec^2 x,$$

即 $(\tan x)'=\sec^2 x.$

类似地可得导数公式：

$$(\cot x)'=-\csc^2 x,$$
$$(\sec x)'=\sec x\tan x,$$
$$(\csc x)'=-\csc x\cot x.$$

（二）反函数的求导法则

定理 2.2.2 如果函数 $x=g(y)$ 在区间 I_y 内（对应的值域为 I_x）单调、可导且 $g'(y)\neq 0$，那么它的反函数 $y=g^{-1}(x)$ 在区间 I_x 内可导，并且有

$$[g^{-1}(x)]'=\frac{1}{g'(y)} \text{或} \frac{dy}{dx}=\frac{1}{\dfrac{dx}{dy}}.$$

证明 由于函数 $x=g(y)$ 在区间 I_y 内单调、可导，因此，区间 I_x 上的反函数 $y=g^{-1}(x)$ 是单调连续的，对于 I_x 上的任意一点 x，设有增量 $\Delta x\neq 0(x+\Delta x\in I_x)$，则有 $\Delta y=g^{-1}(x+\Delta x)-g^{-1}(x)\neq 0$，于是 $\dfrac{\Delta y}{\Delta x}=\dfrac{1}{\dfrac{\Delta x}{\Delta y}}$，因为 $y=g^{-1}(x)$ 是连续的，所以，当 $\Delta x\to 0$ 时，$\Delta y\to 0$. 由于 $g'(y)\neq 0$，从而

$$\lim_{\Delta x\to 0}\frac{\Delta y}{\Delta x}=\lim_{\Delta x\to 0}\frac{1}{\dfrac{\Delta x}{\Delta y}}=\frac{1}{\lim\limits_{\Delta y\to 0}\dfrac{\Delta x}{\Delta y}}=\frac{1}{g'(y)},$$

即

$$[g^{-1}(x)]' = \frac{1}{g'(y)}.$$

注: 此定理表明,反函数的导数等于原函数的导数的倒数.

例 4 求 $y = \arcsin x(-1 < x < 1)$ 的导数.

解 因为函数 $y = \arcsin x(-1 < x < 1)$ 是 $x = \sin y\left(-\frac{\pi}{2} < y < \frac{\pi}{2}\right)$ 的反函数, $x = \sin y$ 在

区间 $\left(-\frac{\pi}{2}, \frac{\pi}{2}\right)$ 内单调、可导,且 $(\sin y)' = \cos y \neq 0$,因此,在区间 $(-1, 1)$ 内, $y = \arcsin x$

可导,且 $(\arcsin x)' = \frac{1}{(\sin y)'} = \frac{1}{\cos y} = \frac{1}{\sqrt{1 - \sin^2 y}} \xlongequal{x = \sin y} \frac{1}{\sqrt{1 - x^2}}$,即 $(\arcsin x)' = \frac{1}{\sqrt{1 - x^2}}$.

同理可得导数公式:

$$(\arccos x)' = -\frac{1}{\sqrt{1 - x^2}},$$

$$(\arctan x)' = \frac{1}{1 + x^2},$$

$$(\text{arccot } x)' = -\frac{1}{1 + x^2}.$$

例 5 求 $y = a^x(a > 0, a \neq 1)$ 的导数.

解 $y = a^x$ 的反函数为 $x = \log_a y(a > 0, a \neq 1)$,而

$$y' = (a^x)' = \frac{1}{(\log_a y)'} = y \ln a = a^x \ln a,$$

即 $(a^x)' = a^x \ln a$.

特别地,当 $a = e$ 时有 $(e^x)' = e^x$.

至此,我们推导出了大部分基本初等函数的求导公式,它们在初等函数的求导运算中起着重要作用.为了方便大家记忆并熟练掌握、灵活运用这些导数公式,现在归纳如下:

1. $(C)' = 0(C$ 为任意常数$)$;　　　　2. $(kx)' = k$(k 为任意常数$)$;

3. $(x^\alpha)' = \alpha x^{\alpha - 1}$,特别地 $(\sqrt{x})' = \frac{1}{2\sqrt{x}}$, $\left(\frac{1}{x}\right)' = -\frac{1}{x^2}$;

4. $(a^x)' = a^x \ln a$,特别地 $(e^x)' = e^x$;

5. $(\log_a x)' = \frac{1}{x \ln a}$,特别地 $(\ln x)' = \frac{1}{x}$;

6. $(\sin x)' = \cos x$;　　　　7. $(\cos x)' = -\sin x$;

8. $(\tan x)' = \sec^2 x$;　　　　9. $(\cot x)' = -\csc^2 x$;

10. $(\sec x)' = \sec x \tan x$;　　　　11. $(\csc x)' = -\csc x \cot x$;

12. $(\arcsin x)' = \dfrac{1}{\sqrt{1-x^2}}$;

13. $(\arccos x)' = -\dfrac{1}{\sqrt{1-x^2}}$;

14. $(\arctan x)' = \dfrac{1}{1+x^2}$;

15. $(\operatorname{arccot} x)' = -\dfrac{1}{1+x^2}$.

（三）复合函数的导数

前面介绍了函数求导的四则运算法则和反函数的求导法则，但是还有很多初等函数是由基本初等函数经过有限次复合运算得到的，下面就介绍复合函数的求导法则.

定理 2.2.3　如果函数 $u = \varphi(x)$ 在点 x 处可导，函数 $y = f(u)$ 在对应点 $u = \varphi(x)$ 处可导，则复合函数 $y = f[\varphi(x)]$ 在点 x 处也可导，且

$$\frac{\mathrm{d}y}{\mathrm{d}x} = f'(u) \cdot \varphi'(x) \text{ 或 } \frac{\mathrm{d}y}{\mathrm{d}x} = \frac{\mathrm{d}y}{\mathrm{d}u} \cdot \frac{\mathrm{d}u}{\mathrm{d}x}.$$

证明　设函数 $y = f[\varphi(x)]$ 由两个可导函数 $y = f(u)$ 与 $u = \varphi(x)$ 复合而成，当自变量有增量 Δx 时，u 相应地有增量 Δu，进而 y 相应地有增量 Δy，即

$$\Delta u = \varphi(x+\Delta x) - \varphi(x), \quad \Delta y = f(u+\Delta u) - f(u),$$

当 $\Delta x \to 0$ 时，有 $\Delta u \to 0$.

若 $\Delta u \neq 0$，则有 $\dfrac{\Delta y}{\Delta x} = \dfrac{\Delta y}{\Delta u} \cdot \dfrac{\Delta u}{\Delta x}$，两边取极限有 $\dfrac{\mathrm{d}y}{\mathrm{d}x} = \dfrac{\mathrm{d}y}{\mathrm{d}u} \cdot \dfrac{\mathrm{d}u}{\mathrm{d}x}$；

若 $\Delta u = 0$，易知 $\dfrac{\mathrm{d}y}{\mathrm{d}x} = \dfrac{\mathrm{d}y}{\mathrm{d}u} \cdot \dfrac{\mathrm{d}u}{\mathrm{d}x}$ 也成立.

注：复合函数 $y = f[\varphi(x)]$ 的因变量 y 对自变量 x 的导数等于**因变量 y 对中间变量 u 的导数乘以中间变量 u 对于自变量 x 的导数**.这个法则也称为**链式法则**.

例 6　求函数 $y = (1+2x)^{20}$ 的导数.

解　函数 $y = (1+2x)^{20}$ 是由函数 $y = u^{20}$，$u = 1+2x$ 复合而成的，所以

$$\frac{\mathrm{d}y}{\mathrm{d}x} = \frac{\mathrm{d}y}{\mathrm{d}u} \cdot \frac{\mathrm{d}u}{\mathrm{d}x} = 20u^{19} \times 2 = 40(1+2x)^{19}.$$

如果能正确掌握函数的复合过程，则可以不必再写出中间变量，只要根据复合的顺序，**按照由外及内、一步一层、步步深入、直到关于自变量的导数为止**.

例 7　求函数 $y = \ln\cos x$ 的导数.

解　$y' = (\ln \cos x)' = \dfrac{1}{\cos x} \cdot (\cos x)' = \dfrac{1}{\cos x} \cdot (-\sin x) = -\tan x.$

例 8　求函数 $y = \sin x^2$ 的导数.

解　$y' = \cos x^2 \cdot (x^2)' = \cos x^2 \cdot 2x = 2x\cos x^2.$

复合函数的导数可以推广到三个或者更多个中间变量的情况，也就是说有时候复合函数由多个函数复合而成，求导时我们首先弄清复合的过程，也是**按照由外向里的顺序、逐层求导，一直求导至最内层**.

设 $y=f\{\varphi[\psi(x)]\}$，其中 $y=f(u),u=\varphi(v),v=\psi(x)$ 都可导，则

$$(f\{\varphi[\psi(x)]\})'=f'(u)\cdot\varphi'(v)\cdot\psi'(x) \text{ 或} \frac{\mathrm{d}y}{\mathrm{d}x}=\frac{\mathrm{d}y}{\mathrm{d}u}\cdot\frac{\mathrm{d}u}{\mathrm{d}v}\cdot\frac{\mathrm{d}v}{\mathrm{d}x}.$$

例9 求函数 $y=\ln\cos\mathrm{e}^x$ 的导数.

解 $y'=(\ln\cos\mathrm{e}^x)'=\dfrac{1}{\cos\mathrm{e}^x}\cdot(\cos\mathrm{e}^x)'=\dfrac{1}{\cos\mathrm{e}^x}\cdot(-\sin\mathrm{e}^x)(\mathrm{e}^x)'=-\mathrm{e}^x\tan\mathrm{e}^x.$

例10 证明幂函数 $y=x^\alpha(x>0,\alpha\in\mathbf{R})$ 的导数公式.

证明 因为 $x^\alpha=\mathrm{e}^{\ln x^\alpha}=\mathrm{e}^{\alpha\ln x}$，所以

$$(x^\alpha)'=(\mathrm{e}^{\alpha\ln x})'=\mathrm{e}^{\alpha\ln x}\cdot(\alpha\ln x)'=\mathrm{e}^{\alpha\ln x}\cdot\frac{\alpha}{x}=x^\alpha\cdot\frac{\alpha}{x}=\alpha x^{\alpha-1}.$$

例11 设函数 $y=\mathrm{e}^{\tan\frac{2}{x}}$，求 y'.

解 $y=\mathrm{e}^{\tan\frac{2}{x}}$ 可以看作函数 $y=\mathrm{e}^u,u=\tan v,v=\dfrac{2}{x}$ 复合而成的函数，而

$$\frac{\mathrm{d}y}{\mathrm{d}u}=(\mathrm{e}^u)'=\mathrm{e}^u,\qquad\frac{\mathrm{d}u}{\mathrm{d}v}=(\tan v)'=\sec^2v,\qquad\frac{\mathrm{d}v}{\mathrm{d}x}=\left(\frac{2}{x}\right)'=-\frac{2}{x^2}.$$

所以，

$$y'=\frac{\mathrm{d}y}{\mathrm{d}x}=\frac{\mathrm{d}y}{\mathrm{d}u}\cdot\frac{\mathrm{d}u}{\mathrm{d}v}\cdot\frac{\mathrm{d}v}{\mathrm{d}x}=\mathrm{e}^u\cdot\sec^2v\cdot\left(-\frac{2}{x^2}\right)=-\frac{2}{x^2}\mathrm{e}^{\tan\frac{2}{x}}\sec^2\frac{2}{x}.$$

例12 求函数 $y=\ln(x+\sqrt{1+x^2})$ 的导数.

解 $y'=\dfrac{1}{x+\sqrt{1+x^2}}(x+\sqrt{1+x^2})'=\dfrac{1}{x+\sqrt{1+x^2}}\left[1+\dfrac{1}{2\sqrt{1+x^2}}(1+x^2)'\right]$

$=\dfrac{1}{x+\sqrt{1+x^2}}\left(1+\dfrac{2x}{2\sqrt{1+x^2}}\right)=\dfrac{1}{\sqrt{1+x^2}}.$

任务导入的问题解答

求 $y(x)=kx\left(1-\dfrac{1}{a-x}\right)-\dfrac{kx}{3(a-x)}$ 的导数，需运用导数的四则运算法则和复合函数的求导法则.

$$y'(x)=k\left(1-\frac{1}{a-x}\right)-\frac{kx}{(a-x)^2}-\frac{k(a-x)+kx}{3(a-x)^2}$$

$$=k\left(1-\frac{1}{a-x}\right)-\frac{kx}{(a-x)^2}-\frac{ka}{3(a-x)^2}$$

$$= k\left(1 - \frac{1}{a-x}\right) - \frac{k(3x+a)}{3(a-x)^2}.$$

（四）高阶导数

定义 2.2.1　如果函数 $y = f(x)$ 的导数 $f'(x)$ 仍是 x 的可导函数，我们把 $f'(x)$ 的导数称为函数 $y = f(x)$ 的二阶导数，记作 $f''(x)$，y''，或 $\dfrac{\mathrm{d}^2 y}{\mathrm{d}x^2}$，$\dfrac{\mathrm{d}^2 f(x)}{\mathrm{d}x^2}$. 即

$$f''(x) = [f'(x)]', y'' = (y')' \quad 或 \quad \frac{\mathrm{d}^2 y}{\mathrm{d}x^2} = \frac{\mathrm{d}}{\mathrm{d}x}\left(\frac{\mathrm{d}y}{\mathrm{d}x}\right), \frac{\mathrm{d}^2 f(x)}{\mathrm{d}x^2} = \frac{\mathrm{d}}{\mathrm{d}x}\left(\frac{\mathrm{d}f(x)}{\mathrm{d}x}\right).$$

相应地，把 $y = f(x)$ 的导数 $f'(x)$ 称为函数 $y = f(x)$ 的一阶导数.

类似地，我们把二阶导数的导数称为三阶导数，三阶导数的导数称为四阶导数，把 $(n-1)$ 阶导数的导数称为 n 阶导数，分别记作

$$y''', \quad y^{(4)}, \quad y^{(n)} \quad 或 \quad \frac{\mathrm{d}^3 y}{\mathrm{d}x^3}, \frac{\mathrm{d}^4 y}{\mathrm{d}x^4}, \cdots, \frac{\mathrm{d}^n y}{\mathrm{d}x^n}.$$

函数 $f(x)$ 在点 x_0 处的各阶导数值分别记作 $y''|_{x=x_0}, y'''|_{x=x_0}, y^{(4)}|_{x=x_0}, \cdots, y^{(n)}|_{x=x_0}$ 或 $\dfrac{\mathrm{d}^2 y}{\mathrm{d}x^2}\bigg|_{x=x_0}, \dfrac{\mathrm{d}^3 y}{\mathrm{d}x^3}\bigg|_{x=x_0}, \cdots, \dfrac{\mathrm{d}^n y}{\mathrm{d}x^n}\bigg|_{x=x_0}$.

定义 2.2.2　二阶及二阶以上的导数统称为高阶导数.

函数 $y = f(x)$ 具有 n 阶导数，也常称函数 $f(x)$ n 阶可导.

作变速直线运动的速度 $v(t)$ 是位置函数 $s(t)$ 对时间 t 的导数，即

$$v(t) = \frac{\mathrm{d}s}{\mathrm{d}t} \quad 或 \quad v(t) = s'(t),$$

而加速度 $a(t)$ 又是速度 $v(t)$ 对时间 t 的变化率，即速度 $v(t)$ 对时间 t 的导数，所以

$$a(t) = \frac{\mathrm{d}v}{\mathrm{d}t} = \frac{\mathrm{d}}{\mathrm{d}t}\left(\frac{\mathrm{d}s}{\mathrm{d}t}\right) = \frac{\mathrm{d}^2 s}{\mathrm{d}t^2} \quad 或 \quad a(t) = [s'(t)]' = s''(t).$$

例 13　一物体作自由落体运动，其运动方程为 $s(t) = \dfrac{1}{2}gt^2$，其中 g 为重力加速度且为常数，求 $s(t)$ 的二阶导数 $s''(t)$.

解　$s'(t) = \left(\dfrac{1}{2}gt^2\right)' = gt, s''(t) = (gt)' = g.$

由此可知，$s(t)$ 的二阶导数即为重力加速度 g.

例 14　求函数 $y = x\ln x$ 的二阶导数.

解　$y' = \ln x + x \cdot \dfrac{1}{x} = 1 + \ln x, y'' = (y')' = (1 + \ln x)' = \dfrac{1}{x}.$

例 15　求函数 $y = xe^x$ 的二阶导数.

解　$y' = (x)'e^x + x(e^x)' = e^x + xe^x = (1+x)e^x,$

$y'' = (y')' = (1+x)'e^x + (1+x)(e^x)' = e^x + (1+x)e^x = (2+x)e^x.$

例 16 设函数 $f(x)=\arctan x$, 求 $f''(0)$、$f''(1)$.

解 因为 $f'(x)=\dfrac{1}{1+x^2}$, 所以 $f''(x)=\left(\dfrac{1}{1+x^2}\right)'=-\dfrac{2x}{(1+x^2)^2}$.

所以 $f''(0)=-\dfrac{2\times0}{(1+0^2)^2}=0$, $f''(1)=-\dfrac{2\times1}{(1+1^2)^2}=-\dfrac{1}{2}$.

例 17 求指数函数 $y=a^x(a>0,a\neq1)$ 的 n 阶导数.

解 $y'=a^x\ln a$, $y''=a^x(\ln a)^2$, $y'''=a^x(\ln a)^3$, $y^{(4)}=a^x(\ln a)^4$, $\cdots$.

一般地, 可得 $y^{(n)}=a^x(\ln a)^n$, 即

$$(a^x)^{(n)}=a^x(\ln a)^n.$$

特别地, $(\mathrm{e}^x)^{(n)}=\mathrm{e}^x$.

例 18 求幂函数 $y=x^\mu$(μ 为任意常数) 的 n 阶导数.

解 $y'=\mu x^{\mu-1}$, $y''=\mu(\mu-1)x^{\mu-2}$,

$y'''=\mu(\mu-1)(\mu-2)x^{\mu-3}$, $\quad y^{(4)}=\mu(\mu-1)(\mu-2)(\mu-3)x^{\mu-4}$.

一般地有

$$y^{(n)}=\mu(\mu-1)(\mu-2)\cdots(\mu-n+1)x^{\mu-n}.$$

当 $\mu=n$ 时, 有

$$(x^n)^{(n)}=n(n-1)(n-2)\cdots3\cdot2\cdot1=n!,$$

$$(x^n)^{(n+1)}=0.$$

例 19 求 n 次多项式 $y=a_0x^n+a_1x^{n-1}+\cdots+a_{n-1}x+a_n$ 的 n 阶导数.

解
$$y'=na_0x^{n-1}+(n-1)a_1x^{n-2}+\cdots+2a_{n-2}x+a_{n-1},$$

$$y''=n(n-1)a_0x^{n-2}+(n-1)(n-2)a_1x^{n-3}+\cdots+3\cdot2a_{n-3}x+2a_{n-2},$$

$$\cdots\cdots\cdots\cdots$$

$$y^{(n)}=n!\,a_0.$$

例 20 求 $y=\sin x$ 的 n 阶导数.

解
$$y'=(\sin x)'=\cos x=\sin\left(x+\frac{\pi}{2}\right),$$

$$y''=\cos\left(x+\frac{\pi}{2}\right)=\sin\left(x+2\cdot\frac{\pi}{2}\right),$$

$$y'''=\cos\left(x+2\cdot\frac{\pi}{2}\right)=\sin\left(x+3\cdot\frac{\pi}{2}\right).$$

一般地, 有 $\quad y^{(n)}=(\sin x)^{(n)}=\sin\left(x+\frac{n\pi}{2}\right).$

同理可得 $(\cos x)^{(n)}=\cos\left(x+\frac{n\pi}{2}\right).$

例 21 求函数 $y=\ln(a+x)$(a 为常数) 的 n 阶导数.

解　$y' = \dfrac{1}{a+x}$，$y'' = -\dfrac{1}{(a+x)^2}$，$y''' = \dfrac{2\times 1}{(a+x)^3}$，$y^{(4)} = -\dfrac{3\times 2\times 1}{(a+x)^4}$.

一般地，可得 $y^{(n)} = (-1)^{n-1}\dfrac{(n-1)!}{(a+x)^n}$.

即 $[\ln(a+x)]^{(n)} = (-1)^{n-1}\dfrac{(n-1)!}{(a+x)^n}$.

由该题结果，我们还可得到 $\left(\dfrac{1}{a+x}\right)^{(n)} = (-1)^n\dfrac{n!}{(a+x)^{n+1}}$.

高阶导数还有如下两个计算公式，它们对于计算函数的高阶导数也很有用.设函数 $u(x)$、$v(x)$ 均 n 阶可导，则有

（1）$[u(x)\pm v(x)]^{(n)} = u(x)^{(n)}\pm v(x)^{(n)}$；

（2）$[u(x)v(x)]^{(n)} = C_n^0 u(x)^{(n)}v(x) + C_n^1 u(x)^{(n-1)}v'(x) + C_n^2 u(x)^{(n-2)}v''(x) + \cdots +$

$C_n^{n-1}u(x)'v^{(n-1)}(x) + C_n^n u(x)v^{(n)}(x)$，其中 $C_n^i = \dfrac{n!}{i!\,(n-i)!}(k=0,1,2,\cdots,n)$.

公式（2）也称为莱布尼茨公式.

例 22　设 $y = x^2 e^{2x}$，求 $y^{(20)}$.

解　$u(x) = e^{2x}$，$v(x) = x^2$，则

$$u^{(k)}(x) = 2^k e^{2x}(k=1,2,\cdots,20),$$
$$v'(x) = 2x,\ v''(x) = 2,\ v^{(k)} = 0 \quad (k=3,4,\cdots,20).$$

代入莱布尼茨公式，得

$$y^{(20)} = (x^2 e^{2x})^{(20)} = 2^{20}e^{2x}x^2 + 20\times 2^{19}e^{2x}2x + \dfrac{20\times 19}{2\times 1}2^{18}e^{2x}\cdot 2$$

$$= 2^{20}e^{2x}(x^2+20x+95).$$

例 23　求函数 $y = \dfrac{1}{x^2-5x+6}$ 的 n 阶导数.

解　因为 $y = \dfrac{1}{x^2-5x+6} = \dfrac{1}{x-3} - \dfrac{1}{x-2}$，利用例 21 的结论，可得

$$y^{(n)} = \left(\dfrac{1}{x-3} - \dfrac{1}{x-2}\right)^{(n)} = \left(\dfrac{1}{x-3}\right)^{(n)} - \left(\dfrac{1}{x-2}\right)^{(n)}$$

$$= (-1)^n\dfrac{n!}{(x-3)^{n+1}} - (-1)^n\dfrac{n!}{(x-2)^{n+1}}$$

$$= (-1)^n n!\left[\dfrac{1}{(x-3)^{n+1}} - \dfrac{1}{(x-2)^{n+1}}\right].$$

（五）隐函数与参数方程表示的函数的导数

1. 隐函数的导数

可以表示为 $y=f(x)$ 的形式的函数，称为显函数．如 $y=x\sin x,y=\ln(x+\sqrt{x^2-2})$ 等．另外一些函数，它的因变量 y 和自变量 x 之间的函数关系是用一个关于 x 和 y 的方程来表示的，如方程 $xy-e^x+e^y=0,x+y^3-1=0,x^2y+1=0$ 等．

定义 2.2.3　若因变量 y 和自变量 x 之间的函数关系满足方程 $F(x,y)=0$，在一定条件下，当 x 取某区间内的任一值时，相应地总有满足这个方程的唯一的 y 值存在，那么就说方程 $F(x,y)=0$ 在该区间内确定了一个隐函数．

把一个隐函数化成显函数，叫做隐函数的显化．如，方程 $x+y^3-1=0$ 可以显化为 $y=\sqrt[3]{1-x}$．隐函数的显化一般来讲比较困难，甚至不可能实现，如方程 $xy-e^x+e^y=0$ 所确定的隐函数就不能显化．但是，有时候我们必须要求出隐函数的导数．下面就来介绍隐函数求导的方法．

隐函数求导的一般方法：对方程两边直接关于 x 求导，遇到 y 时把 y 看作 x 的函数，利用复合函数的求导法则，然后从已求导的等式中解出 y 对 x 的导数 $\dfrac{dy}{dx}$．

例 24　求由方程 $xy^2-x^2y+y^4+1=0$ 确定的隐函数的导数 $\dfrac{dy}{dx}$．

解　方程两边同时对 x 求导，并注意到 y 是 x 的函数，y^2 和 y^4 是 x 的复合函数，得到 $y^2+2xyy'-2xy-x^2y'+4y^3y'=0$，从中解出 y'，得 $y'=\dfrac{2xy-y^2}{2xy-x^2+4y^3}$，即 $\dfrac{dy}{dx}=\dfrac{2xy-y^2}{2xy-x^2+4y^3}$．

与显式函数求导结果的形式不同，隐函数的导数表达式中一般不仅含有 x，而且含有 y．

例 25　求由方程 $xy-e^{x+y}=0$ 所确定的隐函数的导数 y'．

解　方程两边分别对 x 求导，在这一过程中把 y 看成是 x 的函数 $y=y(x)$，所以方程两边对 x 求导得

$$y+xy'-e^{x+y}\cdot(1+y')=0,$$

从而得

$$\frac{dy}{dx}=-\frac{e^{x+y}-y}{e^{x+y}-x}.$$

例 26　求椭圆 $\dfrac{x^2}{16}+\dfrac{y^2}{9}=1$ 在点 $\left(2,\dfrac{3}{2}\sqrt{3}\right)$ 处的切线方程．

解　方程两边分别对 x 求导，得 $\dfrac{x}{8}+\dfrac{2y}{9}\cdot\dfrac{dy}{dx}=0$，所以 $\dfrac{dy}{dx}=-\dfrac{9x}{16y}$．

由导数的几何意义可知，所求切线的斜率为

$$k = \frac{\mathrm{d}y}{\mathrm{d}x}\bigg|_{\substack{x=2 \\ y=\frac{3}{2}\sqrt{3}}} = -\frac{9x}{16y}\bigg|_{\substack{x=2 \\ y=\frac{3}{2}\sqrt{3}}} = -\frac{\sqrt{3}}{4},$$

于是所求的切线方程为 $y - \frac{3}{2}\sqrt{3} = -\frac{\sqrt{3}}{4}(x-2)$，即 $\sqrt{3}x + 4y - 8\sqrt{3} = 0$.

例 27　求由方程 $x - y + \sin y = 0$ 所确定的隐函数的二阶导数 $\dfrac{\mathrm{d}^2 y}{\mathrm{d}x^2}$.

解　方程两边分别对 x 求导，得 $1 - \dfrac{\mathrm{d}y}{\mathrm{d}x} + \cos y \cdot \dfrac{\mathrm{d}y}{\mathrm{d}x} = 0$，所以

$$\frac{\mathrm{d}y}{\mathrm{d}x} = \frac{1}{1 - \cos y}.$$

上式两边再对 x 求导，得

$$\frac{\mathrm{d}^2 y}{\mathrm{d}x^2} = \frac{-\sin y \cdot \dfrac{\mathrm{d}y}{\mathrm{d}x}}{(1 - \cos y)^2} = -\frac{\sin y}{(1 - \cos y)^3}.$$

对数求导法：某些情况下，例如遇到幂指函数、多因子函数的时候，就要用到所谓对数求导法．也就是通过对函数 $y = f(x)$ 两边先取对数，再按隐函数的求导法求出导数 $\dfrac{\mathrm{d}y}{\mathrm{d}x}$.

例 28　求函数 $y = x^x (x > 0)$ 的导数.

解　等式两边取自然对数得

$$\ln y = x \ln x,$$

此式两边同时对 x 求导得

$$\frac{1}{y} y' = \ln x + 1,$$

所以

$$y' = y(\ln x + 1) = x^x(\ln x + 1).$$

例 29　求函数 $y = \sqrt[3]{\dfrac{(x-1)^2(x+2)}{2x-1}}$ 的导数.

解　两边取对数得

$$\ln y = \frac{1}{3}\left[2\ln(x-1) + \ln(x+2) - \ln(2x-1) \right],$$

两边对 x 求导得

$$\frac{1}{y} y' = \frac{1}{3}\left(\frac{2}{x-1} + \frac{1}{x+2} - \frac{2}{2x-1} \right),$$

所以

$$y' = \frac{1}{3}\left(\frac{2}{x-1} + \frac{1}{x+2} - \frac{2}{2x-1}\right) y = \frac{1}{3}\left(\frac{2}{x-1} + \frac{1}{x+2} - \frac{2}{2x-1}\right)\sqrt[3]{\frac{(x-1)^2(x+2)}{2x-1}}.$$

2. 参数方程表示的函数的导数

定义 2.2.4 一般地,如果参数方程

$$\begin{cases} x = \varphi(t), \\ y = \psi(t) \end{cases}$$

确定了 y 与 x 之间的函数关系,则称此函数为由参数方程所确定的函数.

下面介绍由参数方程所确定的函数的求导方法.

参数求导法:假设参数方程 $\begin{cases} x = \varphi(t), \\ y = \psi(t) \end{cases}$ 可以确定 y 是 x 的函数,并且设 $\varphi(t), \psi(t)$ 均可导,$\varphi'(t) \neq 0, x = \varphi(t)$ 有反函数 $t = \varphi^{-1}(t)$,则由该参数方程确定的函数就可以看成是由函数 $y = \psi(t), t = \varphi^{-1}(x)$ 复合而成的复合函数

$$y = \psi[\varphi^{-1}(x)].$$

由复合函数的求导法则和反函数的求导法则,得

$$\frac{\mathrm{d}y}{\mathrm{d}x} = \frac{\mathrm{d}y}{\mathrm{d}t} \cdot \frac{\mathrm{d}t}{\mathrm{d}x} = \frac{\mathrm{d}y}{\mathrm{d}t} \cdot \frac{1}{\dfrac{\mathrm{d}x}{\mathrm{d}t}} = \frac{\psi'(t)}{\varphi'(t)}.$$

即

$$\frac{\mathrm{d}y}{\mathrm{d}x} = \frac{\psi'(t)}{\varphi'(t)}.$$

这就是由参数方程所确定的函数的求导公式.

同样地,我们可以得到参数方程所确定的函数的二阶导数公式.如果 $\varphi(t), \psi(t)$ 都二阶可导,有

$$\frac{\mathrm{d}^2 y}{\mathrm{d}x^2} = \frac{\psi''(t)\varphi'(t) - \psi'(t)\varphi''(t)}{[\varphi'(t)]^3}.$$

例 30 已知椭圆的参数方程为 $\begin{cases} x = a\cos\theta, \\ y = a\sin\theta \end{cases}$ $(a > 0, \theta$ 为参数$)$,求 $\dfrac{\mathrm{d}y}{\mathrm{d}x}, \dfrac{\mathrm{d}^2 y}{\mathrm{d}x^2}$.

解 因为 $\dfrac{\mathrm{d}x}{\mathrm{d}\theta} = -a\sin\theta, \dfrac{\mathrm{d}y}{\mathrm{d}\theta} = a\cos\theta, \dfrac{\mathrm{d}^2 y}{\mathrm{d}\theta^2} = -a\sin\theta, \dfrac{\mathrm{d}^2 x}{\mathrm{d}\theta^2} = -a\cos\theta$,所以

$$\frac{\mathrm{d}y}{\mathrm{d}x} = \frac{\dfrac{\mathrm{d}y}{\mathrm{d}\theta}}{\dfrac{\mathrm{d}x}{\mathrm{d}\theta}} = \frac{a\cos\theta}{-a\sin\theta} = -\cot\theta.$$

$$\frac{\mathrm{d}^2 y}{\mathrm{d}x^2} = \frac{(-a\sin\theta)(-a\sin\theta) - a\cos\theta(-a\cos\theta)}{(-a\sin\theta)^3}$$

$$= \frac{a^2(\sin^2\theta+\cos^2\theta)}{(-a\sin\theta)^3} = -\frac{1}{a}\csc^3\theta.$$

例 31　求由参数方程 $\begin{cases} x=t-\sin t, \\ y=1-\cos t \end{cases}$ 所确定的函数 $y=y(x)$ 的一阶、二阶导数.

解

$$\frac{dy}{dx} = \frac{(1-\cos t)'}{(t-\sin t)'} = \frac{\sin t}{1-\cos t},$$

$$\frac{d^2y}{dx^2} = \left(\frac{\sin t}{1-\cos t}\right)' \cdot \frac{1}{(t-\sin t)'} = \frac{-1}{1-\cos t} \cdot \frac{1}{1-\cos t} = -\frac{1}{(1-\cos t)^2}.$$

例 32　求曲线 $\begin{cases} x=2\sin t, \\ y=\cos 2t \end{cases}$ 在 $t=\dfrac{\pi}{4}$ 处的切线方程和法线方程.

解　当 $t=\dfrac{\pi}{4}$ 时,曲线上对应的点 M 的坐标为 $M(\sqrt{2},0)$,曲线在该点的切线的

斜率为

$$\left.\frac{dy}{dx}\right|_{t=\frac{\pi}{4}} = \left.\frac{(\cos 2t)'}{(2\sin t)'}\right|_{t=\frac{\pi}{4}} = \left.\frac{-2\sin 2t}{2\cos t}\right|_{t=\frac{\pi}{4}} = -\sqrt{2}.$$

所以,所求的切线方程为 $y=-\sqrt{2}(x-\sqrt{2})$.即 $\sqrt{2}x+y-2=0$.

法线方程为 $y=\dfrac{1}{\sqrt{2}}(x-\sqrt{2})$.即 $x-\sqrt{2}y-\sqrt{2}=0$.

文档
扫一扫,看答案

 任务训练

1. 计算 $\arcsin x$、$\arccos x$、$\arctan x$ 的导数.

2. 举例说明隐函数求导法则可以解决哪些问题.

思考题

1. 请用式子表示"奇函数的导数是偶函数,偶函数的导数是奇函数".

2. 求函数 $y_1=xe^x$、$y_2=(1+x)^n$ 的 n 阶导数.

2.3　导数的应用

 任务导入

随着中国纺织业的快速发展及农业经济结构的不断调整,棉花生产得到了党中央的大力支持.作为世界最大棉花消费国和生产国,中国的棉花产量一直处于供不应求的局面.

下图是十多年间我国棉花产量情况,我们从图 2-2 中可以看出我国棉花产量有增有减,

增减速率有快有慢.由此可抽象出接下来我们要研究的函数的单调性和曲线的凹凸性问题.

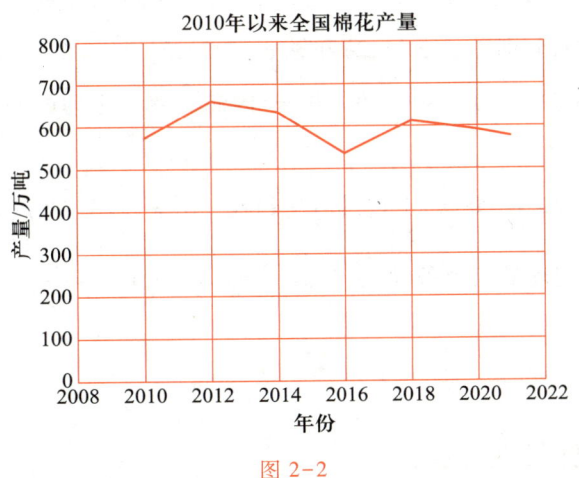

图 2-2

一、中值定理与函数的单调性

本节开始,我们将利用导数的知识来解决一些理论和实际的问题,通过函数 $f(x)$ 的导数 $f'(x)$ 来讨论函数 $f(x)$ 的性质.中值定理是把函数在某个区间上的整体性质与它在该区间上某点处的导数联系起来解决实际问题的理论基础.

(一)罗尔定理

定理 2.3.1　如果函数 $f(x)$ 满足:

(1) 在闭区间 $[a,b]$ 上连续;

(2) 在开区间 (a,b) 内可导;

(3) $f(a)=f(b)$;

则函数 $f(x)$ 在 (a,b) 内至少存在一点 ξ,使得 $f'(\xi)=0$.

罗尔定理在几何上是直观的,定理的结论表示:在曲线 AB 上至少存在一点 ξ,该点处曲线的切线是水平的.如图 2-3 所示.

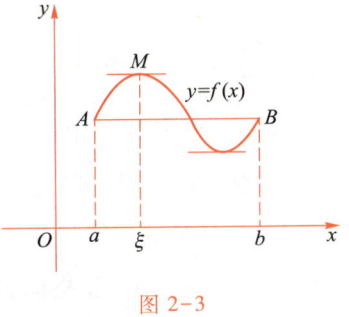

图 2-3

注:(1) 罗尔定理中的三个条件缺一不可,否则结论不一定成立.

(2) 罗尔定理中所要求的三个条件是使结论成立的充分条件而不是必要条件.

罗尔定理的结论也可以表述为 $f'(x)=0$ 在区间 (a,b) 内至少存在一个实根.所以它常用来解决有关导函数 $f'(x)$ 的零点问题.通常使得函数导数等于零的点称为函数的驻点.

例 1　不求函数 $f(x)=(x-1)(x-2)(x-3)$ 的导数,指出方程 $f'(x)=0$ 有几个实根.

解　因为 $f(1)=f(2)=f(3)=0$,所以函数 $f(x)$ 在闭区间 $[1,2]$ 和 $[2,3]$ 上满足罗尔定理的三个条件,根据罗尔定理可知,至少存在一点 $\xi_1\in(1,2)$ 和至少存在

一点 $\xi_2 \in (2,3)$，使得 $f'(\xi_1) = 0, f'(\xi_2) = 0$.

又因为 $f'(x) = 0$ 是一个一元二次方程，至多只有两个实根.所以，方程 $f'(x) = 0$ 有且仅有两个实根，分别是 $\xi_1 \in (1,2)$ 和 $\xi_2 \in (2,3)$.

例2 验证函数 $f(x) = \sin x$ 在 $(0, \pi)$ 内满足罗尔定理的条件，并求符合罗尔定理结论的 ξ.

解 $f(x) = \sin x$ 在 $[0, \pi]$ 上连续，$f'(x)$ 在 $(0, \pi)$ 内存在，$f(0) = f(\pi) = 0$，所以 $f(x)$ 满足罗尔定理的三个条件.令 $f'(x) = \cos x = 0$，得 $x = \dfrac{\pi}{2} \in (0, \pi)$，所以 $\xi = \dfrac{\pi}{2}$ 即为所求.

（二）拉格朗日中值定理

若保持罗尔定理的条件（1）（2），去掉条件（3），就得到拉格朗日中值定理.

定理 2.3.2（拉格朗日中值定理） 如果函数 $f(x)$ 满足：

（1）在闭区间 $[a,b]$ 上连续；

（2）在开区间 (a,b) 内可导；

则函数 $f(x)$ 在 (a,b) 内至少存在一点 ξ，使等式

$$f(b) - f(a) = f'(\xi)(b-a)$$

或

$$f'(\xi) = \frac{f(b) - f(a)}{b - a}$$

成立.

拉格朗日中值定理在几何上也是直观的，它表示若函数 $y = f(x)$ 满足拉格朗日中值定理，那么在曲线 $y = f(x)$ 上至少能找到一点 $M(\xi, f(\xi))$，在点 M 处的切线与弦 AB 平行.如图 2-4 所示.

注：（1）拉格朗日中值定理的两个条件也是使结论成立的充分而不必要的条件.

（2）拉格朗日中值定理是罗尔定理的自然推广，罗尔定理可以看作是拉格朗日定理中当 $f(a) = f(b)$ 时的特殊情况.

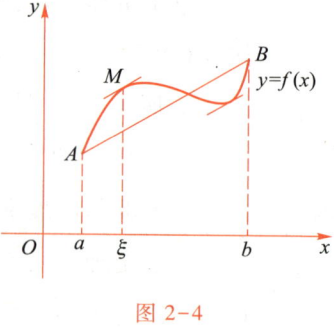

图 2-4

 **知识链接**

约瑟夫·拉格朗日（1736—1813），法国著名数学家、物理学家.1736 年 1 月 25 日生于意大利都灵，1813 年 4 月 10 日卒于巴黎.他在数学、力学和天文学三个学科领域中都有历史性的贡献，其中尤以数学方面的成就最为突出.

他在数学上最突出的贡献是将数学分析和几何与力学脱离开来,使数学的独立性更为清楚,从此数学不再仅仅是其他学科的工具.拉格朗日总结了18世纪的数学成果,同时又为19世纪的数学研究开辟了道路,堪称法国最杰出的数学大师.同时,他的关于月球运动(三体问题)、行星运动、轨道计算、两个不动中心问题、流体力学等方面的成果,在使天文学力学化、力学分析化上,也起到了历史性的作用,促进了力学和天体力学的进一步发展,成为这些领域的开创性或奠基性研究.近百余年来,数学领域的许多新成就都可以直接或间接地溯源于拉格朗日的工作.所以他在数学史上被认为是对分析数学的发展产生全面影响的数学家之一.

例3 证明:当 $x>0$ 时, $\dfrac{x}{1+x}<\ln(1+x)<x$.

证明 设 $f(t)=\ln t, t>0$.因为 $f(t)$ 在 $[1,1+x]$ 上连续,且 $f'(t)=\dfrac{1}{t}$,所以由拉格朗日中值定理知,至少存在一点 $\xi\in(1,1+x)$,满足

$$\frac{\ln(1+x)-\ln 1}{x}=f'(\xi)=\frac{1}{\xi}.$$

又 $1<\xi<1+x$,所以 $\dfrac{1}{1+x}<\dfrac{1}{\xi}<1$,所以 $\dfrac{1}{1+x}<\dfrac{\ln(1+x)}{x}<1$,即

$$\frac{x}{1+x}<\ln(1+x)<x.$$

拉格朗日定理有两个重要的推论:

推论2.3.1 如果在区间 I 内恒有 $f'(x)=0$,则在区间 I 内 $f(x)$ 恒为常数.

推论2.3.2 如果在区间 I 内恒有 $f'(x)=g'(x)$,则在区间 I 内有 $f(x)=g(x)+C$(C 为常数).

例4 应用导数证明恒等式: $\arcsin x+\arccos x=\dfrac{\pi}{2}$ $(-1<x<1)$.

证明 设 $f(x)=\arcsin x+\arccos x$,则 $f'(x)=\dfrac{1}{\sqrt{1-x^2}}-\dfrac{1}{\sqrt{1-x^2}}=0(0<x<1)$.由推

论2.3.1知,在区间 $(-1,1)$ 内, $f(x)$ 恒为常数,又 $f(0)=\dfrac{\pi}{2}$,故

$$\arcsin x+\arccos x=\frac{\pi}{2}\quad(-1<x<1).$$

（三）柯西中值定理

定理 2.3.3（柯西中值定理） 如果函数 $f(x)$、$g(x)$ 满足：

（1）在闭区间 $[a,b]$ 上连续；

（2）在开区间 (a,b) 内可导；

（3）$\forall x \in (a,b)$，$g'(x) \neq 0$；

则在 (a,b) 内至少存在一点 ξ，使得

$$\frac{f'(\xi)}{g'(\xi)} = \frac{f(b)-f(a)}{g(b)-g(a)}$$

成立.

根据柯西中值定理，得到洛必达法则.

二、洛必达法则

在比较两个无穷小（大）的阶时，我们发现两个无穷小（大）之比的极限可能存在，也可能不存在，因此，我们把两个无穷小（大）之比的极限统称为未定式极限，记为 $\dfrac{0}{0}$ 型 $\left(\dfrac{\infty}{\infty}$ 型$\right)$ 的未定式极限. 洛必达法则是以导数为工具求未定式极限的方法.

（一）$\dfrac{0}{0}$ 型未定式极限

定理 2.3.4（洛必达法则） 如果 $f(x)$ 和 $g(x)$ 满足下列条件：

（1）$\lim\limits_{x \to x_0} f(x) = 0$，$\lim\limits_{x \to x_0} g(x) = 0$；

（2）在点 x_0 的某去心邻域内，$f(x)$ 与 $g(x)$ 均可导，且 $g'(x) \neq 0$；

（3）$\lim\limits_{x \to x_0} \dfrac{f'(x)}{g'(x)} = A$（$A$ 可为任意实数或 $\pm\infty$、∞）；

则

$$\lim_{x \to x_0} \frac{f(x)}{g(x)} = \lim_{x \to x_0} \frac{f'(x)}{g'(x)} = A.$$

注：定理中"$x \to x_0$"换成"$x \to x_0^+$""$x \to x_0^-$""$x \to \infty$""$x \to +\infty$""$x \to -\infty$"时同样成立.

例 5 求 $\lim\limits_{x \to 0} \dfrac{e^x - 1}{x}$.

解 $\lim\limits_{x \to 0} \dfrac{e^x - 1}{x} = \lim\limits_{x \to 0} \dfrac{e^x}{1} = 1.$

例 6 求 $\lim\limits_{x \to 0} \dfrac{\sqrt[3]{1+x} - 1}{x}$.

解 $\lim\limits_{x \to 0} \dfrac{\sqrt[3]{1+x} - 1}{x} = \lim\limits_{x \to 0} \dfrac{\frac{1}{3}(1+x)^{-\frac{2}{3}}}{1} = \dfrac{1}{3}.$

例7 求 $\lim\limits_{x\to 0}\dfrac{x-\sin x}{x^3}$.

解 $\lim\limits_{x\to 0}\dfrac{x-\sin x}{x^3}=\lim\limits_{x\to 0}\dfrac{1-\cos x}{3x^2}=\lim\limits_{x\to 0}\dfrac{\sin x}{6x}=\dfrac{1}{6}$.

（二）$\dfrac{\infty}{\infty}$ 型未定式极限

定理 2.3.5（洛必达法则） 如果 $f(x)$ 和 $g(x)$ 满足下列条件：

（1）$\lim\limits_{x\to x_0}f(x)=\infty$，$\lim\limits_{x\to x_0}g(x)=\infty$；

（2）在点 x_0 的某去心邻域内，$f(x)$ 与 $g(x)$ 均可导，且 $g'(x)\neq 0$；

（3）$\lim\limits_{x\to x_0}\dfrac{f'(x)}{g'(x)}=A$（$A$ 可为任意实数或 $\pm\infty$、∞）；

则

$$\lim\limits_{x\to x_0}\dfrac{f(x)}{g(x)}=\lim\limits_{x\to x_0}\dfrac{f'(x)}{g'(x)}=A.$$

注：定理中"$x\to x_0$"换成"$x\to x_0^+$""$x\to x_0^-$""$x\to\infty$""$x\to+\infty$""$x\to-\infty$"时同样成立.

例8 求 $\lim\limits_{x\to+\infty}\dfrac{\ln x}{x^n}$（$n>0$）.

解 这是 $\dfrac{\infty}{\infty}$ 型未定式.

$$\lim\limits_{x\to+\infty}\dfrac{\ln x}{x^n}=\lim\limits_{x\to+\infty}\dfrac{\dfrac{1}{x}}{nx^{n-1}}=\lim\limits_{x\to+\infty}\dfrac{1}{nx^n}=0.$$

例9 求 $\lim\limits_{x\to+\infty}\dfrac{x^n}{\mathrm{e}^x}$（$n$ 为正整数）.

解 这是 $\dfrac{\infty}{\infty}$ 型未定式.连续使用 n 次洛必达法则,得

$$\lim\limits_{x\to+\infty}\dfrac{x^n}{\mathrm{e}^x}=\lim\limits_{x\to+\infty}\dfrac{nx^{n-1}}{\mathrm{e}^x}=\lim\limits_{x\to+\infty}\dfrac{n(n-1)x^{n-2}}{\mathrm{e}^x}=\cdots=\lim\limits_{x\to+\infty}\dfrac{n!}{\mathrm{e}^x}=0.$$

（三）可化为 $\dfrac{0}{0}$ 型或 $\dfrac{\infty}{\infty}$ 型的未定式极限

除了"$\dfrac{0}{0}$"型、"$\dfrac{\infty}{\infty}$"型外,还有其他一些类型的未定式,如:"$0\cdot\infty$"型、"$\infty-\infty$"型、"∞^0"型、"0^0"型、"1^∞"型未定式.这些类型的未定式不能直接应用洛必达法则求极限,但可以通过恒等变形化为"$\dfrac{0}{0}$"型或"$\dfrac{\infty}{\infty}$"型未定式,然后运用洛必达法则来求极限.

例 10　求 $\lim\limits_{x\to 0^+}x\ln x$.

解　这是 $0\cdot\infty$ 型未定式,因为 $x\ln x=\dfrac{\ln x}{\dfrac{1}{x}}$,当 $x\to 0^+$ 时,上式右端变为 $\dfrac{\infty}{\infty}$ 型未定式,应用洛必达法则,有

$$\lim_{x\to 0^+}x\ln x=\lim_{x\to 0^+}\frac{\ln x}{\dfrac{1}{x}}=\lim_{x\to 0^+}\frac{\dfrac{1}{x}}{-\dfrac{1}{x^2}}=-\lim_{x\to 0^+}x=0.$$

例 11　求 $\lim\limits_{x\to 1}\left(\dfrac{x}{x-1}-\dfrac{1}{\ln x}\right)$.

解　这是 $\infty-\infty$ 型未定式,因为 $\dfrac{x}{x-1}-\dfrac{1}{\ln x}=\dfrac{x\ln x-(x-1)}{(x-1)\ln x}$,当 $x\to 1$ 时,上式右端变为 $\dfrac{0}{0}$ 型未定式,应用洛必达法则,有

$$\lim_{x\to 1}\left(\frac{x}{x-1}-\frac{1}{\ln x}\right)=\lim_{x\to 1}\frac{x\ln x-(x-1)}{(x-1)\ln x}=\lim_{x\to 1}\frac{x\cdot\dfrac{1}{x}+\ln x-1}{\ln x+\dfrac{x-1}{x}}$$

$$=\lim_{x\to 1}\frac{\ln x}{1-\dfrac{1}{x}+\ln x}=\lim_{x\to 1}\frac{\dfrac{1}{x}}{\dfrac{1}{x^2}+\dfrac{1}{x}}=\frac{1}{2}.$$

例 12　求 $\lim\limits_{x\to\infty}x^{\frac{1}{x}}$.

解　这是 ∞^0 型未定式,因为 $x^{\frac{1}{x}}=e^{\frac{1}{x}\ln x}$,当 $x\to\infty$ 时,$\dfrac{\ln x}{x}$ 是 $\dfrac{\infty}{\infty}$ 型未定式,应用洛必达法则,有 $\lim\limits_{x\to+\infty}\dfrac{1}{x}\ln x=\lim\limits_{x\to+\infty}\dfrac{\ln x}{x}=\lim\limits_{x\to+\infty}\dfrac{\dfrac{1}{x}}{1}=0$,于是 $\lim\limits_{x\to\infty}x^{\frac{1}{x}}=\lim\limits_{x\to\infty}e^{\frac{1}{x}\ln x}=e^0=1$.

注:洛必达法则是求解未定式极限的有效方法,但有时对于某些未定式极限来说,即使 $\lim\limits_{\substack{x\to x_0\\(x\to\infty)}}\dfrac{f'(x)}{g'(x)}$ 不存在,也不能说 $\lim\limits_{\substack{x\to x_0\\(x\to\infty)}}\dfrac{f(x)}{g(x)}$ 不存在,这时不能用洛必达法则,应改用其他方法来求极限.

例 13　求 $\lim\limits_{x\to\infty}\dfrac{x+\sin x}{x}$.

解　此时,如用洛必达法则求极限,我们会发现该极限不存在,即

$$\lim_{x\to\infty}\frac{x+\sin x}{x}=\lim_{x\to\infty}\frac{(x+\sin x)'}{(x)'}$$

$$= \lim_{x \to \infty} \frac{1 + \cos x}{1} = \lim_{x \to \infty} (1 + \cos x)$$

不存在.

正确的解法应为

$$\lim_{x \to \infty} \frac{x + \sin x}{x} = \lim_{x \to \infty} \left(1 + \frac{\sin x}{x} \right) = 1 + 0 = 1.$$

在每次使用洛必达法则前,应检验是否是 $\frac{0}{0}$ 或 $\frac{\infty}{\infty}$ 型未定式,是否满足洛必达法则使用的条件,若不满足就不能使用该法则.

三、函数的单调性与极值、最值

（一） 函数的单调性

定理 2.3.6　设 $f(x)$ 在区间 $[a,b]$ 上连续,在 (a,b) 内可导,则有

（1） 若 $x \in (a,b)$ 时,恒有 $f'(x) > 0$,则 $f(x)$ 在闭区间 $[a,b]$ 上单调增加;

（2） 若 $x \in (a,b)$ 时,恒有 $f'(x) < 0$,则 $f(x)$ 在闭区间 $[a,b]$ 上单调减少.

证明　设 $x_1, x_2 \in [a,b]$ $(x_1 < x_2)$,由拉格朗日中值定理,存在 $\xi \in (x_1, x_2) \subseteq [a,b]$,使得 $f'(\xi) = \dfrac{f(x_2) - f(x_1)}{x_2 - x_1}$,由于 $f'(\xi) > 0, x_2 - x_1 > 0$,所以 $f(x_2) - f(x_1) > 0$,即 $f(x_2) > f(x_1)$,则 $f(x)$ 在闭区间 $[a,b]$ 上单调增加.

同理可证 $f'(x) < 0$ 的情形.

例 14　讨论函数 $f(x) = e^x - x$ 的单调性.

解　函数的定义域为 $(-\infty, +\infty)$,$f'(x) = e^x - 1$,所以

（1） $x \in (0, +\infty)$ 时,$f'(x) > 0$,则 $f(x) = e^x - x$ 在 $[0, +\infty)$ 上单调递增;

（2） $x \in (-\infty, 0)$ 时,$f'(x) < 0$,则 $f(x) = e^x - x$ 在 $(-\infty, 0]$ 上单调递减.

定理 2.3.7　设 $f(x)$ 在区间 I 内可导,则 $f(x)$ 在区间 I 内单调递增（减）的充要条件是 $f'(x) \geqslant 0 (\leqslant 0)$.

微视频
函数的单调性

证明　若 $f(x)$ 为单调递增函数,则对任一 $x, x + \Delta x \in I$,有 $\dfrac{f(x + \Delta x) - f(x)}{\Delta x} \geqslant 0$.令 $\Delta x > 0$ 且 $\Delta x \to 0$ 时,由极限的保号性有 $f'(x) \geqslant 0$.

反之,若 $f(x)$ 在区间 I 内恒有 $f'(x) \geqslant 0$,则对任意 $x_1, x_2 \in I (x_1 < x_2)$,由拉格朗日中值定理,存在 $\xi \in (x_1, x_2) \subset I$,使得 $f(x_2) - f(x_1) = f'(\xi)(x_2 - x_1) \geqslant 0$.即 $f(x_2) \geqslant f(x_1)$.由 x_1, x_2 的任意性,$f(x)$ 在区间 I 内为单调递增函数.

同理可证 $f(x)$ 在区间 I 内为单调递减函数的情况.

（二）函数的极值

定义 2.3.1 如果存在 x_0 的一个邻域 $U(x_0,\delta)\subset D$（D 为定义域）满足对于任一点 $x\in U(x_0,\delta)$，都有 $f(x)\leqslant f(x_0)$（或 $f(x)\geqslant f(x_0)$）成立，则称 $f(x_0)$ 为函数 $f(x)$ 的一个极大（或极小）值；称 x_0 为函数 $f(x)$ 的一个极大（或极小）值点.

函数的极大值、极小值统称为极值；函数的极大值点、极小值点统称为极值点.

注:（1）函数的极值是局部概念，且极值点不能是区间的端点；

（2）函数在定义区间内可能有多个极大值、极小值，且极大值不一定大于极小值.

（三）函数极值的判别

我们首先给出费马引理，再进一步给出函数极值的必要条件.

定理 2.3.8（费马引理） 设函数 $f(x)$ 在点 x_0 的某个邻域内有定义，且在点 x_0 可导.若点 x_0 为 $f(x)$ 的极值点，则有 $f'(x_0)=0$（使得 $f'(x_0)=0$ 的点 x_0 称为函数 $f(x)$ 的驻点）.

费马引理指出，若函数 $f(x)$ 在极值点 $x=x_0$ 可导，那么在该点处的切线平行于 x 轴.

注: 驻点未必是极值点，如 $x=0$ 是函数 $f(x)=x^3$ 的驻点，但却不是它的极值点.

定理 2.3.9（极值的必要条件） 若点 x_0 为函数 $f(x)$ 的极值点，则 x_0 是 $f(x)$ 的驻点或者是导数不存在点.

注: 定理的逆命题是不成立的.

综上所述，函数的极值点是它的驻点或导数不存在的点；反之，函数的驻点和导数不存在的点未必是它的极值点.

下面讨论极值的充分条件.

定理 2.3.10（极值的第一充分条件） 设函数 $f(x)$ 在 x_0 处连续且在 $\overset{\circ}{U}(x_0,\delta)$ 内可导，若在此 $\overset{\circ}{U}(x_0,\delta)$ 内：

（1）当 $x<x_0$ 时，$f'(x)>0$；当 $x>x_0$ 时，$f'(x)<0$，则 x_0 为 $f(x)$ 的极大值点；

（2）当 $x<x_0$ 时，$f'(x)<0$；当 $x>x_0$ 时，$f'(x)>0$，则 x_0 为 $f(x)$ 的极小值点；

（3）$f'(x)$ 的符号保持不变，则 x_0 不是 $f(x)$ 的极值点.

根据极值的第一充分条件，我们可以得到求函数 $f(x)$ 的极值的步骤如下：

（1）确定函数 $f(x)$ 的定义域；

（2）求出函数 $f(x)$ 的导数 $f'(x)$；

（3）求出函数在定义区间内的全部驻点和导数不存在的点；

（4）利用定理 2.3.10，列表讨论上述驻点或导数不存在的点是否为函数的极值点，并求出相应的极值.

例 15 求函数 $f(x)=\dfrac{1}{3}x-\sqrt[3]{x}$ 的极值.

解 （1）函数 $f(x)$ 的定义区间为 $(-\infty,+\infty)$；

（2）$f'(x)=\dfrac{\sqrt[3]{x^2}-1}{3\sqrt[3]{x^2}}$；

（3）令 $f'(x)=0$，解得驻点 $x_1=-1,x_2=1$，又 $x_3=0$ 为 $f'(x)$ 不存在的点；

（4）判定上述点是否为函数的极值点．列表讨论：

x	$(-\infty,-1)$	-1	$(-1,0)$	0	$(0,1)$	1	$(1,+\infty)$
$f'(x)$	+	0	−	不存在	−	0	+
$f(x)$	↗	极大值 $\dfrac{2}{3}$	↘	非极值	↘	极小值 $-\dfrac{2}{3}$	↗

故函数 $f(x)$ 在 $x=-1$ 处取得极大值为 $f(-1)=\dfrac{2}{3}$，在 $x=1$ 处取得极小值为 $f(1)=-\dfrac{2}{3}$．

例 16 求函数 $f(x)=(x-1)x^{\frac{2}{3}}$ 的单调区间和极值．

解 （1）函数 $f(x)$ 的定义区间为 $(-\infty,+\infty)$；

（2）$f'(x)=\dfrac{5}{3}x^{\frac{2}{3}}-\dfrac{2}{3}x^{-\frac{1}{3}}=\dfrac{5x-2}{3\sqrt[3]{x}}$；

（3）令 $f'(x)=0$，解得驻点 $x=\dfrac{2}{5}$ 及不可导点 $x=0$．

（4）判定上述驻点和导数不存在的点是否为函数的极值点．列表讨论：

x	$(-\infty,0)$	0	$\left(0,\dfrac{2}{5}\right)$	$\dfrac{2}{5}$	$\left(\dfrac{2}{5},+\infty\right)$
$f'(x)$	+	不存在	−	0	+
	↗	极大值 $f(0)=0$	↘	极小值 $f\left(\dfrac{2}{5}\right)=-\dfrac{3}{5}\sqrt[3]{\dfrac{4}{25}}$	↗

故 $f(x)=(x-1)x^{\frac{2}{3}}$ 的单调递增区间为 $(-\infty,0]$ 和 $\left[\dfrac{2}{5},+\infty\right)$，单调递减区间为 $\left[0,\dfrac{2}{5}\right]$，在 $x=0$ 点取得极大值 $f(0)=0$，在 $x=\dfrac{2}{5}$ 点取得极小值 $f\left(\dfrac{2}{5}\right)=-\dfrac{3}{5}\sqrt[3]{\dfrac{4}{25}}$．

如果函数 $f(x)$ 的二阶导数容易计算，且在驻点处的二阶导数不等于零，可以得到下面的判定定理．

定理 2.3.11(极值的第二充分条件) 设函数 $f(x)$ 在 x_0 处具有二阶导数,且 $f'(x_0)=0$,$f''(x_0)\neq 0$,则

(1) 当 $f''(x_0)<0$ 时,x_0 为 $f(x)$ 的极大值点;

(2) 当 $f''(x_0)>0$ 时,x_0 为 $f(x)$ 的极小值点.

必须指出:若 $f''(x_0)=0$,则定理 2.3.11 就失效了,这时需要改用定理 2.3.10 来判断.

例 17 求函数 $f(x)=2x^3-6x^2-18x-7$ 的极值.

解 (1) $f'(x)=6x^2-12x-18=6(x+1)(x-3)$;

(2) 令 $f'(x)=0$,解得驻点 $x_1=-1$,$x_2=3$;

(3) $f''(x)=12(x-1)$;

(4) $f''(-1)=-24<0$,故 $f(x)$ 有极大值 $f(-1)=3$;$f''(3)=24>0$,故 $f(x)$ 有极小值 $f(3)=-61$.

(四) 函数的最值

在实际问题中,经常会遇到求何种条件下"产品最多""用料最省""成本最低""效益最高"等问题,这些问题在数学上可以归结为求某一个函数的最大值与最小值的问题.

我们已经知道,闭区间 $[a,b]$ 上的函数 $f(x)$ 有最大值和最小值.若函数的最值点 x_0 在开区间 (a,b) 内取得,那么 x_0 一定是函数 $f(x)$ 的极值点.所以,我们只要找出函数 $f(x)$ 在开区间 (a,b) 内的所有驻点、不可导点和区间端点上的函数值,就能找到函数 $f(x)$ 在闭区间 $[a,b]$ 上的最大(小)值.

例 18 求函数 $y=2x^3+3x^2-12x+14$ 在 $[-3,4]$ 上的最大值和最小值.

解 $f'(x)=6(x+2)(x-1)$,令 $f'(x)=6(x+2)(x-1)=0$,解方程得 $x_1=-2$,$x_2=1$. 又 $f(-3)=23$,$f(-2)=34$,$f(1)=7$,$f(4)=142$,所以,函数的最大值和最小值分别为 142 和 7.

例 19 求函数 $f(x)=3\sqrt[3]{x^2}-2x$ 在 $[-1,2]$ 上的最大值与最小值.

解 $f'(x)=2x^{-\frac{1}{3}}-2=\dfrac{2(1-\sqrt[3]{x})}{\sqrt[3]{x}}$,令 $f'(x)=0$.得驻点 $x=1$ 和不可导点 $x=0$.又 $f(-1)=5$,$f(0)=0$,$f(1)=1$,$f(2)=3\sqrt[3]{4}-4$.所以,函数的最大值和最小值分别为 5 和 0.

注:如果函数 $f(x)$ 是 $[a,b]$ 上的单调函数,则其最大、最小值必定在端点处取得;若函数 $f(x)$ 在区间 I 上连续,且只有唯一的极值点,则函数 $f(x)$ 在该点处取得最值.在实际问题中,往往通过这个方法来求最值.

例 20 设圆柱形有盖茶缸容积 V 为常数,求表面积为最小时,底半径 x 与高 y 之比.

解 (1) 建立目标函数茶缸容积 $V = \pi x^2 y$,而设表面积为 S,则 $S = 2\pi xy + 2\pi x^2$,因为 V 为常数,所以得到 $y = \dfrac{V}{\pi x^2}$,由此可得目标函数——茶缸表面积的表达式

$$S(x) = 2\pi x^2 + \frac{2\pi xV}{\pi x^2} = 2\pi x^2 + \frac{2V}{x} \quad (x > 0).$$

(2) 求 $S(x)$ 的最小值. $S'(x) = 4\pi x - \dfrac{2V}{x^2}$,令 $S'(x) = 0$,得可能的极值点 $x = \sqrt[3]{\dfrac{V}{2\pi}}$ 且唯一,则在 $x = \sqrt[3]{\dfrac{V}{2\pi}}$ 处取得最小值.

(3) 由于 $y = \dfrac{V}{\pi x^2}$,$x = \sqrt[3]{\dfrac{V}{2\pi}}$,可以得到 $y = \dfrac{V}{\pi \left(\sqrt[3]{\dfrac{V}{2\pi}} \right)^2} = 2\sqrt[3]{\dfrac{V}{2\pi}} = 2x$.

因此当底半径与高之比为 $\dfrac{1}{2}$ 时,茶缸表面积最小.

例 21 某房地产公司有 50 套公寓要出租,当租金定为每月 1 800 元时,公寓能全部租出去.当租金每月增加 100 元时,就有一套公寓租不出去,而租出去的房子每月需花费 200 元的整修维护费.试问房租定为多少可获得最大收益?

解 设房租为每月 x 元,则租出去的房子有 $50 - \left(\dfrac{x - 1\,800}{100} \right)$ 间,每月总收益为

$$R(x) = (x - 200)\left(50 - \frac{x - 1\,800}{100} \right),\ \text{即}\ R(x) = (x - 200)\left(68 - \frac{x}{100} \right).\text{因为}$$

$$R'(x) = \left(68 - \frac{x}{100} \right) + (x - 200)\left(-\frac{1}{100} \right) = 70 - \frac{x}{50},$$

令 $R'(x) = 0$ 得到 $x = 3\,500$ 为唯一的驻点,故每月每套租金为 3 500 元时收益最高.

从而最大收益为 $R(3\,500) = (3\,500 - 200)\left(68 - \dfrac{3\,500}{100} \right) = 108\,900$ (元).

注:求实际问题中的最大值和最小值应分为两步进行,首先按照题意设出所求问题的目标函数,其次按照目标函数来求最大值和最小值.

四、曲线的凹凸性、渐近线和函数作图

(一) 函数曲线的凹凸性

前面我们学习了函数的单调性和极值,为了更好地了解函数的性质以及函数图形的特点,仅有这些知识还不够.例如,我们对比 $y = x^2$ 和 $y = \sqrt{x}$ 两个函数在第一象限内的图形,会发现虽然这两个函数都是单调递增的,但是增加的方式不同,曲线 $y = x^2$ 上任意两点间

的弧段在这两点连线的下方,而 $y=\sqrt{x}$ 上任意两点间的弧段在这两点连线的上方.

从几何上进行分析,当弧段在这两点连线的上方时(图2-5(a)),我们从形象上称这段曲线弧为"凸"的;当弧段在这两点连线的下方时(图2-5(b)),我们从形象上称这段曲线弧为"凹"的.我们还可以从函数的曲线与其上任意一点的切线的位置关系来描述函数曲线的凹凸性.

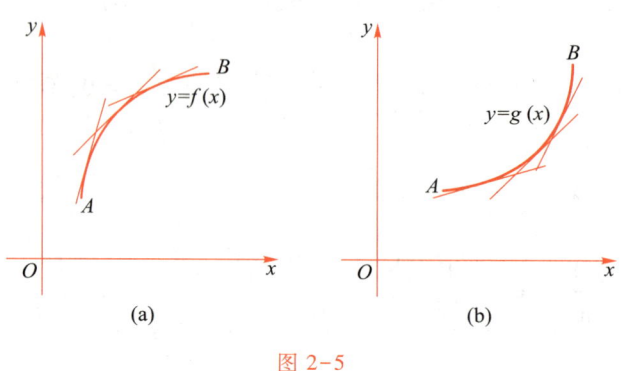

图2-5

这样,我们就能根据函数图形的特点,定义曲线的凹凸性.

定义2.3.2 若曲线 $y=f(x)$ 在某一个区间内都位于其切线的下方,则称该曲线在此区间内是凸的,此区间称为凸区间(图2-5(a));反之,若曲线 $y=f(x)$ 在某一个区间内都位于其切线的上方,则称该曲线在此区间内是凹的,此区间称为凹区间(图2-5(b)).

如何判断曲线的凹凸性呢? 从图2-5(a)可以看出,$f(x)$ 之所以为凸曲线,是其上各点的切线的斜率随 x 的增大而减少,即 $f'(x)$ 是单调递减的,有 $f''(x)<0$;从图2-5(b)可以看出,凹曲线 $g(x)$ 上各点的切线的斜率随 x 的增大而增大,即 $g'(x)$ 是单调递增的,有 $g''(x)>0$.由此可见,可以用二阶导数的符号来刻画曲线的"凹"与"凸".由此可见,曲线的凹凸性与二阶导数的正负有着密切的联系,那么如何用二阶导数的正负来判定曲线的凹凸性呢? 下面给出判定连续曲线凹凸性的充分条件.

定理2.3.12(曲线凹凸性判定的充分条件) 设函数 $y=f(x)$ 在区间 $[a,b]$ 上连续,在区间 (a,b) 内具有一阶和二阶导数,那么

(1)如果在区间 (a,b) 内 $f''(x)>0$,则函数 $y=f(x)$ 在区间 $[a,b]$ 上的图形是凹的;

(2)如果在区间 (a,b) 内 $f''(x)<0$,则函数 $y=f(x)$ 在区间 $[a,b]$ 上的图形是凸的.

例22 判断曲线 $y=\ln x$ 的凹凸性.

解 因为 $y'=\dfrac{1}{x}$,$y''=-\dfrac{1}{x^2}$,所以曲线 $y=\ln x$ 在定义域 $(0,+\infty)$ 内,恒有 $f''(x)<0$. 则由定理2.3.12可知曲线 $y=\ln x$ 在定义域 $(0,+\infty)$ 内是凸的.

例23 判断曲线 $y=\sin x$ 在 $[0,2\pi]$ 上的凹凸性.

解 $y'=\cos x$,$y''=-\sin x$.

当 $0<x<\pi$ 时,$y''<0$,所以在区间 $[0,\pi]$ 上对应的曲线 $y=\sin x$ 是凸的;

当 $\pi < x < 2\pi$ 时，$y'' > 0$，所以在区间 $[\pi, 2\pi]$ 上对应的曲线则是凹的.

注意到，点 $(\pi, 0)$ 是曲线由凸变凹的分界点.

定义 2.3.3　若连续曲线 $y = f(x)$ 上的点 $(x_0, f(x_0))$ 是曲线凹凸的分界点，则点 $(x_0, f(x_0))$ 称为曲线的拐点.

定理 2.3.13（拐点的必要条件）　若函数 $y = f(x)$ 在 x_0 处的二阶导数 $f''(x_0)$ 存在，且点 $(x_0, f(x_0))$ 为曲线 $y = f(x)$ 的拐点，则 $f''(x_0) = 0$.

微视频
曲线的凹凸
性与拐点

需要指出，$f''(x_0) = 0$ 仅是拐点的必要条件但非充分条件，即 $f''(x_0) = 0$ 的点 $(x_0, f(x_0))$ 不一定是拐点. 例如 $f(x) = x^4$，$f''(0) = 0$，但 $(0, 0)$ 不是其拐点，因为只要 $x \neq 0$，均有 $y'' = 12x^2 > 0$.

拐点 $(x_0, f(x_0))$ 既然是曲线凹凸的分界点，那么如何来求曲线 $y = f(x)$ 的拐点呢？类似于讨论函数的极值点，有如下的结论.

定理 2.3.14（拐点的充分条件）　若函数 $y = f(x)$ 在 x_0 处的二阶导数 $f''(x_0) = 0$ 且在 x_0 两侧二阶导数变号，则点 $(x_0, f(x_0))$ 为曲线的拐点.

综上所述，我们可以得到求连续曲线 $y = f(x)$ 的凹凸性和拐点的步骤如下：

（1）求函数 $y = f(x)$ 的定义域及 $f'(x)$，$f''(x)$；

（2）令 $f''(x) = 0$，求出在定义域内的实根，并由这些根将定义域分成若干个子区间；

（3）讨论 $f''(x)$ 在各个子区间上的正负性从而确定其拐点及凹凸性.

例 24　判别曲线 $f(x) = 3x^5 + 5x^4 + 3x - 5$ 的凹凸性，并求其拐点.

解　（1）曲线 $f(x)$ 的定义区间为 $(-\infty, +\infty)$；

（2）$f'(x) = 15x^4 + 20x^3 + 3$，$f''(x) = 60x^3 + 60x^2 = 60x^2(x+1)$，$f''(x)$ 在 $(-\infty, +\infty)$ 上连续，令 $f''(x) = 0$，得 $x = 0$，$x = -1$.

（3）列表：

x	$(-\infty, -1)$	-1	$(-1, 0)$	0	$(0, +\infty)$
$f''(x)$	$-$	0	$+$	0	$+$
$f(x)$	凸	拐点 $(-1, -6)$	凹	非拐点	凹

可知所给曲线在 $(-\infty, -1]$ 上为凸的，在 $[-1, +\infty)$ 上是凹的，拐点为 $(-1, -6)$.

例 25　求曲线 $y = \sqrt[3]{x-4} + 2$ 的凹凸区间和拐点.

解　（1）曲线 $f(x)$ 的定义区间为 $(-\infty, +\infty)$；

（2）$y' = \dfrac{1}{3}(x-4)^{-\frac{2}{3}}$，$y'' = -\dfrac{2}{9}(x-4)^{-\frac{5}{3}}$，则 y 在 $x = 4$ 处不可导.

(3) 列表:

x	$(-\infty,4)$	4	$(4,+\infty)$
y''	+	不存在	-
y	凹	$(4,2)$为拐点	凸

由上表我们可知:$y=\sqrt[3]{x-4}+2$ 在 $(-\infty,4]$ 上是凹的,在 $[4,+\infty)$ 上是凸的,拐点为 $(4,2)$.

(二) 曲线的渐近线

函数的图形直观明了地反映了函数性质,对于函数的研究具有重要的意义和广泛的应用,但是我们仅知道函数的单调性、极值、凹凸性与拐点,仍然不能很好地描绘出函数图形的全貌,为了能够描绘出函数图形在无穷远处的变化趋势,我们引入了渐近线的概念.

定义 2.3.4 若曲线 $y=f(x)$ 上的动点 $P(x,y)$ 沿着曲线趋于无穷远时,它与某条直线 l 的距离趋近于 0,则称直线 l 为该曲线的渐近线.

渐近线分为垂直渐近线、水平渐近线和斜渐近线.

定义 2.3.5 如果 $\lim\limits_{x \to x_0^+} f(x)=\infty$ 或 $\lim\limits_{x \to x_0^-} f(x)=\infty$,则称直线 $x=x_0$ 为曲线 $y=f(x)$ 的垂直渐近线.

定义 2.3.6 如果 $\lim\limits_{x \to +\infty} f(x)=a$ 或 $\lim\limits_{x \to -\infty} f(x)=a$($a$ 为常数),则称直线 $y=a$ 为曲线 $y=f(x)$ 的水平渐近线.

例 26 求曲线 $y=\dfrac{x}{1-x^2}$ 的垂直渐近线和水平渐近线.

解 因为 $\lim\limits_{x \to 1}\dfrac{x}{1-x^2}=\infty$,$\lim\limits_{x \to -1}\dfrac{x}{1-x^2}=\infty$,所以 $x=\pm 1$ 是曲线的两条垂直渐近线;

又因为 $\lim\limits_{x \to \infty}\dfrac{x}{1-x^2}=0$,所以 $y=0$ 是曲线的水平渐近线.

定义 2.3.7 若 $\lim\limits_{x \to +\infty}[f(x)-(ax+b)]=0$ 或 $\lim\limits_{x \to -\infty}[f(x)-(ax+b)]=0$($a \neq 0$),则称直线 $y=ax+b$ 为曲线 $y=f(x)$ 的斜渐近线.

对于斜渐近线 $y=ax+b$,主要是求出其中的常数 a、b,可由

$$a=\lim_{x \to +\infty}\frac{f(x)}{x}, \quad b=\lim_{x \to +\infty}[f(x)-ax]$$

或

$$a=\lim_{x \to -\infty}\frac{f(x)}{x}, \quad b=\lim_{x \to -\infty}[f(x)-ax]$$

来确定.

例 27 求曲线 $y = \dfrac{x^2}{1+x}$ 的斜渐近线.

解 对于曲线 $y = \dfrac{x^2}{1+x}$,有

$$a = \lim_{x \to \infty} \frac{f(x)}{x} = \lim_{x \to \infty} \frac{x}{1+x} = 1,$$

$$b = \lim_{x \to \infty}\left[f(x) - ax \right] = \lim_{x \to \infty}\left(\frac{x^2}{1+x} - x \right) = \lim_{x \to \infty} \frac{-x}{1+x} = -1,$$

所以,直线 $y = x - 1$ 是曲线 $y = \dfrac{x^2}{1+x}$ 的一条斜渐近线.

(三) 函数图形的描绘

描绘函数的图形有助于我们直观地了解函数的性质.前面我们已经利用函数的一阶导数讨论了函数的单调性和极值,利用函数的二阶导数讨论了函数曲线的凹凸性和拐点,本节中,我们还讨论了函数曲线趋向于无穷远处时的性态,有了这些知识,我们就能大致描绘出函数的图形.

下面我们给出描绘函数图形的一般步骤.

(1) 确定函数 $f(x)$ 的定义域及函数的某些特性(如奇偶性、周期性等),并求出函数的一阶导数 $f'(x)$ 和二阶导数 $f''(x)$;

(2) 求出 $f'(x) = 0$ 和 $f''(x) = 0$ 在定义域内所有的实根,并找出在定义域内的不可导点;

(3) 列表,用(2)中得到的所有点将定义域分成若干个部分区间,确定 $f'(x)$ 和 $f''(x)$ 在这些区间内的正负,并由此确定函数的单调性、极值,以及函数曲线的凹凸性、拐点;

(4) 确定函数图形的渐近线;

(5) 计算出极值点处的函数值、拐点坐标,为了把图形描绘得准确些,有时候还要补充计算一些点,比如与坐标轴的交点等,最后联结这些点,描绘出函数的图形.

例 28 作函数 $f(x) = \dfrac{4(x+1)}{x^2} - 2$ 的图形.

解 函数的定义域为 $x \neq 0$ 的一切实数,$f(x)$ 为非奇非偶函数,且无对称性.

$$f'(x) = -\frac{4(x+2)}{x^3}, \quad f''(x) = \frac{8(x+3)}{x^4}.$$

令 $f'(x) = 0$,得驻点 $x = -2$,令 $f''(x) = 0$,得 $x = -3$.

$\lim\limits_{x \to \infty} f(x) = \lim\limits_{x \to \infty}\left[\dfrac{4(x+1)}{x^2} - 2 \right] = -2$,得水平渐近线 $y = -2$;

$\lim\limits_{x\to 0}f(x)=\lim\limits_{x\to 0}\left[\dfrac{4(x+1)}{x^2}-2\right]=\infty$，得垂直渐近线 $x=0$.

列表确定函数的单调区间、凹凸区间及极值点和拐点：

x	$(-\infty,-3)$	-3	$(-3,-2)$	-2	$(-2,0)$	0	$(0,+\infty)$
$f'(x)$	$-$	$-$	$-$	0	$+$	不存在	$-$
$f''(x)$	$-$	0	$+$	$+$	$+$	不存在	$+$
$f(x)$	↘凸	拐点	↘凹	极值点	↗凹	间断点	↘凹

补充特殊点：$(1-\sqrt{3},0)$，$(1+\sqrt{3},0)$；$A(-1,-2)$，$B(1,6)$，$C(2,1)$. 函数图形如图 2-6 所示.

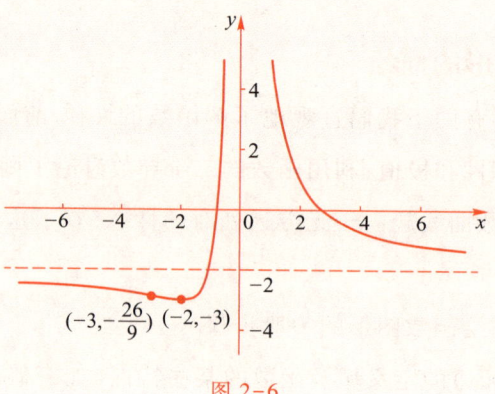

图 2-6

 任务训练

1. 函数的单调性、极值点如何判断？

2. 曲线的凹凸性、拐点如何判断？

 思考题

作出函数 $y=\dfrac{1-x}{x^2}-1$ 的图像.

高等数学（轻工纺织类）

习题二

一、基础练习

1. 求下列函数的导数：

（1）$y = 3x^4 - \dfrac{1}{x^2} + \sin x$；

（2）$y = x^2(\ln x + \sqrt{x})$；

（3）$y = x^3 \cdot \log_a x$（$a > 0$ 且 $a \neq 1$）；

（4）$y = \sec x + \csc x$；

（5）$y = x^2 \sec x$；

（6）$y = \dfrac{\tan x}{x}$；

（7）$y = \dfrac{2x}{1-x^2}$；

（8）$y = (e^x + 3^x) \arccos x$；

（9）$y = x^2 \cdot \arctan x$；

（10）$y = \arcsin x + \arccos x$；

（11）$y = 3\cos \dfrac{x}{2} + e^{3x}$；

（12）$y = x\sqrt{1+x^2}$.

2. 求下列函数的导函数和在指定点处的导数：

（1）$y = \dfrac{x}{5-x} + \dfrac{x^2}{5}$，求 y'，$y'|_{x=\pi}$ 及 $y'|_{x=-\pi}$；

（2）$y = \arcsin \sqrt{x}$，求 y' 及 $y'|_{x=\frac{1}{2}}$；

（3）$y = e^x \cos 3x$，求 y' 及 $y'|_{x=0}$；

（4）$y = e^{x\sin x}$，求 y' 及 $y'|_{x=\frac{\pi}{2}}$.

3. 求下列函数的二阶导数：

（1）$y = 4x^2 + \ln x$；

（2）$y = e^{-x} \cos x$；

（3）$y = \dfrac{1}{x^3 + 1}$；

（4）$y = \dfrac{\sin x}{x}$；

（5）$y = x\arctan x$；

（6）$y = x\sqrt{2x-3}$.

4. 求由下列方程所确定的隐函数 $y = y(x)$ 的导数 $\dfrac{\mathrm{d}y}{\mathrm{d}x}$：

（1）$x^3 + 2x^2 y - 3xy + 9 = 0$；

（2）$xy = e^{x+y}$；

（3）$y = 1 - x \cdot e^y$；

（4）$e^{xy} + y\ln x = \cos 2x$；

（5）$e^y = a\cos(x+y)$；

（6）$y\sin x - \cos(x-y) = 0$.

5. 利用对数求导法求下列函数的导数：

（1）$y = (\tan x)^x$；

（2）$y = e^{\arctan \sqrt{x}}$；

（3）$y = (1+x)(2+x^2)^{\frac{1}{3}} \cdot (3+x^3)^{\frac{1}{3}}$；

（4）$y = \sqrt[3]{\dfrac{(x+1)(x+2)}{(x+3)(x+4)}}$.

6. 求由下列参数方程所确定的函数的导数 $\dfrac{\mathrm{d}y}{\mathrm{d}x}$:

(1) $\begin{cases} x=-1+2t-t^2, \\ y=2-3t+t^3; \end{cases}$ 　　　　　　　　(2) $\begin{cases} x=a(t-\sin t), \\ y=a(1-\cos t). \end{cases}$

7. 下列函数是否满足罗尔定理的条件,若满足,求出 ξ.

(1) $f(x)=2x^2-x-3, x\in\left[-1,\dfrac{3}{2}\right]$;

(2) $f(x)=\dfrac{3}{2x^2+1}, x\in[-1,1]$.

8. 求下列极限:

(1) $\lim\limits_{x\to 0}\dfrac{1-\cos x}{x^2}$; 　　　　　　　　(2) $\lim\limits_{x\to \pi}\dfrac{\sin 3x}{\tan 5x}$;

(3) $\lim\limits_{x\to 0}\dfrac{\sin(\sin x)}{x}$; 　　　　　　　　(4) $\lim\limits_{\theta\to \frac{\pi}{2}}\dfrac{\cos\theta}{\pi-2\theta}$;

(5) $\lim\limits_{x\to 0}\dfrac{\mathrm{e}^{x^3}-1-x^3}{x^6}$; 　　　　　　　(6) $\lim\limits_{x\to -\infty}\dfrac{\ln(\mathrm{e}^x+1)}{\mathrm{e}^x}$;

(7) $\lim\limits_{x\to +\infty}\dfrac{\ln x}{x}$; 　　　　　　　　(8) $\lim\limits_{x\to 0^+}\dfrac{\ln x}{\cot x}$;

(9) $\lim\limits_{x\to +\infty}\dfrac{\ln(\mathrm{e}^x+1)}{\mathrm{e}^x}$; 　　　　　　　(10) $\lim\limits_{x\to +\infty}\dfrac{\mathrm{e}^x}{x^n}$.

9. 求下列函数的单调区间:

(1) $f(x)=2x^3-6x^2-18x-3$;

(2) $f(x)=x^4-2x^2-5$;

(3) $f(x)=x-\ln(1+x)$;

(4) $f(x)=(x+2)^2(x-1)^3$.

10. 求下列函数的极值:

(1) $f(x)=\dfrac{x^4}{4}-\dfrac{2}{3}x^3+\dfrac{x^2}{2}+2$;

(2) $f(x)=x^3-6x^2+9x-4$;

(3) $f(x)=x+\sqrt{1-x}$;

(4) $f(x)=x^2\mathrm{e}^{-x}$.

11. 求下列曲线的凹凸区间与拐点:

(1) $f(x)=x\mathrm{e}^x$; 　　　　　　　　(2) $f(x)=3x^4-4x^3+1$;

(3) $f(x)=x+\dfrac{x}{x^2-1}$; 　　　　　　　(4) $f(x)=(2x-5)\sqrt[3]{x^2}$.

12. 求下列函数的最值:

(1) $y=x^3-3x^2-9x+5, x\in[-4,4]$;

(2) $y = 2x^3 + 3x^2 - 12x + 14, x \in [-3, 4]$;

(3) $y = 2x^3 - 3x^2, x \in [-1, 4]$.

二、提高练习

1. 求下列函数的 n 阶导数：

(1) $y = 2^x$；

(2) $y = xe^x$；

(3) $y = \ln(1+x)$；

(4) $y = (1+x)^n$；

(5) $y = \dfrac{1-x}{1+x}$.

2. 求下列参数方程所确定的函数的二阶导数 $\dfrac{\mathrm{d}^2 y}{\mathrm{d}x^2}$：

(1) $\begin{cases} x = \dfrac{t^2}{2}, \\ y = 1 - t; \end{cases}$

(2) $\begin{cases} x = a\cos^3 t, \\ y = a\sin^3 t. \end{cases}$

3. 求曲线 $y = x^3$ 过点 $(2, 0)$ 的切线方程.

4. 下列函数是否满足拉格朗日定理的条件,若满足,求出 ξ.

(1) $f(x) = x^3, x \in [-1, 2]$；

(2) $f(x) = \arctan x, x \in [0, 1]$.

5. 某织布厂制作出一批成品布,由于某些原因滞销,故需要建造一个体积为 50 m³ 的封闭圆柱仓库存放成品布,问高和底面半径为多少时用料最省(含底面)？

6. 将长为 L 的铁丝分成两段,一段绕成一个圆形,另一段绕成一个正方形,要使两者面积之和最小,应如何分割？

第 **3** 章
微分及其应用

前面我们讨论了函数的导数,它反映了函数相对于自变量变化而变化的快慢程度,即变化率的问题;而微分学的另一个重要概念是微分,它是函数局部的线性逼近.

3.1 函数的微分

任务导入

高铁是除飞机以外速度最快、最舒适的交通工具,越来越多的人将高铁作为出行首选的交通工具.中国高铁发展速度之快,建设规模之大,运输能力之强,都雄踞世界之首.

但以前经常坐火车的人都知道,每隔一段很短的时间就可以听到"咯噔"一声响,同时还可能感觉到车体有一点轻微的颠簸.这是因为普通铁路线上使用的钢轨都是 25 m 长,在钢轨接头处都留有一道轨缝,这不但使列车运行时产生恼人的"咯噔"声,而且还造成车轮与钢轨的撞击,缩短使用寿命.近些年随着铁路科技创新能力不断提高,很多铁路干线上都已经更新换代为无缝钢轨,称为无缝线路.无缝线路是指铺设焊接长钢轨(1 000—2 000 m)的铁路轨道,由于接头比普通线路大大减少,因而具有振动减少、行车平稳、噪声降低、设备使用寿命延长等优点,是现代铁道的发展方向.无缝线路能否正常使用的中心问题是如何控制因气温变化所产生的热胀冷缩现象.为了不使钢轨因气温变化自由伸缩,一般采用钢轨联接零件和防爬设备把它们强制性"锁定"在轨枕上但在长钢轨两端必须还要预留缝隙,那么到底预留多少缝隙合适? 这和本章中函数的微分知识有关.

函数 $y=f(x)$ 中自变量 x 在点 x_0 处有微小改变量(增量)Δx 时,函数 $y=f(x)$ 的改变量(增量)$\Delta y=f(x_0+\Delta x)-f(x_0)$.如果函数较复杂,增量的计算非常不容易.但在实际问题中增量计算一般只需要得到有一定精度的近似值即可,那么微分提供了一种既满足一定精度又简单方便的方法.

一、函数微分的定义

引例 一块正方形薄铁片受温度变化的影响,其边长由 x_0 变到 $x_0+\Delta x$,求铁片的面积改变了多少?

分析 正方形的面积 S 是其边长 x 的函数,其函数表达式为 $S=f(x)=x^2$.薄铁片受温度影响时,假定其膨胀的过程是均匀的,其形状仍为正方形,那么,面积 S 的改变量可看作是函数 $y=x^2$ 当自变量 x 在 x_0 处取得增量 Δx 时,函数的改变量 $\Delta S=f(x_0+\Delta x)-f(x_0)=2x_0\Delta x+(\Delta x)^2$.

如图 3-1 所示,阴影部分表示 ΔS,它由两部分组成,第一部分 $2x_0\Delta x$,它是 Δx 的线性函数,当 $\Delta x\to 0$ 时,是 Δx 的等价无穷小;第二部分 Δx^2,当 $\Delta x\to 0$ 时,它是 Δx 的高阶无穷

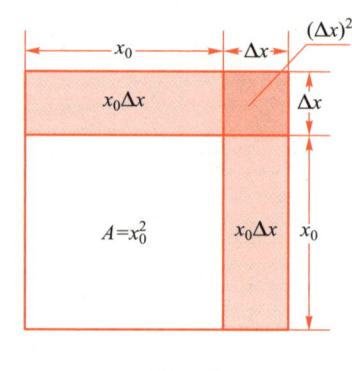

图 3-1

小,因此当$|\Delta x|$很小时,$(\Delta x)^2$在ΔS中所起的作用非常微小,可以忽略不计,面积改变量ΔS可以近似地用第一部分来代替,即$\Delta S \approx 2x_0 \Delta x$.

由此,我们给出函数在一点处微分的定义.

定义 3.1.1 设函数$y=f(x)$在点x_0的某邻域$U(x_0,\delta)$内有定义,当自变量在点x_0处有增量Δx(点$x_0+\Delta x$仍在$U(x_0,\delta)$内)时,如果函数$y=f(x)$的改变量Δy可以表示为

$$\Delta y = A\Delta x + o(\Delta x),$$

微视频
函数的微分

其中A是与Δx无关的函数,$o(\Delta x)$是当$\Delta x \to 0$时,比Δx高阶的无穷小,则称函数$y=f(x)$在点x_0处**可微**.而$A\Delta x$称为函数$y=f(x)$在点x_0处的**微分**,记作$\mathrm{d}y$,即

$$\mathrm{d}y\big|_{x=x_0} = A\Delta x.$$

二、函数$f(x)$在点x_0处可导与可微的关系

定理 3.1.1 函数$y=f(x)$在点x_0处可微的充分必要条件是函数$y=f(x)$在点x_0处可导,且当$f(x)$在点x_0处可微时,它的微分为$\mathrm{d}y=f'(x_0)\cdot\Delta x$.

证明 设$y=f(x)$在x_0处可导,即

$$f'(x_0) = \lim_{\Delta x \to 0} \frac{\Delta y}{\Delta x}$$

存在,根据极限与无穷小的关系,上式写成

$$\frac{\Delta y}{\Delta x} = f'(x_0) + \alpha \left(\text{其中}\lim_{\Delta x \to 0}\alpha = 0\right),$$

两边同时乘以Δx

$$\Delta y = f'(x_0)\Delta x + \alpha \cdot \Delta x = f'(x_0)\Delta x + o(\Delta x),$$

所以,函数$f(x)$在点x_0也一定可微.

反之,如果函数$y=f(x)$在点x_0处可微,则有

$$\Delta y = A\Delta x + o(\Delta x),$$

两边同时除以Δx

$$\frac{\Delta y}{\Delta x} = A + \frac{o(\Delta x)}{\Delta x},$$

对上式两边取$\Delta x \to 0$时的极限

$$\lim_{\Delta x \to 0} \frac{\Delta y}{\Delta x} = A,$$

可见,此时函数$f(x)$在点x_0处可导.

三、可微函数

对于函数$y=x$,容易求得$\mathrm{d}y=\Delta x$,亦即$\mathrm{d}x=\Delta x$.因此,今后用$\mathrm{d}x$代替微分关系式中的

Δx, 即

$$dy = f'(x_0)dx.$$

如果函数 $y = f(x)$ 在区间 I 内每一点都可微, 那么称函数 $y = f(x)$ 在区间 I 内是可微函数. 函数在区间 I 内任一点 x 处的微分为

$$dy = f'(x)dx.$$

由上式可得 $\dfrac{dy}{dx} = f'(x)$. 该式表明, 函数 $y = f(x)$ 的导数等于函数的微分 dy 与自变量的微分 dx 的商. 因此, 导数又称**微商**.

例 1 求函数 $y = x^2$ 在 $x = 5$, $\Delta x = 0.01$ 时的 dy 和 Δy.

解 当 $x = 5$, $\Delta x = 0.01$ 时,

$$\Delta y = (5+0.01)^2 - 5^2 = 2 \times 5 \times 0.01 + 0.01^2 = 0.100\,1.$$

$$dy = (x^2)'dx = 2x\,dx,$$

$$dy \Big|_{\substack{x=5 \\ \Delta x = 0.01}} = 2 \times 5 \times 0.01 = 0.1.$$

例 2 求函数 $y = \cos x$ 在 $x = \dfrac{\pi}{6}$ 处的微分.

解 由于 $y' = -\sin x$, $y'\big|_{x=\frac{\pi}{6}} = -\sin \dfrac{\pi}{6} = -\dfrac{1}{2}$, 所以 $dy = -\dfrac{1}{2}dx$.

例 3 求函数 $y = x^3 \sin x$ 的微分.

解 由于 $y' = (x^3)'\sin x + x^3(\sin x)' = 3x^2 \sin x + x^3 \cos x$, 所以 $dy = (3x^2 \sin x + x^3 \cos x)dx$.

四、微分的几何意义

如图 3-2 所示, 在曲线 $y = f(x)$ 上取一点 $P(x_0, y_0)$, 当自变量 x 有微小增量 Δx 时, 就得到曲线上另一点 $Q(x_0 + \Delta x, y_0 + \Delta y)$, 由图可见, $dx = \Delta x = PR$, $\Delta y = RQ$, 经过点 P 的切线 PT 与 RQ 相交于 M, 在点 P 处的导数 $f'(x_0)$ 是经过点 P 的切线的斜率, 即 $f'(x_0) = \tan \alpha = \dfrac{RM}{PR}$, 所以点 P 处的微分

$$dy = f'(x_0)dx = \dfrac{RM}{PR} \cdot PR = RM.$$

由此可知, 当 Δy 是曲线 $y = f(x)$ 上的点 P 的纵坐标的增量时, 微分 $dy = f'(x_0)dx$ 就是曲线 $y = f(x)$ 的切线 PT 上点 P 的纵坐标的相应增量, 这就是微分的几何意义.

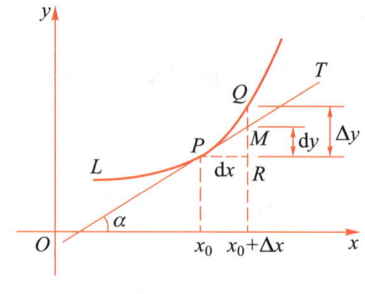

图 3-2

 **任务训练**

求下列函数的微分：

（1）$y = \sin x + \cos x$；　　（2）$y = \dfrac{\cos x}{x^2}$.

文档
扫一扫，看答案

 思考题

某个纺织厂每周生产 x 万件毛巾产品，能获利 $R = 3\sqrt{100x - x^2}$ 万元，当每周产量由 10 万件增加到 12 万件时，求获利增加的近似值.

3.2　函数微分的运算

 任务导入

江苏丹阳被誉为中国"眼镜之都"，年产眼镜架 1 亿多副，约占全国总量的 1/3；年产镜片 4 亿多副，约占全国总量的 75%，是世界最大镜片生产基地、亚洲最大眼镜产品集散地和中国眼镜生产基地.为了美观，人们都不希望镜片很厚.一般，凸透镜中心厚度最大，凹透镜边缘厚度最大.眼镜片的一个重要参数是曲率，在几何光学中定义为圆弧的弧长与其所对应的夹角的比值.

曲率的计算和函数的微分有着密切的联系，接下来一起学习函数微分的运算.

一、基本微分公式

1. $\mathrm{d}(C) = 0$；

2. $\mathrm{d}(x^{\alpha}) = \alpha x^{\alpha-1}\mathrm{d}x\,(\alpha \neq 0)$；

3. $\mathrm{d}(a^x) = a^x \ln a\mathrm{d}x\,(a > 0\ \text{且}\ a \neq 1)$；

4. $\mathrm{d}(e^x) = e^x\mathrm{d}x$；

5. $\mathrm{d}(\log_a x) = \dfrac{\mathrm{d}x}{x\ln a}\,(a > 0\ \text{且}\ a \neq 1)$；

6. $\mathrm{d}(\ln x) = \dfrac{1}{x}\mathrm{d}x$；

7. $\mathrm{d}(\sin x) = \cos x\mathrm{d}x$；

8. $\mathrm{d}(\cos x) = -\sin x\mathrm{d}x$；

9. $\mathrm{d}(\tan x) = \sec^2 x\mathrm{d}x$；

10. $\mathrm{d}(\cot x) = -\csc^2 x\mathrm{d}x$；

11. $\mathrm{d}(\arcsin x) = \dfrac{1}{\sqrt{1-x^2}}\mathrm{d}x$；

12. $\mathrm{d}(\arccos x) = -\dfrac{1}{\sqrt{1-x^2}}\mathrm{d}x$；

13. $\mathrm{d}(\arctan x) = \dfrac{1}{1+x^2}\mathrm{d}x$；

14. $\mathrm{d}(\text{arccot}\, x) = -\dfrac{1}{1+x^2}\mathrm{d}x$.

二、函数和、差、积、商的微分运算法则

由函数和、差、积、商的求导法则，可以得出相应的微分法则.设 $u(x)$，$v(x)$ 都是 x 的可导函数，C 为常数，则

1. $d(u \pm v) = du \pm dv$;

2. $d(uv) = vdu + udv$, 特别地, $d(Cu) = Cdu$;

3. $d\left(\dfrac{u}{v}\right) = \dfrac{vdu - udv}{v^2}(v \neq 0)$, 特别地, $d\left(\dfrac{1}{v}\right) = -\dfrac{dv}{v^2}(v \neq 0)$.

三、复合函数的微分法则

设函数 y 是由可导函数 $y = f(u)$ 和 $u = \varphi(x)$ 复合而成的函数, 则由求导的链式法则可得该函数的微分为

$$dy = f'(u)\varphi'(x)dx = f'(u)du.$$

即在函数 $y = f(u)$ 中, 无论 u 是自变量还是中间变量, 都有 $dy = f'(u)du$. 该特征称为微分形式不变性.

例 1 设函数 $y = \sin(2x+1)$, 求 dy.

解 $dy = d\sin(2x+1) = \cos(2x+1)d(2x+1) = 2\cos(2x+1)dx$.

例 2 设函数 $y = e^{\sin 2x}$, 求 dy.

解 $dy = e^{\sin 2x}d(\sin 2x) = 2e^{\sin 2x} \cdot \cos 2xdx$.

例 3 设函数 $y = \sin^2 x + x\ln x$, 求 dy.

解 $dy = d(\sin^2 x) + d(x\ln x) = 2\sin xd\sin x + \ln xdx + xd\ln x$

$\quad = 2\sin x\cos xdx + \ln xdx + dx = (\sin 2x + \ln x + 1)dx$.

例 4 已知函数 $y = \dfrac{e^{2x}}{x}$, 求 dy.

解 $dy = d\left(\dfrac{e^{2x}}{x}\right) = \dfrac{xde^{2x} - e^{2x}dx}{x^2} = \dfrac{2xe^{2x} - e^{2x}}{x^2}dx$.

例 5 求由方程 $y = 1 + xe^y$ 所确定的隐函数 $y = f(x)$ 的微分.

解 方程两边同时微分, 得

$$dy = d(1+xe^y) = d(xe^y)$$

$$= e^ydx + xde^y = e^ydx + xe^ydy,$$

所以 $\qquad e^ydx = (1 - xe^y)dy,$

从而得到隐函数 $y = f(x)$ 的微分

$$dy = \dfrac{e^y}{1 - xe^y}dx.$$

📋 任务训练

求下列函数的微分:

(1) $y = xe^{3x}$;
(2) $y = \dfrac{x}{\sqrt{1-x^2}}$.

 **思考题**

求由方程 $xy = e^{x+y}$ 所确定的隐函数 $y = f(x)$ 的微分.

3.3 微分的应用

 任务导入

新疆生产建设兵团是我国重要的优质商品棉生产基地,种植的长绒棉享誉海内外.为提高经济效益,延长产业链,兵团某师党委决定在驻地引进并打造从原棉加工到服装出口的一条龙产业基地,为此要进行必要的基础设施的建设.经与供电部门的积极协调沟通,决定新建设一条 10 kV 高压输电线路(图 3-3),间距 $2l$ 的两根电线杆之间的电缆线由于本身的重量而下垂形成的曲线叫悬链线,电缆的最低点与杆顶连线 AB 的距离为 f,电缆线的长度计算公式 $s = 2l\left(1 + \dfrac{2f^2}{3l^2}\right)$. 当 f 变化了 Δf 时,电缆线的长度变化了多少?

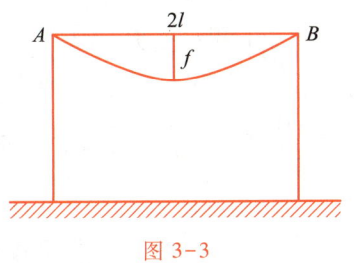

图 3-3

一、近似函数

有时候,我们会用曲线的切线在某切点附近的直线段来近似该切点附近的曲线.

定义 3.3.1 如果函数 $y = f(x)$ 在点 $x = x_0$ 处可微,那么称线性函数

$$L(x) = f(x_0) + f'(x_0)(x - x_0)$$

为 $y = f(x)$ 在点 $x = x_0$ 处的近似函数.点 x_0 为该近似函数的中心.

例 1 求 $f(x) = \sqrt{1+x}$ 在点 $x = 0$ 处的近似函数.

解 因为 $f'(x) = \dfrac{1}{2\sqrt{1+x}}$,并且 $f(0) = 1, f'(0) = \dfrac{1}{2}$,所以

$$L(x) = f(x_0) + f'(x_0)(x - x_0) = 1 + \frac{1}{2}(x - 0) = 1 + \frac{x}{2}.$$

例 2 求 $f(x) = \cos x$ 在 $x = \dfrac{\pi}{2}$ 处的近似函数.

解 因为 $f'(x) = -\sin x$,并且 $f\left(\dfrac{\pi}{2}\right) = 0, f'\left(\dfrac{\pi}{2}\right) = -1$,所以

$$L(x) = f(x_0) + f'(x_0)(x - x_0) = 0 + (-1)\left(x - \frac{\pi}{2}\right) = -x + \frac{\pi}{2}.$$

例3 证明：$\sqrt[n]{1+x} \approx 1+\dfrac{1}{n}x$，其中，$x \in U(0, \delta)$，$\delta$ 是一个很小的正数.

证明 取 $f(x) = \sqrt[n]{1+x}$，则 $f(0) = 1$，且

$$f'(0) = \frac{1}{n}(x+1)^{\frac{1}{n}-1}\bigg|_{x=0} = \frac{1}{n},$$

所以 $\sqrt[n]{1+x} \approx 1 + \dfrac{1}{n}x$.

二、微分在近似计算中的应用

由上一节的讨论可知，对于函数 $y = f(x)$，当 $|\Delta x|$ 很小时，有 $\mathrm{d}y \approx \Delta y$，即

$$\Delta y \approx f'(x_0)\Delta x,$$

上式可变为

$$f(x_0 + \Delta x) \approx f(x_0) + f'(x_0)\Delta x.$$

令 $x = x_0 + \Delta x$，则上式可改写为

$$f(x) \approx f(x_0) + f'(x_0)(x - x_0).$$

这两个公式可用来计算函数增量的近似值和函数 $y = f(x)$ 在点 x_0 的附近点的近似值.

例4 半径为 10 cm 的金属球加热后，半径增大了 0.001 cm，问球的体积约增大了多少？

解 球的体积为 $V = \dfrac{4}{3}\pi r^3$，取 $r_0 = 10$，$\Delta r = 0.001$，所以，增大的体积约为

$$\Delta V \approx \mathrm{d}V\bigg|_{\substack{r=10 \\ \Delta r = 0.001}} = \left(\frac{4}{3}\pi r^3\right)'\Delta r = 4\pi \times 10^2 \times 0.001 = 0.4\pi\,(\mathrm{cm}^3),$$

即体积增大了约 0.4π cm³.

例5 计算 $\sqrt{4.1}$ 的近似值.

解 令 $y = x^{\frac{1}{2}}$，$x_0 = 4$，$\Delta x = 0.1$，则

$$f(4.1) = \sqrt{4.1} \approx f(4) + f'(4)\Delta x$$

$$= 2 + \frac{1}{4} \times 0.1 = 2.025.$$

例6 计算 $\cos 31°$ 的近似值.

解 设 $f(x) = \cos x$，则 $f'(x) = -\sin x$，取 $x_0 = 30° = \dfrac{\pi}{6}$，$\Delta x = 1° = \dfrac{\pi}{180}$，所以

$$\cos 31° \approx \cos 30° - \sin 30° \cdot \Delta x = \frac{\sqrt{3}}{2} - \frac{1}{2} \cdot \frac{\pi}{180} \approx 0.857.$$

若在公式 $f(x_0 + \Delta x) \approx f(x_0) + f'(x_0)\Delta x$ 中，令 $x_0 = 0$，$\Delta x = x$，得公式

$$f(x) \approx f(0) + f'(0)x.$$

因此,当 $|x|$ 很小时,有如下的常用近似公式:

(1) $e^x \approx 1 + x$;　　　　　　(2) $\ln(1+x) \approx x$;

(3) $\sin x \approx x$(x 为弧度);　　(4) $\tan x \approx x$(x 为弧度);

(5) $\sqrt[n]{1+x} \approx 1 + \dfrac{x}{n}$;　　　　(6) $\arcsin x \approx x$.

例 7　计算 $e^{-0.03}$.

解　设 $f(x) = e^x$,则 $f'(x) = e^x$.取 $x = -0.03$,得

$$e^{-0.03} = f(-0.03) \approx f(0) + f'(0)(-0.03)$$

$$= e^0 + e^0(-0.03)$$

$$= 1 + 1 \times (-0.03)$$

$$= 0.97.$$

任务导入的问题解答

根据已知条件,l 固定,f 变化,

$$\Delta s \approx ds,$$

$$ds = 2l \cdot \frac{4f}{3l^2} \cdot \Delta f = \frac{8f}{3l} \Delta f,$$

当 f 变化了 Δf 时候,电缆线长度变化了 $\Delta s \approx \dfrac{8f}{3l} \Delta f$.

三、弧微分

设曲线 $y = f(x)$ 在区间 (a,b) 内具有连续导数.在曲线 $y = f(x)$ 上取定点 $A_0(x_0, y_0)$($x_0 \in [a, b]$)作为度量弧长的起点,并规定沿 x 增加的方向为曲线的正向,如图 3-4 所示.设 $A(x, y)$ 为该曲线弧上任意一点,用 s 表示有向弧段 $\overset{\frown}{A_0A}$ 的值($|s|$ 等于弧段 $\overset{\frown}{A_0A}$ 的长度,当有向弧段 $\overset{\frown}{A_0A}$ 的方向与曲线的正向一致时 $s > 0$,相反时 $s < 0$),这样定义了一个弧长函数 $s = s(x)$,显然 $s = s(x)$ 是 x 的单调递增函数.让 x 取得增量 Δx,设 $x + \Delta x$ 对应于曲线上点 B,相应函数 $f(x)$ 有增量 Δy,弧长函数 $s = s(x)$ 有相应增量为

$$\Delta s = s(x + \Delta x) - s(x) = \overset{\frown}{A_0B} - \overset{\frown}{A_0A} = \overset{\frown}{AB}.$$

用 $|AB|$ 表示 $\overset{\frown}{AB}$ 的弦长,则

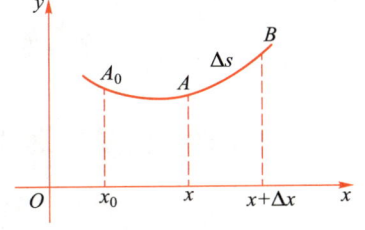

图 3-4

$$\left(\frac{\Delta s}{\Delta x}\right)^2 = \left(\frac{\overset{\frown}{AB}}{\Delta x}\right)^2 = \left(\frac{\overset{\frown}{AB}}{|AB|}\frac{|AB|}{\Delta x}\right)^2 = \left(\frac{\overset{\frown}{AB}}{|AB|}\right)^2\frac{(\Delta x)^2+(\Delta y)^2}{(\Delta x)^2} = \left(\frac{\overset{\frown}{AB}}{|AB|}\right)^2\left[1+\left(\frac{\Delta y}{\Delta x}\right)^2\right],$$

$$\frac{\Delta s}{\Delta x} = \pm\sqrt{\left(\frac{\overset{\frown}{AB}}{|AB|}\right)^2 \cdot \left[1+\left(\frac{\Delta y}{\Delta x}\right)\right]^2}.$$

因为 $s=s(x)$ 是 x 的单调递增函数,所以上式取正号.

令 $\Delta x \to 0$,则 $B \to A$.由于

$$\lim_{B \to A}\frac{|\overset{\frown}{AB}|}{|AB|} = 1,$$

另一方面

$$\lim_{\Delta x \to 0}\frac{\Delta y}{\Delta x} = y',$$

因此

$$\frac{\mathrm{d}s}{\mathrm{d}x} = \lim_{\Delta x \to 0}\frac{\Delta s}{\Delta x} = \lim_{\Delta x \to 0}\sqrt{1+\left(\frac{\Delta y}{\Delta x}\right)^2} = \sqrt{1+\left(\frac{\mathrm{d}y}{\mathrm{d}x}\right)^2} = \sqrt{1+y'^2},$$

从而

$$\mathrm{d}s = \sqrt{1+y'^2}\,\mathrm{d}x,$$

称之为弧微分.

例8 求曲线 $xy=1$ 的弧微分.

解 曲线方程 $xy=1$ 可以变形为 $y=\dfrac{1}{x}$.

由弧微分的计算公式:

$$\mathrm{d}s = \sqrt{1+\left(\frac{\mathrm{d}y}{\mathrm{d}x}\right)^2}\,\mathrm{d}x = \sqrt{1+\left(-\frac{1}{x^2}\right)^2}\,\mathrm{d}x = \sqrt{\frac{1+x^4}{x^4}}\,\mathrm{d}x.$$

例9 求由参数方程 $\begin{cases} x=a(t-\sin t), \\ y=a(1-\cos t) \end{cases}$ (其中 t 为参数)所确定曲线的弧微分.

解 由弧微分的计算公式:

$$\mathrm{d}s = \sqrt{(\mathrm{d}x)^2+(\mathrm{d}y)^2} = \sqrt{[a(1-\cos t)]^2+(a\sin t)^2}\,\mathrm{d}t$$

$$= \sqrt{2a^2-2a\cos t}\,\mathrm{d}t = \sqrt{2a(a-\cos t)}\,\mathrm{d}t.$$

四、曲线的曲率

(一)曲率的概念

由图 3-5 可见,直线 L_1 是不弯曲的,而在曲线 L_2 上,弧段 $\overset{\frown}{AB}$ 比较平直,当动点沿

弧段 $\overset{\frown}{AB}$ 从 A 移动到 B 时,切线转过的角度 $\Delta\alpha_1$ 不大,而弧段 $\overset{\frown}{BC}$ 弯曲得比较厉害,角 $\Delta\alpha_2$ 就比较大.说明曲线弧的弯曲程度与弧段上切线所转过的角度的大小有关.

但是,切线转过的角度的大小还不能完全反映曲线弯曲的程度.例如,从图 3-6 可以看出,对于长度不等的两弧段 $\overset{\frown}{A_1B_1}$ 和 $\overset{\frown}{A_2B_2}$,这两弧段的切线转过的角度相等,由于 $\overset{\frown}{A_1B_1}$ 弧段短,所以弯曲大.可见,曲线弧的弯曲程度还与弧段的长度有关.

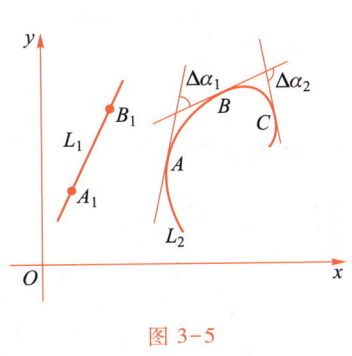

图 3-5

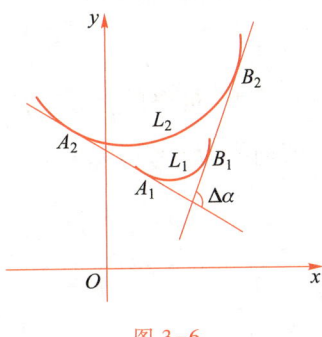

图 3-6

设曲线 L 上每点有切线,$\Delta\alpha$ 为弧段 $\overset{\frown}{AB}$ 上切线转过的角度,Δs 为弧段 $\overset{\frown}{AB}$ 的长度,如图 3-7 所示.则弧段 $\overset{\frown}{AB}$ 的单位弧段上切线转角的大小 $\left|\dfrac{\Delta\alpha}{\Delta s}\right|$,反映了弧段 $\overset{\frown}{AB}$ 的平均弯曲程度,称为弧段 $\overset{\frown}{AB}$ 的**平均曲率**,记作 $\overline{K}$,即 $\overline{K}=\left|\dfrac{\Delta\alpha}{\Delta s}\right|$.

当点 B 沿曲线 L 趋向于点 A 时,曲线在 $\overset{\frown}{AB}$ 上的平均曲率的极限值称为曲线在点 A 的**曲率**,记作 K.即

$$K=\lim_{\Delta s\to 0}\overline{K}=\lim_{\Delta s\to 0}\left|\frac{\Delta\alpha}{\Delta s}\right|.$$

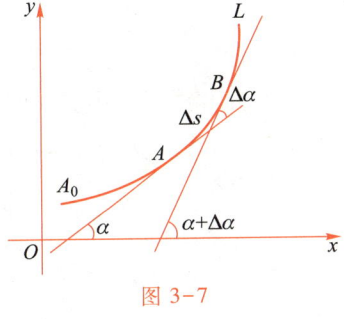

图 3-7

当导数 $\dfrac{\mathrm{d}\alpha}{\mathrm{d}s}$ 存在时,K 可以表示为

$$K=\left|\frac{\mathrm{d}\alpha}{\mathrm{d}s}\right|.$$

对于直线来说,切线与直线重合,当点沿直线移动时,切线的倾角 α 不变,即 $\Delta\alpha=0$,因此 $\overline{K}=\left|\dfrac{\Delta\alpha}{\Delta s}\right|=0$,此时 $K=\lim\limits_{\Delta s\to 0}\overline{K}=0$.

这就是说,**直线上曲率处处为零**.

例 10 求半径为 R 的圆的曲率(图 3-8).

解 设 P 为以 D 为中心,R 为半径的圆周上任一点,在圆周上另取一点 Q,由 P 点的切线到 Q 点的切线转动了角 $\Delta\alpha$,而这个角正好等于圆心角 $\angle PDQ$,又弧段

$\overarc{PQ}=R\Delta\alpha$，得弧段 $\overarc{PQ}$ 的平均曲率为 $\overline{K}=\left|\dfrac{\Delta\alpha}{\overarc{PQ}}\right|=\dfrac{1}{R}$，所以在

点 P 的曲率为 $K=\lim\limits_{Q\to P}\overline{K}=\dfrac{1}{R}$.

这个结论与直观上的认识是一致的，即半径越小，曲率越大，圆弯曲程度越大.

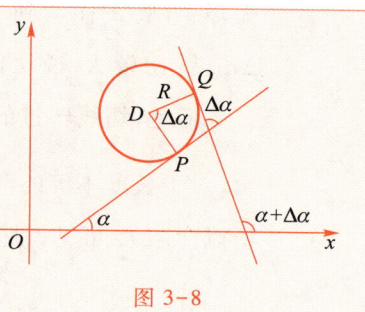

图 3-8

（二）曲率的计算公式

若曲线为 $y=f(x)$，且有二阶导数，由于 $y'=\tan\alpha$，因此

$$y''=\sec^2\alpha\,\dfrac{\mathrm{d}\alpha}{\mathrm{d}x}=(1+y'^2)\dfrac{\mathrm{d}\alpha}{\mathrm{d}x},$$

于是

$$\mathrm{d}\alpha=\dfrac{y''}{1+y'^2}\mathrm{d}x,\quad 又\ \mathrm{d}s=\sqrt{1+y'^2}\,\mathrm{d}x,$$

有

$$K=\left|\dfrac{\mathrm{d}\alpha}{\mathrm{d}s}\right|=\dfrac{|y''|}{(1+y'^2)^{3/2}}.$$

例 11　求 $y=\cos x$ 在点 $(0,1)$ 处的曲率.

解　因为 $y'=-\sin x$，$y''=-\cos x$，$y'(0)=0$，$y''(0)=-1$，所以

$$K\big|_{(0,1)}=\dfrac{|y''|}{(1+y'^2)^{3/2}}\Big|_{(0,1)}=1.$$

（三）曲率半径与曲率圆

如果曲线 $y=f(x)$ 上点 A 处的曲率 $K\neq0$，则称 $\dfrac{1}{K}$ 为曲线在点 A 处的曲率半径，记为 R，

即 $R=\dfrac{1}{K}=\dfrac{(1+y'^2)^{3/2}}{|y''|}$；过 A 点作曲线的法线，如图 3-9 所示，在法线上沿曲线凹向的一侧取

点 D，使 $|AD|=\dfrac{1}{K}=R$，称点 D 为曲线在点 A 处的曲率中

心；以 D 为圆心、$R=\dfrac{1}{K}$ 为半径的圆称为曲线在点 A 处的曲率圆.

由上述可知，如果曲线 $y=f(x)$ 上 A 点处的曲率 $K\neq0$，则点 A 处的曲率圆与曲线有相同的切线和凹向，因此在实际应用中，往往用点 A 邻近的曲率圆弧来近似代替曲

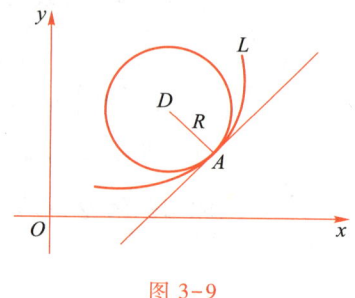

图 3-9

线弧,以使问题得到简化.

例 12 求曲线 $y=\sqrt{x}$ 在点 $\left(\dfrac{1}{4},\dfrac{1}{2}\right)$ 处的曲率与曲率半径.

解 曲线的一阶导数 $y'=\dfrac{1}{2\sqrt{x}}$,二阶导数:$y''=-\dfrac{1}{4\sqrt{x^3}}$.

在点 $\left(\dfrac{1}{4},\dfrac{1}{2}\right)$ 处的一阶导数 $y'\big|_{x=\frac{1}{4}}=1$,二阶导数 $y''\big|_{x=\frac{1}{4}}=-2$.

代入公式:

$$曲率\ K=\frac{|y''|}{(1+y'^2)^{\frac{3}{2}}}=\left|\frac{-2}{(1+1^2)^{\frac{3}{2}}}\right|=\frac{\sqrt{2}}{2}.$$

曲率半径:

$$R=\frac{1}{K}=\sqrt{2}.$$

任务训练

1. 计算 $\sqrt[3]{998.5}$ 的近似值.
2. 求曲线 $y=\cos x$ 的弧微分.

文档
扫一扫,看答案

思考题

求抛物线 $y=x^2-4x+3$ 在其顶点处的曲率及曲率半径.

知识链接

17 世纪以来,原有的几何和代数已难以解决当时生产和自然科学所提出的许多新问题,例如,如何求出物体的瞬时速度与加速度,如何求曲线的切线及曲线长度(行星路程)、矢径扫过的面积、极大极小值(如近日点、远日点、最大射程等)、体积、重心、引力等.尽管牛顿以前已有对数、解析几何、无穷级数的研究,但还不能圆满或普遍地解决这些问题.当时笛卡儿的《几何学》和沃利斯的《无穷算术》对牛顿的影响最大.牛顿将古希腊以来求解无穷小问题的种种特殊方法统一为两类算法:正流数术(微分)和反流数术(积分),反映在 1669 年《运用无穷多项方程的分析》、1671 年的《流数法与无穷级数》、1691 年的《曲线求积术》3 篇论文和《自然哲学的数学原理》一书中,以及被保存下来的 1666 年 10 月他写的在朋友们中间传阅的一篇手稿《流数简论》中.所谓"流量"就是随时间而变化的自变量,如 x、y、s、u 等;"流数"就是流量的改变速度,即变化率等.他说的"差率""变率"就是微分.

习题三

一、基础练习

1. 设函数 $y = x^3 - x$, 计算在 $x = 2$ 处当 Δx 分别等于 $1, 0.1, 0.01$ 时的 Δy 与 dy.

2. 求下列函数的微分:

(1) $y = x^3 + 2^x - \tan x$;

(2) $y = (1 + x^3)\left(5 - \dfrac{1}{x^2}\right)$;

(3) $y = (2x + 3)^6$;

(4) $y = \arctan e^x$;

(5) $y = 3x \sin 2x$;

(6) $y = \ln 3x \sin 2x$;

(7) $y = 3^{\ln \tan x}$;

(8) $y = \dfrac{4x}{\sqrt{1 + x^2}}$.

3. 将适当的函数填入括号内, 使得等式成立.

(1) $d(e^{x+1}) = ($ $)d(x+1) = ($ $)dx$;

(2) $d($ $) = ($ $)d(3x) = \sec^2 3x \, dx$;

(3) $d($ $) = 3x \, dx$;

(4) $d($ $) = \dfrac{1}{1 + x^2} dx$;

(5) $d($ $) = \dfrac{1}{\sqrt{x}} dx$;

(6) $d($ $) = \cos x \, dx$.

4. 利用微分求下列实数的近似值:

(1) $\sqrt{1.006}$; (2) $e^{-0.002}$; (3) $\ln 1.003$; (4) $\arcsin 0.000\,9$.

5. 边长为 4 cm 的正方形金属薄片受热后边长增加了 0.005 cm, 问正方形金属薄片的面积大约改变了多少?

6. 钢管的正截面是一个圆环, 若它的内半径为 R, 钢管的壁厚为 H (H 很小), 那么这个圆环面积的近似值是多少?

7. 求下列曲线的弧微分:

(1) $\begin{cases} x = \sin t, \\ y = \cos t \end{cases}$ (t 为参数);

(2) $y = x^2 - 3x + 4$.

8. 求下列曲线在给定点处的曲率与曲率半径:

(1) $y = x^2$ 在点 $(1, 1)$ 处;

(2) $\begin{cases} x = 2e^t, \\ y = e^{-t} \end{cases}$ ($t = 0$).

二、提高练习

1. 求下列函数的微分：

（1）$y=[\ln(1-x)]^2$；

（2）$y=\arcsin\sqrt{1-x^2}$；

（3）$y=x^2\mathrm{e}^{2x}$；

（4）$y=\tan^2(1+2x^2)$.

2. 设 $y=a^x+\sqrt{1-a^{2x}}\arccos a^x(a>0$ 且 $a\neq1)$，求 $\mathrm{d}y$.

3. 已知函数 $y=\cos x^2$，求 $\dfrac{\mathrm{d}y}{\mathrm{d}x},\dfrac{\mathrm{d}^2y}{\mathrm{d}x^2}$.

4. 求下列隐函数 $y=y(x)$ 的微分：

（1）$xy=\sin(x+y)$；

（2）$y=x+\arctan y$.

5. 计算 $\arccos 0.499\,5$ 的近似值.

6. 设 $A>0$，并且 B 远小于 A^n. 证明：$\sqrt[n]{A^n+B}\approx A+\dfrac{B}{nA^{n-1}}$. 并且计算 $\sqrt[10]{1\,000}$ 的近似值.

7. 利用微分求下列实数的近似值：

（1）$\mathrm{e}^{0.002}$；

（2）$\sqrt[3]{996}$；

（3）$\arcsin 0.500\,2$；

（4）$\tan 136°$.

8. 扩音器插头为圆柱形，截面半径 r 为 0.15 cm，长度 l 为 4 cm，为提高它的导电性能，要在这个圆柱的侧面电镀上一层厚度为 0.001 cm 的纯铜，每个插头需要大约多少克纯铜？（$\rho_{\mathrm{Cu}}=8.9$ g/cm^3.）

9. 设扇形的圆心角 $\alpha=60°$，半径 $R=100$ cm，如果 R 不变，α 减少 $30'$，那么扇形的面积改变了多少？又如果 α 不变，R 增加 1 cm，那么扇形的面积又改变了多少？

10. 求椭圆 $4x^2+y^2=4$ 在点 $(0,4)$ 处的曲率.

11. 曲线弧 $y=\sin x(0<x<\pi)$ 上哪一点处的曲率半径最小？求出该点处的曲率半径.

12. 对数曲线 $y=\ln x$ 上哪一点处的曲率半径最小？求出该点处的曲率半径.

第 **4** 章
不定积分及其应用

前面已经研究了已知函数求它的导数的问题,但是在科学技术领域和生产实践中,常常还需要研究其相反的问题,即已知函数的导数求其原来的函数.这是积分学的基本问题之一.本章学习不定积分的概念,求解不定积分的方法及不定积分的应用.

4.1 不定积分的概念

任务导入

在打纬机构的设计中,从动件的运动规律会决定机构的性能.一般按照筘座运动的不同需求,选用合适的运动曲线,然后组合或是叠加来进行凸轮轮廓的设计.针对不同的织物和织造的工艺要求,筘座的运动规律会相应地改变,一般会选取一种或者几种运动曲线进行组合或者叠加,比较常见的运动规律是正余弦组合角加速度运动规律.其加速度运动规律的速度曲线和加速度曲线都是始终连续变化的,没有突变,因此既没有刚性冲击,又没有柔性冲击,这种运动规律一般应用于高速凸轮机构.下图 4-1 为正余弦组合角加速度运动曲线.

如图所示,正余弦组合角加速度运动曲线由五段曲线拼接而成,其中前两个衔接点之间为余弦曲线段,峰值为 A,中间两个衔接点之间为正弦曲线段,峰值为 $-B$.各阶段的运动角加速度 ε 可由以下方程表示:

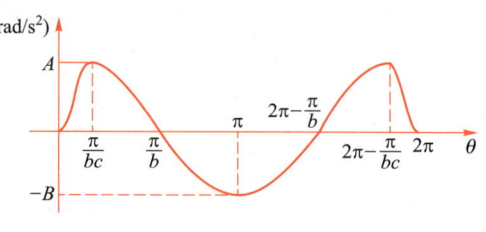

图 4-1

$$\varepsilon = \begin{cases} \dfrac{A}{2}(1-\cos bc\theta), & \theta \in \left[0, \dfrac{\pi}{bc}\right], \\[2mm] A\cos \dfrac{bc\theta - \pi}{2(c-1)}, & \theta \in \left[\dfrac{\pi}{bc}, \dfrac{\pi}{b}\right], \\[2mm] -B\sin \dfrac{b\theta - \pi}{2(b-1)}, & \theta \in \left[\dfrac{\pi}{b}, 2\pi - \dfrac{\pi}{b}\right], \\[2mm] A\cos \dfrac{bc(2\pi-\theta) - \pi}{2(c-1)}, & \theta \in \left[2\pi - \dfrac{\pi}{b}, 2\pi - \dfrac{\pi}{bc}\right], \\[2mm] \dfrac{A}{2}(1-\cos bc(2\pi-\theta)), & \theta \in \left[2\pi - \dfrac{\pi}{bc}, 2\pi\right]. \end{cases}$$

试求 $\theta \in \left[0, \dfrac{\pi}{bc}\right]$ 时,凸轮角速度关于 θ 的函数表达式.

这个问题和积分内容有关,下面一起学习不定积分的相关知识.

一、原函数的定义

定义 4.1.1 设函数 $f(x)$ 在某区间 I 上有定义,如果存在函数 $F(x)$,使得在 I 上有 $F'(x) = f(x)$ 或 $\mathrm{d}F(x) = f(x)\mathrm{d}x$,则称 $F(x)$ 为 $f(x)$ 在区间 I 上的一个**原函数**.

例如,因为 $(\sin x)' = \cos x$,则 $\sin x$ 是 $\cos x$ 的一个原函数.

因为 $(x^2)' = 2x$,则 x^2 是 $2x$ 的一个原函数.

因为 $(x^2+1)'=2x$，则 x^2+1 是 $2x$ 的一个原函数.

从后两个例子可知，**一个函数的原函数不是唯一的**.

事实上，若 $F(x)$ 是 $f(x)$ 在区间 I 上的原函数，则有 $F'(x)=f(x)$；$(F(x)+C)'=F'(x)=f(x)$（C 为常数），从而 $F(x)+C$ 也都是 $f(x)$ 在区间 I 上的原函数.

一般地，假设 $F(x)$ 和 $G(x)$ 都是 $f(x)$ 的原函数.由 $[G(x)-F(x)]'=0$，得 $G(x)-F(x)=C$（C 为常数）.所以，**一个函数的任意两个原函数之间相差一个常数**.

由上述结论可知，如果已知函数有一个原函数，那么它就有无数多个原函数.然而是不是任何函数都有原函数？这个问题将在后面讨论，这里先介绍一个结论.

定理 4.1.1（原函数存在定理）　若函数 $f(x)$ 在区间 I 上连续，则在该区间 I 上它的原函数一定存在.

二、不定积分的定义

定义 4.1.2　在区间 I 上函数 $f(x)$ 的全体原函数称为 $f(x)$ 在区间 I 上的不定积分，记作

$$\int f(x)\,\mathrm{d}x,$$

微视频
不定积分的概念

其中 $\int$ 称为积分符号，$f(x)$ 称为被积函数，x 称为积分变量，$f(x)\mathrm{d}x$ 称为被积表达式.由定义 4.1.2 知，若 $F(x)$ 为 $f(x)$ 在区间 I 上的一个原函数，则

$$\int f(x)\,\mathrm{d}x=F(x)+C.$$

C 是任意常数，称为积分常数.

例 1　求 $\int 2x\mathrm{d}x$.

解　因为 $(x^2)'=2x$，故 x^2 是 $2x$ 的一个原函数，所以 $\int 2x\mathrm{d}x=x^2+C$.

例 2　求 $\int 2\cos 2x\mathrm{d}x$.

解　因为 $(\sin 2x)'=\cos 2x\cdot(2x)'=2\cos 2x$，故 $\sin 2x$ 是 $2\cos 2x$ 的一个原函数，所以 $\int 2\cos 2x\mathrm{d}x=\sin 2x+C$.

由不定积分的定义，有

(1) $\left[\int f(x)\mathrm{d}x\right]'=f(x)$ 或 $\mathrm{d}\left[\int f(x)\mathrm{d}x\right]=f(x)\mathrm{d}x$；

(2) $\int F'(x)\mathrm{d}x=F(x)+C$ 或 $\int \mathrm{d}F(x)=F(x)+C$.

由此可见，微分运算与积分运算是互逆的.两个运算连在一起时，$\mathrm{d}\int$ 完全抵消，$\int\mathrm{d}$ 抵消后相差一常数.

任务导入的问题解答

因为速度的导数是加速度,此题已知加速度求速度问题,即转化为当 $\theta \in \left[0, \dfrac{\pi}{bc}\right]$ 时,求 $\varepsilon = \dfrac{A}{2}(1-\cos bc\theta)$ 的原函数,即求 $\displaystyle\int \dfrac{A}{2}(1-\cos bc\theta)\mathrm{d}\theta$.

解 因为 $\left[\dfrac{A}{2}\left(\theta - \dfrac{1}{bc}\sin bc\theta\right)\right]' = \dfrac{A}{2}(1-\cos bc\theta)$,所以

$$\int \dfrac{A}{2}(1-\cos bc\theta)\mathrm{d}\theta = \dfrac{A}{2}\left(\theta - \dfrac{1}{bc}\sin bc\theta\right) + C,$$

所以当 $\theta \in \left[0, \dfrac{\pi}{bc}\right]$ 时,凸轮角速度关于 θ 的函数表达式即为 $\dfrac{A}{2}\left(\theta - \dfrac{1}{bc}\sin bc\theta\right) + C$.

三、不定积分的几何意义

假设 $F(x)$ 是 $f(x)$ 的原函数,$y = F(x)$ 在平面上表示一条曲线,这条曲线称为 $f(x)$ 的积分曲线.由于 $f(x)$ 的不定积分是 $\displaystyle\int f(x)\mathrm{d}x = F(x) + C$,所以,不定积分的几何意义就是积分曲线 $y = F(x)$ 沿着 y 轴平行移动所产生的一族积分曲线(图4-2).

$\displaystyle\int f(x)\mathrm{d}x$ 的图形是 $f(x)$ 的所有积分曲线组成的平行曲线族.族中的每一条积分曲线在具有同一横坐标 x 点处的切线都是平行的,它们的斜率都等于 $f(x)$.

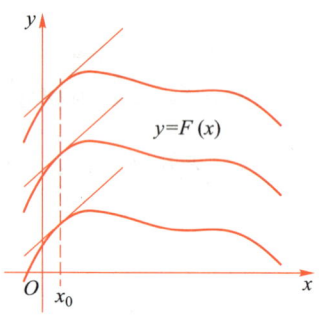

图4-2

四、不定积分的基本公式和性质

(一) 不定积分的基本公式

(1) $\displaystyle\int k\mathrm{d}x = kx + C$($k$ 为常数) $\left(\displaystyle\int \mathrm{d}x = x + C\right)$;

(2) $\displaystyle\int x^{\mu}\mathrm{d}x = \dfrac{x^{\mu+1}}{\mu+1} + C$ $(\mu \neq -1)$;

(3) $\displaystyle\int \dfrac{1}{x}\mathrm{d}x = \ln|x| + C$;

(4) $\displaystyle\int \mathrm{e}^x\mathrm{d}x = \mathrm{e}^x + C$;

(5) $\displaystyle\int a^x\mathrm{d}x = \dfrac{a^x}{\ln a} + C$ $(a > 0, a \neq 1)$;

(6) $\displaystyle\int \cos x\mathrm{d}x = \sin x + C$;

(7) $\displaystyle\int \sin x\mathrm{d}x = -\cos x + C$;

(8) $\displaystyle\int \sec^2 x\mathrm{d}x = \int \dfrac{1}{\cos^2 x}\mathrm{d}x = \tan x + C$;

(9) $\displaystyle\int \csc^2 x\mathrm{d}x = \int \dfrac{1}{\sin^2 x}\mathrm{d}x = -\cot x + C$;

(10) $\displaystyle\int \sec x\tan x\mathrm{d}x = \sec x + C$;

(11) $\displaystyle\int \csc x\cot x\mathrm{d}x = -\csc x + C$;

$$(12) \int \frac{1}{\sqrt{1-x^2}}\mathrm{d}x = \arcsin x + C; \qquad (13) \int \frac{1}{\sqrt{1-x^2}}\mathrm{d}x = -\arccos x + C;$$

$$(14) \int \frac{1}{1+x^2}\mathrm{d}x = \arctan x + C; \qquad (15) \int \frac{1}{1+x^2}\mathrm{d}x = -\mathrm{arccot}\ x + C.$$

（二）不定积分的性质

性质 1　有限个函数和的不定积分等于各个函数的不定积分之和，即

$$\int [f_1(x)+f_2(x)+\cdots+f_n(x)]\mathrm{d}x = \int f_1(x)\mathrm{d}x+\int f_2(x)\mathrm{d}x+\cdots+\int f_n(x)\mathrm{d}x.$$

性质 2　被积函数中不为零的常数因子可以提到积分号的前面，即

$$\int kf(x)\mathrm{d}x = k\int f(x)\mathrm{d}x\,(k\neq 0).$$

直接用不定积分的性质和基本积分公式求出不定积分结果的方法，或将被积函数经过适当的恒等变形后再利用不定积分的性质和基本积分公式求出不定积分结果的方法，称为**直接积分法**.

例 3　求 $\int (\mathrm{e}^x+3\cos x+1)\mathrm{d}x$.

解　$\int (\mathrm{e}^x+3\cos x+1)\mathrm{d}x = \int \mathrm{e}^x\mathrm{d}x+3\int \cos x\mathrm{d}x+\int \mathrm{d}x$

$\qquad\qquad = \mathrm{e}^x+3\sin x+x+C.$

例 4　求 $\int \left(x^3+2x\sqrt{x}-\dfrac{1}{\sqrt[3]{x}}\right)\mathrm{d}x$.

解　$\int \left(x^3+2x\sqrt{x}-\dfrac{1}{\sqrt[3]{x}}\right)\mathrm{d}x = \int x^3\mathrm{d}x+2\int x^{\frac{3}{2}}\mathrm{d}x-\int x^{-\frac{1}{3}}\mathrm{d}x$

$\qquad\qquad = \dfrac{1}{4}x^4+\dfrac{4}{5}x^{\frac{5}{2}}-\dfrac{3}{2}x^{\frac{2}{3}}+C.$

例 5　求 $\int \left(\dfrac{x}{2}+\dfrac{2}{x}\right)\mathrm{d}x$.

解　$\int \left(\dfrac{x}{2}+\dfrac{2}{x}\right)\mathrm{d}x = \dfrac{1}{2}\int x\mathrm{d}x+2\int \dfrac{1}{x}\mathrm{d}x = \dfrac{1}{4}x^2+2\ln|x|+C.$

例 6　求 $\int \dfrac{x^2}{1+x^2}\mathrm{d}x$.

解　$\int \dfrac{x^2}{1+x^2}\mathrm{d}x = \int \dfrac{x^2+1-1}{1+x^2}\mathrm{d}x = \int \left(1-\dfrac{1}{1+x^2}\right)\mathrm{d}x$

$\qquad\qquad = \int \mathrm{d}x-\int \dfrac{1}{1+x^2}\mathrm{d}x = x-\arctan x+C.$

例 7　求 $\int \cos^2\dfrac{x}{2}\mathrm{d}x$.

解 $\displaystyle\int\cos^2\frac{x}{2}\mathrm{d}x = \int\frac{1+\cos x}{2}\mathrm{d}x = \frac{1}{2}\left(\int\mathrm{d}x + \int\cos x\,\mathrm{d}x\right)$

$$= \frac{1}{2}(x+\sin x)+C.$$

例8 求 $\displaystyle\int\frac{\cos 2x}{\cos^2 x\sin^2 x}\mathrm{d}x$.

解 $\displaystyle\int\frac{\cos 2x}{\cos^2 x\sin^2 x}\mathrm{d}x = \int\frac{\cos^2 x-\sin^2 x}{\cos^2 x\sin^2 x}\mathrm{d}x = \int\left(\frac{1}{\sin^2 x}-\frac{1}{\cos^2 x}\right)\mathrm{d}x$

$$= \int(\csc^2 x-\sec^2 x)\,\mathrm{d}x = -\cot x-\tan x+C.$$

 知识链接

积分符号 $\displaystyle\int$ 的由来

发明这个符号的人是德国数学家莱布尼茨.拉丁文中"Summa"表示"和"的意思,所以他将"Summa"的第一个字母"S"拉长就是 $\displaystyle\int$.

莱布尼茨在数学史和哲学史上都占有重要地位.在数学史上他是伟大的符号学者,并且具有符号大师的美誉.莱布尼茨曾说:"要用含义简明的少量符号来表达和比较忠实地描绘事物的内在本质,从而最大限度地减少人的思维劳动."莱布尼茨认识到好的数学符号能节省思维劳动,运用符号的技巧是数学成功的关键之一.因此,他发明了一套适用的符号系统,如,引入 $\mathrm{d}x$ 表示 x 的微分, $\displaystyle\int$ 表示积分,等等.这些符号进一步促进了微积分学的发展.1713年,莱布尼茨发表了《微积分的历史和起源》一文,总结了自己创立微积分学的思路,说明了自己成就的独立性.

莱布尼茨还对二进制的发展作出了贡献.莱布尼茨是最早接触中华文化的欧洲人之一,曾经从一些前往中国传教的教士那里接触到中国文化,法国汉学大师若阿基姆·布韦向莱布尼茨介绍了《周易》和八卦的系统.在莱布尼茨眼中,"阴"与"阳"基本上就是他的二进制的中国版.他曾断言:"二进制乃是具有世界普遍性的、最完美的逻辑语言."如今在德国图林根,著名的郭塔王宫图书馆内仍保存一份莱布尼茨的手稿,标题写着"1 与 0,一切数字的神奇渊源".

文档
扫一扫,看答案

 任务训练

1. 若 $f(x)$ 的一个原函数为 $\sin x$,则 $\displaystyle\int f'(x)\mathrm{d}x = ?$

2. 若 $\displaystyle\int f(x)\mathrm{d}x = 3^x+\cos x+C$,则 $f(x) = ?$

　　　　高等数学(轻工纺织类)

思考题

在不定积分的性质 $\int kf(x)\mathrm{d}x = k\int f(x)\mathrm{d}x$ 中,为什么要求 $k \neq 0$?

4.2 不定积分的运算

任务导入

某纺织品公司为了节约能源利用太阳能发电,太阳能的能量 f 相对于接触的表面面积的变化率为 $\dfrac{\mathrm{d}f}{\mathrm{d}A} = \dfrac{0.005}{\sqrt{0.01A+1}}$,且当 $A = 0$ 时,$f = 0$.试求 f 的函数表达式.

该问题实际上是求不定积分,但不能直接利用基本积分公式和不定积分的性质求出,因为它没有现成的公式法则可用,所以需要进一步研究这些不定积分的计算问题.

这一节,我们就一起来学习其他不定积分的计算方法.

一、不定积分的换元积分法

(一) 第一类换元积分法(凑微分法)

定理 4.2.1 设 $F(u)$ 是 $f(u)$ 的原函数,如果 $u = \varphi(x)$ 是 x 的可导函数,则有

$$\int f[\varphi(x)]\varphi'(x)\mathrm{d}(x) = \int f[\varphi(x)]\mathrm{d}\varphi(x) \xrightarrow{\;\diamondsuit\, \varphi(x)=u\;} \int f(u)\mathrm{d}(u) = F(u) + C$$

$$\xrightarrow{\;\text{回代}\, u=\varphi(x)\;} F[\varphi(x)] + C.$$

这种方法叫做第一类换元积分法.

常见的凑微分方法如下:

(1) $\mathrm{d}x = \dfrac{1}{a}\mathrm{d}(ax+b)\ (a \neq 0)$;   (2) $x\mathrm{d}x = \dfrac{1}{2}\mathrm{d}(x^2)$;

(3) $\dfrac{1}{\sqrt{x}}\mathrm{d}x = 2\mathrm{d}(\sqrt{x})$;   (4) $\dfrac{1}{x}\mathrm{d}x = \mathrm{d}(\ln x)\ (x > 0)$;

(5) $\dfrac{1}{x^2}\mathrm{d}x = \mathrm{d}\left(-\dfrac{1}{x}\right)$;   (6) $\mathrm{e}^x\mathrm{d}x = \mathrm{d}(\mathrm{e}^x)$;

(7) $\sin x\mathrm{d}x = \mathrm{d}(-\cos x)$;   (8) $\cos x\mathrm{d}x = \mathrm{d}(\sin x)$;

(9) $\dfrac{1}{\sqrt{1-x^2}}\mathrm{d}x = \mathrm{d}(\arcsin x)$;   (10) $\dfrac{1}{1+x^2}\mathrm{d}x = \mathrm{d}(\arctan x)$.

例1 求 $\int \cos 3x\mathrm{d}x$.

解 $\int \cos 3x \mathrm{d}x = \dfrac{1}{3} \int \cos 3x \mathrm{d}(3x) = \dfrac{1}{3}\sin 3x + C.$

例2 求 $\int (5x-2)^{10}\mathrm{d}x.$

解 $\int (5x-2)^{10}\mathrm{d}x = \dfrac{1}{5}\int (5x-2)^{10}\mathrm{d}(5x-2) = \dfrac{1}{55}(5x-2)^{11} + C.$

例3 求 $\int \dfrac{1}{2x+3}\mathrm{d}x.$

解 $\int \dfrac{1}{2x+3}\mathrm{d}x = \int \dfrac{1}{2x+3} \cdot \dfrac{1}{2}\mathrm{d}(2x+3) = \dfrac{1}{2}\ln |2x+3| + C.$

例4 求 $\int \dfrac{1}{a^2+x^2}\mathrm{d}x.$

解 $\int \dfrac{1}{a^2+x^2}\mathrm{d}x = \dfrac{1}{a^2}\int \dfrac{1}{1+\left(\dfrac{x}{a}\right)^2}\mathrm{d}x = \dfrac{1}{a^2}\times a \int \dfrac{1}{1+\left(\dfrac{x}{a}\right)^2}\mathrm{d}\left(\dfrac{x}{a}\right) = \dfrac{1}{a}\arctan \dfrac{x}{a} + C.$

例5 求 $\int x\sqrt{3-x^2}\,\mathrm{d}x.$

解 $\int x\sqrt{3-x^2}\,\mathrm{d}x = \dfrac{1}{2}\int (3-x^2)^{\frac{1}{2}}\mathrm{d}(x^2) = -\dfrac{1}{2}\int (3-x^2)^{\frac{1}{2}}\mathrm{d}(3-x^2) =$

$-\dfrac{1}{3}(3-x^2)^{\frac{3}{2}} + C.$

例6 求 $\int \dfrac{\cos 3\sqrt{x}}{\sqrt{x}}\mathrm{d}x.$

解 $\int \dfrac{\cos 3\sqrt{x}}{\sqrt{x}}\mathrm{d}x = 2\int \cos 3\sqrt{x}\,\mathrm{d}(\sqrt{x}) = \dfrac{2}{3}\int \cos 3\sqrt{x}\,\mathrm{d}(3\sqrt{x}) = \dfrac{2}{3}\sin 3\sqrt{x} + C.$

例7 求 $\int \tan x\mathrm{d}x.$

解 $\int \tan x\mathrm{d}x = \int \dfrac{\sin x}{\cos x}\mathrm{d}x = \int \dfrac{1}{\cos x}\mathrm{d}(-\cos x) = -\ln |\cos x| + C.$

类似可得：$\int \cot x\mathrm{d}x = \ln |\sin x| + C.$

例8 求 $\int \cos^2 x\mathrm{d}x.$

解 $\int \cos^2 x\mathrm{d}x = \int \dfrac{1+\cos 2x}{2}\mathrm{d}x$

$$= \dfrac{1}{2}x + \dfrac{1}{2}\times \dfrac{1}{2}\int \cos 2x\mathrm{d}(2x)$$

$$= \dfrac{1}{2}x + \dfrac{1}{4}\sin 2x + C.$$

例 9 求 $\int \dfrac{1}{x(1+2\ln x)}dx$.

解 $\int \dfrac{1}{x(1+2\ln x)}dx = \int \dfrac{1}{(1+2\ln x)}d(\ln x) = \dfrac{1}{2}\int \dfrac{1}{(1+2\ln x)}d(1+2\ln x)$

$$= \dfrac{1}{2}\ln|1+2\ln x|+C.$$

例 10 求 $\int \dfrac{1}{a^2-x^2}dx \,(a\neq 0)$.

解 $\int \dfrac{1}{a^2-x^2}dx = \dfrac{1}{2a}\int \left(\dfrac{1}{a+x}+\dfrac{1}{a-x}\right)dx$

$$= \dfrac{1}{2a}\left[\int \dfrac{1}{a+x}d(a+x) - \int \dfrac{1}{a-x}d(a-x)\right]$$

$$= \dfrac{1}{2a}\ln\left|\dfrac{a+x}{a-x}\right|+C.$$

任务导入问题的解答

因为
$$\dfrac{df}{dA} = \dfrac{0.005}{\sqrt{0.01A+1}},$$

所以
$$f = \int \dfrac{0.005}{\sqrt{0.01A+1}}dA$$

$$= 0.005\times\dfrac{1}{0.01}\int \dfrac{1}{\sqrt{0.01A+1}}d(0.01A+1)$$

$$= \sqrt{0.01A+1}+C.$$

因为当 $A=0$ 时，$f=0$，所以 $C=-1$，由此 f 的函数表达式为

$$f = \sqrt{0.01A+1}-1.$$

（二）第二类换元积分法

定理 4.2.2 设 $x=\psi(t)$ 是单调可导的函数，且 $\psi'(t)\neq 0$，又函数 $f[\psi(t)]\psi'(t)$ 具有原函数 $F(t)$，则有换元积分公式

$$\int f(x)dx \xmapsto{\text{令}\ x=\psi(t)} \int f[\psi(t)]\psi'(t)dt = F(t)+C \xmapsto{\text{回代}} F[\psi^{-1}(x)]+C.$$

1. 根式代换

例 11 求 $\int \dfrac{dx}{1+\sqrt{x}}$.

解 令 $\sqrt{x}=t$，即 $x=t^2$，$dx=dt^2=(t^2)'dt=2tdt$.

$$\int \frac{\mathrm{d}x}{1+\sqrt{x}} = \int \frac{2t}{1+t}\mathrm{d}t = 2\int \frac{1+t-1}{1+t}\mathrm{d}t = 2\int \left[1-\frac{1}{1+t}\right]\mathrm{d}t = 2t-2\ln|1+t|+C$$

$$\xlongequal{t=\sqrt{x}} 2\sqrt{x}-2\ln|1+\sqrt{x}|+C.$$

例 12 求 $\int \frac{x}{\sqrt{3-x}}\mathrm{d}x$.

解 令 $\sqrt{3-x}=t$，即 $x=3-t^2$，$\mathrm{d}x=\mathrm{d}(3-t^2)=(3-t^2)'\mathrm{d}t=-2t\mathrm{d}t$.

$$\int \frac{x}{\sqrt{3-x}}\mathrm{d}x = \int \frac{3-t^2}{t}(-2t)\mathrm{d}t = \int (-6+2t^2)\mathrm{d}t$$

$$= -6t+\frac{2}{3}t^3+C \xlongequal{t=\sqrt{3-x}} -6\sqrt{3-x}+\frac{2}{3}(\sqrt{3-x})^3+C.$$

例 13 求 $\int \frac{1}{\sqrt{x}+\sqrt[3]{x^2}}\mathrm{d}x$.

解 令 $\sqrt[6]{x}=t$，则 $x=t^6$，$\mathrm{d}x=6t^5\mathrm{d}t$，

$$\int \frac{1}{\sqrt{x}+\sqrt[3]{x^2}}\mathrm{d}x = \int \frac{1}{t^3+t^4}6t^5\mathrm{d}t = 6\int \frac{t^2}{1+t}\mathrm{d}t$$

$$= 6\int \frac{t^2-1+1}{1+t}\mathrm{d}t = 6\int \left(t-1+\frac{1}{1+t}\right)\mathrm{d}t$$

$$= 6\left(\frac{1}{2}t^2-t+\ln|1+t|\right)+C$$

$$\xlongequal{t=\sqrt[6]{x}} 3\sqrt[3]{x}-6\sqrt[6]{x}+6\ln(1+\sqrt[6]{x})+C.$$

2. 三角代换

例 14 求 $\int \sqrt{a^2-x^2}\mathrm{d}x(a>0)$.

解 由 $\sin^2 t+\cos^2 t=1$，令 $x=a\sin t\left(-\frac{\pi}{2}<t<\frac{\pi}{2}\right)$，则

$$\sqrt{a^2-x^2}=\sqrt{a^2-a^2\sin^2 t}=a\cos t,\ \mathrm{d}x=a\cos t\mathrm{d}t,$$

于是

$$\int \sqrt{a^2-x^2}\mathrm{d}x = a^2\int \cos^2 t\mathrm{d}t = a^2\int \frac{1+\cos 2t}{2}\mathrm{d}t$$

$$= \frac{a^2}{2}\left(t+\frac{1}{2}\sin 2t\right)+C = \frac{a^2}{2}(t+\sin t\cos t)+C.$$

根据 $\sin t=\frac{x}{a}$ 作一辅助直角三角形，如图 4-3 所示，有 $t=\arcsin \frac{x}{a}$，$\cos t=\frac{\sqrt{a^2-x^2}}{a}$，

因此

$$\int \sqrt{a^2-x^2}\,\mathrm{d}x = \frac{a^2}{2}\arcsin\frac{x}{a} + \frac{x}{2}\sqrt{a^2-x^2} + C.$$

例 15　求 $\displaystyle\int \frac{1}{\sqrt{x^2+a^2}}\mathrm{d}x\,(a>0)$.

解　由 $\tan^2 t + 1 = \sec^2 t$，令 $x = a\tan t\left(-\frac{\pi}{2}<t<\frac{\pi}{2}\right)$，则

$$\sqrt{x^2+a^2} = a\sec t,\ \mathrm{d}x = a\sec^2 t\mathrm{d}t,$$

于是

$$\int \frac{1}{\sqrt{x^2+a^2}}\mathrm{d}x = \int \frac{a\sec^2 t}{a\sec t}\mathrm{d}t = \int \sec t\mathrm{d}t = \ln\ |\sec t + \tan t| + C_1.$$

根据 $\tan t = \dfrac{x}{a}$ 作一辅助直角三角形，如图 4-4 所示，有 $\sec t = \dfrac{\sqrt{x^2+a^2}}{a}$，因此

$$\int \frac{1}{\sqrt{x^2+a^2}}\mathrm{d}x = \ln\ \left|\frac{x+\sqrt{x^2+a^2}}{a}\right| + C_1 = \ln\ |x+\sqrt{x^2+a^2}| + C,\text{其中 } C = C_1 - \ln a.$$

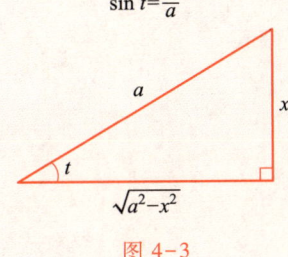

$\sin t = \dfrac{x}{a}$

图 4-3

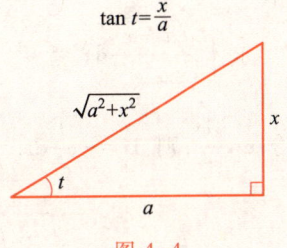

$\tan t = \dfrac{x}{a}$

图 4-4

例 16　求 $\displaystyle\int \frac{1}{\sqrt{x^2-a^2}}\mathrm{d}x\,(a>0)$.

解　由 $\sec^2 t - 1 = \tan^2 t$，令 $x = a\sec t\left(0<t<\frac{\pi}{2}\right)$，则

$$\sqrt{x^2-a^2} = a\tan t,\ \mathrm{d}x = a\sec t\tan t\mathrm{d}t,$$

于是

$$\int \frac{1}{\sqrt{x^2-a^2}}\mathrm{d}x = \int \frac{a\sec t\tan t}{a\tan t}\mathrm{d}t$$

$$= \int \sec t\mathrm{d}t = \ln\ |\sec t + \tan t| + C_1.$$

根据 $\sec t = \dfrac{x}{a}$ 作一辅助直角三角形，如图 4-5 所示，有 $\tan t = \dfrac{\sqrt{x^2-a^2}}{a}$，因此

$$\int \frac{1}{\sqrt{x^2-a^2}}\mathrm{d}x = \ln\ \left|\frac{x+\sqrt{x^2-a^2}}{a}\right| + C_1 = \ln\ |x+\sqrt{x^2-a^2}| + C,\text{其中 } C = C_1 - \ln a.$$

以下 8 个公式也是常用的积分公式(其中常数 $a>0$).

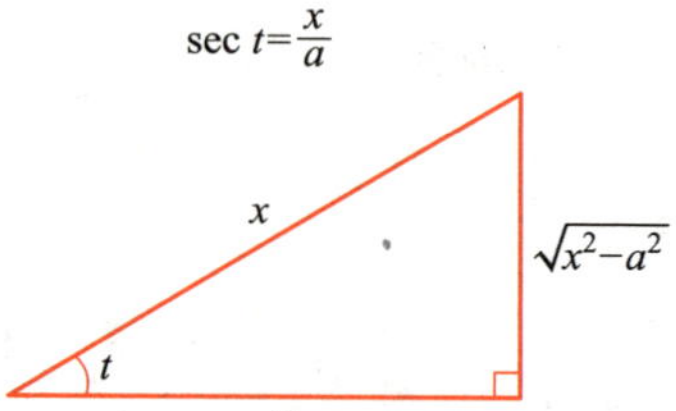

$(16)\ \displaystyle\int \tan x\,dx = -\ln|\cos x| + C;$

$(17)\ \displaystyle\int \cot x\,dx = \ln|\sin x| + C;$

$(18)\ \displaystyle\int \sec x\,dx = \ln|\sec x + \tan x| + C;$

$(19)\ \displaystyle\int \csc x\,dx = \ln|\csc x - \cot x| + C;$

$(20)\ \displaystyle\int \frac{1}{a^2+x^2}\,dx = \frac{1}{a}\arctan\frac{x}{a} + C;$ $\qquad (21)\ \displaystyle\int \frac{1}{a^2-x^2}\,dx = \frac{1}{2a}\ln\left|\frac{a+x}{a-x}\right| + C;$

$(22)\ \displaystyle\int \frac{1}{\sqrt{a^2-x^2}}\,dx = \arcsin\frac{x}{a} + C;$ $\qquad (23)\ \displaystyle\int \frac{1}{\sqrt{x^2\pm a^2}}\,dx = \ln\left|x+\sqrt{x^2\pm a^2}\right| + C.$

$\sec t = \dfrac{x}{a}$

图 4-5

3. 倒代换

对于被积函数为分式且分式的分母中 x 的次数比分子次数高二次或二次以上,则采用倒代换 $x = \dfrac{1}{t}$.

例 17 求 $\displaystyle\int \frac{\sqrt{a^2-x^2}}{x^4}\,dx.$

解 令 $x = \dfrac{1}{t}$,则 $dx = -\dfrac{1}{t^2}dt.$

$$\int \frac{\sqrt{a^2-x^2}}{x^4}\,dx = \int \frac{\sqrt{a^2-\left(\dfrac{1}{t}\right)^2}}{\left(\dfrac{1}{t}\right)^4}\left(-\frac{1}{t^2}\right)dt = -\int \sqrt{a^2t^2-1}\cdot|t|\,dt,$$

当 $x>0$ 时,有

$$\int \frac{\sqrt{a^2-x^2}}{x^4}\,dx = -\frac{1}{2a^2}\int (a^2t^2-1)^{\frac{1}{2}}\,d(a^2t^2-1) = -\frac{1}{3a^2}(a^2t^2-1)^{\frac{3}{2}} + C$$

$$= -\frac{1}{3a^2}(a^2-x^2)^{\frac{3}{2}}x^{-3} + C.$$

当 $x<0$ 时,有相同的结果.

二、不定积分的分部积分法

设函数 $u=u(x)$、$v=v(x)$ 都存在连续的一阶导数,有

$$d(uv) = v\,du + u\,dv,$$

则

$$u\,dv = d(uv) - v\,du,$$

微视频
分部积分法

两边积分得

$$\int u\mathrm{d}v = uv - \int v\mathrm{d}u.$$

上式称为**分部积分公式**.

例 18 求 $\int x\mathrm{e}^x\mathrm{d}x$.

解 如果设 $u = x$，$\mathrm{d}v = \mathrm{e}^x\mathrm{d}x = \mathrm{d}(\mathrm{e}^x)$，则 $\int x\mathrm{e}^x\mathrm{d}x = \int x\mathrm{d}(\mathrm{e}^x) = x\mathrm{e}^x - \int \mathrm{e}^x\mathrm{d}x$. 所以

$$\int x\mathrm{e}^x\mathrm{d}x = x\mathrm{e}^x - \mathrm{e}^x + C.$$

如果设 $u = \mathrm{e}^x$，$\mathrm{d}v = x\mathrm{d}x = \dfrac{1}{2}\mathrm{d}x^2$，则

$$\int x\mathrm{e}^x\mathrm{d}x = \frac{1}{2}\int \mathrm{e}^x\mathrm{d}x^2 = \frac{1}{2}\left[x^2\mathrm{e}^x - \int x^2\mathrm{e}^x\mathrm{d}x\right].$$

上式右端的积分比原积分更不易求出. 应用分部积分法时，恰当选择 u 和 $\mathrm{d}v$ 是关键，一般要考虑：v 要容易求得，$\int v\mathrm{d}u$ 要比 $\int u\mathrm{d}v$ 容易积出.

根据通常遇到的情况，可分为如下三类：

形如 $\int P_n(x)\mathrm{e}^x\mathrm{d}x$，$\int P_n(x)\cos x\mathrm{d}x$，$\int P_n(x)\sin x\mathrm{d}x$ 时，设 $u = P_n(x)$. $P_n(x)$ 为 x 的 n 次多项式.

形如 $\int P_n(x)\ln x\mathrm{d}x$，$\int P_n(x)\arcsin x\mathrm{d}x$，$\int P_n(x)\arctan x\mathrm{d}x$ 时，设 $u = \ln x, \arcsin x, \arctan x$.

形如 $\int \mathrm{e}^{\alpha x}\sin \beta x\mathrm{d}x$，$\int \mathrm{e}^{\alpha x}\cos \beta x\mathrm{d}x$ 时，设 u 是其中任一函数都可.

例 19 求 $\int x^2\cos x\mathrm{d}x$.

解
$$\int x^2\cos x\mathrm{d}x = \int x^2\mathrm{d}(\sin x) = x^2\sin x - \int \sin x\mathrm{d}x^2 = x^2\sin x - 2\int x\sin x\mathrm{d}x$$

$$= x^2\sin x + 2\int x\mathrm{d}(\cos x) = x^2\sin x + 2\left(x\cos x - \int \cos x\mathrm{d}x\right)$$

$$= x^2\sin x + 2(x\cos x - \sin x) + C.$$

例 20 求 $\int x\ln x\mathrm{d}x$.

解
$$\int x\ln x\mathrm{d}x = \frac{1}{2}\int \ln x\mathrm{d}x^2 = \frac{1}{2}\left[x^2\ln x - \int x^2\mathrm{d}(\ln x)\right]$$

$$= \frac{1}{2}\left(x^2\ln x - \int x^2 \cdot \frac{1}{x}\mathrm{d}x\right) = \frac{1}{2}\left(x^2\ln x - \int x\mathrm{d}x\right)$$

$$= \frac{1}{2}x^2 \ln x - \frac{1}{4}x^2 + C.$$

例21 求 $\int \arctan x \mathrm{d}x$.

解 $\int \arctan x \mathrm{d}x = x\arctan x - \int x \mathrm{d}(\arctan x) = x\arctan x - \int \frac{x\mathrm{d}x}{1+x^2}$

$$= x\arctan x - \frac{1}{2}\int \frac{\mathrm{d}(x^2+1)}{x^2+1} = x\arctan x - \frac{1}{2}\ln(x^2+1) + C.$$

例22 求 $\int \mathrm{e}^x \sin x \mathrm{d}x$.

解 $\int \mathrm{e}^x \sin x \mathrm{d}x = \int \sin x \mathrm{d}\mathrm{e}^x = \mathrm{e}^x \sin x - \int \mathrm{e}^x \mathrm{d}(\sin x) = \mathrm{e}^x \sin x - \int \mathrm{e}^x \cos x \mathrm{d}x.$

分部积分后又遇到了类似的积分, 因为前面把 $\mathrm{e}^x \mathrm{d}x$ 作为 $\mathrm{d}v$, 在第二次分部积分时仍然要把 $\mathrm{e}^x \mathrm{d}x$ 作为 $\mathrm{d}v$. 于是

$$\int \mathrm{e}^x \sin x \mathrm{d}x = \mathrm{e}^x \sin x - \int \mathrm{e}^x \cos x \mathrm{d}x = \mathrm{e}^x \sin x - \int \cos x \mathrm{d}(\mathrm{e}^x)$$

$$= \mathrm{e}^x \sin x - \left[\mathrm{e}^x \cos x + \int \mathrm{e}^x \sin x \mathrm{d}x\right]$$

$$= \mathrm{e}^x(\sin x - \cos x) - \int \mathrm{e}^x \sin x \mathrm{d}x.$$

由于上式的第二项就是所求的积分, 把它移到等号左边去, 再两端同除以 2, 得

$$\int \mathrm{e}^x \sin x \mathrm{d}x = \frac{1}{2}\mathrm{e}^x(\sin x - \cos x) + C.$$

例23 求 $\int \mathrm{e}^{\sqrt{x}} \mathrm{d}x$.

解 令 $\sqrt{x} = t$, 则 $x = t^2$, $\mathrm{d}x = 2t\mathrm{d}t$. 于是

$$\int \mathrm{e}^{\sqrt{x}} \mathrm{d}x = 2\int t\mathrm{e}^t \mathrm{d}t.$$

而

$$2\int t\mathrm{e}^t \mathrm{d}t = 2\int t \mathrm{d}\mathrm{e}^t = 2\left(t\mathrm{e}^t - \int \mathrm{e}^t \mathrm{d}t\right) = 2(t\mathrm{e}^t - \mathrm{e}^t) + C,$$

所以

$$\int \mathrm{e}^{\sqrt{x}} \mathrm{d}x = 2\mathrm{e}^{\sqrt{x}}(\sqrt{x} - 1) + C.$$

三、有理函数的积分

有理函数是指由两个多项式函数的商所表示的函数, 其一般形式为

$$R(x)=\frac{P_n(x)}{Q_m(x)}=\frac{a_nx^n+a_{n-1}x^{n-1}+\cdots+a_1x+a_0}{b_mx^m+b_{m-1}x^{m-1}+\cdots+b_1x+b_0},$$

其中 n,m 为非负整数, $a_n,a_{n-1},\cdots,a_0$ 与 $b_m,b_{m-1},\cdots,b_0$ 都是常数, 且 $a_n\neq0,b_n\neq0$. 若 $m>n$, 则称它为**真分式**; 若 $m\leqslant n$, 则称它为**假分式**. 假分式总能化为一个多项式与一个真分式之和. 由于多项式的不定积分是容易求得的, 因此只要求出真分式的不定积分. 其实真分式总可以化为下列四种类型的部分分式之和:

(1) $\displaystyle\int\frac{A}{x-a}\mathrm{d}x$;　　　　　　　　(2) $\displaystyle\int\frac{B}{(x-a)^k}\mathrm{d}x$;

(3) $\displaystyle\int\frac{Mx+N}{x^2+px+q}\mathrm{d}x\,(p^2-4q<0)$;　　(4) $\displaystyle\int\frac{Rx+S}{(x^2+px+q)^k}\mathrm{d}x\,(p^2-4q<0)$.

其中 (2)、(4) 可根据分母的各个因式分别写出与之相应的部分分式之和, 具体如下:

(2) $\displaystyle\frac{B}{(x-a)^k}=\frac{B_1}{x-a}+\frac{B_2}{(x-a)^2}+\cdots+\frac{B_k}{(x-a)^k}$;

(4) $\displaystyle\frac{Rx+S}{(x^2+px+q)^k}=\frac{R_1x+S_1}{x^2+px+q}+\frac{R_2x+S_2}{(x^2+px+q)^2}+\cdots+\frac{R_kx+S_k}{(x^2+px+q)^k}$.

然后用**待定系数法**就可确定 $B_1,B_2,\cdots,B_k,R_1,R_2,\cdots,R_k$ 和 $S_1,S_2,\cdots,S_k$ 的值.

例 24　求 $\displaystyle\int\frac{1}{(1+2x)(1+x^2)}\mathrm{d}x$.

解　$\displaystyle\frac{1}{(1+2x)(1+x^2)}=\frac{A}{1+2x}+\frac{Bx+C}{1+x^2}$, $1=A(1+x^2)+(Bx+C)(1+2x)$, 整理得

$$1=(A+2B)x^2+(B+2C)x+A+C,$$

$$\begin{cases}A+2B=0,\\B+2C=0,\\A+C=1\end{cases}\Rightarrow\begin{cases}A=\dfrac{4}{5},\\B=-\dfrac{2}{5},\\C=\dfrac{1}{5}.\end{cases}$$

$$\begin{aligned}
\int\frac{1}{(1+2x)(1+x^2)}\mathrm{d}x&=\int\left(\frac{\dfrac{4}{5}}{1+2x}+\frac{-\dfrac{2}{5}x+\dfrac{1}{5}}{1+x^2}\right)\mathrm{d}x\\
&=\frac{1}{5}\int\left(\frac{4}{1+2x}-\frac{2x}{1+x^2}+\frac{1}{1+x^2}\right)\mathrm{d}x\\
&=\frac{1}{5}\left[2\ln|1+2x|-\ln|1+x^2|+\arctan x\right]+C\\
&=\frac{1}{5}\left[\ln\frac{(1+2x)^2}{1+x^2}+\arctan x\right]+C.
\end{aligned}$$

例 25 求 $\int \dfrac{\mathrm{d}x}{x\,(x^{10}+1)^2}$.

解 $\displaystyle\int \dfrac{\mathrm{d}x}{x\,(x^{10}+1)^2} = \int \dfrac{x^9\,\mathrm{d}x}{x^{10}(x^{10}+1)^2} = \dfrac{1}{10}\int \dfrac{1}{x^{10}(x^{10}+1)^2}\mathrm{d}\,(x^{10}+1)$

$\xlongequal{t=x^{10}+1} \dfrac{1}{10}\int \dfrac{1}{(t-1)\,t^2}\mathrm{d}t = \dfrac{1}{10}\int \left(\dfrac{1}{t-1} - \dfrac{1}{t} - \dfrac{1}{t^2}\right)\mathrm{d}t$

$= \dfrac{1}{10}\left(\ln\,|\,t-1\,| - \ln\,|\,t\,| + \dfrac{1}{t}\right) + C$

$= \dfrac{1}{10}\left(\ln\,\left|\,1-\dfrac{1}{t}\,\right| + \dfrac{1}{t}\right) + C$

$= \dfrac{1}{10}\left(\ln\,\left|\,\dfrac{x^{10}}{x^{10}+1}\,\right| + \dfrac{1}{x^{10}+1}\right) + C.$

四、三角有理函数的积分

例 26 求 $\int \dfrac{\sin x}{\sin x+\cos x}\mathrm{d}x$.

解 $\displaystyle\int \dfrac{\sin x}{\sin x+\cos x}\mathrm{d}x = \dfrac{1}{2}\int \dfrac{\sin x+\cos x+\sin x-\cos x}{\sin x+\cos x}\mathrm{d}x$

$= \dfrac{1}{2}\int \left(1 - \dfrac{\cos x-\sin x}{\sin x+\cos x}\right)\mathrm{d}x$

$= \dfrac{1}{2}(x - \ln\,|\,\sin x+\cos x\,|) + C.$

例 27 求 $\int \dfrac{1}{2+\cos x}\mathrm{d}x$.

解 $\displaystyle\int \dfrac{1}{2+\cos x}\mathrm{d}x = \int \dfrac{2-\cos x}{4-\cos^2 x}\mathrm{d}x = \int \dfrac{2}{4-\cos^2 x}\mathrm{d}x - \int \dfrac{\cos x}{4-\cos^2 x}\mathrm{d}x$

$= \int \dfrac{2}{4\sin^2 x+3\cos^2 x}\mathrm{d}x - \int \dfrac{1}{3+\sin^2 x}\mathrm{d}\,(\sin x)$

$= \int \dfrac{1}{3+(2\tan x)^2}\mathrm{d}\,(2\tan x) - \int \dfrac{1}{3+\sin^2 x}\mathrm{d}\,(\sin x)$

$= \dfrac{1}{\sqrt{3}}\arctan \dfrac{2\tan x}{\sqrt{3}} - \dfrac{1}{\sqrt{3}}\arctan \dfrac{\sin x}{\sqrt{3}} + C.$

微积分创立之争

关于微积分创立的优先权,数学上曾掀起了一场激烈的争论.实际上,牛顿在微积分方面的研究虽早于莱布尼茨,但莱布尼茨成果的发表则早于牛顿.莱布尼茨 1684 年发表在《教师学报》上的论文《一种求极大与极小值和求切线的新方法》,在数学史上被认为是最早发表的微积分文献.牛顿在 1687 年出版的《自然哲学的数学原理》中写道:"十年前在我和杰出的几何学家莱布尼茨的通信中,我表明我已经知道确定极大值和极小值的方法、作切线的方法以及类似的方法,但我在交换的信件中隐瞒了这方法……这位卓越的科学家在回信中写道,他也发现了一种同样的方法.他诉述了他的方法,它与我的方法几乎没有什么不同,除了他的措词和符号之外(但在第三版及以后再版时,这段话被删掉了)."因此,后来人们公认牛顿和莱布尼茨是各自独立地创建微积分的.牛顿从物理学出发,运用集合方法研究微积分,其应用上更多地结合了运动学,造诣高于莱布尼茨.莱布尼茨则从几何问题出发,运用分析学方法引进微积分概念、得出运算法则,其数学的严密性与系统性是牛顿所不及的.

莱布尼茨和牛顿将微分和积分真正沟通起来,明确地找到了两者内在的直接联系:微分和积分是互逆的两种运算.而这是微积分建立的关键所在.只有确立了这一基本关系,才能在此基础上构建系统的微积分学,并从各种函数的微分和积分公式中,总结出共同的算法程序,使微积分方法普遍化,发展成用符号表示的微积分运算法则.因此,微积分"是牛顿和莱布尼茨大体上完成的,但不是由他们发明的"(恩格斯:《自然辩证法》).

 任务训练

1. 已知连续函数 $f(x)$ 具有一阶、二阶导数,求 $\int x \mathrm{d}\, f'(x)$.

2. 若 $\int f(x)\,\mathrm{d}x = F(x) + C$,求 $\int \mathrm{e}^{-x} f(\mathrm{e}^{-x})\,\mathrm{d}x$.

文档
扫一扫,看答案

 思考题

用不同的方法求不定积分 $\displaystyle\int \frac{\mathrm{d}x}{x\sqrt{x^2-1}}$.

 **4.3** **不定积分的应用**

 任务导入

电场中质子运动的加速度 $a(t) = -20\,(1+2t)^{-2}\,(\mathrm{m/s^2})$.如果 $t = 0$ s 时,$v = 0.3$ m/s,求质

子运动的速度函数.

这个案例是不定积分在物理学中的应用.不定积分在不同领域有着广泛的应用,接下来做一些简单介绍.

一、不定积分在几何学中的应用

例1【曲线方程】 设曲线经过点 $(0,1)$,且其上任一点处的切线斜率等于这点横坐标的两倍,求此曲线方程.

解 设所求曲线为 $y=f(x)$,按题意知,曲线上任一点 (x,y) 处的切线斜率为 $2x$,由导数的几何意义,有

$$y'=2x,$$

所以

$$y=\int 2x\mathrm{d}x,$$

即

$$y=x^2+C(C \text{ 为任意常数}).$$

它是一簇抛物线,由于所求的曲线经过点 $(0,1)$,代入 $y=x^2+C$,得 $C=1$.于是所求曲线为

$$y=x^2+1.$$

二、不定积分在物理学中的应用

例2【结冰厚度】 2022年冬奥会在北京举行,比赛场地分外美丽.假设结冰的速度由 $\dfrac{\mathrm{d}y}{\mathrm{d}t}=k\sqrt{t}$($k$ 为确定的常数)确定,其中 y 是从结冰起到时刻 t 时的冰的厚度,求结冰厚度 y 关于时间 t 的函数.

解 根据题意,结冰厚度 y 关于时间 t 的函数为

$$y=\int kt^{\frac{1}{2}}\mathrm{d}t = \frac{2}{3}kt^{\frac{3}{2}}+C,$$

其中常数 C 是由时间 t 确定的.

如果 $t=0$ 时开始结冰的厚度为0,即 $y(0)=0$,代入上式得 $C=0$,这时 $y=\dfrac{2}{3}kt^{\frac{3}{2}}$

就为结冰厚度 y 关于时间 t 的函数.

任务导入问题的解答

解 由加速度和速度的关系 $v'(t)=a(t)$,有

$$v(t) = \int v'(t)\,\mathrm{d}t = \int -20\,(1+2t)^{-2}\,\mathrm{d}t$$

$$= \frac{1}{2}\int -20\,(1+2t)^{-2}\,\mathrm{d}(1+2t)$$

$$= 10\,(1+2t)^{-1}+C,$$

将 $t=0$ 时,$v=0.3$ 代入上式,得 $C=-9.7$,故有

$$v(t) = 10\,(1+2t)^{-1}-9.7.$$

三、不定积分在经济学中的应用

例 3【商品供需】　宏达纺织品公司床上用品的需求量 Q 为价格 p 的函数,床上用品在君悦宾馆的最大需求量为 5 000 套(即 $p=0$ 时,$Q=5\,000$),已知边际需求量的变化率为 $Q'(p)=-5\,000\ln 2\times\left(\dfrac{1}{2}\right)^{p}$,求床上用品的需求函数.

解　根据不定积分的概念,得

$$Q = \int Q'(p)\,\mathrm{d}p$$

$$= \int\left[-5\,000\ln 2\times\left(\frac{1}{2}\right)^{p}\right]\mathrm{d}p$$

$$= -5\,000\ln 2\times\left(\frac{1}{2}\right)^{p}\cdot\frac{1}{\ln\dfrac{1}{2}}+C$$

$$= 5\,000\left(\frac{1}{2}\right)^{p}+C,$$

又 $Q(0)=5\,000$,则 $C=0$,所以需求函数为

$$Q = 5\,000\left(\frac{1}{2}\right)^{p}.$$

微视频
不定积分在
生活中的应用

 任务训练

列车在水平直轨上以 20 m/s 的速度行驶,当制动时列车获得加速度 -0.4 m/s²,开始制动后多长时间列车才能停止运动?并求出列车在这段时间行驶的路程.

文档
扫一扫,看答案

 思考题

已知物体在空气中冷却的速率与该物体及空气两者温度的差成正比.设有一瓶热水,水温原来是 100 ℃,空气温度是 20 ℃,经过 20 h 以后,水温降到 60 ℃,水瓶内水温的变化规律是什么?

习题四

一、基础练习

1. 求下列不定积分：

(1) $\int x\sqrt{x}\,\mathrm{d}x$；

(2) $\int \dfrac{1}{x^2\sqrt{x}}\,\mathrm{d}x$；

(3) $\int (x^2-3x+2)\,\mathrm{d}x$；

(4) $\int (\sqrt{a}-\sqrt{x})^2\,\mathrm{d}x$；

(5) $\int (\sqrt{x}+1)(\sqrt{x^3}-1)\,\mathrm{d}x$；

(6) $\int \dfrac{3x^3-2x^2+x+1}{x^3}\,\mathrm{d}x$；

(7) $\int \left(\dfrac{3}{1+x^2}-\dfrac{2}{\sqrt{1-x^2}}\right)\,\mathrm{d}x$；

(8) $\int e^x(1-e^{-x})\,\mathrm{d}x$；

(9) $\int \dfrac{3x^4+3x^2+1}{1+x^2}\,\mathrm{d}x$；

(10) $\int \dfrac{2x^2+1}{x^2(1+x^2)}\,\mathrm{d}x$；

(11) $\int \sec x(\sec x-\tan x)\,\mathrm{d}x$；

(12) $\int \dfrac{\cos 2x}{\cos x-\sin x}\,\mathrm{d}x$.

2. 已知曲线在点 x 处的切线斜率为 $3x^2$，且曲线过点 $(1,3)$，求此曲线方程.

3. 已知物体在时刻 t 的瞬时速度为 $v=3t-2$，且当 $t=0$ 时位移 $s=5$，求物体的位移函数.

4. 计算下列不定积分：

(1) $\int (2x+1)^5\,\mathrm{d}x$；

(2) $\int \sqrt{1-4x}\,\mathrm{d}x$；

(3) $\int \dfrac{1}{1-2x}\,\mathrm{d}x$；

(4) $\int e^{-2x+1}\,\mathrm{d}x$；

(5) $\int \cos (5x+3)\,\mathrm{d}x$；

(6) $\int \dfrac{x}{1+x^2}\,\mathrm{d}x$；

(7) $\int \dfrac{x}{\sqrt{x^2-2}}\,\mathrm{d}x$；

(8) $\int x\cos (2x^2-1)\,\mathrm{d}x$；

(9) $\int \dfrac{x^2}{1+x^6}\,\mathrm{d}x$；

(10) $\int \dfrac{2x-1}{\sqrt{1-x^2}}\,\mathrm{d}x$；

(11) $\int \dfrac{1}{\sqrt{x}\,(1+\sqrt{x})}\,\mathrm{d}x$；

(12) $\int \dfrac{1-2\ln x}{x}\,\mathrm{d}x$；

(13) $\int \dfrac{1}{x^2}e^{\frac{1}{x}}\,\mathrm{d}x$；

(14) $\int \dfrac{1}{x\ln^3 x}\,\mathrm{d}x$；

(15) $\int \sqrt{2+e^x}\,e^x\,\mathrm{d}x$；

(16) $\int \dfrac{\cos x}{2+\sin x}\,\mathrm{d}x$.

5. 计算下列不定积分：

(1) $\int x\sqrt{x+3}\,\mathrm{d}x$；

(2) $\int \dfrac{\mathrm{d}x}{1+\sqrt{2x}}$；

(3) $\int \dfrac{x}{1+\sqrt{x+1}}\,\mathrm{d}x$；

(4) $\int \dfrac{x}{\sqrt{5-4x}}\,\mathrm{d}x$；

(5) $\int \sqrt{4-x^2}\,\mathrm{d}x$；

(6) $\int \dfrac{1}{\sqrt{1+x^2}}\,\mathrm{d}x$.

6. 计算下列不定积分：

(1) $\int x\cos\dfrac{x}{2}\,\mathrm{d}x$；

(2) $\int x\sin 3x\,\mathrm{d}x$；

(3) $\int t\mathrm{e}^{-2t}\,\mathrm{d}t$；

(4) $\int x^2\mathrm{e}^x\,\mathrm{d}x$；

(5) $\int \ln\dfrac{x}{2}\,\mathrm{d}x$；

(6) $\int \dfrac{\ln x}{x^3}\,\mathrm{d}x$；

(7) $\int x\arctan x\,\mathrm{d}x$；

(8) $\int \sin\sqrt{x}\,\mathrm{d}x$.

7. 计算下列不定积分：

(1) $\int \dfrac{x-2}{x^2+2x+3}\,\mathrm{d}x$；

(2) $\int \dfrac{x^2+1}{x^4-x^2+1}\,\mathrm{d}x$.

8. 已知一条曲线上任一点处的切线斜率等于这点横坐标的 3 倍，且曲线经过点（-2,8），求此曲线方程.

9. 设物体的运动速度为 $v=\cos t$，当 $t=\dfrac{\pi}{2}$ 时，物体所经过的路程 $s=10$，求物体的运动规律.

10. 某商品的最大需求量为 A（即价格为 0 时的需求量），有关部门得出这种商品的需求量 Q 的变化率为 $Q'(p)=-A\ln 3\times\left(\dfrac{1}{3}\right)^p$，其中 p 为商品的价格，求该商品的需求函数 $Q(p)$.

二、提高练习

1. 求下列不定积分：

(1) $\int \dfrac{3x^2-2x-1}{x\sqrt{x}}\,\mathrm{d}x$；

(2) $\int \dfrac{x^2+x+1}{x(1+x^2)}\,\mathrm{d}x$；

(3) $\int (\tan x-2\cot x)^2\,\mathrm{d}x$；

(4) $\int \dfrac{1+\sin x}{1-\sin x}\,\mathrm{d}x$；

(5) $\int \cos^2 x\cdot\sin^3 x\,\mathrm{d}x$；

(6) $\int \sqrt{\dfrac{\arcsin x}{1-x^2}}\,\mathrm{d}x$；

(7) $\int \dfrac{1}{4-x^2}\,\mathrm{d}x$；

(8) $\int \dfrac{1}{x(1+4\ln^2 x)}\,\mathrm{d}x$；

(9) $\displaystyle\int \frac{1}{1+e^x}dx$；

(10) $\displaystyle\int \frac{1}{x\sqrt{1+x^2}}dx$；

(11) $\displaystyle\int \frac{1}{x\sqrt{x-1}}dx$；

(12) $\displaystyle\int \frac{\sqrt{x}}{1+x}dx$；

(13) $\displaystyle\int \arctan\sqrt{x}\,dx$；

(14) $\displaystyle\int x\sin x\cos x\,dx$；

(15) $\displaystyle\int \ln(1+x^2)dx$；

(16) $\displaystyle\int x^2 e^{3x}dx$；

(17) $\displaystyle\int \frac{x^2}{\sqrt{4-x^2}}dx$；

(18) $\displaystyle\int \frac{dx}{x^2\sqrt{x^2+1}}$.

2. 解答题.

(1) 已知函数 $y=f(x)$ 在 $x=1$ 处有极小值, 在 $x=-1$ 处取得极大值为 4, 且其导数为 $3x^2+bx+c$, 求该函数.

(2) 若 $f(x)$ 的一个原函数为 $\dfrac{\cos x}{x}$, 求 ① $\displaystyle\int \frac{1}{x}f'(\ln x)dx$；② $\displaystyle\int xf'(x)dx$.

第 5 章
定积分及其应用

定积分是积分学的另一个重要概念,它是从大量的实际问题中抽象出来的. 例如:求平面图形的面积、空间立体的体积、变速直线运动的路程等. 虽然它们的实际意义各不相同,但求解的思路与方法却是相同的.

5.1 黎曼和与定积分概念

 任务导入

梯田是在丘陵山坡地上沿等高线方向修筑的条状阶台式或波浪式断面的田地,是治理坡耕地水土流失、发展农业生产、绿化国土的有效措施,蓄水、保土、增产作用十分显著. 梯田的通风透光条件较好,有利于作物生长和营养物质的积累. 按田面坡度不同而有水平梯田、坡式梯田、复式梯田等. 梯田要注意防止侵蚀,即雨水沿山坡冲走土壤. 大多数梯田边缘都围有石墙,以防止土壤的流失. 在没有石头的地方,梯田的边墙采用了长满草的土埂. 常见的水平梯田若按埂壁处理不同而有埂后沟水平梯田、梯壁裸露水平梯田、梯壁植草的水平梯田. 实践表明:不同类型梯田均有显著的减流减沙效应.

在梯田规划设计中,形状如何设计? 修造梯田的土方量如何计算? 灌溉排水系统、交通道路如何规划?

由于丘陵山坡地上梯田多为不规则形状,难以精确测量这些量,而定积分对不规则图形的线段、面积、体积等方面的计算有一套有效方法,可进一步简化相关模型. 为方便这些计算,接下来我们学习定积分的相关知识.

一、定积分的定义

（一）求和符号

大写希腊字母"$\sum$"表示"求和",譬如 $\sum\limits_{k=1}^{n} x_k$,标号 k 告诉我们和从哪里开始($\sum$下方的数),以及到哪里结束($\sum$上方的数). 如:

$$\sum_{k=1}^{100} k = 1+2+3+\cdots+100.$$

求和的下限不必是 1,也可以是任意整数. 求和的上限也不必是有限数,$\sum$上方的数为 ∞,就表示求和一直进行到无穷.

微视频
定积分的概念

（二）黎曼和

黎曼和是一种特殊的和结构形式. 设 $y=f(x)$ 在闭区间 $[a,b]$ 上是连续函数($y=f(x)$ 可正可负),分割闭区间 $[a,b]$ 成 n 个小区间,在区间端点 a、b 之间任意插入 $n-1$ 个分点 $x_1,x_2,x_3,\cdots,x_{n-1}$,满足

$$a=x_0<x_1<x_2<\cdots<x_{n-1}<x_n=b,$$

集合 $P=\{x_0,x_1,x_2,\cdots,x_{n-1},x_n\}$ 称为区间 $[a,b]$ 的一个划分.

由划分 P 定义的 n 个闭子区间为

$$[x_0,x_1],[x_1,x_2],\cdots,[x_{n-1},x_n],$$

划分 P 的第 i 个子区间为

$$[x_{i-1}, x_i],$$

其区间长度为

$$\Delta x_i = x_i - x_{i-1} \quad (i = 1, 2, \cdots, n).$$

在每个子区间上选择某个数,譬如在子区间上 $[x_{i-1}, x_i]$ 上任取一点 $\xi_i (x_{i-1} \leqslant \xi_i \leqslant x_i)(i = 1, 2, \cdots, n)$. 再在每个子区间上竖起一个垂直矩形,在 $(\xi_i, f(\xi_i))$ 与曲线 $y = f(x)$ 接触(图 5-1).

在每个子区间上,作乘积

$$f(\xi_i) \Delta x_i,$$

乘积的符号只依赖于 $f(\xi_i)$ 的符号. 最后对这些乘积求和

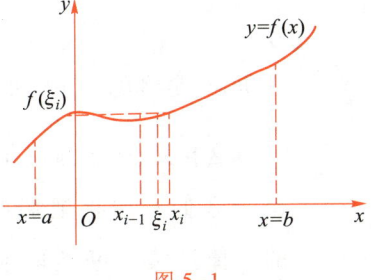

图 5-1

$$S_n = \sum_{i=1}^{n} f(\xi_i) \Delta x_i,$$

这个和依赖于划分 P 和数 ξ_i 的选择,称为函数 $y = f(x)$ 在闭区间 $[a, b]$ 上的**黎曼和**.

(三) 由黎曼和的极限定义定积分

随着在闭区间 $[a, b]$ 上的划分不断变密,当划分 P 的模(记为 $\|P\|$,即划分 P 所定义的最长子区间的长度)趋向于零,也就是全体子区间的长度都趋向于零,我们希望黎曼和有极限. 于是,我们由黎曼和的极限定义定积分.

定义 5.1.1 设有闭区间 $[a, b]$ 上的连续函数 $f(x)$(图 5-2),在区间 $[a, b]$ 内任意划分 P,$\xi_i (x_{i-1} \leqslant \xi_i \leqslant x_i)(i = 1, 2, \cdots, n)$ 是子区间 $[x_{i-1}, x_i]$ 上任意一点,如果存在一个数 I 使得不管划分 P 怎样,ξ_i 如何选取,都有

$$I = \lim_{\|P\| \to 0} \sum_{i=1}^{n} f(\xi_i) \Delta x_i,$$

则称函数 $f(x)$ 在区间 $[a, b]$ 上是可积的,极限 I 为函数 $f(x)$ 在区间 $[a, b]$ 上的**定积分**.

对于定积分,有这样一个重要问题:函数 $f(x)$ 在 $[a, b]$ 上满足什么样的条件,定积分一定存在? 关于这个问题,我们有下面的定理.

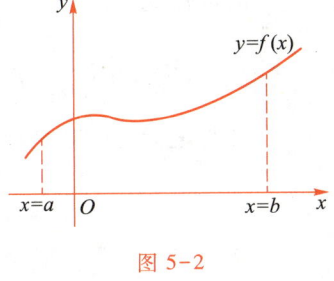

图 5-2

(四) 定积分的存在性

定理 5.1.1 如果一个函数 $f(x)$ 在闭区间 $[a, b]$ 上是连续的,则函数 $f(x)$ 在区间 $[a, b]$ 上可积. **所有连续函数都是可积的**.

也就是说:只要函数 $f(x)$ 在区间 $[a, b]$ 上是连续的,不管函数 $f(x)$ 在区间 $[a, b]$ 上的划分 P 怎样变化,ξ_i 的选取怎样随意,在 $\|P\| \to 0$ 的情况下,黎曼和 $\sum_{i=1}^{n} f(\xi_i) \Delta x_i$ 总有同一个极限值.

（五）定积分的记号

莱布尼茨总是恰到好处地选择数学符号. 在极限状态下, 他的导数的记号:

$$\Delta x \leftrightarrow \mathrm{d}x.$$

同样, 他的积分记号中:

$$\lim_{\|P\| \to 0} \sum_{i=1}^{n} f(\xi_i) \Delta x_i \leftrightarrow \int_a^b f(x) \mathrm{d}x,$$

这里, 只是将趋向于零的差分 Δx 变成了微分 $\mathrm{d}x$, 将希腊字母 $\sum$ 变成拉长的罗马字母 $\int$.

这样定积分保持了它是"一个和"的特征. 过渡到极限时, 各个 ξ_i 拥挤到一块, 以至于我们不想再把端点 a 与端点 b 之间的 x 值跳跃式选取, 而是想象为将 a 与 b 之间的 x 值连续不断地取值, 这恰如当 x 从 a 取到 b 时, 我们对形如 $f(x)\mathrm{d}x$ 的所有乘积求和,

$$\int_a^b f(x) \mathrm{d}x = \lim_{\|P\| \to 0} \sum_{i=1}^{n} f(\xi_i) \Delta x_i,$$

其中 $f(x)$ 叫做被积函数, $f(x)\mathrm{d}x$ 叫做被积表达式, x 叫做积分变量, a 为积分下限, b 为积分上限, $[a,b]$ 叫做积分区间.

关于定积分的概念, 注意几点:

（1）定积分与不定积分形式相似, 但定义却无共同之处, 前者作为某种固定形式和的极限, 表示一个数; 而后者是微分的逆运算, 表示全体原函数.

（2）$\lim\limits_{\|P\| \to 0} \sum\limits_{i=1}^{n} f(\xi_i) \Delta x_i$ 仅与被积函数 $f(x)$、积分区间 $[a,b]$ 有关, 与区间 $[a,b]$ 分法、ξ_i 的取法无关.

（3）$\lim\limits_{\|P\| \to 0} \sum\limits_{i=1}^{n} f(\xi_i) \Delta x_i$ 也不依赖于积分变量的记号, 像这种在式子中出现, 但最终结果却与之无关的变量称为**哑元**, 亦即

$$\int_a^b f(x) \mathrm{d}x = \int_a^b f(t) \mathrm{d}t = \int_a^b f(u) \mathrm{d}u.$$

二、定积分的性质与几何意义

（一）定积分定义的延伸

将 $\int_a^b f(x)\mathrm{d}x$ 定义为 $\sum\limits_{i=1}^{n} f(\xi_i) \Delta x_i$ 的极限的时候, x 从 a 到 b 通过闭区间 $[a,b]$, x 是由小到大, 子区间 $[x_{i-1}, x_i]$ 的长度 $\Delta x_i = x_i - x_{i-1}$ 的符号取正.

如果我们从相反方向（x 从 b 到 a 通过闭区间 $[a,b]$）, 积分将会发生怎样的变化呢?

积分 $\int_a^b f(x)\mathrm{d}x$ 仍然为 $\sum\limits_{i=1}^{n} f(\xi_i) \Delta x_i$ 的极限, 但此时 $\Delta x_i = x_i - x_{i-1}$ 的符号取负, 因为 x 从 b

到 a 是减少的,这将改变黎曼和的每一项 $f(\xi_i)\Delta x_i$ 的符号,并最终会改变定积分的符号. 因此有

$$\int_a^b f(x)\,\mathrm{d}x = -\int_b^a f(x)\,\mathrm{d}x.$$

另外,当 $a=b$ 时,闭区间 $[a,b]$ 变成了 $[a,a]$,并不是一个区间,黎曼和的每一项 $f(\xi_i)\Delta x_i$ 中 $\Delta x_i = x_i - x_{i-1} = 0$. 这将使得黎曼和为零,最终使得定积分为零. 因此有

$$\int_a^a f(x)\,\mathrm{d}x = 0.$$

以后定积分定义中总设 $a<b$,而对于 $a>b$,$a=b$ 的情况,规定如下:

当 $a>b$ 时,$\displaystyle\int_a^b f(x)\,\mathrm{d}x = -\int_b^a f(x)\,\mathrm{d}x.$

当 $a=b$ 时,$\displaystyle\int_a^b f(x)\,\mathrm{d}x = 0.$

(二) 定积分的性质

对于在闭区间 $[a,b]$ 上的连续函数 $f(x)$,在其黎曼和成立的前提下,我们总结了如下性质:

1. 数乘积分

$$\int_a^b kf(x)\,\mathrm{d}x = k\int_a^b f(x)\,\mathrm{d}x.$$

2. 和差积分

$$\int_a^b [f_1(x)\pm f_2(x)\pm\cdots\pm f_n(x)]\,\mathrm{d}x = \int_a^b f_1(x)\,\mathrm{d}x\pm\int_a^b f_2(x)\,\mathrm{d}x\pm\cdots\pm\int_a^b f_n(x)\,\mathrm{d}x,$$

在闭区间 $[a,b]$ 上 $f_i(x)(i=1,2,\cdots,n)$ 可积.

3. 积分区域可加

$$\int_a^b f(x)\,\mathrm{d}x = \int_a^c f(x)\,\mathrm{d}x + \int_c^b f(x)\,\mathrm{d}x\,(\text{这里不要求 } c\in[a,b]).$$

4. 最值不等式(积分估计值)

如果 $\max f(x)$ 与 $\min f(x)$ 为 $f(x)$ 在闭区间 $[a,b]$ 上的最大值与最小值,则

$$\min f(x)(b-a) \leqslant \int_a^b f(x)\,\mathrm{d}x \leqslant \max f(x)(b-a).$$

5. 积分保序

在闭区间 $[a,b]$ 上,$f(x)\leqslant g(x)\Rightarrow\displaystyle\int_a^b f(x)\,\mathrm{d}x\leqslant\int_a^b g(x)\,\mathrm{d}x$;

在闭区间 $[a,b]$ 上,$f(x)\geqslant 0\Rightarrow\displaystyle\int_a^b f(x)\,\mathrm{d}x\geqslant 0$;

在闭区间 $[a,b]$ 上,$\left|\displaystyle\int_a^b f(x)\,\mathrm{d}x\right|\leqslant\displaystyle\int_a^b |f(x)|\,\mathrm{d}x.$

6. 对称恒等式

$$\int_{-a}^{a} f(x)\,dx = \int_{0}^{a}\left[f(-x)+f(x)\right]dx.$$

在区间 $[-a,a]$ 上，$f(-x)=-f(x) \Rightarrow \int_{-a}^{a} f(x)\,dx = 0$；

在区间 $[-a,a]$ 上，$f(-x)=f(x) \Rightarrow \int_{-a}^{a} f(x)\,dx = 2\int_{0}^{a} f(x)\,dx.$

（三）定积分的几何意义

根据定积分的定义，我们知道：

当 $f(x) \geqslant 0$ 时，$\int_{a}^{b} f(x)\,dx$ 表示由曲线 $y=f(x)$、直线 $x=a$、$x=b$ 及 x 轴所围成的曲边梯形的面积，其值为正.

但当 $f(x) \leqslant 0$ 时，由于 $f(\xi_i) \leqslant 0$，而 $\Delta x_i > 0$，从定义可知 $\int_{a}^{b} f(x)\,dx \leqslant 0$. 此时，曲边梯形在 x 轴下方，它的面积我们认为是负的. 因此，$\int_{a}^{b} f(x)\,dx$ 表示由曲线 $y=f(x)$、直线 $x=a$、$x=b$ 及 x 轴所围成的曲边梯形面积的相反数.

当 $f(x)$ 在区间上的值有正有负时，$\int_{a}^{b} f(x)\,dx$ 的几何意义是 $[a,b]$ 上各个曲边梯形面积的代数和（图 5-3），也就是说，$\int_{a}^{b} f(x)\,dx$ 是在 x 轴上方的曲边梯形的面积与在 x 轴下方的曲边梯形的面积之差.

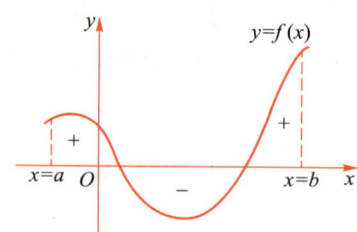

图 5-3

例 1 利用定积分的几何意义求 $\int_{0}^{1} x\,dx$.

解 如图 5-4 所示，阴影部分的面积即为所求，$\int_{0}^{1} x\,dx = \dfrac{1}{2} \times 1 \times 1 = \dfrac{1}{2}$.

例 2 利用定积分的几何意义求 $\int_{0}^{1} \sqrt{1-x^2}\,dx$.

解 如图 5-5 所示，易得 $\int_{0}^{1} \sqrt{1-x^2}\,dx = \dfrac{\pi}{4}$.

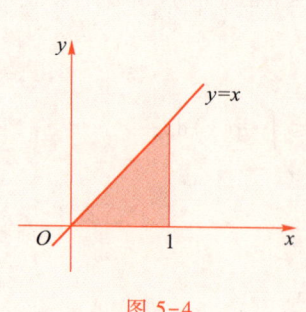

图 5-4

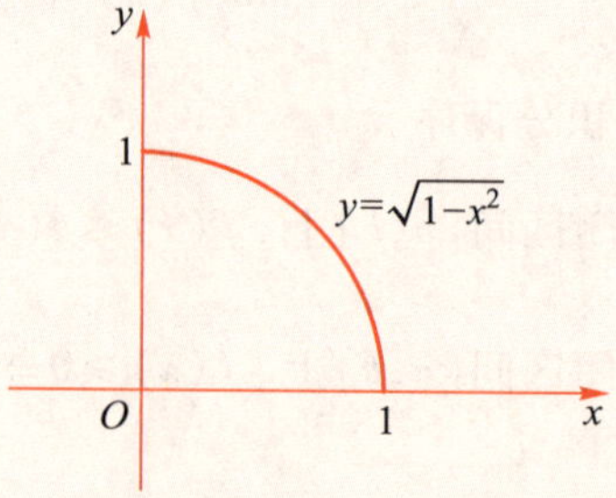

图 5-5

圆面积求法

求圆面积是个简单的问题,你知道圆面积公式是怎样得来的吗?

我国古代的数学家祖冲之,从圆内接正六边形入手,让边数成倍增加,用圆内接正多边形的面积去逼近圆面积;古希腊的数学家,从圆内接正多边形和外切正多边形同时入手,不断增加它们的边数,从里外两个方面去逼近圆面积.古印度的数学家,采用类似切西瓜的办法,把圆切成许多小瓣,再把这些小瓣对接成一个长方形,用长方形的面积去代替圆面积.

众多的古代数学家煞费苦心,巧妙构思,为求圆面积作出了十分宝贵的贡献,为后人解决这个问题开辟了道路.

16 世纪,天文学上提出过著名的"开普勒三定律"的德国天文学家开普勒,对求面积的问题也非常感兴趣,曾进行过深入的研究.他想,古代数学家用分割的方法去求圆面积,所得到的结果都是近似值.为了提高近似程度,他们不断地增加分割的次数.但是,不管分割多少次,几千几万次,只要是有限次,所求出来的总是圆面积的近似值.要想求出圆面积的精确值,必须分割无穷多次,把圆分成无穷多等份才行.

开普勒也仿照切西瓜的方法,把圆分割成许多小扇形;不同的是,他一开始就把圆分成无穷多个小扇形.因为这些扇形太小了,小弧也太短了,所以开普勒就把小弧 $\overset{\frown}{AB}$ 和小弦 $\overline{AB}$ 看成是相等的.即

$$\overset{\frown}{AB} = \overline{AB},$$

小扇形 AOB 的面积 = 小三角形 AOB 的面积 $= \dfrac{1}{2} \times R \times \overline{AB},$

圆面积等于无穷多个小扇形面积的和,所以

$$圆面积\ S = \dfrac{1}{2} \times R \times \overline{AB} + \dfrac{1}{2} \times R \times \overline{BC} + \dfrac{1}{2} \times R \times \overline{CD} + \cdots$$

$$S = \dfrac{1}{2} \times R \times (\overline{AB} + \overline{BC} + \overline{CD} + \cdots)$$

在最后一个式子中,各段小弧相加就是圆的周长 $2\pi R$,所以有

$$S = \dfrac{1}{2} \times R \times 2\pi R = \pi R^2.$$

这就是我们所熟悉的圆面积公式.

开普勒运用无穷分割法求出了许多图形的面积.1615 年,他将自己创造的这种求圆面积的新方法,发表在《葡萄酒桶的立体几何》一书中.开普勒大胆地把圆分割成无穷多个小扇形,并果敢地断言:无穷小的扇形面积,和它对应的无穷小的三角形面积相等.他在前人求圆面积的基础上,向前迈出了重要的一步.《葡萄酒桶的立体几何》一书,很快在欧洲流传开了.数学家们高度评价开普勒的工作,称赞这本书是人们创造求圆面积和体积新方法的灵感源泉.

任务训练

1. 利用定积分的几何意义计算 $\int_{-2}^{2}\sqrt{4-x^2}\,dx$.

2. 利用定积分的定义计算 $\int_{0}^{1}x^2\,dx$.

文档
扫一扫，看答案

 思考题

将极限 $\lim\limits_{n\to\infty}\dfrac{\pi}{2}\left[\sin\dfrac{\pi}{n}+\sin\dfrac{2\pi}{n}+\cdots+\sin\dfrac{(n-1)\pi}{n}\right]$ 表示成定积分.

 **5.2 定积分的运算**

 任务导入

江苏某纺织厂生产的细纱重量不均匀率 ξ 服从概率密度 $f(x)=\dfrac{1}{\sigma\sqrt{2\pi}}e^{-\frac{1}{2}\left(\frac{x-\mu}{\sigma}\right)^2}$，根据以往的生产数据，$\mu=1.49\%$，$\sigma=0.39\%$．在正常的生产条件下，这批细纱的重量不均匀率 ξ 大于规定指标 2% 的可能性有多大？

要计算这批细纱重量不均匀率 ξ 大于一定量的可能性，就是计算这样一个定积分 $\varPhi(x)=\int_{-\infty}^{x}\dfrac{1}{\sigma\sqrt{2\pi}}e^{-\frac{1}{2}\left(\frac{x-\mu}{\sigma}\right)^2}\,dx$，为此，在这一节里，我们学习定积分的各种计算方法．

一、函数的平均值与定积分中值定理

（一）函数的平均值的估计

如果要求一个有限集合里的数值平均，只需将它们相加除以这些数的个数．但想求无穷个数值的平均，如何进行？如求函数 $f(x)=x^2$ 在 $[-1,1]$ 上的平均值是多少？

为了解决这类"连续"数的平均值，我们先在 -1 到 1 之间随机抽取一些 x（图 5-6），将它们平方，再将这些平方的和求平均值，如果抽取的样本足够大，我们有理由相信这个平均值就是函数 $f(x)=x^2$ 在 $[-1,1]$ 上的平均值．

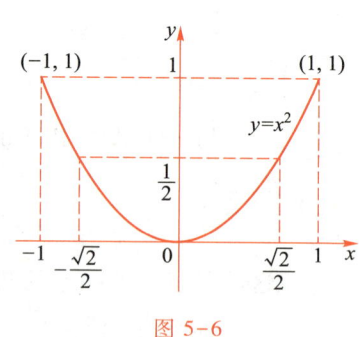

图 5-6

例1 估计函数 $f(x)=x^2$ 在 $[-1,1]$ 上的平均值.

我们将函数 $f(x)=x^2$ 的图像在 $[-1,1]$ 上划分成 6 个长度为 $\Delta x=\dfrac{1}{3}$ 的子区间

（图 5-7），每个子区间上中点处的函数值的平方的平均值，就是一个很好的估计.

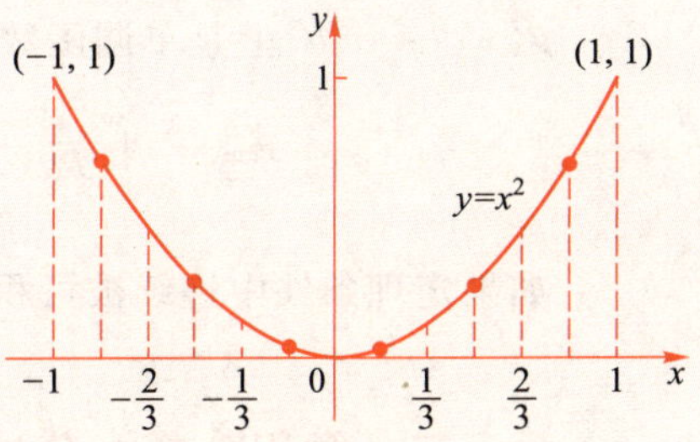

因为子区间有相同的长度，所以平均这 6 个值的估计就得到函数 $f(x)=x^2$ 在 $[-1,1]$ 上均值的估计，平均值

$$\overline{f(x)} \approx \frac{1}{6}\left[\left(-\frac{5}{6}\right)^2 + \left(-\frac{3}{6}\right)^2 + \left(-\frac{1}{6}\right)^2 + \left(\frac{1}{6}\right)^2 + \left(\frac{3}{6}\right)^2 + \left(\frac{5}{6}\right)^2\right]$$

$$= \frac{1}{6} \cdot \frac{1}{36}(25+9+1+1+9+25) = \frac{70}{216} \approx 0.324.$$

图 5-7

我们后面用定积分来计算，很容易算出来这个平均值是 $\frac{1}{3}$.

另外，这个平均值还可以写成

$$\overline{f(x)} \approx \frac{1}{[-1,1]\text{的区间长度}}\left[f\left(-\frac{5}{6}\right)\frac{1}{3} + f\left(-\frac{3}{6}\right)\frac{1}{3} + f\left(-\frac{1}{6}\right)\frac{1}{3} + \cdots + f\left(\frac{5}{6}\right)\frac{1}{3}\right]$$

$$= \frac{1}{[-1,1]\text{的区间长度}}\left[f(x)\text{的函数值与区间长度的乘积的和}\right].$$

函数值乘以区间长度，并把所有区间上的结果求和就是函数 $f(x)=x^2$ 在 $[-1,1]$ 上的平均值的很好的近似逼近.

（二）积分中值定理

定理 5.2.1（第一中值定理）　若函数 $f(x)$ 在闭区间 $[a,b]$ 上连续，则至少存在一点 $\xi \in (a,b)$，有

$$\int_a^b f(x)\,\mathrm{d}x = f(\xi)(b-a).$$

定积分中值定理的几何意义如图 5-8 所示.

定理 5.2.2（第一广义中值定理）　若函数 $f(x)$ 与函数 $g(x)$ 在闭区间 $[a,b]$ 上连续，$g(x)$ 在 $[a,b]$ 上不变号. 则至少存在一点 $\xi \in (a,b)$，有

$$\int_a^b f(x)g(x)\,\mathrm{d}x = f(\xi)\int_a^b g(x)\,\mathrm{d}x.$$

定理 5.2.3（第二中值定理）　若函数 $f(x)$ 与函数 $g(x)$ 在闭区间 $[a,b]$ 上连续，$g(x)$ 在 $[a,b]$ 上是正的单调递减函数. 则至少存在一点 $\xi \in (a,b)$，有

$$\int_a^b f(x)g(x)\,\mathrm{d}x = g(a)\int_a^\xi f(x)\,\mathrm{d}x.$$

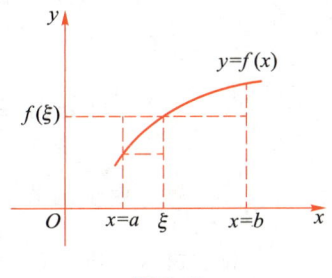

图 5-8

定理 5.2.4(第二广义中值定理)　若函数 $f(x)$ 与函数 $g(x)$ 在闭区间 $[a,b]$ 上连续，$g(x)$ 在 $[a,b]$ 上是单调函数. 则至少存在一点 $\xi \in (a,b)$，有

$$\int_a^b f(x)g(x)\,dx = g(a)\int_a^\xi f(x)\,dx + g(b)\int_\xi^b f(x)\,dx.$$

如果定理条件中连续被可积替代，结论也成立.

二、微积分基本公式

（一）变上限积分函数

定义 5.2.1　设函数 $f(x)$ 是区间 $[a,b]$ 上的可积函数，任取 $x \in [a,b]$，则 $\int_a^x f(t)\,dt$ 总确定一个值，从而定义了一个函数，记作

$$\Phi(x) = \int_a^x f(t)\,dt, a \leqslant x \leqslant b.$$

上述函数通常称为 $f(x)$ 的**积分上限函数**或**变上限积分函数**.

（二）变上限积分函数的导数

变上限积分函数 $\Phi(x)$ 具有下面定理所指出的重要性质：

定理 5.2.5　如果函数 $f(x)$ 在区间 $[a,b]$ 上连续，则变上限积分函数 $\Phi(x) = \int_a^x f(t)\,dt$ 在 $[a,b]$ 上可导，并且它的导数是

$$\Phi'(x) = \frac{d}{dx}\int_a^x f(t)\,dt = f(x).$$

这个重要结论表明了积分与导数之间的内在联系.

根据原函数的定义可知：变上限积分函数是它的被积函数的一个原函数. 换句话说，有如下的原函数存在定理.

定理 5.2.6　如果函数 $f(x)$ 在区间 $[a,b]$ 上连续，则函数 $\Phi(x) = \int_a^x f(t)\,dt$ 就是 $f(x)$ 在区间 $[a,b]$ 上的一个原函数.

该定理的重要意义在于：一方面肯定了连续函数的原函数存在，另一方面初步揭示了积分学中的定积分与原函数之间的联系.

例2　设 $\Phi(x) = \int_0^{x^2} \sin^2 t\,dt$，求 $\Phi'(x)$.

解　由于函数 $y = \Phi(x)$ 是由 $\int_0^u \sin^2 t\,dt$ 与 $u = x^2$ 复合而成的，根据复合函数求导的链式法则，得

$$\Phi'(x) = \frac{\mathrm{d}y}{\mathrm{d}x} = \frac{\mathrm{d}y}{\mathrm{d}u} \cdot \frac{\mathrm{d}u}{\mathrm{d}x} = \frac{\mathrm{d}}{\mathrm{d}x}\left(\int_0^u \sin^2 t\mathrm{d}t\right) \cdot (x^2)'$$

$$= 2x\sin^2 u = 2x\sin^2 x^2.$$

例3　设 $\Phi(x) = \int_x^{x^2} \sin t\mathrm{d}t$，求 $\Phi'(x)$.

解　$\Phi(x) = \int_x^{x^2} \sin t\mathrm{d}t = \int_x^c \sin t\mathrm{d}t + \int_c^{x^2} \sin t\mathrm{d}t$

$$= -\int_c^x \sin t\mathrm{d}t + \int_c^{x^2} \sin t\mathrm{d}t (c\,为任意常数),$$

所以

$$\Phi'(x) = \left(-\int_c^x \sin t\mathrm{d}t\right)' + \left(\int_c^{x^2} \sin t\mathrm{d}t\right)' = -\sin x + 2x\sin x^2.$$

三、微积分基本定理

定理 5.2.7（微积分基本定理）　若函数 $F(x)$ 是连续函数 $f(x)$ 在区间 $[a,b]$ 上的一个原函数，则

$$\int_a^b f(x)\mathrm{d}x = F(x)\Big|_a^b = F(b) - F(a).$$

该定理也称为**牛顿-莱布尼茨公式**，它进一步揭示了定积分与不定积分之间的联系. 即一个连续函数在区间 $[a,b]$ 上的定积分等于它的任一个原函数在区间 $[a,b]$ 上的增量.

例4　求 $\int_{\frac{\sqrt{3}}{3}}^{\sqrt{3}} \frac{\mathrm{d}x}{1+x^2}$.

解　$\int_{\frac{\sqrt{3}}{3}}^{\sqrt{3}} \frac{\mathrm{d}x}{1+x^2} = \arctan x\Big|_{\frac{\sqrt{3}}{3}}^{\sqrt{3}} = \arctan\sqrt{3} - \arctan\frac{\sqrt{3}}{3} = \frac{\pi}{3} - \frac{\pi}{6} = \frac{\pi}{6}$.

注：如果函数不满足可积的条件，则牛顿-莱布尼茨公式就不能使用. 例如：

$$\int_{-1}^4 \frac{\mathrm{d}x}{x} = \ln|x|\Big|_{-1}^4 = \ln 4 - \ln 1 = \ln 4,$$

该做法就是错误的. 因为被积函数 $y = \frac{1}{x}$ 在 $[-1,4]$ 上有一个无定义的点 $x=0$，故该公式不适用.

例5　求 $\int_0^2 |1-x|\mathrm{d}x$.

解　由于被积函数

$$f(x) = |1-x| = \begin{cases} 1-x, & 0 \leq x \leq 1, \\ x-1, & 1 < x \leq 2, \end{cases}$$

根据定积分对积分区域的可加性,得

$$\int_0^2 |1-x| \, dx = \int_0^1 (1-x) \, dx + \int_1^2 (x-1) \, dx = \left(x - \frac{x^2}{2} \right) \Big|_0^1 + \left(\frac{x^2}{2} - x \right) \Big|_1^2 = 1.$$

四、定积分的换元积分法

由定积分和不定积分之间的紧密联系自然会想到,求定积分是否也和不定积分一样,还有换元积分法和分部积分法呢? 答案是肯定的.

定理 5.2.8　设函数 $f(x)$ 在区间 $[a,b]$ 上连续,$x=\varphi(t)$ 满足条件:

(1) $\varphi(\alpha)=a,\varphi(\beta)=b$;

(2) $\varphi(t)$ 在 $[\alpha,\beta]$(或 $[\beta,\alpha]$)上具有连续导数,且值域 $R_\varphi = [a,b]$.

则

$$\int_a^b f(x) \, dx = \int_\alpha^\beta f[\varphi(t)] \varphi'(t) \, dt.$$

该定理的证明略.

在应用定积分的换元积分公式时,应注意:

(1) 用 $x=\varphi(t)$ 把变量 x 代换成新变量 t 时,积分限也要换成相应的新变量 t 的积分限;

(2) 求出 $f[\varphi(t)]\varphi'(t)$ 的关于新变量 t 的一个原函数 $\Phi(t)$ 后,不必再转化为 x 的函数,只要将新变量 t 的上下限分别代入 $\Phi(t)$ 中求增量就可以了.

微视频
定积分计算

例 6　求 $\displaystyle\int_0^4 \frac{x+2}{\sqrt{2x+1}} \, dx.$

解　令 $t=\sqrt{2x+1}$,则 $x=\frac{1}{2}(t^2-1)$,$dx=t \, dt$. 当 $x=0$ 时,$t=1$;当 $x=4$ 时,$t=3$.

于是

$$\int_0^4 \frac{x+2}{\sqrt{2x+1}} \, dx = \int_1^3 \frac{t^2+3}{2t} \cdot t \, dt = \frac{1}{2} \int_1^3 (t^2+3) \, dt = \frac{1}{2} \left(\frac{t^3}{3} + 3t \right) \Big|_1^3 = \frac{22}{3}.$$

例 7　求 $\displaystyle\int_0^{\frac{1}{2}} \frac{x^2}{\sqrt{1-x^2}} \, dx.$

解　令 $x=\sin t$,$dx=\cos t \, dt$. 当 $x=0$ 时,$t=0$;当 $x=\frac{1}{2}$ 时,$t=\frac{\pi}{6}$.

于是

$$\int_0^{\frac{1}{2}} \frac{x^2}{\sqrt{1-x^2}} \, dx = \int_0^{\frac{\pi}{6}} \frac{\sin^2 t}{\cos t} \cdot \cos t \, dt = \int_0^{\frac{\pi}{6}} \sin^2 t \, dt = \frac{1}{2} \int_0^{\frac{\pi}{6}} (1-\cos 2t) \, dt$$

$$= \frac{1}{2} \left[\int_0^{\frac{\pi}{6}} 1 \, dt - \int_0^{\frac{\pi}{6}} \cos 2t \, dt \right]$$

$$= \frac{1}{2} \left[\frac{\pi}{6} - \frac{1}{2} (\sin 2t) \Big|_0^{\frac{\pi}{6}} \right]$$

$$= \frac{\pi}{12} - \frac{\sqrt{3}}{8}.$$

五、定积分的分部积分法

定理 5.2.9 设函数 $u = u(x)$、$v = v(x)$ 在区间 $[a,b]$ 上有连续一阶导数，由于

$$(uv)' = u'v + uv',$$

两边同时取 $[a,b]$ 上的定积分，得

$$\int_a^b (uv)' dx = \int_a^b u'v dx + \int_a^b uv' dx,$$

即

$$(uv) \Big|_a^b = \int_a^b v du + \int_a^b u dv,$$

移项得

$$\int_a^b u dv = (uv) \Big|_a^b - \int_a^b v du,$$

这就是**定积分的分部积分公式**.

例 8 求 $\int_0^1 x e^x dx.$

解 $\int_0^1 x e^x dx = \int_0^1 x d(e^x) = (x e^x) \Big|_0^1 - \int_0^1 e^x dx = e - e^x \Big|_0^1 = 1.$

例 9 求 $\int_1^2 x^2 \ln x dx.$

解 $\int_1^2 x^2 \ln x dx = \frac{1}{3} \int_1^2 \ln x dx^3 = \frac{1}{3} \left[(x^3 \ln x) \Big|_1^2 - \int_1^2 x^3 \cdot \frac{1}{x} dx \right]$

$$= \frac{1}{3} \left[8 \ln 2 - \left(\frac{x^3}{3} \right) \Big|_1^2 \right] = \frac{1}{3} \left[8 \ln 2 - \frac{7}{3} \right] = \frac{8}{3} \ln 2 - \frac{7}{9}.$$

六、广义积分

（一）无穷区间上的广义积分

定义 5.2.2 设函数 $f(x)$ 在 $[a, +\infty)$ 上连续，取 $b > a$，称极限 $\lim\limits_{b \to +\infty} \int_a^b f(x) dx$ 为 $f(x)$ 在 $[a, +\infty)$ 上的广义积分，记为

$$\int_a^{+\infty} f(x) dx = \lim_{b \to +\infty} \int_a^b f(x) dx.$$

若极限存在,称广义积分 $\int_a^{+\infty} f(x)\,\mathrm{d}x$ 收敛,若极限不存在,则称 $\int_a^{+\infty} f(x)\,\mathrm{d}x$ 发散.

类似地,可定义 $f(x)$ 在 $(-\infty, b]$ 上的广义积分为

$$\int_{-\infty}^b f(x)\,\mathrm{d}x = \lim_{a\to-\infty}\int_a^b f(x)\,\mathrm{d}x,$$

$f(x)$ 在 $(-\infty, +\infty)$ 内的广义积分定义为

$$\int_{-\infty}^{+\infty} f(x)\,\mathrm{d}x = \int_{-\infty}^c f(x)\,\mathrm{d}x + \int_c^{+\infty} f(x)\,\mathrm{d}x,$$

其中 c 为任意实数,当且仅当右端两个广义积分都收敛时,广义积分 $\int_{-\infty}^{+\infty} f(x)\,\mathrm{d}x$ 才是收敛的,否则是发散的.

例 10 求 $\int_0^{+\infty} \mathrm{e}^{-x}\,\mathrm{d}x$.

解 $\int_0^{+\infty} \mathrm{e}^{-x}\,\mathrm{d}x = \lim\limits_{b\to+\infty}\int_0^b \mathrm{e}^{-x}\,\mathrm{d}x = \lim\limits_{b\to+\infty}(-\mathrm{e}^{-x})\,\big|_0^b = -\lim\limits_{b\to+\infty}(\mathrm{e}^{-b}-1)=1.$

例 11 讨论下列广义积分的敛散性.

(1) $\int_2^{+\infty} \dfrac{1}{x\ln x}\,\mathrm{d}x$；   (2) $\int_{-\infty}^{+\infty} \dfrac{1}{1+x^2}\,\mathrm{d}x$.

解 (1) 因为 $\int_2^{+\infty} \dfrac{1}{x\ln x}\,\mathrm{d}x = \int_2^{+\infty} \dfrac{1}{\ln x}\,\mathrm{d}(\ln x) = \ln\ln x\,\big|_2^{+\infty} = \ln[\ln(+\infty)] - \ln\ln 2 = $

$+\infty$,所以 $\int_2^{+\infty} \dfrac{1}{x\ln x}\,\mathrm{d}x$ 发散.

(2) 因为 $\int_{-\infty}^{+\infty} \dfrac{1}{1+x^2}\,\mathrm{d}x = \arctan x\,\big|_{-\infty}^{+\infty} = \arctan(+\infty) - \arctan(-\infty) = \dfrac{\pi}{2} - \left(-\dfrac{\pi}{2}\right) = $

π,所以 $\int_{-\infty}^{+\infty} \dfrac{1}{1+x^2}\,\mathrm{d}x$ 收敛,且 $\int_{-\infty}^{+\infty} \dfrac{1}{1+x^2}\,\mathrm{d}x = \pi$.

（二）被积函数有无穷间断点的广义积分

定义 5.2.3 设函数 $f(x)$ 在 $(a,b]$ 上连续,且 $\lim\limits_{x\to a^+} f(x) = \infty$. 取 $\varepsilon>0$,称极限 $\lim\limits_{\varepsilon\to0^+}\int_{a+\varepsilon}^b f(x)\,\mathrm{d}x$ 为 $f(x)$ 在 $(a,b]$ 上的广义积分,记为

$$\int_a^b f(x)\,\mathrm{d}x = \lim_{\varepsilon\to0^+}\int_{a+\varepsilon}^b f(x)\,\mathrm{d}x.$$

若该极限存在,则称广义积分 $\int_a^b f(x)\,\mathrm{d}x$ 收敛,若极限不存在,则称 $\int_a^b f(x)\,\mathrm{d}x$ 发散.

类似地,函数 $f(x)$ 在 $[a,b)$ 上连续,即 $\lim\limits_{x\to b^-} f(x) = \infty$. 取 $\varepsilon>0$,极限 $\lim\limits_{\varepsilon\to0^+}\int_a^{b-\varepsilon} f(x)\,\mathrm{d}x$ 为 $f(x)$ 在 $[a,b)$ 上的广义积分,记为

$$\int_a^b f(x)\,\mathrm{d}x = \lim_{\varepsilon\to0^+}\int_a^{b-\varepsilon} f(x)\,\mathrm{d}x.$$

当无穷间断点 $x=c$ 位于区间 $[a,b]$ 内部时,则定义广义积分 $\int_a^b f(x)\,\mathrm{d}x$ 为

$$\int_a^b f(x)\,\mathrm{d}x = \int_a^c f(x)\,\mathrm{d}x + \int_c^b f(x)\,\mathrm{d}x,$$

仅当上式右端两个广义积分都收敛时,才称 $\int_a^b f(x)\,\mathrm{d}x$ 是收敛的,否则,称 $\int_a^b f(x)\,\mathrm{d}x$ 是发散的.

例 12 讨论下列广义积分的敛散性.

(1) $\int_0^1 \ln x\,\mathrm{d}x$;　　　　　　(2) $\int_{-1}^1 \dfrac{1}{x^2}\,\mathrm{d}x$.

解 (1) 因为 $\int_0^1 \ln x\,\mathrm{d}x = \lim\limits_{\varepsilon\to 0^+}\int_\varepsilon^1 \ln x\,\mathrm{d}x = \lim\limits_{\varepsilon\to 0^+}(x\ln x - x)\,\big|_\varepsilon^1 = -1$,所以 $\int_0^1 \ln x\,\mathrm{d}x$

收敛,且 $\int_0^1 \ln x\,\mathrm{d}x = -1$.

(2) $\int_{-1}^1 \dfrac{1}{x^2}\,\mathrm{d}x = \int_{-1}^0 \dfrac{1}{x^2}\,\mathrm{d}x + \int_0^1 \dfrac{1}{x^2}\,\mathrm{d}x$.

因为 $\int_{-1}^0 \dfrac{1}{x^2}\,\mathrm{d}x = \lim\limits_{\varepsilon\to 0^+}\int_{-1}^{0-\varepsilon}\dfrac{1}{x^2}\,\mathrm{d}x = \lim\limits_{\varepsilon\to 0^+}\left(-\dfrac{1}{x}\right)\Big|_{-1}^{-\varepsilon} = +\infty$,故 $\int_{-1}^0 \dfrac{1}{x^2}\,\mathrm{d}x$ 发散,即广义

积分 $\int_{-1}^1 \dfrac{1}{x^2}\,\mathrm{d}x$ 发散.

任务导入的问题解答

江苏某纺织厂生产的细纱重量不均匀率 ξ 服从分布密度 $f(x) = \dfrac{1}{\sigma\sqrt{2\pi}}\mathrm{e}^{-\frac{1}{2}\left(\frac{x-\mu}{\sigma}\right)^2}$,根据以

往的生产数据,$\mu = 1.49\%$,$\sigma = 0.39\%$,在正常的生产条件下,这批细纱重量不均匀率 ξ 大于规定指标 2% 的可能性有多大?(注:本解答涉及二重积分及概率相关知识,建议结合后续章节知识进行学习.)

解 细纱重量不均匀率 ξ 服从分布密度 $f(x) = \dfrac{1}{\sigma\sqrt{2\pi}}\mathrm{e}^{-\frac{1}{2}\left(\frac{x-\mu}{\sigma}\right)^2}$,$\xi \sim N(\mu,\sigma)$. 显然 $f(x) \geqslant 0$,并且

$$\int_{-\infty}^{+\infty} f(x)\,\mathrm{d}x = \int_{-\infty}^{+\infty}\dfrac{1}{\sigma\sqrt{2\pi}}\mathrm{e}^{-\frac{1}{2}\left(\frac{x-\mu}{\sigma}\right)^2}\,\mathrm{d}x = \dfrac{1}{\sqrt{2\pi}}\int_{-\infty}^{+\infty}\mathrm{e}^{-\frac{y^2}{2}}\,\mathrm{d}y = 1,$$

这里作了变换:$y = \dfrac{x-\mu}{\sigma}$.

$I^2 = \left(\displaystyle\int_{-\infty}^{+\infty}\mathrm{e}^{-\frac{y^2}{2}}\,\mathrm{d}y\right)^2 = 2\pi$,证明过程如下:

$$I^2 = \left(\int_{-\infty}^{+\infty}\mathrm{e}^{-\frac{y^2}{2}}\,\mathrm{d}y\right)^2 = \int_{-\infty}^{+\infty}\mathrm{e}^{-\frac{x^2}{2}}\,\mathrm{d}x\int_{-\infty}^{+\infty}\mathrm{e}^{-\frac{y^2}{2}}\,\mathrm{d}y = \int_{-\infty}^{+\infty}\int_{-\infty}^{+\infty}\mathrm{e}^{-\frac{x^2+y^2}{2}}\,\mathrm{d}x\mathrm{d}y.$$

作极坐标变换：$x = r\cos\theta, y = r\sin\theta$，就得到

$$I^2 = \int_{-\infty}^{+\infty}\int_{-\infty}^{+\infty} e^{-\frac{x^2+y^2}{2}}dxdy = \int_0^{2\pi}d\theta\int_0^{+\infty}e^{-r^2}rdr = 2\pi.$$

特别地：当 $\mu = 0, \sigma = 1$ 时，细纱重量不均匀率 ξ 服从分布密度 $f(x) = \dfrac{1}{\sqrt{2\pi}}e^{-\frac{1}{2}x^2}$，显然，$\xi \sim N(0,1)$.

概率论中，$P(-\infty < x < +\infty) = \int_{-\infty}^{+\infty}f(x)dx$，以及 $P(\xi < x) = \Phi(x) = \int_{-\infty}^{x}f(t)dt$. 由于每次计算都要计算一个复杂的积分，为方便起见，人们制作了一个叫做正态分布表的表格，于是案例的解就变为

$$P(\xi > 2\%) = 1 - P(\xi \leqslant 2\%)$$
$$= 1 - \Phi\left(\frac{2\% - 1.49\%}{0.39\%}\right)$$
$$= 1 - \Phi(1.31)$$
$$= 1 - 0.404\ 9$$
$$= 0.595\ 1.$$

这批细纱重量不均匀率 ξ 大于规定指标2%的可能性有59.51%，因此，必须马上采用强有力的各种有效手段给予改进.

知识链接

卡瓦列里的不可分量——卡瓦列里原理

一种新的理论，在开始的时候很难十全十美. 开普勒创造的求圆面积的新方法，引起了一些人的怀疑. 他们问道：开普勒分割出来的无穷多个小扇形，它的面积究竟等于不等于零？如果等于零，半径 OA 和半径 OB 就必然重合，小扇形 OAB 就不存在了；如果客观存在的面积不等于零，小扇形 OAB 与小三角形 OAB 的面积就不会相等. 开普勒把两者看作相等就不对了. 面对别人提出的问题，开普勒自己也解释不清.

卡瓦列里是意大利物理学家伽利略的学生，他研究了开普勒求圆面积方法存在的问题. 卡瓦列里想，开普勒把圆分成无穷多个小扇形，这每个小扇形的面积到底等不等于圆面积，就不好确定了. 但是，只要小扇形还是图形，它是可以再分的呀. 开普勒为什么不再继续分下去了呢？要是真的再细分下去，那分到什么程度为止呢？这些问题，使卡瓦列里陷入了沉思之中. 有一天，当卡瓦利里的目光落在自己的衣服上时，他忽然灵机一动：唉，布不是可以看成为面积嘛！布是由棉线织成的，要是把布拆开的话，拆到棉线就为止了. 我们要是把面积像布一样拆开，拆到哪儿为止呢？应该拆到直线为止. 几何学规定直线没有宽度，把面积分到直线就应该不能再分了. 于是，他把不能再细分的东西叫做"不可分量". 棉线是布的不可分量，直线是平面面积的不可分量.

卡瓦列里还进一步研究了体积的分割问题. 他想，可以把长方体看成为一本书，组成书

的每一页纸,应该是书的不可分量. 这样,平面就应该是长方体体积的不可分量. 几何学规定平面是没有薄厚的,这样也是有道理的. 卡瓦列里紧紧抓住自己的想法,反复琢磨,提出了求圆面积和体积的新方法.

1635 年,当《葡萄酒桶的立体几何》一书问世 20 周年的时候,意大利出版了卡瓦列里的《不可分量几何学》. 在这本书中,卡瓦列里把点、线、面,分别看成是直线、平面、立体的不可分量;把直线看成是点的总和,把平面看成是直线的总和,把立体看成是平面的总和. 卡瓦列里还根据不可分量的方法指出,两本书的外形虽然不一样,但是,只要页数相同,薄厚相同,而且每一页的面积也相等,那么,这两本书的体积就应该相等. 他认为这个道理,适用于所有的立体,并且用这个道理求出了很多立体的体积. 这就是有名的"卡瓦列里原理".

事实上,最先提出这个原理的,是我国数学家祖暅. 比卡瓦列里早 1 000 多年,所以我们叫它"祖暅原理".

 任务训练

填空题:

（1）$\dfrac{1}{x\sqrt{x}}\mathrm{d}x = $ _____;

（2）$\displaystyle\int_0^1 x\sqrt{x}\,\mathrm{d}x = $ _____;

（3）$\displaystyle\int_0^1 x\mathrm{e}^{x^2}\,\mathrm{d}x = $ _____.

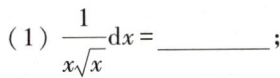 **思考题**

计算定积分:

（1）$\displaystyle\int_{-\frac{\pi}{4}}^{\frac{\pi}{4}} \dfrac{1}{1+\sin x}\,\mathrm{d}x$; （2）$\displaystyle\int_0^{\frac{\pi}{2}} \dfrac{\sin x}{\sin x + \cos x}\,\mathrm{d}x$.

5.3 定积分的应用

 任务导入

在纺织行业,棉纺厂是用电大户,电费在棉纱加工费中所占比重较大,我国大部分棉纺厂的用电设备都采用三相异步电动机,带动相应纺织设备运转. 我国供电部门提供的三相交流电中的每一相引出线的电压有效值为 220 V,频率为 50 Hz,相位差为 120°,向生产部门提供的线电压(多相供电系统中任意两相的引出线之间的电压)有效值是 380 V,向居民家庭提供的相电压(任意一相的引出线与零线之间的电压)有效值是 220 V. 这些有效值不是交流电压的峰值,那么供电部门提供的三相交流电中的每一相引出线的电压的峰值是多少？我们平时讲 380 V/220 V 交流电压有效值是怎么计算出来的？为方便这些计算,接下来我们学习定积分在某些领域应用的相关知识.

本节我们将应用前面学过的定积分理论来分析解决一些几何、物理中的问题,其目的不仅在于建立计算这些几何、物理量的公式,更重要的还在于介绍运用微元法将一个量表达成定积分的分析方法.

一、定积分在几何上的应用

（一）定积分的微元法

以求连续曲线 $y=f(x)$（$f(x)\geqslant0$）在区间 $[a,b]$ 上的曲边梯形面积（图 5-9）为例. 在前面我们已经给出了计算曲边梯形面积的方法,步骤如下:

1. 分割

在区间 $[a,b]$ 内任意插入 $n-1$ 个分点,

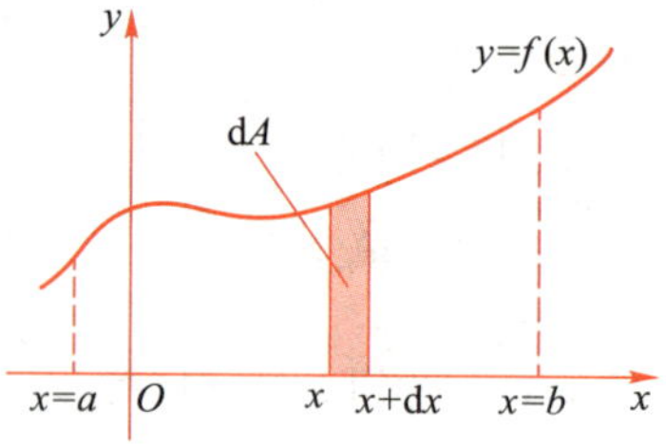

$$a=x_0<x_1<x_2<\cdots<x_{n-1}<x_n=b,$$

把区间 $[a,b]$ 分成 n 个小区间

$$[x_0,x_1],[x_1,x_2],\cdots,[x_{n-1},x_n].$$

图 5-9

第 i 个区间为 $[x_{i-1},x_i]$,其区间长度为 $\Delta x_i=x_i-x_{i-1}(i=1,2,\cdots,n)$,

记 ΔA_i 为第 i 个小曲边梯形的面积,记整个曲边梯形的面积为 A.

2. 近似

在各区间上任取一点 $\xi_i(x_{i-1}\leqslant\xi_i\leqslant x_i)(i=1,2,\cdots,n)$,则 $\Delta A_i\approx f(\xi_i)\Delta x_i(i=1,2,\cdots,n)$.

3. 求和

$$A=\sum_{i=1}^{n}\Delta A_i\approx\sum_{i=1}^{n}f(\xi_i)\Delta x_i.$$

4. 取极限

$$A=\lim_{\lambda\to0}\sum_{i=1}^{n}f(\xi_i)\Delta x_i=\int_a^b f(x)\mathrm{d}x.$$

其中 $\lambda=\max_{1\leqslant i\leqslant n}\Delta x_i$.

在四个步骤中关键的是第二步,这一步主要确定了 ΔA_i 的近似值 $f(\xi_i)\Delta x_i$,使得

$$A=\lim_{\lambda\to0}\sum_{i=1}^{n}f(\xi_i)\Delta x_i=\int_a^b f(x)\mathrm{d}x.$$

在区间 $[a,b]$ 上,若任取其中一个小区间,记为 $[x,x+\mathrm{d}x]$,相应的小曲边梯形的面积记为 ΔA,则 $A=\sum\Delta A$,$\Delta A\approx f(x)\mathrm{d}x$,且 $\mathrm{d}x$ 越小,这种近似就越精确,记 $\mathrm{d}A=f(x)\mathrm{d}x$,称之为**面积微元**,则有

$$A = \int_a^b \mathrm{d}A.$$

一般地,若实际问题中的所求量 U 符合下列条件,就可考虑用微元法.

(1) U 是与一个与变量 x 的变化区间 $[a,b]$ 有关的量,且对区间 $[a,b]$ 具有可加性.

(2) 部分量 ΔU_i 的近似值可表示为 $f(\xi_i)\Delta x_i$.

用微元法表达与求解的步骤归纳如下:

(1) 根据问题的具体情况,选取合适的积分变量(选取恰当的积分方向),并确定其变化区间 $[a,b]$;

(2) 在 $[a,b]$ 上取其中任一小区间,并记作 $[x,x+\mathrm{d}x]$,求出相应于该区间的部分量 ΔU 的近似值. 若 ΔU 能近似地表示成 $[x,x+\mathrm{d}x]$ 上的点 x 处的函数值 $f(x)$ 与 $\mathrm{d}x$ 的乘积,就把 $f(x)\mathrm{d}x$ 称为量 U 的**微元素**,简称**微元**,记作 $\mathrm{d}U = f(x)\mathrm{d}x$;

(3) 所求量 $U = \int_a^b f(x)\mathrm{d}x.$

上述方法就称为**定积分的微元法**.

下面我们将应用这个方法来讨论几何中的一些问题.

(二) 平面图形的面积

1. 直角坐标的情形

若平面图形由连续函数 $y=f_1(x)$,$y=f_2(x)$ $(f_1(x)\leqslant f_2(x))$,直线 $x=a$,$x=b$ 所围成. 那么平面图形(图 5-10)的面积元素为

$$\mathrm{d}S = [f_2(x)-f_1(x)]\mathrm{d}x,$$

所以

$$S = \int_a^b [f_2(x)-f_1(x)]\mathrm{d}x.$$

若平面图形由连续曲线 $x=\varphi(y)$ $(\varphi(y)\geqslant 0)$,直线 $y=c$,$y=d$ $(c<d)$ 和 y 轴所围成 (图 5-11),其面积元素为

$$\mathrm{d}S = \varphi(y)\mathrm{d}y,$$

与 y 轴所围成的曲边梯形面积为

$$S = \int_c^d \varphi(y)\mathrm{d}y.$$

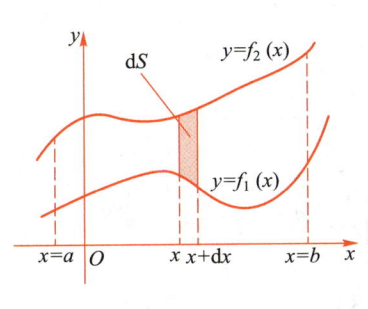

图 5-10

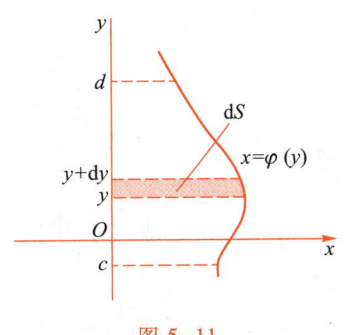

图 5-11

例1 求由抛物线 $y=x^2$ 与 $x=y^2$ 所围成平面图形的面积(图 5-12).

解 这两条抛物线的交点满足方程组 $\begin{cases} y=x^2, \\ x=y^2, \end{cases}$ 交点为 $(0,0)$ 和 $(1,1)$. 得到所求平面图形的面积

$$S=\int_0^1 (\sqrt{x}-x^2)\mathrm{d}x=\left(\frac{2}{3}x^{\frac{3}{2}}-\frac{1}{3}x^3\right)\Big|_0^1=\frac{1}{3}.$$

注:当然,本题亦可选择 y 作为积分变量,此时

$$S=\int_0^1 (\sqrt{y}-y^2)\mathrm{d}y=\frac{1}{3}.$$

例2 求正弦曲线 $y=\sin x$ 在区间 $[0,2\pi]$ 中的一段与 x 轴所围平面图形的面积.

解 如图 5-13 所示,所求平面图形的面积

$$S=\int_0^{2\pi} |\sin x|\mathrm{d}x=\int_0^{\pi}\sin x\mathrm{d}x-\int_{\pi}^{2\pi}\sin x\mathrm{d}x$$

$$=(-\cos x)\Big|_0^{\pi}+\cos x\Big|_{\pi}^{2\pi}=2+2=4.$$

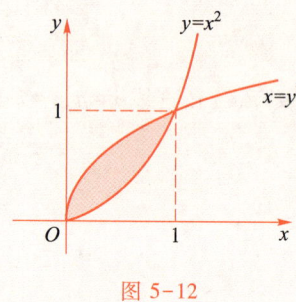

图 5-12

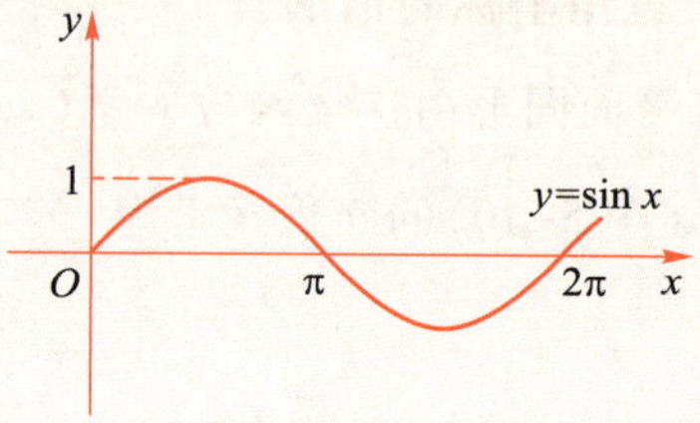

图 5-13

例3 求由抛物线 $y^2=2x$ 与直线 $y=x-4$ 所围成平面图形的面积(图 5-14).

解 先求抛物线 $y^2=2x$ 与直线 $y=x-4$ 的交点,解方程组 $\begin{cases} y^2=2x, \\ y=x-4, \end{cases}$ 交点为 $(2,-2)$ 和 $(8,4)$.

选择 y 为积分变量,其变化区间为 $[-2,4]$,得面积元素

$$\mathrm{d}S=\left[(y+4)-\frac{1}{2}y^2\right]\mathrm{d}y,$$

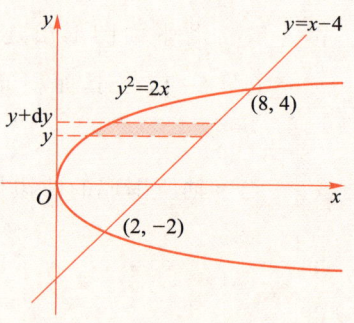

图 5-14

所以

$$S=\int_{-2}^4 \left[(y+4)-\frac{1}{2}y^2\right]\mathrm{d}y=\left[\frac{y^2}{2}+4y-\frac{1}{6}y^3\right]\Big|_{-2}^4=18.$$

例4 求椭圆 $\dfrac{x^2}{a^2}+\dfrac{y^2}{b^2}=1$ 的面积(图 5-15).

解 由于椭圆关于 x 轴、y 轴都对称,故它的面积等于位于第一象限内面积的 4 倍.

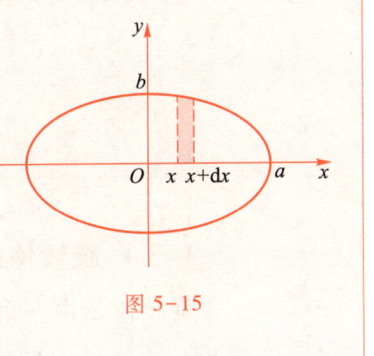

图 5-15

$$S = 4 \int_0^a y \mathrm{d}x = 4 \int_0^a \frac{b}{a}\sqrt{a^2-x^2}\,\mathrm{d}x$$

$$= \frac{4b}{a} \int_0^a \sqrt{a^2-x^2}\,\mathrm{d}x \quad (\diamondsuit\; x = a\sin t)$$

$$= 4ab \int_0^{\frac{\pi}{2}} \cos^2 t\mathrm{d}t = 4ab \cdot \frac{1}{2} \cdot \frac{\pi}{2} = \pi ab.$$

2. 极坐标的情形

曲线 $r = \varphi(\theta)$ ($\varphi(\theta)$ 在区间 $[\alpha,\beta]$ 上连续且 $\varphi(\theta) \geqslant 0$) 及射线 $\theta = \alpha$,$\theta = \beta$ 围成的曲边扇形面积为 $A = \int_\alpha^\beta \frac{1}{2}[\varphi(\theta)]^2 \mathrm{d}\theta$.

例5 求心形线 $r = a(1+\cos\theta)$ 所围图形的面积 ($a > 0$).

解 由对称性,只需求出极轴上方部分的面积即可.

可知 $r = 2a$ 时,$\theta = 0$;$r = 0$ 时,$\theta = \pi$;即 $\theta \in [0,\pi]$. 所以

$$A = 2 \cdot \frac{1}{2} \int_0^\pi r^2 \mathrm{d}\theta = \int_0^\pi a^2 (1+\cos\theta)^2 \mathrm{d}\theta = a^2 \int_0^\pi (1+2\cos\theta+\cos^2\theta)\mathrm{d}\theta$$

$$= a^2 \int_0^\pi \left(\frac{3}{2}+2\cos\theta+\frac{1}{2}\cos 2\theta\right)\mathrm{d}\theta = \frac{3}{2}\pi a^2.$$

3. 参数方程的情形

(1) 若曲线 $y = f(x)$ ($f(x) \geqslant 0$) 的参数方程为 $\begin{cases} x = \varphi(t), \\ y = \psi(t), \end{cases}$ 当 x 由 a 变到 b,对应的 t 由 α 变到 β,则曲边梯形面积为 $A = \int_\alpha^\beta \psi(t)\varphi'(t)\mathrm{d}t$.

(2) 若曲线 $x = g(y)$ ($g(y) \geqslant 0$) 的参数方程为 $\begin{cases} x = \varphi(t), \\ y = \psi(t), \end{cases}$ 当 y 由 c 变到 d,对应的 t 由 α 变到 β,则曲边梯形面积为 $A = \int_\alpha^\beta \varphi(t)\psi'(t)\mathrm{d}t$.

例6 求椭圆 $\frac{x^2}{a^2} + \frac{y^2}{b^2} = 1$ 的面积.

解 椭圆用参数方程 $\begin{cases} x = a\cos t, \\ y = b\sin t \end{cases}$ 来表示,则

$$S = 4 \int_0^a y \mathrm{d}x = 4 \int_{\frac{\pi}{2}}^0 (b \sin t) \cdot (-a \sin t) \mathrm{d}t$$

$$= 4ab \int_0^{\frac{\pi}{2}} \sin^2 t \mathrm{d}t = \pi ab.$$

（三）旋转体的体积

旋转体是由一个平面图形绕该平面内一条固定直线旋转一周而成的立体,这条直线称为旋转轴.圆柱、圆锥、圆台、球体可以分别看作由矩形绕它的一条边、直角三角形绕它的直角边、直角梯形绕它的直角腰、半圆绕它的直径旋转一周而成的立体,故它们都是旋转体.它们都可以看作由平面内连续曲线 $y = f(x)$,直线 $x = a$,$x = b$ 及 x 轴所围成的曲边梯形绕 x 轴旋转一周而成的立体.现我们考虑用定积分来表示这种旋转体的体积.

1. 平面图形绕 x 轴旋转形成的旋转体

若几何体是以连续曲线 $y = f(x)$,直线 $x = a$,$x = b$ 及 x 轴所围成的曲边梯形绕 x 轴旋转而得到的旋转体,那么我们以 x 为积分变量,积分区间为 $[a, b]$,相应于 $[a, b]$ 上任一小区间 $[x, x+\mathrm{d}x]$ 的窄曲边梯形绕 x 轴旋转而成的薄片的体积近似于以 $f(x)$ 为底半径、$\mathrm{d}x$ 为高的扁圆柱体的体积(图 5-16),即

$$\mathrm{d}V = \pi [f(x)]^2 \mathrm{d}x,$$

则

$$V = \int_a^b \pi [f(x)]^2 \mathrm{d}x.$$

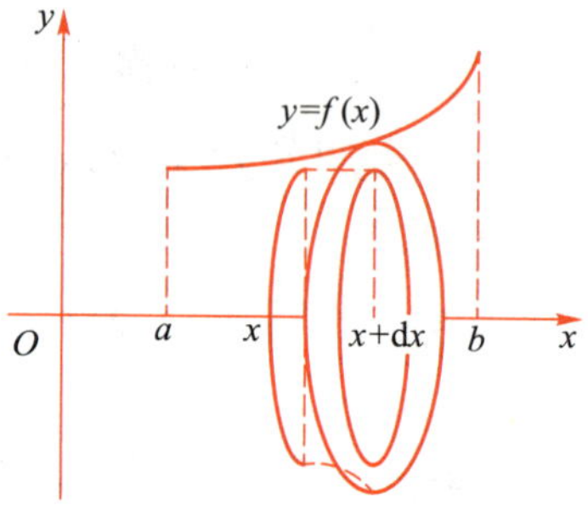

图 5-16

2. 平面图形绕 y 轴旋转形成的旋转体

若几何体是以连续曲线 $x = \varphi(y)$,直线 $y = c$,$y = d$ 及 y 轴所围成的曲边梯形绕 y 轴旋转而得到的旋转体,其体积为

$$V = \int_c^d \pi [\varphi(y)]^2 \mathrm{d}y.$$

例 7 求椭圆 $\dfrac{x^2}{a^2} + \dfrac{y^2}{b^2} = 1$ 所围图形分别绕 x 轴与 y 轴旋转所得立体的体积(图 5-17).

解 由于椭圆所围图形关于 x 轴与 y 轴对称,故只需考虑位于第一象限内的曲边梯形,将其绕 x 轴与 y 轴旋转即可.

（1）绕 x 轴旋转,$V_x = 2 \int_0^a \pi [f(x)]^2 \mathrm{d}x = 2\pi \int_0^a \dfrac{b^2}{a^2}(a^2 -$

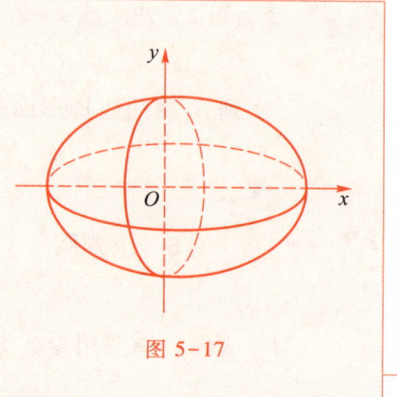

图 5-17

$x^2)\,\mathrm{d}x = \dfrac{4}{3}\pi a b^2.$

（2）绕 y 轴旋转，$V_y = 2\displaystyle\int_0^b \pi[\varphi(y)]^2\,\mathrm{d}y = 2\pi\displaystyle\int_0^b \dfrac{a^2}{b^2}(b^2-y^2)\,\mathrm{d}y = \dfrac{4}{3}\pi a^2 b.$

特别地，当 $a = b$ 时，便得半径为 a 的球体的体积 $V = \dfrac{4}{3}\pi a^3.$

3. 参数方程下的旋转体

（1）若曲线 $y = f(x)\,(f(x)\geqslant 0)$ 的参数方程为 $\begin{cases} x = \varphi(t), \\ y = \psi(t), \end{cases}$ 当 x 由 a 变到 b，对应的 t 由 α

变到 β，则绕 x 轴旋转一周而成的旋转体的体积为 $V = \pi\displaystyle\int_\alpha^\beta \psi^2(t)\varphi'(t)\,\mathrm{d}t.$ 特别当曲线 $y = $

$f(x)\,(f(x)\geqslant 0)$ 是由极坐标 $r = r(\theta)$ 表示时，可以看成参数方程 $\begin{cases} x = r(\theta)\cos\theta, \\ y = r(\theta)\sin\theta. \end{cases}$

（2）曲线绕 y 轴旋转一周，所得旋转体的体积公式也类似.

（3）若有连续曲线 $y = f(x)$，且 $x \in [a,b]$；将 $y = f(x)$，直线 $x = a$，$x = b$ 与 $y = y_0$ 所围成
的曲边梯形绕直线 $y = y_0$ 旋转一周，所得旋转体的体积应为

$$V = \pi\int_a^b (f(x) - y_0)^2\,\mathrm{d}y.$$

例 8　求心形线 $r = 4(1+\cos\theta)$ 与射线 $\theta = 0$，$\theta = \dfrac{\pi}{2}$ 所围成的图形绕极轴旋转的

旋转体体积.

解　极点为原点，极轴为 x 轴，则心形线的参数式方程为

$$\begin{cases} x = r(\theta)\cos\theta, \\ y = r(\theta)\sin\theta, \end{cases}\text{即}\begin{cases} x = 4(1+\cos\theta)\cos\theta, \\ y = 4(1+\cos\theta)\sin\theta, \end{cases}\theta \in \left[0, \dfrac{\pi}{2}\right].$$

$$V = \pi\int_0^8 f^2(x)\,\mathrm{d}x = \pi\int_0^8 y^2\,\mathrm{d}x = \pi\int_{\frac{\pi}{2}}^0 [4(1+\cos\theta)\sin\theta]^2\,\mathrm{d}[4(1+\cos\theta)\cos\theta]$$

$$= 16\pi\int_{\frac{\pi}{2}}^0 (1+\cos\theta)^2\sin^2\theta \cdot 4(-\sin\theta - 2\cos\theta\sin\theta)\,\mathrm{d}\theta$$

$$= 64\pi\int_0^{\frac{\pi}{2}} (1+\cos\theta)^2\sin^3\theta \cdot (1+2\cos\theta)\,\mathrm{d}\theta = 160\pi.$$

（四）平面曲线的弧长

1. 直角坐标的情形

设曲线弧为 $y = f(x)\,(a \leqslant x \leqslant b)$，$y = f(x)$ 在 $[a,b]$ 上具有连续导数，则弧长

$$s = \int_a^b \sqrt{1+y'^2}\, dx.$$

2. 参数方程的情形

设曲线弧为 $\begin{cases} x = \varphi(t), \\ y = \psi(t) \end{cases} (\alpha \leqslant t \leqslant \beta)$，$\varphi(t)$，$\psi(t)$ 在 $[\alpha, \beta]$ 上具有连续导数，则弧长

$$s = \int_\alpha^\beta \sqrt{\varphi'^2(t) + \psi'^2(t)}\, dt.$$

3. 极坐标的情形

设曲线弧为 $r = r(\theta)(\alpha \leqslant \theta \leqslant \beta)$，$r(\theta)$ 在 $[\alpha, \beta]$ 上具有连续导数，则弧长

$$s = \int_\alpha^\beta \sqrt{r^2(\theta) + r'^2(\theta)}\, d\theta.$$

例 9 计算曲线 $y = \dfrac{2}{3} x^{\frac{3}{2}} (a \leqslant x \leqslant b)$ 的长度.

解 $y' = x^{\frac{1}{2}}$，从而 $ds = \sqrt{1+y'^2}\, dx = \sqrt{1+x}\, dx$，因此，所求弧长为

$$s = \int_a^b \sqrt{1+x}\, dx = \frac{2}{3}(1+x)^{\frac{3}{2}}\Big|_a^b = \frac{2}{3}\left[(1+b)^{\frac{3}{2}} - (1+a)^{\frac{3}{2}}\right].$$

例 10 求阿基米德螺线 $\rho = a\theta\ (a > 0)$ 相应于 θ 从 0 到 2π 的一段的弧长.

解 弧长元素为

$$ds = \sqrt{a^2\theta^2 + a^2}\, d\theta = a\sqrt{1+\theta^2}\, d\theta,$$

于是所求弧长为

$$s = \int_0^{2\pi} a\sqrt{1+\theta^2}\, d\theta = \frac{a}{2}\left[2\pi\sqrt{1+4\pi^2} + \ln\left(2\pi + \sqrt{1+4\pi^2}\right)\right].$$

微视频
定积分的
应用（二）

二、定积分在物理上的应用

定积分在物理上的应用相当广泛，例如求变力沿直线运动所做的功、水压力、引力、不均匀物质的质量等.

（一）变力沿直线运动所做的功

变力 F 拉物体沿直线从 $x = a$ 移到 $x = b$ 处力 F 做的功 $W = \int_a^b F\, dx$.

例 11 一物体按规律 $x = ct^2$ 直线运动，所受的阻力与速度的平方成正比，设比例系数为 k. 求物体从 $x = 0$ 运动到 $x = a$ 时，克服阻力所做的功.

解 位于 x 处时物体运动的速度 $\dfrac{dx}{dt} = 2ct = 2c \cdot \sqrt{\dfrac{x}{c}} = 2\sqrt{cx}$，所受的阻力 $F = $

$k(2\sqrt{cx})^2 = 4ckx.$ 从点 x 运动到点 $x+dx$ 所做的功元素 $dW = 4ckxdx$，物体从 0 运动

到 a 时克服阻力所做的功 $W = \int_0^a 4kcxdx = 2a^2kc.$

（二）水压力、引力

利用微元法计算，无统一公式，但必须熟悉以下常用公式：

（1）水深为 h 处的压强为 $p = \rho gh$，面积为 A 的平板水平放置在此深度，板一侧所受压力

为 $F = \rho ghA$，其中 ρ 是水密度，g 是重力加速度.

（2）相距 r，质量分别为 M 和 m 的质点间的万有引力为 $F = G\dfrac{Mm}{r^2}$，其中 G 为万有引力常数.

下面我们通过例题来作一些简单介绍.

例12 一个圆柱形水池，底面半径 5 m，水深 10 m，要把池中的水全部抽出

来，所做的功等于多少？（水的密度 $\rho = 1 \times 10^3$ kg/m³，$g = 9.8$ m/s²）

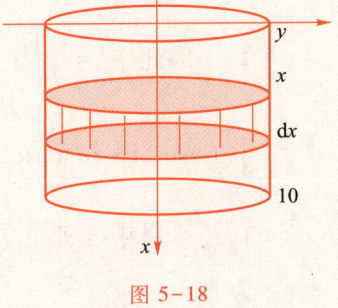

解 如图 5-18 所示，将位于 x 处、厚度为 dx 的薄层水

抽出来，其质量 $\Delta M =$ 密度×体积 $= \rho \cdot \pi \cdot 5^2 dx = 25\pi\rho dx.$ 当

薄层水的厚度 dx 很小时，所做的功元素

$$dW = 25\pi\rho gxdx.$$

图 5-18

要把池中的水全部抽出来，所做的功

$$W = \int_0^{10} 25\pi\rho gxdx = 25\pi\rho g \left.\frac{x^2}{2}\right|_0^{10} = 1\ 250 \times 9.8 \times 3.14 \times 10^3 = 38\ 465\ (\text{kJ}).$$

例13 一块矩形木板长 10 m，宽 5 m. 木板垂直于水平面，

沉没于水中，其一宽与水面一样齐平，求木板一侧受到的压力（水

的密度 $\rho = 1 \times 10^3$ kg/m³，取 $g = 9.8$ m/s²）.

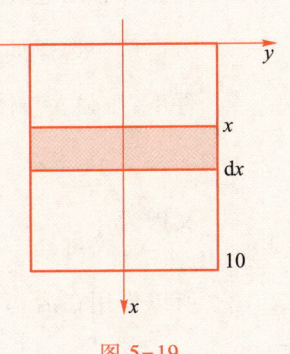

解 如图 5-19 所示，木板在 x 处所受的压强为 $\rho gx.$ 位于 x

处、长为 5 m、宽为 dx(m) 的小矩形受到的压力元素 $dF = 5\rho gxdx =$

$4.9 \times 10^4 xdx$(N). 整块木板一侧受到的压力

图 5-19

$$F = \int_0^{10} 4.9 \times 10^4 xdx = 4.9 \times 10^4 \cdot \left.\frac{x^2}{2}\right|_0^{10} = 2.45 \times 10^6\ (\text{N}).$$

例14 一质量为 m 的质点位于原点，一根线密度为 ρ、长为 l 的均匀细棒放在

区间 $[a, a+l]$ 上，求细棒对质点的引力.

解 如图 5-20 所示，位于 x 处、长为 $\mathrm{d}x$ 的小段，其质量为 $\rho\mathrm{d}x$，对质点的引力元素 $\mathrm{d}F = G \cdot \dfrac{m\rho\mathrm{d}x}{x^2}$. 细棒对质点的引力

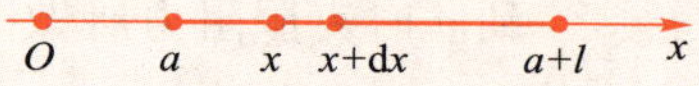

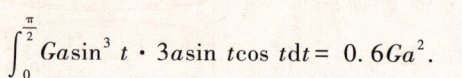

图 5-20

$$F = \int_a^{a+l} \frac{Gm\rho}{x^2}\mathrm{d}x = G\rho m \cdot \left(\frac{1}{a} - \frac{1}{a+l}\right) = \frac{G\rho ml}{a(a+l)}.$$

例 15 设星形线 $x = a\cos^3 t, y = a\sin^3 t$ 上每一点处的线密度的大小等于该点到原点的距离的立方，求星形线在第一象限的弧段对位于原点处的单位质点的引力.

解 如图 5-21 所示，位于 (x,y) 处、长为 $\mathrm{d}s$ 的小段，到原点的距离 $r = \sqrt{x^2+y^2}$，线密度为 r^3，其质量为 $r^3\mathrm{d}s$，其中 $\mathrm{d}s = \sqrt{\mathrm{d}x^2+\mathrm{d}y^2} = 3a\sin t\cos t\mathrm{d}t$.

该小段对质点的引力元素 $\mathrm{d}F = G \cdot \dfrac{r^3\mathrm{d}s}{r^2} = Gr\mathrm{d}s$，其水平分

量 $\mathrm{d}F_x = \mathrm{d}F \cdot \dfrac{x}{r} = Gx\mathrm{d}s$，铅直分量 $\mathrm{d}F_y = \mathrm{d}F \cdot \dfrac{y}{r} = Gy\mathrm{d}s$.

因此 $F_x = \displaystyle\int_0^{\frac{\pi}{2}} Ga\cos^3 t \cdot 3a\sin t\cos t\mathrm{d}t = 0.6Ga^2$，$F_y =$

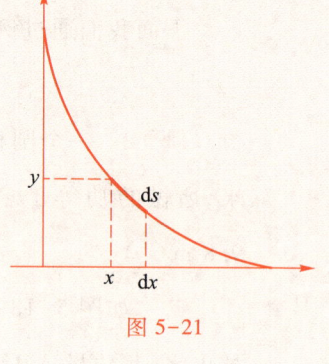

图 5-21

$\displaystyle\int_0^{\frac{\pi}{2}} Ga\sin^3 t \cdot 3a\sin t\cos t\mathrm{d}t = 0.6Ga^2$.

所以弧段对原点处单位质点的引力大小为 $0.6\sqrt{2}Ga^2$，方向为向量 $(1,1)$ 的方向.

例 16 在底面积为 S 的圆柱形容器中盛有一定量的气体. 在等温条件下，由于气体的膨胀，把容器中的一个活塞（面积为 S）从点 a 处推移至点 b 处（图 5-18）. 计算在移动过程中，气体压力所做的功.

解 选择如图 5-22 所示的坐标系. 由物理学知识可知，对定量气体在等温条件下，压强 p 与体积 V 的乘积为常数 k. 即

$$pV = k.$$

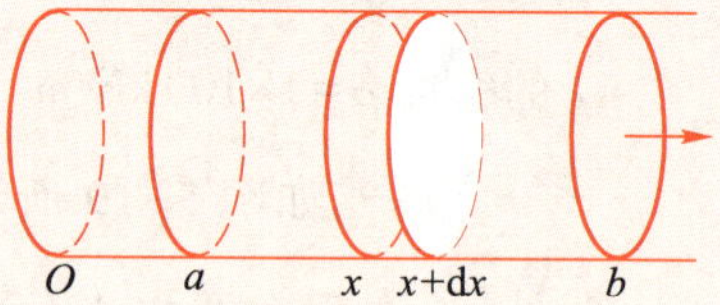

又因为

$$V = xS,$$

所以作用在活塞上的力 $F = pS = \dfrac{k}{xS} \cdot S = \dfrac{k}{x}$.

图 5-22

由于 x 是变化的，故 F 也是变化的. 采用微元法的思想：

选 x 为积分变量，其变化范围为 $[a,b]$，在区间 $[a,b]$ 上，功元素

$$\mathrm{d}W = F(x)\mathrm{d}x = \frac{k}{x}\mathrm{d}x.$$

于是
$$W = \int_a^b \frac{k}{x} \, dx = k \ln x \Big|_a^b = k \ln \frac{b}{a}.$$

例 17 一个横放着的圆柱形水桶,桶内盛有半桶水.设桶底半径为 R,水密度为 ρ,计算桶的一个端面上所受的压力.

解 从物理学知道,在水深为 h 处的压强为 $p = \rho g h$,这里 g 是重力加速度.若一面积为 S 的平板水平放置在水深 h 处,则平板一侧所受的水压力为 $F = pS$.

若平板铅直放置,则由于水深不同点处压强不等,平板一侧所受的水压力就不能用上式来表示.建立如图 5-23 所示坐标系,考虑的端面为下半圆,方程为 $x^2 + y^2 = R^2 (0 \le x \le R)$,取 x 为积分变量,变化范围为 $[0, R]$.设 $[x, x+dx]$ 为 $[0, R]$ 上的任一小区间,其上各点处的压强近似于 $\rho g x$,窄条的面积近似于 $2\sqrt{R^2 - x^2} \, dx$.故该窄条一侧所受的水压力的近似值,即压力元素为 $dF = \rho g x \cdot 2\sqrt{R^2 - x^2} \, dx$.

于是,所求水压力为

$$F = 2 \int_0^R \rho g x \sqrt{R^2 - x^2} \, dx$$

$$= -\rho g \int_0^R (R^2 - x^2)^{\frac{1}{2}} \, d(R^2 - x^2)$$

$$= -\rho g \left[\frac{2}{3} (R^2 - x^2)^{\frac{3}{2}} \right]_0^R = \frac{2\rho g}{3} R^3.$$

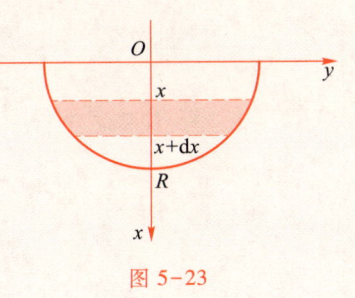

图 5-23

任务导入的问题解答

相电压和线电压及有效值与峰值

交流电在 1 s 完成的周期性变化次数叫频率(单位:赫兹),表示为 $f(\text{Hz})$,其循环变化一周所需要的时间叫周期(单位:s),表示为 $T(\text{s})$,它们的关系是 $T = \frac{1}{f}$.交流电交变一周,角频率 ω 就变化 2π 弧度.有 $\omega = \frac{2\pi}{T} = 2\pi f, \omega T = 2\pi$.

将发电机三相绕组进行星型联接(也就是末端联接成一点)如下图所示:

目前,我国供电系统的相电压是 220 V,线电压是 380 V.

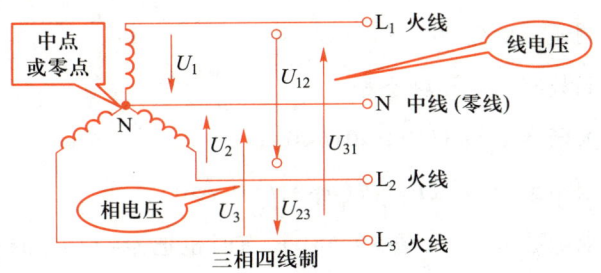

三相四线制

$$L_1: u_1 = U_{\max} \sin \omega t,$$

$$L_2: u_2 = U_{\max} \sin \left(\omega t - \frac{2\pi}{3} \right),$$

$$L_3: u_3 = U_{\max} \sin \left(\omega t + \frac{2\pi}{3} \right).$$

电压的有效值:

$$U_1 = \sqrt{\frac{1}{T} \int_0^T u_1^2 \mathrm{d}t} \ , \quad U_2 = \sqrt{\frac{1}{T} \int_0^T u_2^2 \mathrm{d}t} \ , \quad U_3 = \sqrt{\frac{1}{T} \int_0^T u_3^2 \mathrm{d}t} \ .$$

将 u_1, u_2, u_3 代入上式,譬如代入 U_1:

$$
\begin{aligned}
U_1^2 &= \frac{1}{T} \int_0^T u_1^2 \mathrm{d}t \\
&= \frac{1}{T} U_{\max}^2 \int_0^T \sin^2 \omega t \mathrm{d}t \\
&= \frac{1}{2T} U_{\max}^2 \int_0^T (1 - \cos 2\omega t) \mathrm{d}t \\
&= \frac{1}{2} U_{\max}^2 - \frac{1}{2T} U_{\max}^2 \sin 2\omega t \Big|_0^T \\
&= \frac{1}{2} U_{\max}^2,
\end{aligned}
$$

于是 $U_1 = \dfrac{U_{\max}}{\sqrt{2}}, \quad U_2 = \dfrac{U_{\max}}{\sqrt{2}}, \quad U_3 = \dfrac{U_{\max}}{\sqrt{2}}.$

因此,对于三相交流电而言,电压的有效值$\approx$峰值电压$\times 0.707$. 我们常说的相电压 220 V 和线电压 380 V 都是指有效值.

三、定积分在经济学上的应用

(一) 常见的经济学上的函数

1. 需求函数

需求量是指在特定时间内消费者打算并能够购买的某种商品的数量,用 Q 表示,它与商品价格 P 密切相关,通常降低商品价格使需求量增加,提高商品价格会使需求量减少.

如果不考虑其他因素的影响(或其他因素不变),则 Q 是 P 的函数,称为需求函数,记作

$$Q = f(P),$$

它通常是一个单调递减函数.

常见的需求函数有以下几种类型:

(1) 线性需求函数 $Q = a + bP (a > 0, b < 0)$;

(2) 二次需求函数 $Q = a - bP - cP^2 (a > 0, b > 0, c > 0)$;

(3) 指数需求函数 $Q = ae^{-bP} (a > 0, b > 0)$,有时也把 $Q = f(P)$ 的反函数 $P = f^{-1}(Q)$ 称为需求函数.

2. 供给函数

供给量是指在特定时间内厂商愿意并能够出售的某种商品的数量,用 S 表示,假设除了商品的价格 P 外影响供给的其他因素均不变,则 S 是 P 的函数

$$S = g(P),$$

它通常是一个单调递增函数.

常见的供给函数有以下几种类型:

(1) 线性供给函数 $S = -a + bP(a > 0, b > 0)$;

(2) 指数供给函数 $S = aP^b(a > 0, b > 0)$.

当 $Q = S$ 时,市场的供需处于平衡状态,此时的价格称为均衡价格,需求(或供给)量称为均衡数量.

当商品由某厂商独家生产时,厂商是价格的制定者,它自然会考虑消费者对价格的反应并依需求规律组织生产,其产量即需求量,价格与产量(需求量)的关系由需求函数确定,称该商品市场为完全垄断市场;当商品由众多互不占优势的厂商共同生产时,各厂商之间、消费者之间展开竞争并最终使市场处于均衡状态,此时商品价格即为均衡价格,单一厂商或消费者的行为(改变产量或需求量)不再影响市场均衡,称该商品市场为完全竞争市场.

3. 总成本函数、收入函数和利润函数

在生产和经营活动中,如果投入的各要素价格不变,则成本 C 是产量 Q 的函数 $C = C(Q)$,称为总成本函数. 一般地总成本函数由两部分组成

$$C(Q) = C_0 + C_1(Q),$$

其中 C_0 为固定成本,它与产量无关,如厂房、设备的折旧费、企业管理费等;$C_1(Q)$ 为可变成本,它随产量的增加而增加,如原材料、动力、工人的工资等. 常见的成本函数是线性函数.

$$C(Q) = C_0 + aQ(a > 0).$$

以总成本除以产量,得平均成本函数

$$\overline{C}(Q) = \frac{C(Q)}{Q} = \overline{C_0}(Q) + \overline{C_1}(Q),$$

其中 $\overline{C_0}(Q)$ 与 $\overline{C_1}(Q)$ 分别称为平均固定成本与平均可变成本.

厂商销售 Q 单位的商品所得收入为 $R = R(Q)$,称为总收入(益)函数. 设商品的价格为 P,则总收入函数为

$$R(Q) = PQ.$$

总利润 L 等于总收入与总成本的差,于是总利润函数为

$$L(Q) = R(Q) - C(Q).$$

(二) 定积分在边际函数中的应用

积分是微分的逆运算,因此,用积分的方法可以由边际函数求出总量函数.

设总量函数 $P(x)$ 在区间 I 上可导,其边际函数为 $P'(x)$,$[a,x]\in I$,则总量函数

$$P(x)=\int_a^x P'(u)\,\mathrm{d}u+P(a).$$

当 x 从 a 变到 b 时,$P(x)$ 的改变量为

$$\Delta P=P(x)-P(a)=\int_a^x P'(u)\,\mathrm{d}u.$$

将 x 改为产量 Q,且 $a=0$ 时,将 $P(x)$ 代之以总成本 $C(Q)$、总收入 $R(Q)$、总利润 $L(Q)$,可得

$$C(Q)=\int_0^Q C'(x)\,\mathrm{d}x+C(0),$$

其中 $C(0)$ 即为固定成本,$\int_0^Q C'(x)\,\mathrm{d}x$ 为可变成本.

$$R(Q)=\int_0^Q R'(x)\,\mathrm{d}x\,(R(0)=0),$$

$$L(Q)=\int_0^Q L'(x)\,\mathrm{d}x-C(0).$$

例 18 已知某公司独家生产某产品,销售 Q 单位商品时边际收益函数为

$$R'(Q)=\frac{ab}{(Q+b)^2}-c\,(a>0,b>0,c>0).$$

求:(1) 公司的总收入函数;(2) 该产品的需求函数.

解 (1) 总收入函数为

$$R(Q)=\int_0^Q R'(x)\,\mathrm{d}x=\int_0^Q\left[\frac{ab}{(x+b)^2}-c\right]\mathrm{d}x=\left(-\frac{ab}{x+b}-cx\right)\Big|_0^Q=a-\frac{ab}{Q+b}-cQ.$$

(2) 设产品的价格为 P,则 $R=PQ=a-\dfrac{ab}{Q+b}-cQ$,得需求函数为

$$P=\frac{a}{Q}-\frac{ab}{Q(Q+b)}-c=\frac{a}{Q+b}-c.$$

例 19 某企业想购买一台设备,该设备成本为 5 000 元:T 年后该设备的报废价值为 $S(t)=5\,000-400t$(元),使用该设备在 t 年时可使企业增加收入 $850-40t$(元).

若年利率为 5%,计算连续复利,企业应在什么时候报废这台设备? 此时,总利润的现值是多少?

解 T 年后总收入的现值为

$$\int_0^T(850-40t)\mathrm{e}^{-0.05t}\,\mathrm{d}t,$$

T 年后总利润的现值为

$$L(T)=\int_0^T(850-40t)\mathrm{e}^{-0.05t}\,\mathrm{d}t+(5\,000-400T)\mathrm{e}^{-0.05T}-5\,000,$$

$$L'(T) = (850-40T)e^{-0.05T} - 400e^{-0.05T} - 0.05(5\,000-400T)e^{-0.05T}$$
$$= (200-20T)e^{-0.05T}.$$

令 $L'(T) = 0$,得 $T = 10$.当 $T < 10$ 时,$L'(T) > 0$,当 $T > 10$ 时,$L'(T) < 0$,则 $T = 10$ 是唯一的极大值点.即 $T = 10$ 时,总利润的现值最大,故应在使用 10 年后报废这台机器.此时企业所得的利润的现值为

$$L(10) = \int_0^{10} (200-20T)e^{-0.05T}dT$$
$$= (400T+4\,000)e^{-0.05T} \Big|_0^{10}$$
$$= 852.25(元).$$

例 20　某商场售出 x 台电视机时的总利润 $L(x)$(单位:元)的变化率为 $L'(x) = 1\,250 - \dfrac{x}{0.8}(x \geqslant 0)$,求:

(1) 售出 40 台时的总利润;

(2) 售出 60 台时前 30 台的平均利润.

分析:变化率的定积分就是总利润 $L(x)$.

解　(1) $L'(x) = 1\,250 - \dfrac{x}{0.8}$,所以售出 40 台时的总利润

$$L(40) = \int_0^{40}\left(1\,250 - \frac{x}{0.8}\right)dx = \left(1\,250x - \frac{x^2}{1.6}\right)\Bigg|_0^{40} = 49\,000(元).$$

(2) 售出 60 台时前 30 台的平均利润为

$$\frac{1}{30}\int_0^{30}\left(1\,250 - \frac{x}{0.8}\right)dx = \frac{1}{30}\left(1\,250x - \frac{x^2}{1.6}\right)\Bigg|_0^{30} = 1\,231(元).$$

说明:

(1) 总利润 $L(x)$ 的变化率 $L'(x)$ 已知,则 $L(x)$ 就是变化率的定积分:$L = \int_a^b L'(x)dx$.

(2) 平均利润 p 就是总利润的平均值,即 $p = \dfrac{1}{b-a}\int_a^b L'(x)dx$.

 任务训练

1. 求由曲线 $y = \dfrac{1}{x}$ 与直线 $y = x, x = 2$ 所围成的平面图形的面积.

2. 求曲线 $y = \dfrac{1}{2}x^2$ 上 x 由 0 到 1 那段弧的长度.

3. 求由曲线 $r = \sqrt{2}\sin\theta$ 与 $r^2 = \cos 2\theta$ 所围成的图形面积.

4. 求曲线 $r\theta = 1$ 相应于 $\theta = \dfrac{3}{4}$ 至 $\theta = \dfrac{4}{3}$ 的一段弧长.

文档
扫一扫,看答案

5. 计算正弦交流电流 $i = I_m \sin \omega t$ 经过半波整流后得到的电流 $i = \begin{cases} I_m \sin \omega t, 0 \leq t \leq \dfrac{\pi}{\omega}, \\ 0, \dfrac{\pi}{\omega} \leq t \leq \dfrac{2\pi}{\omega} \end{cases}$ 的有

效值.

 思考题

山林湖泊保护是生态文明建设的重要内容,是推进美丽中国建设的关键一环.青海湖是我国最大的咸水湖,其轮廓大致呈椭圆形.假设湖面边界为曲线 $\dfrac{x^2}{a^2} + \dfrac{y^2}{b^2} = 1$.试推算湖面面积的近似公式.2013 年 8 月湖区最长约 104 km,最宽约 62 km;2022 年 4 月湖区最长约 105 km,最宽约 63 km.估算以上两个时间点的湖面面积.

习题五

一、基础练习

1. 根据定积分的几何意义推出下列积分的值:

(1) $\int_1^5 3\mathrm{d}x$;

(2) $\int_{-3}^3 \sqrt{9-x^2}\,\mathrm{d}x$;

(3) $\int_0^{2\pi} \cos x\mathrm{d}x$;

(4) $\int_{-1}^1 |x|\,\mathrm{d}x$.

2. 计算下列定积分:

(1) $\int_1^2 \left(x^2 + \dfrac{1}{x^4} \right)\mathrm{d}x$;

(2) $\int_4^9 \sqrt{x}\,(1+\sqrt{x})\mathrm{d}x$;

(3) $\int_{-\frac{1}{2}}^{\frac{1}{2}} \dfrac{\mathrm{d}x}{\sqrt{1-x^2}}$;

(4) $\int_{-1}^0 \dfrac{3x^4+3x^2+1}{x^2+1}\mathrm{d}x$;

(5) $\int_0^a (\sqrt{a} - \sqrt{x})^2\mathrm{d}x$;

(6) $\int_0^{\frac{\pi}{3}} \left(\dfrac{\sqrt{3}}{2}\cos x - \dfrac{1}{2}\sin x \right)\mathrm{d}x$;

(7) $\int_{\frac{\pi}{3}}^{\pi} \sin\left(x + \dfrac{\pi}{3} \right)\mathrm{d}x$;

(8) $\int_0^1 (2x+1)^3\mathrm{d}x$;

(9) $\int_{-1}^0 \dfrac{1}{\sqrt{1-x}}\mathrm{d}x$;

(10) $\int_0^1 x\mathrm{e}^{x^2}\mathrm{d}x$;

(11) $\int_{\sqrt{\frac{\pi}{3}}}^{\sqrt{\pi}} x\sin x^2\mathrm{d}x$;

(12) $\int_1^{\mathrm{e}} \dfrac{1+\ln x}{x}\mathrm{d}x$;

(13) $\int_1^4 \dfrac{1}{\sqrt{x}\,(1+\sqrt{x})}\mathrm{d}x$;

(14) $\int_0^{\ln 2} \mathrm{e}^x(1+\mathrm{e}^x)\mathrm{d}x$;

(15) $\int_0^{\frac{\pi}{2}} \sin\varphi\cos^3\varphi\mathrm{d}\varphi$;

(16) $\int_0^{\frac{\pi}{2}} \cos^3 x\mathrm{d}x$;

(17) $\int_{-1}^0 x\sqrt{x+1}\,\mathrm{d}x$;

(18) $\int_0^1 x\mathrm{e}^{-x}\mathrm{d}x$;

(19) $\int_0^1 x^2\mathrm{e}^x\mathrm{d}x$;

(20) $\int_1^{\mathrm{e}} \dfrac{\ln x}{x^2}\mathrm{d}x$.

3. 讨论下列广义积分的敛散性,若收敛求出广义积分的值:

(1) $\int_1^{+\infty} \dfrac{1}{x^4}\mathrm{d}x$;

(2) $\int_{-\infty}^{-1} \dfrac{1}{x^2(x^2+1)}\mathrm{d}x$;

(3) $\int_{\frac{2}{\pi}}^{+\infty} \dfrac{1}{x^2}\sin\dfrac{1}{x}\mathrm{d}x$;

(4) $\int_{-\infty}^{+\infty} x\mathrm{e}^{-\frac{x^2}{2}}\mathrm{d}x$;

(5) $\int_0^{+\infty} x\mathrm{e}^{-x}\mathrm{d}x$;

(6) $\int_{\mathrm{e}}^{+\infty} \dfrac{1}{x(\ln x)^2}\mathrm{d}x$;

$(7)\ \displaystyle\int_0^2 \frac{1}{(1-x)^2}\mathrm{d}x;$　　　　　　$(8)\ \displaystyle\int_0^1 \frac{\arcsin x}{\sqrt{1-x^2}}\mathrm{d}x;$

$(9)\ \displaystyle\int_1^2 \frac{x}{\sqrt{x-1}}\mathrm{d}x;$　　　　　　$(10)\ \displaystyle\int_1^{\mathrm{e}} \frac{1}{x\sqrt{1-\ln^2 x}}\mathrm{d}x.$

4. 求由下列图中各曲线所围部分的面积：

(1) 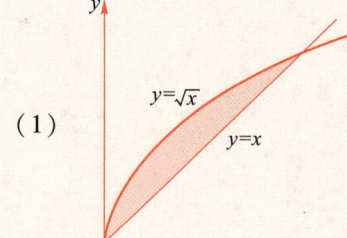　　　　　　(2)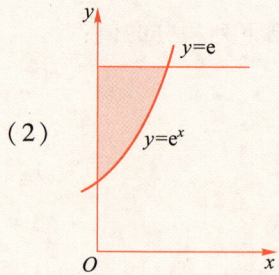

(3) 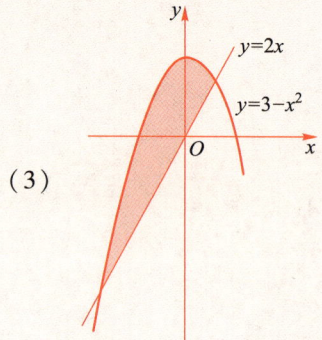　　　　　　(4)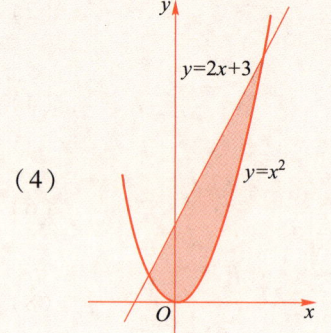

5. 求由下列各曲线所围成的图形的面积：

(1) 抛物线 $y=\dfrac{1}{2}x^2$ 与圆 $x^2+y^2=8$（两部分都要计算）；

(2) 双曲线 $y=\dfrac{1}{x}$ 与直线 $y=x$ 及 $x=2$；

(3) 曲线 $y=\mathrm{e}^x,\ y=\mathrm{e}^{-x}$ 与直线 $x=1$；

(4) 抛物线 $y^2=2px\,(p>0)$ 与直线 $x+y=\dfrac{3}{2}p$；

(5) 抛物线 $y=x^2$ 及抛物线 $y^2=x$；

(6) 曲线 $y=\sin x,\ y=\cos x$ 与直线 $x=0,\ x=\dfrac{\pi}{2}$.

二、提高练习

1. 用定积分定义求下列定积分：

(1) $\displaystyle\int_1^4 x\,\mathrm{d}x;$　　　　　　(2) $\displaystyle\int_0^1 x^2\,\mathrm{d}x.$

2. 根据定积分的性质，比较下列积分的大小：

$(1) \int_0^1 x^2 \mathrm{d}x$ 与 $\int_0^1 x^3 \mathrm{d}x$;

$(2) \int_3^4 \ln x \mathrm{d}x$ 与 $\int_3^4 (\ln x)^2 \mathrm{d}x$.

3. 估计下列定积分的值：

$(1) \int_1^4 (x^2+1)\mathrm{d}x$;

$(2) \int_{-1}^1 \mathrm{e}^{-x^2}\mathrm{d}x$.

4. 求下列极限：

$(1) \lim_{x \to 0} \dfrac{\int_0^x \cos t^2 \mathrm{d}t}{x}$;

$(2) \lim_{x \to +\infty} \dfrac{\int_0^{x^2} \sqrt{1+t^4}\,\mathrm{d}t}{x^6}$.

5. 求由参数方程 $\begin{cases} x = \int_0^t \sin u\,\mathrm{d}u, \\ y = \int_0^t \cos u\,\mathrm{d}u \end{cases}$ 所确定的函数 y 对 x 的导数.

6. 计算下列定积分：

$(1) \int_0^{2\pi} |\sin x| \mathrm{d}x$;

$(2) \int_0^{\frac{\pi}{4}} \tan^2 \theta \mathrm{d}\theta$;

$(3) \int_{-\frac{\pi}{2}}^{\frac{\pi}{2}} \cos^2 \dfrac{x}{2} \mathrm{d}x$;

$(4) \int_1^4 \dfrac{\mathrm{d}x}{1+\sqrt{x}}$;

$(5) \int_2^4 \dfrac{1}{x\sqrt{x-1}} \mathrm{d}x$;

$(6) \int_0^1 \dfrac{\sqrt{x}}{1+x} \mathrm{d}x$;

$(7) \int_0^3 \dfrac{x}{1+\sqrt{x+1}} \mathrm{d}x$;

$(8) \int_{-1}^1 \dfrac{x}{\sqrt{5-4x}} \mathrm{d}x$;

$(9) \int_1^e x^2 \ln x \mathrm{d}x$;

$(10) \int_1^e \ln^2 x \mathrm{d}x$;

$(11) \int_0^{\frac{\pi}{2}} x\sin 2x \mathrm{d}x$;

$(12) \int_0^{\sqrt{\ln 2}} x^3 \mathrm{e}^{x^2} \mathrm{d}x$.

7. 讨论下列广义积分的敛散性,若收敛求出广义积分的值：

$(1) \int_0^{+\infty} \dfrac{x}{(1+x)^3} \mathrm{d}x$;

$(2) \int_{-\infty}^{+\infty} \dfrac{2x}{1+x^2} \mathrm{d}x$;

$(3) \int_0^1 \ln x \mathrm{d}x$;

$(4) \int_0^3 \dfrac{1}{\sqrt[3]{3x-1}} \mathrm{d}x$.

8. 求曲线 $y=x^2-2x+4$ 在点 $M(0,4)$ 处的切线 MT 与曲线 $y^2=2(x-1)$ 所围成的图形的面积.

9. 求由摆线 $x=a(t-\sin t), y=a(1-\cos t)$ 的一拱 $(0 \leqslant t \leqslant 2\pi)$ 与横轴所围成的图形的面积.

10. 求对数螺线 $\rho = a\mathrm{e}^\theta (-\pi \leqslant \theta \leqslant \pi)$ 及射线 $\theta = \pi$ 所围成的图形的面积.

11. 求由曲线 $y=\sin x$ 和它在 $x = \dfrac{\pi}{2}$ 处的切线以及直线 $x=\pi$ 所围成的图形的面积和它绕 x 轴旋转而成的旋转体的体积.

12. 由 $y=x^3, x=2, y=0$ 所围成的图形分别绕 x 轴及 y 轴旋转,计算所得两旋转体的体积.

13. 计算底面是半径为 R 的圆,而垂直于底面上一条固定直径的所有截面都是等边三角形的立体体积.

14. 计算曲线 $y=\dfrac{\sqrt{3}}{3}(3-x)$ 上对应于 $1\leqslant x\leqslant 3$ 的一段弧的长度.

15. 计算星形线 $x=a\cos^3 t,y=a\sin^3 t$ 的全长.

16. 由实验知道,弹簧在拉伸过程中,需要的力 F(单位:N)与伸长量 s(单位:cm)成正比,即 $F=ks$(k 是比例常数),如果把弹簧内原长拉伸 6 cm,计算所做的功.

17. 一物体按规律 $x=ct^3$ 作直线运动,介质的阻力与速度的平方成正比,计算物体由 $x=0$ 移到 $x=a$ 时,克服介质阻力所做的功.

18. 设一锥形储水池,深 15 m,口径 20 m,盛满水,将水吸尽,问要做多少功?

19. 有一等腰梯形闸门,它的两条底边各长 10 cm 和 6 cm,高为 20 cm,较长的底边与水面相齐,计算闸门的一侧所受的水压力.

20. 设有一长度为 l,线密度为 μ 的均匀的直棒,在与棒的一端垂直距离为 a 单位处有一质量为 m 的质点 M,试求这细棒对质点 M 的引力.

21. 半径为 r 的球沉入水中,球的上部与水面相切,球的密度与水相同,现将球从水中取出,需做多少功?

22. 生产某产品的边际成本函数为 $C'(x)=3x^2-14x+100$,固定成本 $C(0)=10\,000$,求生产 x 个产品的总成本函数.

23. 已知某产品总产量的变化率为 $Q'(t)=40+12t$(件/天),求从第 5 天到第 10 天产品的总产量.

24. 设生产 x 个产品的边际成本 $C=100+2x$(元),其固定成本为 $S=\displaystyle\int_0^2 (y^2-2y)\mathrm{d}y$(元),产品单价规定为 500 元.假设生产出的产品能完全销售,问生产量为多少时利润最大?并求出最大利润.

25. 某企业生产 x 吨产品时的边际成本为 $C'(x)=\dfrac{1}{50}x+30$(元/t).且固定成本为 900 元,试求产量为多少时平均成本最低?

26. 某煤矿投资 2\,000 万元建成,在时刻 t 的追加成本和增加收益分别为 $C'(t)=6+2t^{\frac{2}{3}},R'(t)=18-t^{\frac{2}{3}}$(百万元/年).试确定该煤矿何时停止生产可获得最大利润?最大利润是多少?

27. 已知函数 $y=f(x)$ 与函数 $y=f(-x)$ 关于 y 轴对称.验证: $\displaystyle\int_{-a}^{0} f(x)\mathrm{d}x=\int_{0}^{a} f(-x)\mathrm{d}x$.

28. 证明: $\displaystyle\int_{-a}^{a} f(x)\mathrm{d}x=\int_{0}^{a}\left[f(x)+f(-x)\right]\mathrm{d}x$.并计算: $\displaystyle\int_{-\frac{\pi}{4}}^{\frac{\pi}{4}}\dfrac{1}{1+\sin x}\mathrm{d}x$.

29. 若函数 $y=f(x)$ 在 $(0,1)$ 内连续,证明:

(1) $\displaystyle\int_{0}^{\frac{\pi}{2}} f(\sin x)\mathrm{d}x=\int_{0}^{\frac{\pi}{2}} f(\cos x)\mathrm{d}x$;

(2) $\displaystyle\int_{0}^{\frac{\pi}{2}} f(\sin x,\cos x)\mathrm{d}x=\int_{0}^{\frac{\pi}{2}} f(\cos x,\sin x)\mathrm{d}x$;

(3) $\displaystyle\int_{0}^{\frac{\pi}{2}} f(\tan x)\mathrm{d}x=\int_{0}^{\frac{\pi}{2}} f(\cot x)\mathrm{d}x$,并计算: $\displaystyle\int_{0}^{\frac{\pi}{2}}\dfrac{1}{1+\tan x}\mathrm{d}x$;

（4）$\int_0^{\pi} x f(\sin x)\,\mathrm{d}x = \dfrac{\pi}{2}\int_0^{\pi} f(\sin x)\,\mathrm{d}x$（提示：令 $x=\pi-t$，$\sin x=\sin(\pi-t)=\sin t$）并计算：$\int_0^{\pi}\dfrac{x\sin x}{1+\cos^2 x}\,\mathrm{d}x$.

30. 证明：

（1）$\int_a^b f(x)\,\mathrm{d}x = \int_a^b f(a+b-x)\,\mathrm{d}x$；

（2）$\int_0^a f(x)\,\mathrm{d}x = \int_0^a f(a-x)\,\mathrm{d}x$；

（3）$\int_0^{\frac{\pi}{2}} f(\sin t)\,\mathrm{d}t = \int_0^{\frac{\pi}{2}} f(\cos t)\,\mathrm{d}t$.

第 6 章
向量与空间解析几何

空间解析几何是用代数方法来研究空间图形的理论与方法,是科学与工程技术的基本数学工具之一. 本章首先建立空间直角坐标系,然后介绍向量的概念和向量的运算,并以此为工具讨论空间的平面和直线,最后介绍空间的曲面与曲线.

6.1 空间直角坐标系与向量基本知识

任务导入

数据显示,中国纺织业规模占比已超全球 50%. 纺纱是纺织业的重要组成部分,而环锭纺纱则是目前我国应用最广泛的一种纺纱技术. 在环锭纺纱过程中,被牵伸后的纱线从前罗拉输出之后,穿过导纱钩以及骑跨在钢领上的钢丝圈,最后卷绕到置于锭轴上的纱管上. 其中钢丝圈骑跨在钢领上连续回转,它的运动状态对成纱质量、纺纱断头率和生产效率等均有重要影响. 忽略空气阻力与钢丝圈重力,影响钢丝圈运动的力主要还有离心力、纱线卷绕张力、气圈底端纱线张力、钢领对钢丝圈的支撑力及摩擦力等. 这些力的方向分布在钢丝圈的四面八方,为了研究方便,一般要建立起空间坐标系,进行力的分析和计算.

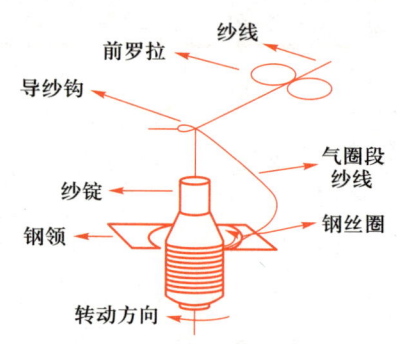

接下来,我们就来学习空间直角坐标系的相关知识.

一、空间直角坐标系

(一) 坐标轴与坐标平面

从空间中的任意一点 O,作三条互相垂直且长度单位相同的数轴 Ox,Oy,Oz(图 6-1),分别称为 x 轴(横轴),y 轴(纵轴),z 轴(竖轴),统称为坐标轴,按右手法则确定它们的正方向,O 称为原点,三条坐标轴中的任意两条确定的平面称为**坐标平面**(坐标面),这些坐标面把空间分成八个**卦限**(图 6-2).

(二) 空间中点的坐标

设 M 为空间中任意一点,过点 M 分别作垂直于三坐标轴的平面,与三坐标轴分别相交于 P,Q,R 三点(图 6-3),且设这三点在 x 轴、y 轴、z 轴上的坐标依次为 x,y,z,则点 M 唯一

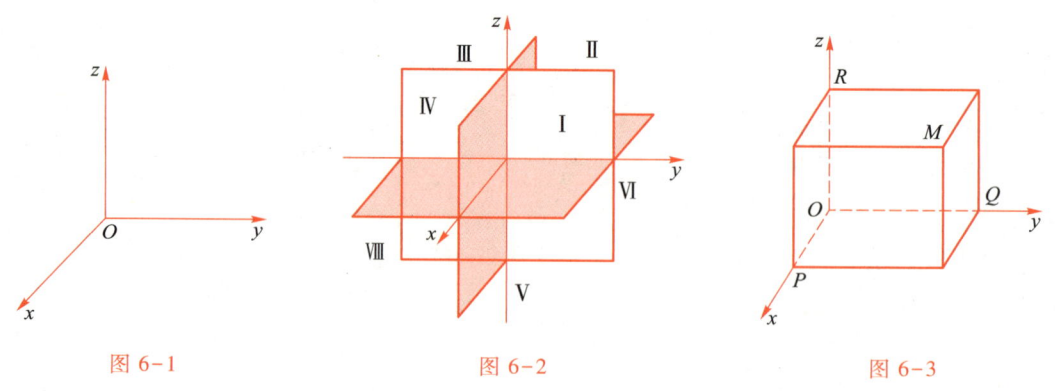

图 6-1   图 6-2   图 6-3

地确定了一个三元有序数组 (x,y,z)，称为点 M 的坐标. 反之亦然，x,y,z 分别称为点 M 的 x（横）坐标、y（纵）坐标、z（竖）坐标.

（三）空间中两点间的距离公式

设 $M_1(x_1,y_1,z_1)$ 和 $M_2(x_2,y_2,z_2)$ 为空间中的两点，可以证明这两点的距离为

$$d(M_1M_2)=|M_1M_2|=\sqrt{(x_2-x_1)^2+(y_2-y_1)^2+(z_2-z_1)^2},\qquad(1)$$

微视频
空间直角
坐标系

特别地，原点为 $O(0,0,0)$，$M(x,y,z)$ 为空间中任意一点，它们之间的距离为

$$|OM|=\sqrt{x^2+y^2+z^2}.\qquad(2)$$

例1 在 z 轴上求与点 $P(-4,1,7)$，$Q(3,5,-2)$ 等距离的点.

解 所求的 M 点在 z 坐标轴上，可设为 $M(0,0,z)$.

根据题意有：$|MP|=|MQ|$，即

$$\sqrt{(0+4)^2+(0-1)^2+(z-7)^2}=\sqrt{(0-3)^2+(0-5)^2+[z-(-2)]^2},$$

平方展开得到 $z=\dfrac{14}{9}$，所求的点坐标为 $M\left(0,0,\dfrac{14}{9}\right)$.

例2 试证以三点 $A(4,3,1)$，$B(7,1,2)$，$C(5,2,3)$ 为顶点的 $\triangle AOB$ 为等腰三角形.

证明 因为 $|AB|=\sqrt{(7-4)^2+(1-3)^2+(2-1)^2}=\sqrt{14}$，

$$|BC|=\sqrt{(5-7)^2+(2-1)^2+(3-2)^2}=\sqrt{6},$$

$$|AC|=\sqrt{(4-5)^2+(3-2)^2+(1-3)^2}=\sqrt{6},$$

所以 $|BC|=|AC|$，因此 $\triangle AOB$ 为等腰三角形.

例3 已知 $A(-1,0,2)$，$B(1,2,1)$，求 $\triangle AOB$ 的周长.

解 由公式（1）可得

$$|AB|=\sqrt{(-1-1)^2+(0-2)^2+(2-1)^2}=3,$$

由公式（2）可得

$$|OA|=\sqrt{(-1)^2+0^2+2^2}=\sqrt{5},$$

$$|OB|=\sqrt{1^2+2^2+1^2}=\sqrt{6},$$

所以 $\triangle AOB$ 的周长为

$$l=|AB|+|OA|+|OB|=3+\sqrt{5}+\sqrt{6}.$$

"坐标"的源起

数学上坐标的实质是有序数对. 早在公元前 2 000 多年,古巴比伦人就用数字表示了一点到另一固定点、直线或物体的距离,这是最原始的坐标思想. 公元前 4 世纪我国战国时代天文学家石申(生卒年代不详)绘制的恒星方位表中使用了坐标方法,古希腊数学家阿波罗尼奥斯(约前 262—前 190)在研究圆锥曲线时也采用过一种特殊的"坐标",这给后世坐标几何的建立以很大的启发.

14 世纪法国数学家奥雷姆(约 1320—1382)在研究物体运动时,曾用一水平线上的点代表时间,称之为经度,相当于现代的横坐标;而不同时刻的速度则用纵线表示,称之为纬度,相当于现代的纵坐标. 到 17 世纪,法国数学家费马(1601—1665)用一种没有负数的倾斜坐标描绘曲线,而法国数学家笛卡儿(1596—1650)从轨迹出发研究方程时,把平面上的点和实数对 (x,y) 建立对应关系,从而建立了坐标的观念. 英国数学家沃利斯(1616—1703)第一个提出了负坐标概念. 我们现在意义下的点的"坐标"一词是德国数学家莱布尼茨(1646—1716)于 1692 年创用的,1694 年他又使用了"纵坐标"一词. 而"横坐标"一词是在 18 世纪才由德国数学家沃尔夫(1679—1754)等人引入的.

数学发展至今已创设出多种多样的坐标,一般包括便于表示空间几何构造的标架类坐标(如射影坐标、仿射坐标等)和以 n 维欧氏空间中的函数类为基础的曲线坐标(如极坐标、椭圆坐标等).

"坐标"的数学思想是科学家们勇于探索、不断研究的成果,对推动现代数学的发展起到了至关重要的作用.

二、向量及向量的线性运算

(一) 向量的概念

在现实生活中,通常遇到如物体的体积、温度、质量等只有大小的量,称为**数量**(或**标量**);另一类如速度、加速度、力、位移等既有大小又有方向的量,称为**向量**(或**矢量**).

在数学上,通常用有向线段来表示向量,如向量 $\overrightarrow{AB}$,有时也用一个小写的黑体字母表示(如 a,b,c 等)或用一个带箭头的小写字母表示(如 $\vec{a},\vec{b},\vec{c}$ 等),如图 6-4 所示. 有向线段的方向表示向量的方向,有向线段的长度表示向量的大小(也称为**向量的模**,如向量 $\overrightarrow{AB}$、a 的模,记作 $|\overrightarrow{AB}|$、$|a|$).

模等于 1 的向量叫做**单位向量**(a 的单位向量记作 $a°$),模等于 0 的向量叫做**零向量**(记作 $\vec{0}$ 或 **0**),零向量的方向是任意的.

当两个向量 a 与 b 平行移动到同一起点后在同一直线上,称它们为**平行向量**(**共线向量**),记作 $a\parallel b$,特别地,零

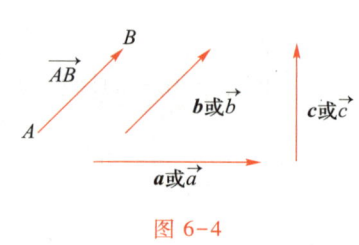

图 6-4

向量与任何向量都平行.

（二） 向量的线性运算

向量的加法和数乘运算统称为**向量的线性运算**.

1. 向量的加法

定义 6.1.1（平行四边形法则） 设有两个向量 $a = \overrightarrow{OA}$，$b = \overrightarrow{OB}$，以 OA、OB 为邻边作一个平行四边形 $OACB$，如图 6-5（a）所示，对角线 OC 所表示的向量 $c = \overrightarrow{OC}$，称为 a 与 b 的和，记作 $c = a + b$.

定义 6.1.2（三角形法则） 将两个向量 a 与 b 之一平行移动，使得 b 的起点与 a 终点重合，如图 6-5（b）所示，则由 a 的起点到 b 的终点的向量就是 a 与 b 的和，记作 $c = a + b$.

向量 b 可以平行地自由移动，所以图 6-5（b）中 $b = \overrightarrow{OB}$，从而得 $\overrightarrow{OA} + \overrightarrow{AC} = \overrightarrow{OC}$.

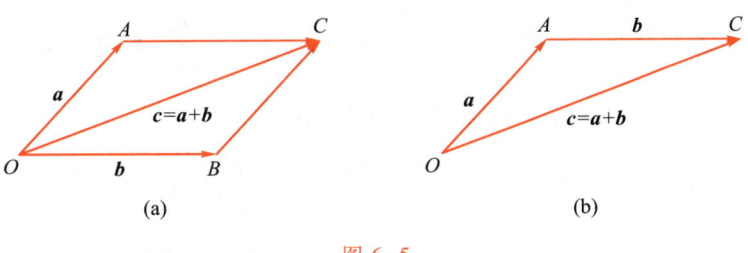

图 6-5

当两个向量平行时，平行四边形法则不适用，而三角形法则仍然适用，且三角形法则可以推广到多个向量的求和. 如求 a 与 b 的和，可以将它们平行移动到首尾相接，得到 $c = a + b$，如图 6-6 所示.

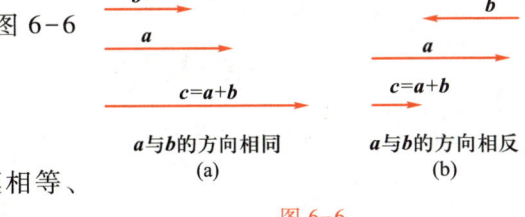

图 6-6

2. 向量的减法

定义 6.1.3 设 a 为任意向量，与 a 的模相等、方向相反的向量称为向量 a 的**负向量**（相反向量、逆向量），记作 $-a$，如图 6-7（a）所示.

由此规定两个向量 a 与 b 的差为 $a - b = a + (-b)$.

由向量加法的三角形法则可看出，a 减 b，只要把与 b 模相等而方向相反的向量 $-b$ 加到向量 a 上去，就得到 $a - b$，如图 6-7（b）所示.

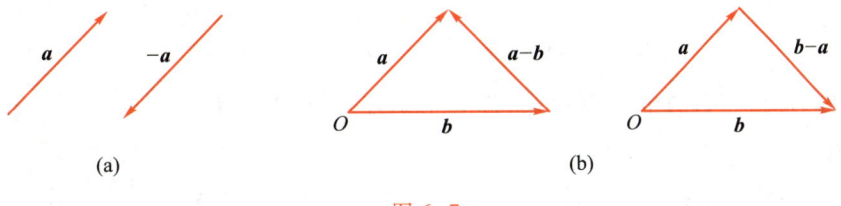

图 6-7

3. 数与向量的数乘

定义 6.1.4　设 λ 为一实数,则向量 $\boldsymbol{a}$ 与数 λ 的乘积为一向量,称为**向量的数乘**,记作 $\lambda\boldsymbol{a}$(图 6-8),且规定

$$|\lambda\boldsymbol{a}| = |\lambda| \cdot |\boldsymbol{a}|,$$

当 $\lambda > 0$ 时,$\lambda\boldsymbol{a}$ 与 $\boldsymbol{a}$ 方向相同;

当 $\lambda < 0$ 时,$\lambda\boldsymbol{a}$ 与 $\boldsymbol{a}$ 方向相反.

$\boldsymbol{a}$ 为一非零向量,则 $\boldsymbol{a}$ 的单位向量为

$$\boldsymbol{a}^\circ = \frac{1}{|\boldsymbol{a}|} \cdot \boldsymbol{a}.$$

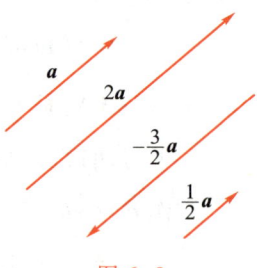

图 6-8

定理 6.1.1　非零向量 $\boldsymbol{a}$ 与向量 $\boldsymbol{b}$ 平行的充要条件是存在唯一实数 λ,使得 $\boldsymbol{b} = \lambda\boldsymbol{a}$.

证明　充分性:两个非零向量 $\boldsymbol{a}$ 与 $\boldsymbol{b}$ 之间有关系式 $\boldsymbol{b} = \lambda\boldsymbol{a}$ 时,则 $\boldsymbol{a}$ 与 $\boldsymbol{b}$ 相互平行是显然的.

必要性:若两个非零向量 $\boldsymbol{a}$ 与 $\boldsymbol{b}$ 相互平行,令 $|\lambda| = \dfrac{|\boldsymbol{b}|}{|\boldsymbol{a}|}$,$\lambda$ 为非零常数,则 $\lambda > 0$ 时 $\boldsymbol{a}$ 与 $\boldsymbol{b}$ 方向相同;$\lambda < 0$ 时 $\boldsymbol{a}$ 与 $\boldsymbol{b}$ 方向相反,即都有 $\boldsymbol{b} = \lambda\boldsymbol{a}$.

这里 $\boldsymbol{a}$ 与 $\boldsymbol{b}$ 方向相同的时候,$|\lambda\boldsymbol{a}| = |\lambda||\boldsymbol{a}| = \dfrac{|\boldsymbol{b}|}{|\boldsymbol{a}|}|\boldsymbol{a}| = |\boldsymbol{b}|$.

唯一性:设 $\boldsymbol{b} = \lambda\boldsymbol{a}$,如果不唯一,不妨设 $\boldsymbol{b} = \mu\boldsymbol{a}$,两式相减得到 $(\lambda-\mu)\boldsymbol{a} = \boldsymbol{0}$,$|\lambda-\mu||\boldsymbol{a}| = 0$. 对于非零向量 $\boldsymbol{a}$ 有 $|\boldsymbol{a}| \neq 0$,故 $|\lambda-\mu| = 0$,因此有 $\lambda = \mu$.

三、向量的坐标表示

（一）向径及其坐标表示

起点为坐标原点 O,终点为 M 的向量 $\overrightarrow{OM}$ 称为点 M 的**向径**(也称为点 M 的**位置向量**),记作 $\overrightarrow{OM}$.

与 x 轴、y 轴、z 轴的正向具有相同方向的单位向量,分别记为 $\boldsymbol{i},\boldsymbol{j},\boldsymbol{k}$,如图 6-9 所示.

设在空间直角坐标系 $Oxyz$ 中,给定点 M 的坐标为 (x,y,z),可得:

$$\overrightarrow{OA} = x\boldsymbol{i},\ \overrightarrow{OB} = \overrightarrow{AD} = y\boldsymbol{j},\ \overrightarrow{OC} = \overrightarrow{DM} = z\boldsymbol{k}.$$

根据向量加法的三角形法则:

$$\overrightarrow{OM} = \overrightarrow{OA} + \overrightarrow{AD} + \overrightarrow{DM},$$

即

$$\overrightarrow{OM} = x\boldsymbol{i} + y\boldsymbol{j} + z\boldsymbol{k}, \tag{3}$$

式(3)称为向径 $\overrightarrow{OM}$ 的坐标表示式,称 x,y,z 为向径 $\overrightarrow{OM}$ 的坐标,记作

$$\overrightarrow{OM} = x\boldsymbol{i} + y\boldsymbol{j} + z\boldsymbol{k} = (x,y,z),$$

即向径 $\overrightarrow{OM}$ 的坐标与点 M 的坐标是相同的.

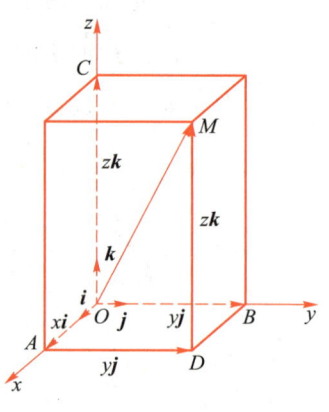

图 6-9

（二） 向量 $\overrightarrow{AB}$ 的坐标表示

在空间中任意两点 $A(x_1,y_1,z_1)$，$B(x_2,y_2,z_2)$. 设以 A 点为起点、B 点为终点的向量为 $\overrightarrow{AB}$，如图 6-10 所示.

由向径：$\overrightarrow{OA}=x_1\boldsymbol{i}+y_1\boldsymbol{j}+z_1\boldsymbol{k}$，$\overrightarrow{OB}=x_2\boldsymbol{i}+y_2\boldsymbol{j}+z_2\boldsymbol{k}$，

根据向量加法的三角形法则有

$$\overrightarrow{AB}=\overrightarrow{OB}-\overrightarrow{OA},$$

利用向量加法的运算律便有

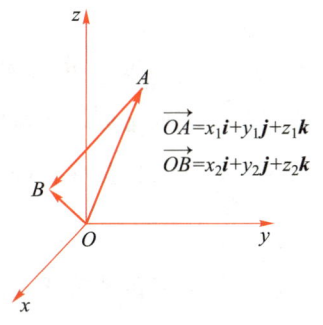

图 6-10

$$\begin{aligned}
\overrightarrow{AB}=\overrightarrow{OB}-\overrightarrow{OA}&=(x_2\boldsymbol{i}+y_2\boldsymbol{j}+z_2\boldsymbol{k})-(x_1\boldsymbol{i}+y_1\boldsymbol{j}+z_1\boldsymbol{k})\\
&=(x_2-x_1)\boldsymbol{i}+(y_2-y_1)\boldsymbol{j}+(z_2-z_1)\boldsymbol{k}\\
&=(x_2-x_1,y_2-y_1,z_2-z_1).
\end{aligned}$$

也就是说任意一个以点 $A(x_1,y_1,z_1)$ 为起点、以点 $B(x_2,y_2,z_2)$ 为终点的向量 $\overrightarrow{AB}$ 的坐标，等于终点的坐标减起点的坐标.

（三） 向量线性运算的坐标表示

有了向量的坐标表示后，两个或两个以上向量的线性运算就可以用坐标表示.

设向量 $\boldsymbol{a}=x_1\boldsymbol{i}+y_1\boldsymbol{j}+z_1\boldsymbol{k}$，$\boldsymbol{b}=x_2\boldsymbol{i}+y_2\boldsymbol{j}+z_2\boldsymbol{k}$，则

$$\begin{aligned}
\boldsymbol{a}\pm\boldsymbol{b}&=(x_1\boldsymbol{i}+y_1\boldsymbol{j}+z_1\boldsymbol{k})\pm(x_2\boldsymbol{i}+y_2\boldsymbol{j}+z_2\boldsymbol{k})\\
&=(x_1\pm x_2)\boldsymbol{i}+(y_1\pm y_2)\boldsymbol{j}+(z_1\pm z_2)\boldsymbol{k}\\
&=(x_1\pm x_2,y_1\pm y_2,z_1\pm z_2),
\end{aligned}$$

也就是向量经过加减所得的向量，其坐标为相应向量对应坐标加减.

$$\lambda\boldsymbol{a}=\lambda(x_1\boldsymbol{i}+y_1\boldsymbol{j}+z_1\boldsymbol{k})=\lambda x_1\boldsymbol{i}+\lambda y_1\boldsymbol{j}+\lambda z_1\boldsymbol{k}=(\lambda x_1,\lambda y_1,\lambda z_1),$$

也就是说数与向量相乘所得向量，其坐标是向量的每个坐标与数相乘.

$$\boldsymbol{a}=\boldsymbol{b}\Leftrightarrow x_1=x_2,y_1=y_2,z_1=z_2,$$

也就是说两个向量相等，向量的对应坐标相等.

$$\boldsymbol{a}\parallel\boldsymbol{b}\Leftrightarrow\frac{x_2}{x_1}=\frac{y_2}{y_1}=\frac{z_2}{z_1},$$

也就是说两个向量平行，向量的对应坐标成比例，事实上设向量 $\boldsymbol{a}=x_1\boldsymbol{i}+y_1\boldsymbol{j}+z_1\boldsymbol{k}$ 和 $\boldsymbol{b}=x_2\boldsymbol{i}+y_2\boldsymbol{j}+z_2\boldsymbol{k}$ 平行，则由 $\boldsymbol{b}=\lambda\boldsymbol{a}$，得 $x_2=\lambda x_1,y_2=\lambda y_1,z_2=\lambda z_1$，即 $\dfrac{x_2}{x_1}=\dfrac{y_2}{y_1}=\dfrac{z_2}{z_1}=\lambda$，于是有

$$\boldsymbol{a}\parallel\boldsymbol{b}\Leftrightarrow\frac{x_2}{x_1}=\frac{y_2}{y_1}=\frac{z_2}{z_1}（即对应坐标成比例）.$$

例 4 已知 $\boldsymbol{a}=-\boldsymbol{i}+3\boldsymbol{j}+2\boldsymbol{k}$，$\boldsymbol{b}=5\boldsymbol{i}-2\boldsymbol{k}$，求 $\boldsymbol{a}+\boldsymbol{b}$，$\boldsymbol{b}-\boldsymbol{a}$，$3\boldsymbol{b}+2\boldsymbol{j}$.

解 因为 $\boldsymbol{a}=-\boldsymbol{i}+3\boldsymbol{j}+2\boldsymbol{k}=(-1,3,2)$，$\boldsymbol{b}=5\boldsymbol{i}-2\boldsymbol{k}=(5,0,-2)$. 所以

$$\boldsymbol{a}+\boldsymbol{b}=(-1+5,3+0,2+(-2))=(4,3,0)=4\boldsymbol{i}+3\boldsymbol{j},$$

$$\boldsymbol{b}-\boldsymbol{a}=(5-(-1),0-3,-2-2)=(6,-3,-4)=6\boldsymbol{i}-3\boldsymbol{j}-4\boldsymbol{k},$$

$$3\boldsymbol{b}+2\boldsymbol{j}=3(5,0,-2)+2(0,1,0)=(15,0-6)+(0,2,0)=(15,2,-6)$$
$$=15\boldsymbol{i}+2\boldsymbol{j}-6\boldsymbol{k}.$$

（四）向量模的坐标表示

向量可以用模与方向表示,也可以用坐标表示,由此向量的模与方向也可以用坐标表示.

设向量 $\boldsymbol{a}=x\boldsymbol{i}+y\boldsymbol{j}+z\boldsymbol{k}$,作向径 $\overrightarrow{OA}$,点 A 的坐标 (x,y,z),有

$$|\boldsymbol{a}|=\sqrt{x^2+y^2+z^2},$$

即向量的模等于其坐标平方和的算术平方根.

一般地,向量 $\overrightarrow{AB}$ 的模就是线段 AB 的长度(点 A、B 之间的距离)

$$|\overrightarrow{AB}|=\sqrt{(x_2-x_1)^2+(y_2-y_1)^2+(z_2-z_1)^2}.$$

例5 设两个向量 $\boldsymbol{a}$ 与向量 $\boldsymbol{b}$,已知 $\boldsymbol{a}=2\boldsymbol{i}-\boldsymbol{j}+\boldsymbol{k}$,$|\boldsymbol{b}|=3$,且 $\boldsymbol{a}\parallel\boldsymbol{b}$,求向量 $\boldsymbol{b}$.

解 设 $\boldsymbol{b}=x\boldsymbol{i}+y\boldsymbol{j}+z\boldsymbol{k}$,由于 $|\boldsymbol{b}|=3$,则有

$$\sqrt{x^2+y^2+z^2}=3, \tag{4}$$

因为 $\boldsymbol{a}\parallel\boldsymbol{b}$,而 $\boldsymbol{a}=2\boldsymbol{i}-\boldsymbol{j}+\boldsymbol{k}$,所以

$$\frac{x}{2}=\frac{y}{-1}=\frac{z}{1}, \tag{5}$$

由方程(4)(5)解得

$$x=\pm\sqrt{6},\ y=\mp\frac{\sqrt{6}}{2},\ z=\pm\frac{\sqrt{6}}{2},$$

从而所求向量 $\boldsymbol{b}=\left(\sqrt{6},-\frac{\sqrt{6}}{2},\frac{\sqrt{6}}{2}\right)$ 或 $\boldsymbol{b}=\left(-\sqrt{6},\frac{\sqrt{6}}{2},-\frac{\sqrt{6}}{2}\right).$

（五）向量的方向角与方向余弦

为了表示向量方向,引入向量方向角的概念.

设向量 $\boldsymbol{a}$ 与三个坐标轴 x 轴、y 轴、z 轴正向的夹角为 α,β,γ,如图 6-11 所示,这三个角称为**向量 $\boldsymbol{a}$ 的方向角**,并规定 $0\leqslant\alpha,\beta,\gamma\leqslant\pi$.

向量 $\boldsymbol{a}$ 的方向角 α,β,γ 的余弦 $\cos\alpha$,$\cos\beta$,$\cos\gamma$ 称为向量 $\boldsymbol{a}$ 的**方向余弦**.

由图 6-11 可以看出

$$\cos\alpha=\frac{x}{|\overrightarrow{OM}|},\cos\beta=\frac{y}{|\overrightarrow{OM}|},\cos\gamma=\frac{z}{|\overrightarrow{OM}|}.$$

而 $|\overrightarrow{OM}|=\sqrt{x^2+y^2+z^2},$

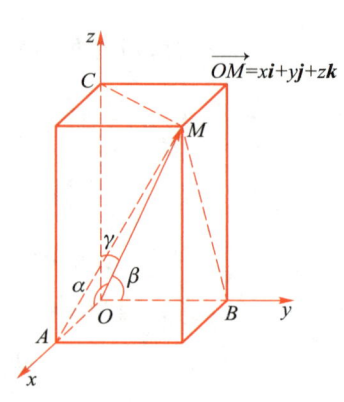

图 6-11

得
$$\begin{cases} \cos\alpha = \dfrac{x}{\sqrt{x^2+y^2+z^2}}, \\[2mm] \cos\beta = \dfrac{y}{\sqrt{x^2+y^2+z^2}}, \\[2mm] \cos\gamma = \dfrac{z}{\sqrt{x^2+y^2+z^2}}. \end{cases} \tag{6}$$

由式(6)得到

$$\cos^2\alpha + \cos^2\beta + \cos^2\gamma = 1. \tag{7}$$

这说明一个向量的三个方向角并不完全独立,应满足式(7).

设向量 $\boldsymbol{a}=x\boldsymbol{i}+y\boldsymbol{j}+z\boldsymbol{k}$,用向量 $\boldsymbol{a}$ 的模及方向余弦表示 $\boldsymbol{a}$:

$$\boldsymbol{a} = x\boldsymbol{i}+y\boldsymbol{j}+z\boldsymbol{k}$$
$$= |\boldsymbol{a}|\left(\frac{x}{|\boldsymbol{a}|}\boldsymbol{i}+\frac{y}{|\boldsymbol{a}|}\boldsymbol{j}+\frac{z}{|\boldsymbol{a}|}\boldsymbol{k}\right)$$
$$= |\boldsymbol{a}|(\cos\alpha\cdot\boldsymbol{i}+\cos\beta\cdot\boldsymbol{j}+\cos\gamma\cdot\boldsymbol{k})$$
$$= |\boldsymbol{a}|\boldsymbol{a}^\circ.$$

以向量 $\boldsymbol{a}$ 的方向余弦为坐标组成的向量称为向量 $\boldsymbol{a}$ 的方向向量,这说明:向量 $\boldsymbol{a}$ 的方向向量就是与 $\boldsymbol{a}$ 同向的单位向量 $\boldsymbol{a}^\circ$.

例6 同时作用于一点的三个力分别为 $\boldsymbol{F}_1=(1,2,3)$,$\boldsymbol{F}_2=(-2,3,-4)$,$\boldsymbol{F}_3=(3,-4,3)$.求合力 $\boldsymbol{F}=\boldsymbol{F}_1+\boldsymbol{F}_2+\boldsymbol{F}_3$ 的大小与方向向量.

解 合力

$$\boldsymbol{F} = \boldsymbol{F}_1+\boldsymbol{F}_2+\boldsymbol{F}_3$$
$$= (1-2+3,2+3-4,3-4+3)$$
$$= (2,1,2),$$

合力 $\boldsymbol{F}$ 的模 $|\boldsymbol{F}|=3$,合力的方向向量

$$|\boldsymbol{F}^\circ| = \left(\frac{2}{3},\frac{1}{3},\frac{2}{3}\right).$$

 任务训练

1. 点 $M(x,y,z)$ 关于原点,y 轴及 xOy 平面的对称点的坐标各是什么?

2. 向量的线性运算都有哪些运算法则?

文档
扫一扫,看答案

 思考题

假设 C919 大型客机在某次验证转场试飞时,在 xOy 平面与 x 轴正向呈 30° 的方向飞行,飞机相对于空气的速度为 840 km/h.空气以 32 km/h 的速度平行于 y 轴正方向流动.请问飞机相对于地面的速度是多少?

6.2 向量的数量积与向量积

任务导入

皮带传动亦称"带传动",它是机械传动的一种,主要通过皮带与两轮间的摩擦来传递运动和动力. 皮带传动的发明与中国丝绸业的发展关系密切,古代手摇纺车上纱线的运动实质上就体现了"带传动". 纺车的记载可以追溯到 2 000 多年前的中国汉朝,扬雄(前 53—18)在《方言》中将其称为"繀车",现在考古发现的不少汉代画像石上也有纺车图像. 皮带传动是中国古代的重要发明之一,这一技术后来通过丝绸之路传入了欧洲. 图 6-12 所示为一个简单的皮带传动结构:主动轮转动以摩擦力带动皮带运动,皮带运动以摩擦力带动从动轮转动. 根据物理知识,如果皮带上的质点 A 在力 $\boldsymbol{F}$ 的作用下位移到了点 B 处,那么力 $\boldsymbol{F}$ 所做的功为 $W=|\boldsymbol{F}|\cdot|\overrightarrow{AB}|$,力 F 对从动轮质心 O 的力矩为向量 $\boldsymbol{M}$,其大小为 $|\boldsymbol{M}|=|\boldsymbol{F}|\cdot R$,方向按力矩的右手螺旋法则来确定.

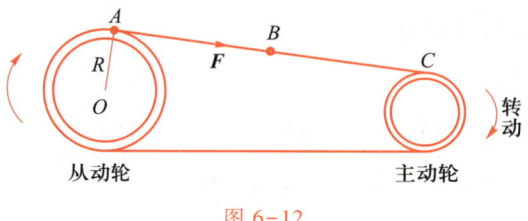

图 6-12

从功和力矩这两个物理量的计算中我们可以抽象出向量的数量积和向量积的概念,这也是本节要学习的主要内容.

一、向量的数量积(点积)

(一) 两个向量的夹角与向量间的投影

设同一起点的两个非零向量 $\boldsymbol{a}$ 与 $\boldsymbol{b}$,它们之间不超过180°的夹角,记作 $\langle\boldsymbol{a},\boldsymbol{b}\rangle$,有 $0\leqslant\langle\boldsymbol{a},\boldsymbol{b}\rangle\leqslant\pi$.

设 $\boldsymbol{a}$ 与 $\boldsymbol{b}$ 为同一起点的两个非零向量,其夹角为 $\langle\boldsymbol{a},\boldsymbol{b}\rangle$,向量 $\boldsymbol{a}$ 的模 $|\boldsymbol{a}|$ 与 $\cos\langle\boldsymbol{a},\boldsymbol{b}\rangle$ 的积称为向量 $\boldsymbol{a}$ 在向量 $\boldsymbol{b}$ 上的投影,如图 6-13 所示,记作 $\mathrm{prj}_b\boldsymbol{a}$,即 $\mathrm{prj}_b\boldsymbol{a}=|\boldsymbol{a}|\cdot\cos\langle\boldsymbol{a},\boldsymbol{b}\rangle$.

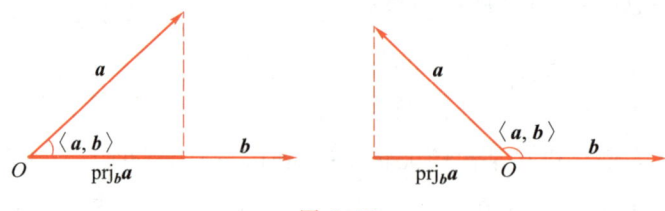

图 6-13

（二） 向量的数量积

定义 6.2.1 对于向量 a,b，称数值 $|a| \cdot |b| \cdot \cos\langle a,b\rangle$ 为向量 a,b 的**数量积**（或称点积），记作 $a \cdot b$，即

$$a \cdot b = |a| \cdot |b| \cdot \cos\langle a,b\rangle. \tag{1}$$

几点说明：

（1）两个向量的数量积是一个数量. 当夹角 $\langle a,b\rangle$ 为锐角时，数值为正；当夹角 $\langle a,b\rangle$ 为钝角时，数值为负；

（2）向量 a 与 b 的夹角 $\langle a,b\rangle$ 满足 $\cos\langle a,b\rangle = \dfrac{a \cdot b}{|a| \cdot |b|}$；

（3）$\mathrm{prj}_b a = |a| \cdot \cos\langle a,b\rangle = |a|\dfrac{a \cdot b}{|a| \cdot |b|} = \dfrac{a \cdot b}{|b|} = a \cdot \dfrac{b}{|b|} = a \cdot b^{\circ}$；

（4）由向量的数量积的定义可知，物理学中关于质点在常力 F 作用下，由点 A 沿直线移动到点 B 即位移 $s = \overrightarrow{AB}$ 时，则力 F 所做的功 $W = |F| \cdot |s|\cos\langle F,s\rangle$ 就是向量 F 与 s 的数量积 $F \cdot s$.

向量的数量积满足如下运算规律：

（1）$a \cdot b = b \cdot a$（交换律）；

（2）$\lambda(a \cdot b) = (\lambda a) \cdot b = a \cdot (\lambda b)$，其中 λ 为常数（结合律）；

（3）$a \cdot (b+c) = a \cdot b + a \cdot c$（分配律）.

定理 6.2.1 两个非零向量垂直的充要条件是 $a \cdot b = 0$，即

$$a \perp b \Leftrightarrow a \cdot b = 0.$$

证明 必要性：若两个非零向量 a 与 b 相互垂直，即 $\langle a,b\rangle = \dfrac{\pi}{2}$，则 $\cos\langle a,b\rangle = 0$，即有 $a \cdot b = 0$.

充分性：两个非零向量 a 与 b 的数量积 $a \cdot b = 0$ 时，则有 $\cos\langle a,b\rangle = 0$，从而得 $\langle a,b\rangle = \dfrac{\pi}{2}$，即 a 与 b 相互垂直.

对于空间直角坐标系中的基本单位向量 i,j,k，有

$$i \cdot j = j \cdot k = i \cdot k = 0, \quad i^2 = j^2 = k^2 = 1.$$

特别地，零向量与任意向量都垂直.

例 1 已知向量 a 与 b 的夹角为 $\dfrac{\pi}{3}$，且 $|a| = 2$，$|b| = 1$，求：

（1）向量 $a-b$ 与 $a+b$ 的数量积 $(a-b) \cdot (a+b)$；

（2）向量 $a-b$，$a+b$ 的模 $|a-b|$，$|a+b|$；

（3）向量 $a-b$ 与 $a+b$ 的夹角 θ.

解 （1）利用数量积的运算律及数量积的定义可得

$$(a-b) \cdot (a+b) = a \cdot a + a \cdot b - b \cdot a - b \cdot b = a^2 - b^2$$
$$= |a|^2 - |b|^2 = 2^2 - 1^2 = 3.$$

（2）因为

$$|a-b|^2 = (a-b)^2 = (a-b) \cdot (a-b) = a^2 - 2a \cdot b + b^2$$
$$= |a|^2 - 2|a| \cdot |b| \cos\langle a,b \rangle + |b|^2$$
$$= 2^2 - 2 \cdot 2 \cdot 1 \cdot \cos\frac{\pi}{3} + 1^2$$
$$= 3,$$

所以

$$|a-b| = \sqrt{3}.$$

类似地

$$|a+b|^2 = a^2 + 2a \cdot b + b^2$$
$$= |a|^2 + 2|a| \cdot |b| \cos\langle a,b \rangle + |b|^2$$
$$= 7,$$

所以

$$|a+b| = \sqrt{7}.$$

（3）根据式（1）得向量 $a-b$ 与 $a+b$ 的夹角 θ 满足

$$\cos\theta = \frac{(a-b) \cdot (a+b)}{|a-b| \cdot |a+b|},$$

于是

$$\cos\theta = \frac{3}{\sqrt{3} \cdot \sqrt{7}} = \frac{\sqrt{21}}{7},$$

从而所求的夹角 $\theta = \arccos\dfrac{\sqrt{21}}{7}$.

（三）数量积的坐标表示

设向量 $a = x_1 i + y_1 j + z_1 k$ 和向量 $b = x_2 i + y_2 j + z_2 k$，有

$$a \cdot b = (x_1 i + y_1 j + z_1 k) \cdot (x_2 i + y_2 j + z_2 k)$$
$$= x_1 x_2 i^2 + x_1 y_2 i \cdot j + x_1 z_2 i \cdot k + y_1 x_2 j \cdot i + y_1 y_2 j^2 + y_1 z_2 j \cdot k + z_1 x_2 k \cdot i + z_1 y_2 k \cdot j + z_1 z_2 k^2$$
$$= x_1 x_2 + y_1 y_2 + z_1 z_2,$$

即

$$a \cdot b = x_1 x_2 + y_1 y_2 + z_1 z_2, \tag{2}$$

两个向量的数量积等于它们对应坐标乘积之和.

　　　　　　　　　　　　　　　　　　高等数学（轻工纺织类）

推论 两个非零向量 a 与 b 相互垂直 $(a \perp b)$ 的充分必要条件是

$$a \cdot b = x_1 x_2 + y_1 y_2 + z_1 z_2 = 0.$$

例 2 已知向量 $a = -2i + j + \lambda k$，$b = -i + k$，且 $a \perp b$，求 λ.

解 因为 $a \perp b$，即 $a \cdot b = 0$，由于

$$a = -2i + j + \lambda k = (-2, 1, \lambda), \quad b = -i + k = (-1, 0, 1),$$

利用式（2）得

$$a \cdot b = -2 \cdot (-1) + 1 \cdot 0 + \lambda \cdot 1 = 2 + \lambda = 0,$$

所以 $\lambda = -2$.

（四）两个非零向量夹角计算公式

两个向量的夹角用定义去计算比较困难，但当向量用坐标表示时，利用向量的数量积、向量的模来计算就相对容易了.

设非零向量 $a = x_1 i + y_1 j + z_1 k$ 和 $b = x_2 i + y_2 j + z_2 k$，由于

$$\cos\langle a, b \rangle = \frac{a \cdot b}{|a| \cdot |b|},$$

可以得到两个向量夹角的余弦

$$\cos\langle a, b \rangle = \frac{x_1 x_2 + y_1 y_2 + z_1 z_2}{\sqrt{x_1^2 + y_1^2 + z_1^2}\sqrt{x_2^2 + y_2^2 + z_2^2}}. \tag{3}$$

二、向量的向量积（叉积）

（一）向量积的定义

定义 6.2.2 两个向量 a, b 的**向量积**（或称**叉积**）是一个新向量 c，记作 $a \times b$，即 $c = a \times b$，并且向量 c 满足条件：

（1）$|c| = |a| \cdot |b| \cdot \sin\langle a, b \rangle$； $\qquad\qquad\qquad\qquad$ （4）

（2）向量 $c = a \times b$ 的方向规定为既垂直于向量 a 又垂直于向量 b；

（3）向量 a, b 与 $c = a \times b$ 的正向遵循右手法则（图 6-14）.

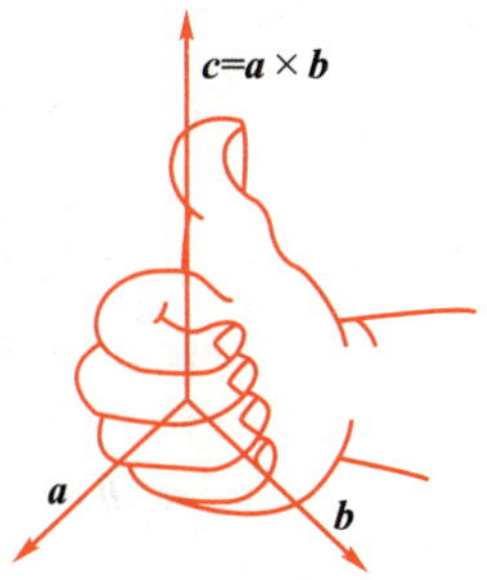

几点说明：

（1）向量积的模 $|a \times b|$ 的几何意义

将向量 a 与 b 的起点平行移动到一点，并以向量 a, b 为邻边作一平行四边形，则该平行四边形的面积为（图 6-15（a））

$$A = |a \times b| = |a| \cdot |b| \cdot \sin\langle a, b \rangle.$$

图 6-14

（2）向量积的力学意义

力学中，轴 L 上 P 点受力 F 作用，O 为轴 L 的支点，F 与 $\overrightarrow{OP}$ 的夹角为 θ 时，力 F 对支点 O 的力矩 M，就是 $\overrightarrow{OP}$ 与 F 的向量积，即 $M = \overrightarrow{OP} \times F$，其大小为

$$|\boldsymbol{M}| = |\overrightarrow{OP}||\boldsymbol{F}|\sin\langle\overrightarrow{OP},\boldsymbol{F}\rangle,$$

方向为同时垂直于向量 $\overrightarrow{OP}$ 与 $\boldsymbol{F}$ 且正向遵循右手法则（图 6-15（b））.

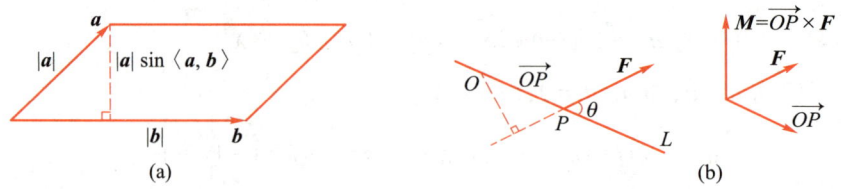

图 6-15

定理 6.2.2 两个非零向量 $\boldsymbol{a}$ 与 $\boldsymbol{b}$ 相互平行（$\boldsymbol{a}\,/\!/\,\boldsymbol{b}$）的充分必要条件是这两个向量 $\boldsymbol{a}$ 与 $\boldsymbol{b}$ 的向量积为零（$\boldsymbol{a}\times\boldsymbol{b}=\boldsymbol{0}$），即

$$\boldsymbol{a}\,/\!/\,\boldsymbol{b} \Leftrightarrow \boldsymbol{a}\times\boldsymbol{b}=\boldsymbol{0}.$$

证明 必要性：若向量 $\boldsymbol{a}$ 与 $\boldsymbol{b}$ 相互平行，即 $\langle\boldsymbol{a},\boldsymbol{b}\rangle=0$ 或 π，于是

$$|\boldsymbol{a}\times\boldsymbol{b}| = |\boldsymbol{a}|\cdot|\boldsymbol{b}|\cdot\sin\langle\boldsymbol{a},\boldsymbol{b}\rangle=0,$$

因此 $\boldsymbol{a}\times\boldsymbol{b}=\boldsymbol{0}$.

充分性：当 $\boldsymbol{a}\times\boldsymbol{b}=\boldsymbol{0}$ 时，有

$$|\boldsymbol{a}\times\boldsymbol{b}| = |\boldsymbol{a}|\cdot|\boldsymbol{b}|\cdot\sin\langle\boldsymbol{a},\boldsymbol{b}\rangle=0,$$

由于 $|\boldsymbol{a}|\neq0,|\boldsymbol{b}|\neq0$，则一定有 $\sin\langle\boldsymbol{a},\boldsymbol{b}\rangle=0$，所以 $\langle\boldsymbol{a},\boldsymbol{b}\rangle=0$ 或 π，即 $\boldsymbol{a}\,/\!/\,\boldsymbol{b}$.

在空间直角坐标系中，有

$$\boldsymbol{i}\times\boldsymbol{i}=\boldsymbol{0}, \quad \boldsymbol{j}\times\boldsymbol{j}=\boldsymbol{0}, \quad \boldsymbol{k}\times\boldsymbol{k}=\boldsymbol{0};$$

$$\boldsymbol{i}\times\boldsymbol{j}=\boldsymbol{k}, \quad \boldsymbol{j}\times\boldsymbol{i}=-\boldsymbol{k}, \quad \boldsymbol{j}\times\boldsymbol{k}=\boldsymbol{i}, \quad \boldsymbol{k}\times\boldsymbol{j}=-\boldsymbol{i}, \quad \boldsymbol{k}\times\boldsymbol{i}=\boldsymbol{j}, \quad \boldsymbol{i}\times\boldsymbol{k}=-\boldsymbol{j},$$

即 $\boldsymbol{i},\boldsymbol{j},\boldsymbol{k}$ 彼此的向量积的运算规律是按图 6-16 循环，顺时针为正、逆时针为负.

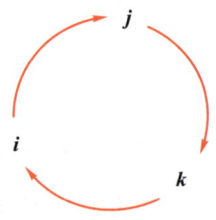

图 6-16

向量的向量积满足如下的运算律：

（1）$\boldsymbol{a}\times\boldsymbol{b}=-\boldsymbol{b}\times\boldsymbol{a}$，特别地，$\boldsymbol{a}\times\boldsymbol{a}=\boldsymbol{0}$（反交换律）；

（2）$\lambda(\boldsymbol{a}\times\boldsymbol{b})=(\lambda\boldsymbol{a})\times\boldsymbol{b}=\boldsymbol{a}\times(\lambda\boldsymbol{b})$（结合律）；

（3）$\boldsymbol{a}\times(\boldsymbol{b}+\boldsymbol{c})=\boldsymbol{a}\times\boldsymbol{b}+\boldsymbol{a}\times\boldsymbol{c}$（分配律）.

（二）向量积的坐标表示

设 $\boldsymbol{a}=x_1\boldsymbol{i}+y_1\boldsymbol{j}+z_1\boldsymbol{k},\boldsymbol{b}=x_2\boldsymbol{i}+y_2\boldsymbol{j}+z_2\boldsymbol{k}$，有

$$\boldsymbol{a}\times\boldsymbol{b}=(x_1\boldsymbol{i}+y_1\boldsymbol{j}+z_1\boldsymbol{k})\times(x_2\boldsymbol{i}+y_2\boldsymbol{j}+z_2\boldsymbol{k})$$

$$=x_1x_2\boldsymbol{i}\times\boldsymbol{i}+x_1y_2\boldsymbol{i}\times\boldsymbol{j}+x_1z_2\boldsymbol{i}\times\boldsymbol{k}+y_1x_2\boldsymbol{j}\times\boldsymbol{i}+y_1y_2\boldsymbol{j}\times\boldsymbol{j}+y_1z_2\boldsymbol{j}\times\boldsymbol{k}+z_1x_2\boldsymbol{k}\times\boldsymbol{i}+z_1y_2\boldsymbol{k}\times\boldsymbol{j}+z_1z_2\boldsymbol{k}\times\boldsymbol{k}$$

$$=x_1y_2\boldsymbol{k}-x_1z_2\boldsymbol{j}-y_1x_2\boldsymbol{k}+y_1z_2\boldsymbol{i}+z_1x_2\boldsymbol{j}-z_1y_2\boldsymbol{i},$$

即

$$\boldsymbol{a}\times\boldsymbol{b}=(y_1z_2-z_1y_2)\boldsymbol{i}-(x_1z_2-z_1x_2)\boldsymbol{j}+(x_1y_2-y_1x_2)\boldsymbol{k}. \tag{5}$$

为方便记忆,借用三阶行列式的记号,向量 $\boldsymbol{a}$ 与 $\boldsymbol{b}$ 的向量积 $\boldsymbol{a}\times\boldsymbol{b}$ 可记作

$$\boldsymbol{a}\times\boldsymbol{b}=\begin{vmatrix} \boldsymbol{i} & \boldsymbol{j} & \boldsymbol{k} \\ x_1 & y_1 & z_1 \\ x_2 & y_2 & z_2 \end{vmatrix},\qquad(6)$$

微视频
向量积的
坐标表示

按第一行展开,如图 6-17(a)所示,即

$$\boldsymbol{a}\times\boldsymbol{b}=\begin{vmatrix} y_1 & z_1 \\ y_2 & z_2 \end{vmatrix}\boldsymbol{i}-\begin{vmatrix} x_1 & z_1 \\ x_2 & z_2 \end{vmatrix}\boldsymbol{j}+\begin{vmatrix} x_1 & y_1 \\ x_2 & y_2 \end{vmatrix}\boldsymbol{k}.$$

其中二阶行列式的值,按图 6-17(b)所示的对角线法则计算.

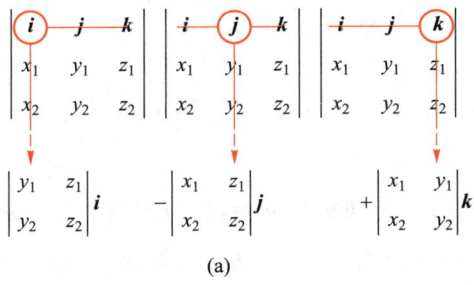

(a)　　　　　　　　　　(b)

图 6-17

例 3　已知向量 $\boldsymbol{a}=-\boldsymbol{i}+2\boldsymbol{j}+3\boldsymbol{k},\boldsymbol{b}=-2\boldsymbol{i}+\boldsymbol{k}$,求:(1) $\boldsymbol{a}\times\boldsymbol{b}$;(2) 同时垂直于 $\boldsymbol{a},\boldsymbol{b}$ 的单位向量 $\boldsymbol{e}$.

解　(1) 由式(6)得

$$\boldsymbol{a}\times\boldsymbol{b}=\begin{vmatrix} \boldsymbol{i} & \boldsymbol{j} & \boldsymbol{k} \\ -1 & 2 & 3 \\ -2 & 0 & 1 \end{vmatrix}=\begin{vmatrix} 2 & 3 \\ 0 & 1 \end{vmatrix}\boldsymbol{i}-\begin{vmatrix} -1 & 3 \\ -2 & 1 \end{vmatrix}\boldsymbol{j}+\begin{vmatrix} -1 & 2 \\ -2 & 0 \end{vmatrix}\boldsymbol{k}$$

$$=(2\cdot1-3\cdot0)\boldsymbol{i}-[-1\cdot1-3\cdot(-2)]\boldsymbol{j}+[-1\cdot0-2\cdot(-2)]\boldsymbol{k}$$

$$=2\boldsymbol{i}-5\boldsymbol{j}+4\boldsymbol{k}.$$

(2) 根据向量积的定义可知,同时垂直于 $\boldsymbol{a},\boldsymbol{b}$ 的向量就是 $\boldsymbol{a}\times\boldsymbol{b}$,所以同时垂直于 $\boldsymbol{a},\boldsymbol{b}$ 的单位向量是

$$\boldsymbol{e}=\pm\frac{1}{|\boldsymbol{a}\times\boldsymbol{b}|}\cdot(\boldsymbol{a}\times\boldsymbol{b})=\pm\frac{1}{\sqrt{2^2+(-5)^2+4^2}}\cdot(2\boldsymbol{i}-5\boldsymbol{j}+4\boldsymbol{k})$$

$$=\pm\frac{1}{3\sqrt{5}}(2\boldsymbol{i}-5\boldsymbol{j}+4\boldsymbol{k}).$$

例 4　已知 $\triangle ABC$ 的三个顶点 $A(1,2,3),B(3,4,5),C(2,4,7)$,求 $\triangle ABC$ 的面积.

解　根据向量积的几何意义,以 $\overrightarrow{AB}$ 和 $\overrightarrow{AC}$ 为邻边的平行四边形的面积为 $|\overrightarrow{AB}\times$

$\overrightarrow{AC}|$，从而 $\triangle ABC$ 的面积 $S_{\triangle ABC}=\dfrac{1}{2}\left|\overrightarrow{AB}\times\overrightarrow{AC}\right|$. 由于 $\overrightarrow{AB}=(2,2,2)$，$\overrightarrow{AC}=(1,2,4)$，

所以

$$\left|\overrightarrow{AB}\times\overrightarrow{AC}\right|=\begin{vmatrix}\boldsymbol{i}&\boldsymbol{j}&\boldsymbol{k}\\2&2&2\\1&2&4\end{vmatrix}=\begin{vmatrix}2&2\\2&4\end{vmatrix}\boldsymbol{i}-\begin{vmatrix}2&2\\1&4\end{vmatrix}\boldsymbol{j}+\begin{vmatrix}2&2\\1&2\end{vmatrix}\boldsymbol{k}=4\boldsymbol{i}-6\boldsymbol{j}+2\boldsymbol{k},$$

于是 $\triangle ABC$ 的面积

$$S_{\triangle ABC}=\dfrac{1}{2}\left|\overrightarrow{AB}\times\overrightarrow{AC}\right|=\dfrac{1}{2}\sqrt{4^2+(-6)^2+2^2}=\sqrt{14}.$$

三、向量的混合积

（一）混合积的定义

定义 6.2.3 设有三个向量 $\boldsymbol{a},\boldsymbol{b},\boldsymbol{c}$，先作向量积 $\boldsymbol{a}\times\boldsymbol{b}$，再与向量 $\boldsymbol{c}$ 作数量积 $(\boldsymbol{a}\times\boldsymbol{b})\cdot\boldsymbol{c}$，这样得到的新的数量就叫做向量 $\boldsymbol{a},\boldsymbol{b},\boldsymbol{c}$ 的混合积，记作 $(\boldsymbol{a},\boldsymbol{b},\boldsymbol{c})$，即 $(\boldsymbol{a},\boldsymbol{b},\boldsymbol{c})=(\boldsymbol{a}\times\boldsymbol{b})\cdot\boldsymbol{c}$.

容易发现：

$$(\boldsymbol{a},\boldsymbol{b},\boldsymbol{c})=(\boldsymbol{a}\times\boldsymbol{b})\cdot\boldsymbol{c}=(\boldsymbol{b}\times\boldsymbol{c})\cdot\boldsymbol{a}=(\boldsymbol{c}\times\boldsymbol{a})\cdot\boldsymbol{b}.$$

向量混合积的几何意义 三个向量 $\boldsymbol{a},\boldsymbol{b},\boldsymbol{c}$ 的混合积 $(\boldsymbol{a}\times\boldsymbol{b})\cdot\boldsymbol{c}$ 的绝对值表示以三个向量 $\boldsymbol{a},\boldsymbol{b},\boldsymbol{c}$ 为棱的平行六面体的体积.

（二）混合积的坐标表示

设三个向量 $\boldsymbol{a},\boldsymbol{b},\boldsymbol{c}$ 坐标为

$$\boldsymbol{a}=(a_1,a_2,a_3),\boldsymbol{b}=(b_1,b_2,b_3),\boldsymbol{c}=(c_1,c_2,c_3),$$

向量

$$(\boldsymbol{a}\times\boldsymbol{b})=\begin{vmatrix}\boldsymbol{i}&\boldsymbol{j}&\boldsymbol{k}\\a_1&a_2&a_3\\b_1&b_2&b_3\end{vmatrix},$$

三个向量的混合积 $(\boldsymbol{a}\times\boldsymbol{b})\cdot\boldsymbol{c}$ 的坐标表示为

$$(\boldsymbol{a}\times\boldsymbol{b})\cdot\boldsymbol{c}=\begin{vmatrix}a_1&b_1&c_1\\a_2&b_2&c_2\\a_3&b_3&c_3\end{vmatrix}.$$

 **知识链接**

向量积的符号发明者吉布斯

1881 年吉布斯(1839—1903)在其著作《向量分析基础》中发明了沿用至今的向量积符

号：$\boldsymbol{\alpha} \cdot \boldsymbol{\beta}$（点积）和 $\boldsymbol{\alpha} \times \boldsymbol{\beta}$（叉积）.

吉布斯是一个勤奋的人：1854 年 15 岁的吉布斯进入耶鲁大学并于 1863 年在耶鲁大学获美国第一个工程学博士学位.

吉布斯是一个忘我的人. 1871 年吉布斯获得耶鲁大学的一个数学物理教职，他认为"大学的可贵在于提供他一个自由思考的地方". 在 1873—1878 年，吉布斯做出了他对科学最重要的贡献——热力学的工作. 吉布斯终身未婚，全部心力用于探索数学、热力学的美与教授学生.

吉布斯是一个坚强的人. 吉布斯从小体弱多病，卧病在家的时间比在学校上课的时间多，但这也使他养成了善于思考的好习惯. 在他进入耶鲁大学不久，又惨遭父母与两个妹妹失去生命的不幸，但他没有倒下去，而是更加坚定地投身于科学研究之中.

吉布斯是一个勇于探索的人. 19 世纪 60 年代美国火车运输的发展一日千里，吉布斯敏锐地发现到火车运行时齿轮传动的力学与几何学的问题，并写出了《几何学研究设计火车齿轮》的博士论文. 吉布斯奠定了化学热力学的基础，提出了"吉布斯自由能"与"吉布斯相律"，创立了向量分析并将其引入数学物理之中.

吉布斯是一个热爱教育的人. 吉布斯为人谦虚，亲切和蔼，一生投身于教书育人. 他认为"老师不是用汤匙喂学生，而是像磨刀石使学生的思考更精确""数学是一种语言，学数学的目的在帮助学生能够以这种语言与自然有更精确的对话""数学不在于解题技巧，而在于观念的推行""学习数学在乎专心".

 任务训练

1. 向量的数量积与向量积有什么区别,分别满足哪些运算律?
2. 若 $\boldsymbol{a}$ 与 $\boldsymbol{b}$ 是单位向量,那么 $\boldsymbol{a} \cdot \boldsymbol{b}$ 与 $\boldsymbol{a} \times \boldsymbol{b}$ 是不是单位向量?

文档
扫一扫，看答案

 思考题

已知 $\boldsymbol{a} = \boldsymbol{i} + 2\boldsymbol{j}, \boldsymbol{b} = 2\boldsymbol{j} + \boldsymbol{k}$,怎样求出以 $\boldsymbol{a}$ 和 $\boldsymbol{b}$ 为邻边的平行四边形面积?

 6.3 空间平面、空间直线及其方程

 任务导入

丝绸起源于古代中国,伴随着丝绸的生产,我们的祖先还发明了很多纺织机械,如提花机就是重要发明之一. 我国明代科学家宋应星所著《天工开物》中记载的"花机图"：在"花机"机架构成的三维空间中,多条丝线纵横交织,经过繁复的工艺流程,织出了花锦. 这些丝

线和花锦可以看作三维空间中的直线和平面,它们的位置或相交或平行,体现了不同的数学特性.

接下来,我们就来学习空间中的平面和直线的相关知识吧.

一、平面的方程

(一) 平面的点法式方程

与平面垂直的非零向量称为平面的**法向量**,通常用 $\boldsymbol{n}$ 来表示. 显然,一个平面的法向量有无穷多个,而且平面内的任一个向量都与该平面的法向量垂直.

过空间一点可以且只能作一个平面垂直于一条已知直线,由此当已知平面上的一点和平面的一个法向量时,也就可以唯一地确定了该平面. 由平面上一点和平面的法向量所确定的平面方程,称为平面的**点法式方程**.

已知平面 π 过点 $M_0(x_0,y_0,z_0)$,平面的法向量为 $\boldsymbol{n}=(A,B,C)$,下面我们来建立平面的方程.

在平面 π 上取一点 $M(x,y,z)$,如图 6-18 所示,则向量 $\overrightarrow{M_0M}$ 在平面 π 内,有 $\overrightarrow{M_0M}\perp\boldsymbol{n}$,即 $\overrightarrow{M_0M}\cdot\boldsymbol{n}=0$.

又 $\overrightarrow{M_0M}=(x-x_0,y-y_0,z-z_0)$,所以有

$$A(x-x_0)+B(y-y_0)+C(z-z_0)=0. \tag{1}$$

反之,如果点 $M(x,y,z)$ 不在平面 π 上,则向量 $\overrightarrow{M_0M}$ 与法向量 $\boldsymbol{n}=(A,B,C)$ 不垂直,$\overrightarrow{M_0M}\cdot\boldsymbol{n}=0$ 不成立,即不在平面 π 上的点 $M(x,y,z)$ 不满足方程(1).

所以方程(1)就是平面 π 上任意一点 $M(x,y,z)$ 所满足的点法式方程.

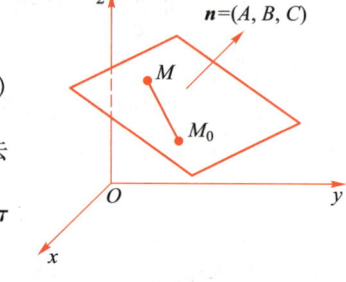

图 6-18

微视频
平面的点
法式方程

例1 已知点 $A(2,-3,1)$,点 $B(1,2,3)$,求过点 A 且与线段 AB 垂直的平面方程.

解 因为平面与线段 AB 垂直,所以向量 $\overrightarrow{AB}=(1-2,2+3,3-1)=(-1,5,2)$ 就是所求平面的法向量,又平面过点 A,于是由平面的点法式方程得

$$-(x-2)+5(y+3)+2(z-1)=0,$$

即所求平面的方程为 $-x+5y+2z+15=0$.

例2 已知点 $A(0,-1,2)$,点 $B(-1,0,3)$,点 $C(1,-2,2)$,求由 A,B,C 三点确定的平面方程.

解 因为平面的法向量 $\boldsymbol{n}$ 垂直于平面内的任一向量,而所求平面由 A、B、C 三点确定,所以 $\boldsymbol{n}$ 同时垂直向量 $\overrightarrow{AB}$,$\overrightarrow{AC}$,如图 6-19 所示,$\boldsymbol{n}=\overrightarrow{AB}\times\overrightarrow{AC}$,而

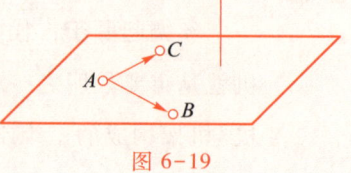

图 6-19

$$\overrightarrow{AB} = (-1-0, 0+1, 3-2) = (-1, 1, 1),$$

$$\overrightarrow{AC} = (1-0, -2+1, 2-2) = (1, -1, 0),$$

所以

$$n = \overrightarrow{AB} \times \overrightarrow{AC}$$

$$= \begin{vmatrix} i & j & k \\ -1 & 1 & 1 \\ 1 & -1 & 0 \end{vmatrix}$$

$$= \begin{vmatrix} 1 & 1 \\ -1 & 0 \end{vmatrix} i - \begin{vmatrix} -1 & 1 \\ 1 & 0 \end{vmatrix} j + \begin{vmatrix} -1 & 1 \\ 1 & -1 \end{vmatrix} k$$

$$= i + j,$$

由平面的点法式(A、B、C 三点中不妨取 A)可得所求平面的方程为

$$(x-0) + (y+1) + 0(z-2) = 0,$$

即 $x+y+1=0$.

由此我们得出如下结论:不共线的三点所确定的平面的法向量平行于这三点确定的向量中的任意两个向量的向量积.

不共线的三点所确定的平面方程(三点式方程)为

$$\begin{vmatrix} x-x_1 & y-y_1 & z-z_1 \\ x_2-x_1 & y_2-y_1 & z_2-z_1 \\ x_3-x_1 & y_3-y_1 & z_3-z_1 \end{vmatrix} = 0.$$

(二) 平面的一般式方程

将平面的点法式方程(1)整理得

$$Ax + By + Cz + D = 0, \tag{2}$$

其中 $D = -(Ax_0 + By_0 + Cz_0)$. 可见方程(2)是关于 x, y, z 的一次方程,所以任何平面可以用三元一次方程来表示. 反之,任给一个三元一次方程,它的图形一定是平面.

方程(2)称为平面的**一般式方程**,方程中 x, y, z 的系数就是该平面的法向量 n 的坐标. 例如方程 $2x-3y+5z+1=0$ 表示的平面其法向量 $n = (2, -3, 5)$.

对于一些特殊的三元一次方程,应该熟悉它们所表示的图形(平面)的特点:

(1) 当方程(2)缺常数项($D=0$)时,即 $Ax+By+Cz=0$,它表示一个过原点的平面.

(2) 当方程(2)缺变量 z($C=0$)时,即 $Ax+By+D=0$,它表示的平面法向量 $n = (A, B, 0)$,这时 $n \cdot k = 0$,即法向量 n 与 z 轴垂直,因此它表示的平面平行于 z 轴. 类似地,方程缺变量 y,即 $Ax+Cz+D=0$,它表示的平面平行于 y 轴;方程缺变量 x,即 $By+Cz+D=0$,它表示的平面平行于 x 轴.

(3) 当方程(2)缺某个变量(如:缺 z)又缺常数项时,即 $Ax+By=0$,它表示的平面既平行

于 z 轴,又过原点,即它表示的平面过 z 轴.

（4）当方程（2）缺某两个变量（如:缺 x,y 时,即 $Cz+D=0$,它表示的平面平行于 xOy 坐标面;类似地,方程 $Ax+D=0$ 表示的平面平行于 yOz 坐标面;方程 $By+D=0$ 表示的平面平行于 xOz 坐标面.

例 3 画出下列方程表示的平面的图形:

（1）$2z-3=0$；

（2）$x-y=0$；

（3）$2x-y-4=0$；

（4）$x+3z-6=0$；

（5）$2x+3y+z-6=0$；

（6）$x+2y-z=0$.

解 各方程所表示的平面的图形如图 6-20 所示.

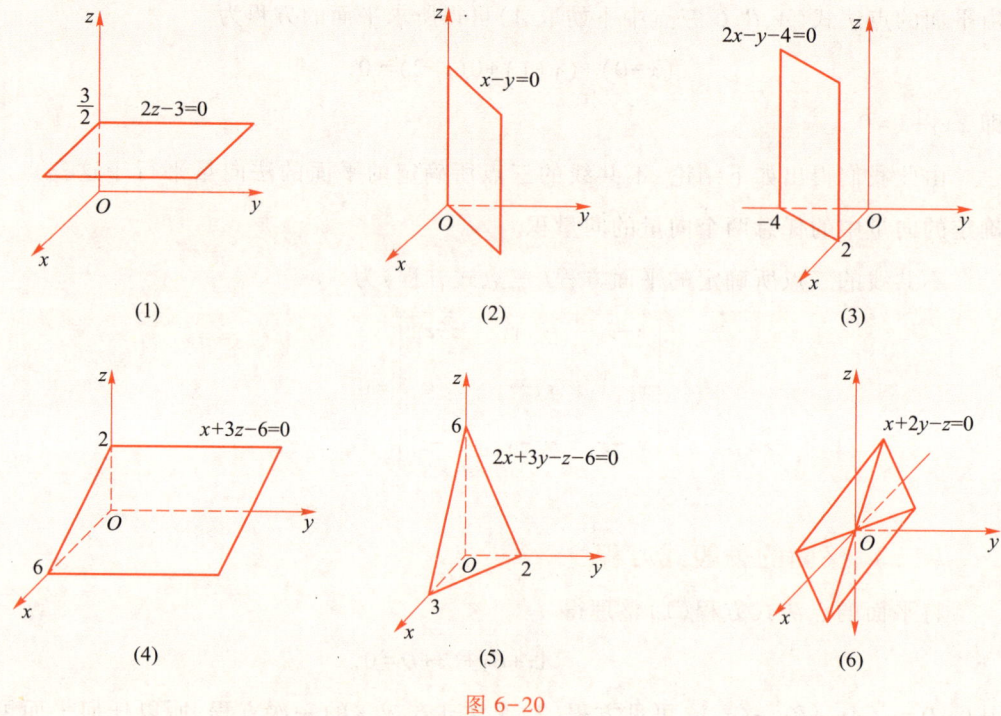

图 6-20

例 4 设一平面过点 $M_1(1,0,-2)$ 和 $M_2(1,2,2)$,且与向量 $\boldsymbol{a}=(1,1,1)$ 平行,求该平面方程.

解 解法一 因为平面过点 $M_1(1,0,-2)$ 和 $M_2(1,2,2)$,所以平面的法向量 $\boldsymbol{n}$ 与向量 $\overrightarrow{M_1M_2}=(0,2,4)$ 垂直;又平面与向量 $\boldsymbol{a}=(1,1,1)$ 平行,即平面的法向量 $\boldsymbol{n}$ 与 $\boldsymbol{a}$ 垂直,也就是说平面法向量 $\boldsymbol{n}$ 与向量 $\overrightarrow{M_1M_2}$、$\boldsymbol{a}$ 同时垂直,从而

$$\boldsymbol{n} = \overrightarrow{M_1M_2}\times\boldsymbol{a}$$

$$= \begin{vmatrix} \boldsymbol{i} & \boldsymbol{j} & \boldsymbol{k} \\ 0 & 2 & 4 \\ 1 & 1 & 1 \end{vmatrix}$$

$$= \begin{vmatrix} 2 & 4 \\ 1 & 1 \end{vmatrix} \boldsymbol{i} - \begin{vmatrix} 0 & 4 \\ 1 & 1 \end{vmatrix} \boldsymbol{j} + \begin{vmatrix} 0 & 2 \\ 1 & 1 \end{vmatrix} \boldsymbol{k}$$

$$= -2\boldsymbol{i} + 4\boldsymbol{j} - 2\boldsymbol{k},$$

由平面的点法式得所求平面的方程为

$$-2(x-1) + 4(y-0) - 2(z+2) = 0,$$

即

$$x - 2y + z + 1 = 0.$$

解法二 设所求平面的方程为 $Ax + By + Cz + D = 0$,因为平面过点 $M_1(1,0,-2)$ 和 $M_2(1,2,2)$,所以将点的坐标代入方程得

$$A - 2C + D = 0, \tag{3}$$

$$A + 2B + 2C + D = 0, \tag{4}$$

又因为平面与向量 $\boldsymbol{a} = (1,1,1)$ 平行,于是平面的法向量 $\boldsymbol{n}$ 与 $\boldsymbol{a}$ 垂直,即 $\boldsymbol{n} \cdot \boldsymbol{a} = 0$,有

$$A + B + C = 0, \tag{5}$$

由方程(3)、(4)、(5)解得

$$A = C, \quad B = -2C, \quad D = C,$$

从而所求平面的方程为

$$Cx - 2Cy + Cz + C = 0,$$

消去 C 即为

$$x - 2y + z + 1 = 0.$$

由解法二可以看出,当已知平面过点时,可以把点的坐标代入平面的一般式方程,得 A,B,C,D 的关系,例 4 就能用一般式方程来求解,读者可自行解答.

二、两平面的位置关系

(一)两平面的夹角

两平面的法向量的夹角中的锐角或直角称为两平面的夹角,如图 6-21 所示;当两平面平行时,规定其夹角为 0.

设平面 π_1 和 π_2 的方程分别为

$$\pi_1 : A_1x + B_1y + C_1z + D_1 = 0,$$

$$\pi_2 : A_2x + B_2y + C_2z + D_2 = 0,$$

它们的法向量分别为

$$\boldsymbol{n}_1 = (A_1, B_1, C_1), \boldsymbol{n}_2 = (A_2, B_2, C_2),$$

则 $\boldsymbol{n}_1$ 与 $\boldsymbol{n}_2$ 的夹角 θ(锐角)的余弦

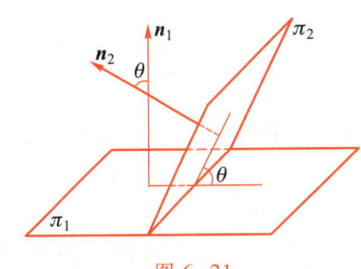

图 6-21

$$\cos\theta = \left| \frac{\boldsymbol{n}_1 \cdot \boldsymbol{n}_2}{|\boldsymbol{n}_1| \cdot |\boldsymbol{n}_2|} \right| = \frac{|A_1A_2 + B_1B_2 + C_1C_2|}{\sqrt{A_1^2 + B_1^2 + C_1^2}\sqrt{A_2^2 + B_2^2 + C_2^2}}, \tag{6}$$

公式(6)就是计算两平面夹角的公式.

（二）两平面平行、垂直的条件

由两平面夹角的定义可知：两平面平行（或重合）等价于它们的法向量平行；两平面垂直等价于它们的法向量垂直. 于是

$$\pi_1 \text{ // } \pi_2 (\text{或重合})(\boldsymbol{n}_1 \text{ // } \boldsymbol{n}_2) \Leftrightarrow \boldsymbol{n}_1 \times \boldsymbol{n}_2 = 0, \quad \text{即} \frac{A_1}{A_2} = \frac{B_1}{B_2} = \frac{C_1}{C_2},$$

$$\pi_1 \perp \pi_2 (\boldsymbol{n}_1 \perp \boldsymbol{n}_2) \Leftrightarrow \boldsymbol{n}_1 \cdot \boldsymbol{n}_2 = 0, \quad \text{即} A_1A_2 + B_1B_2 + C_1C_2 = 0.$$

例5 求过点 $M(1,-2,0)$，且与平面 $5x+4y-3z+5=0$ 平行的平面.

解 因为所求平面与平面 $5x+4y-3z+5=0$ 平行，所以它们的法向量平行. 于是可取平面 $5x+4y-3z+5=0$ 法向量 $\boldsymbol{n}=(5,4,-3)$ 作为所求平面的法向量，从而可设所求平面的方程为

$$5x+4y-3z+D=0,$$

因为平面过 $M(1,-2,0)$，把其坐标代入得 $D=3$，故所求平面的方程为

$$5x+4y-3z+3=0.$$

三、点到平面的距离公式

定义 6.3.1 过一点作与平面垂直的直线，该点到垂足的距离称为该点到平面的距离.

设点 $P_0(x_0, y_0, z_0)$ 是平面 $\pi: Ax+By+Cz+D=0$ 外一点，过点 P_0 引平面 π 的垂线段 P_0P，点 $P(x,y,z)$ 为垂足，则线段 P_0P 的长度就是点 P_0 到平面 π 的距离 d，如图 6-22 所示.

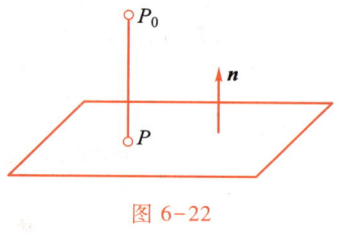

图 6-22

由于 $P_0P \perp \pi$，所以 $\overrightarrow{P_0P} \text{ // } \boldsymbol{n}$，而

$$\overrightarrow{P_0P} = (x-x_0, y-y_0, z-z_0),$$

于是

$$\frac{x-x_0}{A} = \frac{y-y_0}{B} = \frac{z-z_0}{C} = \lambda,$$

即

$$x = x_0 + A\lambda, \quad y = y_0 + B\lambda, \quad z = z_0 + C\lambda.$$

由点 P 在平面内，有

$$A(x_0+A\lambda)+B(y_0+B\lambda)+C(z_0+C\lambda)+D=0,$$

得

$$\lambda = -\frac{Ax_0+By_0+Cz_0+D}{A^2+B^2+C^2},$$

所以点 P_0 到平面 π 的距离

$$d = \left| \overrightarrow{P_0P} \right|$$

$$= \sqrt{(x-x_0)^2 + (y-y_0)^2 + (z-z_0)^2}$$

$$= \sqrt{(\lambda A)^2 + (\lambda B)^2 + (\lambda C)^2}$$

$$= |\lambda| \sqrt{A^2 + B^2 + C^2}$$

$$= \frac{|Ax_0 + By_0 + Cz_0 + D|}{\sqrt{A^2 + B^2 + C^2}},$$

即

$$d = \frac{|Ax_0 + By_0 + Cz_0 + D|}{\sqrt{A^2 + B^2 + C^2}}. \tag{7}$$

例 6 求点 $(-2,1,1)$ 到平面 $\pi : x - 2y - 2z - 6 = 0$ 的距离.

解 由点 P_0 到平面 π 的距离公式可得点 $(-2,1,1)$ 到平面 $\pi : x - 2y - 2z - 6 = 0$ 的距离

$$d = \frac{|1 \cdot (-2) - 2 \cdot 1 - 2 \cdot 1 - 6|}{\sqrt{1^2 + (-2)^2 + (-2)^2}} = \frac{|-12|}{3} = 4.$$

例 7 求两个平行平面 $\pi_1 : 2x - 2y + z - 3 = 0$ 与平面 $\pi_2 : 4x - 4y + 2z + 5 = 0$ 之间的距离.

解 由于平面 $\pi_1 : 2x - 2y + z - 3 = 0$ 与平面 $\pi_2 : 4x - 4y + 2z + 5 = 0$ 平行,所以在其中一个平面上的任意一点到另一个平面的距离就是所求两平行平面的距离. 于是可取平面

$$\pi_1 : 2x - 2y + z - 3 = 0$$

上的一点 $P(0,0,3)$,它到平面

$$\pi_2 : 4x - 4y + 2z + 5 = 0$$

的距离:

$$d = \frac{|0 \cdot 4 + 0 \cdot (-4) + 3 \cdot 2 + 5|}{\sqrt{4^2 + (-4)^2 + 2^2}} = \frac{11}{6},$$

从而所求两平行平面的距离为 $\dfrac{11}{6}$.

四、直线的方程

(一) 直线的点向式方程

定义 6.3.2 平行于已知直线 L 的任意非零向量 $s = (m, n, p)$,称为该直线 L 的**方向向量**,s 中的各分量称为该直线 L 的**方向数**,s 的方向余弦称为该直线 L 的**方向余弦**.

由于过空间一点有且只有一条直线平行于一已知直线,所以已知直线上的一点和它的一个方向向量,就可以唯一地确定该直线.下面来建立直线的方程.

设直线过点 $P_0(x_0, y_0, z_0)$,且它的方向向量为 $s = (m, n, p)$.点 $P(x, y, z)$ 为直线上的任意一点,则向量 $\overrightarrow{P_0P} = (x-x_0, y-y_0, z-z_0)$ 与向量 $s = (m, n, p)$ 平行,如图 6-23 所示.所以两个向量对应的坐标成比例,即

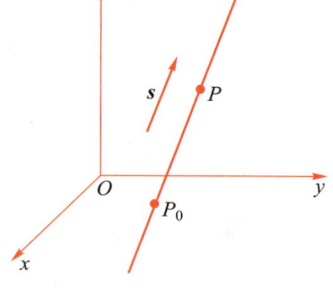

$$\frac{x-x_0}{m} = \frac{y-y_0}{n} = \frac{z-z_0}{p}. \tag{8}$$

反之,若点 $P(x, y, z)$ 不在直线上,则向量 $\overrightarrow{P_0P} = (x-x_0, y-y_0, z-z_0)$ 与向量 $s = (m, n, p)$ 不平行,两个向量对应的坐标不成比例.

图 6-23

因此,方程(8)就是直线的方程,称为直线的**点向式方程**(**对称式方程**).

说明:方向向量 $s = (m, n, p)$ 为非零向量,所以 s 的三个坐标 m, n, p 不能同时为零,其中一个或两个坐标为 0 时,方程(8)仍有确定的意义,可把相应的分子看作 0.

(二) 直线的两点式方程

若直线过点 $P_1(x_1, y_1, z_1)$ 与 $P_2(x_2, y_2, z_2)$,可以取直线的方向向量

$$s = \overrightarrow{P_1P_2} = (x_2-x_1, y_2-y_1, z_2-z_1),$$

于是得直线方程为

$$\frac{x-x_1}{x_2-x_1} = \frac{y-y_1}{y_2-y_1} = \frac{z-z_1}{z_2-z_1}. \tag{9}$$

这个方程称为直线的**两点式方程**.

例 8 求通过点 $P(-3, 2, 5)$,且同时平行于两平面 $\pi_1: x-4z-3=0$ 和 $\pi_2: 2x-y-5z-1=0$ 的直线方程.

解 因为所求直线同时平行于两个已知的平面,所以它的方向向量 s 与两个已知平面的法向量 $n_1 = (1, 0, -4)$,$n_2 = (2, -1, -5)$ 都垂直,于是

$$s = n_1 \times n_2$$

$$= \begin{vmatrix} i & j & k \\ 1 & 0 & -4 \\ 2 & -1 & -5 \end{vmatrix}$$

$$= \begin{vmatrix} 0 & -4 \\ -1 & -5 \end{vmatrix} i - \begin{vmatrix} 1 & -4 \\ 2 & -5 \end{vmatrix} j + \begin{vmatrix} 1 & 0 \\ 2 & -1 \end{vmatrix} k$$

$$= -4i - 3j - k,$$

从而所求直线的方程为

$$\frac{x+3}{-4} = \frac{y-2}{-3} = \frac{z-5}{-1},$$

即

$$\frac{x+3}{4} = \frac{y-2}{3} = \frac{z-5}{1}.$$

（三） 直线的参数方程

在直线的标准方程(8)中令其比值为 t,即

$$\frac{x-x_0}{m} = \frac{y-y_0}{n} = \frac{z-z_0}{p} = t,$$

则

$$\begin{cases} x = x_0 + mt, \\ y = y_0 + nt, \quad (t \text{ 为参数}). \\ z = z_0 + pt \end{cases} \tag{10}$$

方程组(10)称为直线的**参数方程**.

例 9 求直线 $\dfrac{x-1}{2} = \dfrac{y+2}{-1} = \dfrac{z-3}{3}$ 与平面 $x+2y-z=0$ 的交点.

解 令

$$\frac{x-1}{2} = \frac{y+2}{-1} = \frac{z-3}{3} = t (t \text{ 为参数}),$$

得

$$\begin{cases} x = 1 + 2t, \\ y = -2 - t, \\ z = 3 + 3t, \end{cases}$$

代入方程 $x+2y-z=0$,便有

$$(1+2t) + 2(-2-t) - (3+3t) = 0,$$

于是 $t = -2$,从而得交点为 $x = -3, y = 0, z = -3$,即所求交点为 $(-3, 0, -3)$.

（四） 直线的一般式方程

由立体几何知识可知,空间直线可以看作两个平面的交线.

设平面 π_1 和 π_2 的方程分别为

$$\pi_1 : A_1 x + B_1 y + C_1 z + D_1 = 0,$$

$$\pi_2 : A_2 x + B_2 y + C_2 z + D_2 = 0,$$

它们的交线 L 上的任一点 $P(x, y, z)$ 既在平面 π_1 上又在平面 π_2 上,因此其坐标应该同时满足两个平面的方程,即满足方程组

$$\begin{cases} A_1x+B_1y+C_1z+D_1=0, \\ A_2x+B_2y+C_2z+D_2=0. \end{cases} \qquad (11)$$

反之，不在直线 L 上的点不可能同时在两个平面上，它们的坐标不满足方程(11).

因此，直线 L 就可用方程(11)表示，方程(11)是平面 π_1 和 π_2 的交线 L 的**一般式方程**（**交面式方程**）.

注：（1）直线的一般式方程(11)给出的直线其方向向量 s，同时垂直于平面 π_1 和 π_2 的法向量 $n_1=(A_1,B_1,C_1)$ 和 $n_2=(A_2,B_2,C_2)$，于是有 $s=n_1 \times n_2$；

（2）由于过空间一直线有无穷多个平面，其中的任意两个平面的方程联立而得的方程组，就是这条直线的一般式方程.

五、空间两直线的位置关系

（一）空间两直线的夹角

定义 6.3.3 两直线的方向向量的夹角中的锐角或直角称为**两直线的夹角**.

设直线

$$L_1: \frac{x-x_1}{m_1}=\frac{y-y_1}{n_1}=\frac{z-z_1}{p_1},$$

直线

$$L_2: \frac{x-x_2}{m_2}=\frac{y-y_2}{n_2}=\frac{z-z_2}{p_2},$$

则它们的方向向量分别为 $s_1=(m_1,n_1,p_1)$ 和 $s_2=(m_2,n_2,p_2)$，于是直线 L_1 和 L_2 的夹角 φ（锐角）满足

$$\cos\varphi=\left|\frac{s_1 \cdot s_2}{|s_1| \cdot |s_2|}\right|=\frac{|m_1m_2+n_1n_2+p_1p_2|}{\sqrt{m_1^2+n_1^2+p_1^2}\sqrt{m_2^2+n_2^2+p_2^2}}. \qquad (12)$$

公式(12)就是两直线夹角的计算公式.

（二）两直线平行、垂直的条件

由两向量平行（或重合）、垂直的充分必要条件可以得到以下结论：

$$L_1 /\!/ L_2（或重合）(s_1 /\!/ s_2) \Leftrightarrow s_1 \times s_2=\mathbf{0}，即 \frac{m_1}{m_2}=\frac{n_1}{n_2}=\frac{p_1}{p_2},$$

$$L_1 \perp L_2(s_1 \perp s_2) \Leftrightarrow s_1 \cdot s_2=0，即 m_1m_2+n_1n_2+p_1p_2=0.$$

例 10 判别直线 $L_1: \dfrac{x-2}{3}=\dfrac{y-3}{-2}=\dfrac{z+1}{1}$ 与直线 $L_2: \begin{cases} x=6t, \\ y=-1-4t, \\ z=5+2t \end{cases}$ 的位置关系.

解 由于 L_1 的方向向量 $s_1=(3,-2,1)$，L_2 的方向向量 $s_2=(6,-4,2)$，显然有

$$\frac{6}{3} = \frac{-4}{-2} = \frac{2}{1},$$

即它们的对应坐标成比例,所以直线 L_1 与直线 L_2 平行.

六、空间直线与平面的位置关系

(一) 直线与平面的夹角

当直线与平面不垂直相交时,直线和它在平面内的投影之间的夹角 φ(锐角)称为**直线与平面的夹角**,规定当直线与平面垂直时,直线与平面的

夹角为 $\frac{\pi}{2}$. 直线的方向向量 $\boldsymbol{s}$ 与平面的法向量 $\boldsymbol{n}$ 的夹角为

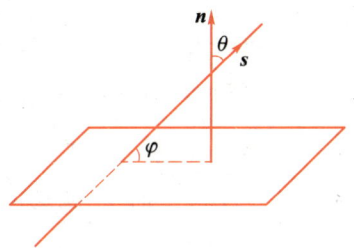

θ,如图 6-24 所示,则有 $\varphi = \left| \frac{\pi}{2} - \theta \right|$.

设直线 L 的方程为

$$\frac{x-x_0}{m} = \frac{y-y_0}{n} = \frac{z-z_0}{p},$$

图 6-24

平面 π 的方程为

$$Ax + By + Cz + D = 0,$$

这时直线的方向向量 $\boldsymbol{s} = (m, n, p)$ 与平面的法向量 $\boldsymbol{n} = (A, B, C)$ 的夹角 θ(锐角) 满足

$$\cos \theta = \left| \frac{\boldsymbol{s} \cdot \boldsymbol{n}}{|\boldsymbol{s}| \cdot |\boldsymbol{n}|} \right| = \frac{|mA + nB + pC|}{\sqrt{m^2 + n^2 + p^2} \sqrt{A^2 + B^2 + C^2}},$$

由于 $\varphi = \left| \frac{\pi}{2} - \theta \right|$,所以直线与平面的夹角 φ 满足

$$\sin \varphi = \cos \theta = \frac{|mA + nB + pC|}{\sqrt{m^2 + n^2 + p^2} \sqrt{A^2 + B^2 + C^2}}. \tag{13}$$

(二) 直线与平面平行、垂直的条件

如图 6-25 所示,由立体几何知识可知:若直线 L 的方程为

$$\frac{x-x_0}{m} = \frac{y-y_0}{n} = \frac{z-z_0}{p},$$

平面 π 的方程为

$$Ax + By + Cz + D = 0,$$

则

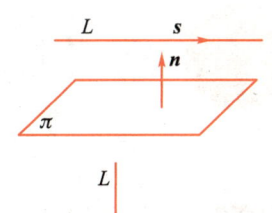

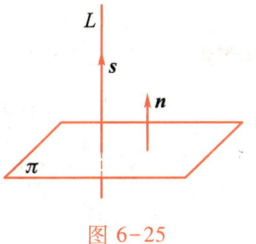

$L /\!/ \pi (\boldsymbol{s} \perp \boldsymbol{n})$(当 $L /\!/ \pi$ 时,直线 L 不在平面 π 内)

$$\Leftrightarrow \boldsymbol{s} \cdot \boldsymbol{n} = 0 \text{ 即 } mA + nB + pC = 0,$$

$L \perp \pi (\boldsymbol{s} /\!/ \boldsymbol{n}) \Leftrightarrow \boldsymbol{s} \times \boldsymbol{n} = \boldsymbol{0} \text{ 即 } \dfrac{m}{A} = \dfrac{n}{B} = \dfrac{p}{C}.$

图 6-25

二维向三维推广的成果:空间解析几何

解析几何学由二维平面向三维空间的推广,实际上在法国数学家笛卡儿(1596—1650)及费马(1601—1665)创立解析几何学时已初见端倪.笛卡儿在《几何》第二卷中对点的轨迹的描述,显示出了空间解析几何的观念,费马在 1643 年的一封信里简短地描述了他的关于空间解析几何的思想.

1679 年法国数学家拉伊尔(1640—1718)的著作《圆锥截线新论》中用三个坐标表示空间中的点,他最早写出一个空间曲面方程.法国数学家帕朗(1666—1716)则用方程更详细地讨论了几种曲面,他已经明确地用有三个变量的方程来表示空间曲面.瑞士数学家约翰·伯努利(1667—1748)在 1715 年的一封信中,叙述了现在所用的三个坐标平面.法国数学家克莱罗(1713—1765)在 1731 年也给出过几个曲面的方程,他还认识到空间曲线上的每点都有一个法平面,也就是包含无穷多条法线.

但对空间解析几何学的系统研究是从瑞士数学家欧拉(1707—1783)的早期工作开始的.1728 年,欧拉给出圆柱面、圆锥面及旋转曲面的方程,而他在 1748 年出版的《无穷分析引论》第二卷中,更系统地研究了一般的有三个变元的二次方程,然后通过坐标变换最后得到 6 种曲面.通常认为欧拉是空间解析几何学的奠基者.

空间解析几何的产生也体现了"事物是普遍联系和变化发展的"唯物辩证法思想.

文档
扫一扫,看答案

 任务训练

1. 空间两平面、空间两直线、空间的直线与平面间都有哪些位置关系?怎么判别?
2. 列出几个主要的空间平面方程和空间直线方程.

 思考题

讨论直线 $L: \dfrac{x}{3} = \dfrac{y}{5} = \dfrac{z}{2}$ 与平面 $\pi: 5x - 9y + 15z - 12 = 0$ 的位置关系.

 6.4 空间曲面、空间曲线及其方程

 任务导入

疫情期间,防护口罩一度成为全世界最紧缺的防疫物资之一.我国依靠完备的工业体系和强大的纺织工业生产能力,迅速提高了防护口罩的日产量,在较短的时间内满足了国内需求,并支援了世界抗疫行动.口罩机是口罩生产的必备机器.在口罩机中有一个重

要的零部件:超声波焊头,用于将耳带与口罩片熔接起来.考虑到耳带较为细小、零件易于加工成型以及超声波传播特性等因素,超声波焊头一般被设计成特殊形状的几何体.右图所示为一款超声波焊头,这个几何体的上半部侧面是一个圆柱曲面,下半部侧面是一个形状特殊的曲面,上下两个曲面相交处形成一条曲线(圆).那么,这些在空间几何体上的曲面和曲线怎么来定义?都有哪些数学性质?又该用什么方程来描述它们呢?

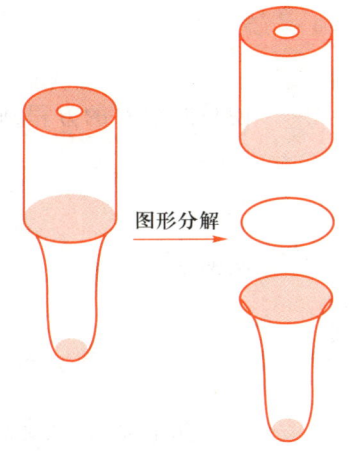

图形分解

这一节里,我们就来学习空间曲面、空间曲线的知识和内容.

一、空间曲面及其方程

在平面解析几何中,把平面曲线看作动点的轨迹.点的坐标满足某个方程时点在曲线上,在曲线上的点一定满足某方程.这时把曲线称为方程的曲线,把方程称为曲线的方程.与此相类似,在空间解析几何中任何一个曲面,同样可看作满足一定条件的动点的轨迹.

在空间直角坐标系中,若一个曲面 S 上的点 (x,y,z) 与一个三元方程 $F(x,y,z)=0$(或 $z=f(x,y)$)有下列关系:

(1) 在曲面 S 上任一点的坐标 (x,y,z) 满足方程 $F(x,y,z)=0$(或 $z=f(x,y)$);

(2) 不在曲面 S 上的点的坐标都不满足方程 $F(x,y,z)=0$(或 $z=f(x,y)$).

则把方程 $F(x,y,z)=0$(或 $z=f(x,y)$)称为曲面 S 的方程,而把曲面 S 称为方程 $F(x,y,z)=0$(或 $z=f(x,y)$)的图形.如图 6-26 所示.

空间曲线可以看作两个曲面的交线.

设 $F(x,y,z)=0$ 和 $G(x,y,z)=0$ 是两个曲面的方程,它们的交线为 C,如图 6-27 所示,曲线上任一点的坐标应同时满足这两个方程,即满足方程组

$$\begin{cases} F(x,y,z)=0, \\ G(x,y,z)=0. \end{cases}$$

反过来,如果点不在曲线 C 上,那么它就不可能同时在两个曲面上,从而它的坐标不可能满足这个方程组.因此方程组

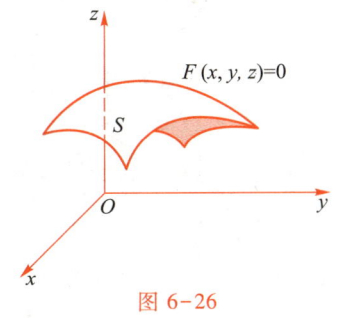

图 6-26

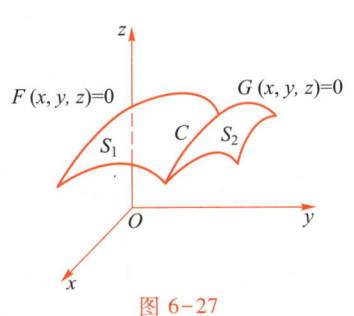

图 6-27

$$\begin{cases} F(x,y,z)=0, \\ G(x,y,z)=0 \end{cases}$$

便是曲线 C 的方程,而曲线 C 便是方程组

$$\begin{cases} F(x,y,z)=0, \\ G(x,y,z)=0 \end{cases}$$

的图形.

二、球面方程

在平面上,到定点的距离等于定长的点的轨迹是圆. 在空间中,到定点的距离等于定长的点的轨迹称为**球面**(图 6-28),定点称为球心,定长称为球的半径. 下面建立球心在 $M_0(x_0,y_0,z_0)$,半径为 R 的球面方程.

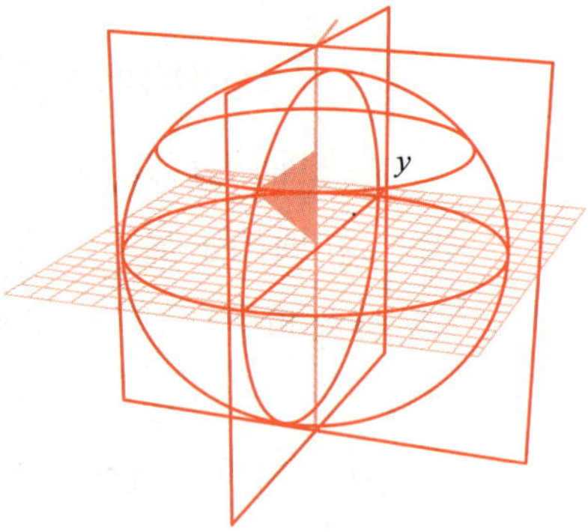

设 $M(x,y,z)$ 是球面上的任意一点,则 $|MM_0|=R$. 由前文公式得

$$\sqrt{(x-x_0)^2+(y-y_0)^2+(z-z_0)^2}=R,$$

即

$$(x-x_0)^2+(y-y_0)^2+(z-z_0)^2=R^2. \qquad (1)$$

显然,球面上的点的坐标满足方程(1),不在球面上的点的坐标不满足这个方程. 所以方程(1)是满足已知条件的**球面方程**.

图 6-28

特别地,当球心在原点,即 $x_0=y_0=z_0=0$ 时,半径为 R 的球面方程为

$$x^2+y^2+z^2=R^2. \qquad (2)$$

三、母线平行于坐标轴的柱面方程

动直线 L 沿给定曲线 C 平行移动所形成的曲面,称为**柱面**. 动直线 L 称为柱面的**母线**,定曲线 C 称为柱面的**准线**(图 6-29).

下面来建立以 xOy 坐标面上的曲线 $C:f(x,y)=0$ 为准线,平行于 z 轴的直线 L 为母线的柱面方程(图 6-30).

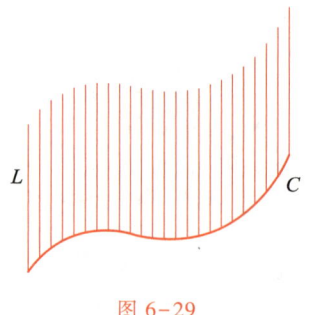

图 6-29

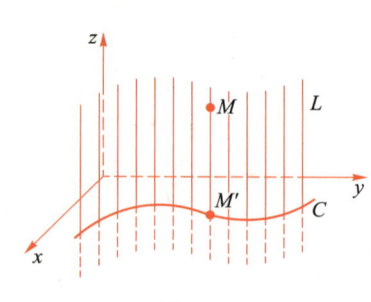

图 6-30

设 $M(x, y, z)$ 为柱面上任一点，过点 M 作平行于 z 轴的直线交 xOy 坐标面于点 $M'(x, y, 0)$，由柱面定义可知点 M' 必在准线上，所以点 M' 的坐标满足曲线 C 的方程 $f(x, y) = 0$，亦即点 M 的坐标满足方程 $f(x, y) = 0$. 而过不在柱面上的点作平行于 z 轴的直线与 xOy 坐标面的交点必不在曲线 C 上，换句话说，不在柱面上的点的坐标不满足方程 $f(x, y) = 0$，所以，不含变量 z 的方程

$$f(x, y) = 0 \tag{3}$$

在空间表示以 xOy 坐标面上的曲线为准线，平行于 z 轴的直线为母线的柱面.

类似地，不含变量 y 的方程

$$f(x, z) = 0 \tag{4}$$

在空间表示以 xOz 坐标面上的曲线为准线，平行于 y 轴的直线为母线的柱面.

不含变量 x 的方程

$$f(y, z) = 0 \tag{5}$$

在空间表示以 yOz 坐标面上的曲线为准线，平行于 x 轴的直线为母线的柱面.

例如，方程 $x^2 + y^2 = R^2$ 在空间表示以 xOy 坐标面上的圆为准线，平行于 z 轴的直线为母线的柱面，称为 **圆柱面**（图 6-31）.

方程 $y = x^2$ 在空间表示以 xOy 坐标面上的抛物线为准线，平行于 z 轴的直线为母线的柱面，称为 **抛物柱面**（图 6-32）.

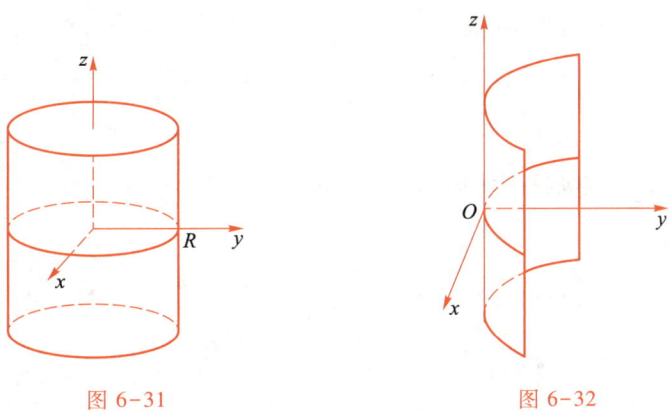

图 6-31   图 6-32

四、以坐标轴为旋转轴的旋转曲面的方程

平面曲线 C 绕同一平面上定直线 L 旋转所形成的曲面，称为 **旋转曲面**. 定直线 L 称为 **旋转轴**.

下面来建立 yOz 坐标面上以曲线 $C: f(y, z) = 0$ 绕 z 轴旋转所成的旋转曲面（图 6-33）的方程.

设 $M(x, y, z)$ 为旋转曲面上任一点，过点 M 作平面垂直于 z 轴，交 z 轴于点 $P(0, 0, z)$，交

曲线 C 于点 $M_1(0,y_1,z_1)$. 显然有 $|PM|=|PM_1|$, $z=z_1$, 因为 $|PM|=\sqrt{x^2+y^2}$, $|PM_1|=|y_1|$, 所以, $y_1=\pm\sqrt{x^2+y^2}$. 又因为点 M_1 在曲线 C 上, 所以有 $f(y_1,z_1)=0$, 于是得旋转曲面方程为 $f(\pm\sqrt{x^2+y^2},z)=0$.

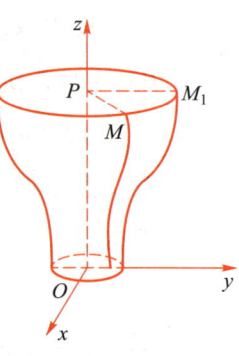

由上述过程可知, 要求平面曲线 $f(y,z)=0$ 绕 z 轴旋转所成的旋转曲面方程, 只需将 $f(y,z)=0$ 中的 y 换成 $\pm\sqrt{x^2+y^2}$ 而 z 保持不变, 即得旋转曲面方程.

同理, 曲线 C: $f(y,z)=0$ 绕 y 轴旋转所成的旋转曲面方程为 $f(y,\pm\sqrt{x^2+z^2})=0$.

图 6-33

例 1 将下列平面曲线绕指定坐标轴旋转, 试求所得旋转曲面方程:

(1) yOz 坐标面上的直线 $z=ay(a\neq0)$, 绕 z 轴;

(2) xOy 坐标面上的椭圆 $\dfrac{x^2}{a^2}+\dfrac{y^2}{b^2}=1(a,b>0)$, 绕 x 轴.

解 (1) 由于是 yOz 坐标面上的直线绕 z 轴旋转, 故将 z 保持不变, 把 y 换成 $\pm\sqrt{x^2+y^2}$, 则得 $z=a(\pm\sqrt{x^2+y^2})$, 即所求旋转曲面方程为

$$z^2=a^2(x^2+y^2). \tag{6}$$

方程 (6) 表示的曲面称为**圆锥面**. 点 O 称为圆锥的顶点 (图 6-34).

(2) 由于是 xOy 坐标面上的直线绕 x 轴旋转, 故将 x 保持不变, 把 y 换成 $\pm\sqrt{y^2+z^2}$, 得所求旋转曲面方程为

$$\frac{x^2}{a^2}+\frac{y^2}{b^2}+\frac{z^2}{b^2}=1.$$

该曲面称为**旋转椭球面** (图 6-35).

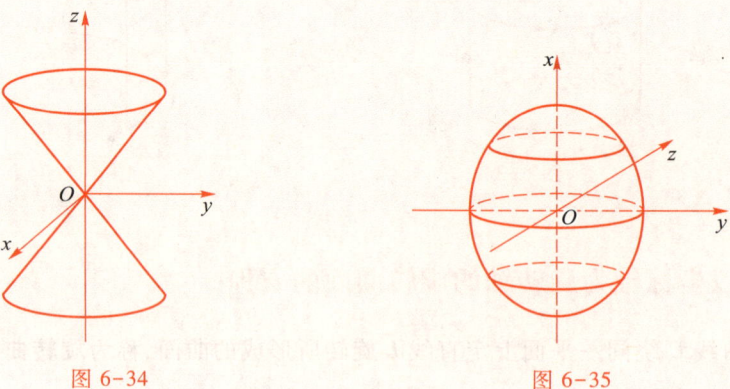

图 6-34　　　　　　　　图 6-35

五、几种常见的二次曲面

与平面解析几何中用二元二次方程表示二次曲线类似, 这里我们用三元二次方程

$F(x,y,z)=0$ 表示二次曲面.

常见的二次曲面如下:

1. 椭球面 $\dfrac{x^2}{a^2}+\dfrac{y^2}{b^2}+\dfrac{z^2}{c^2}=1(a>0,b>0,c>0)$

当 $a=b$ 时,得到**旋转椭球面**(图 6-36): $\dfrac{x^2+y^2}{a^2}+\dfrac{z^2}{c^2}=1$(可以视为 xOz 平面上,将椭圆 $\dfrac{x^2}{a^2}+\dfrac{z^2}{c^2}=1$ 绕 z 轴旋转一周所得到的曲面).

当 $a=b=c$ 时,得到**球面**(图 6-37): $x^2+y^2+z^2=a^2$.

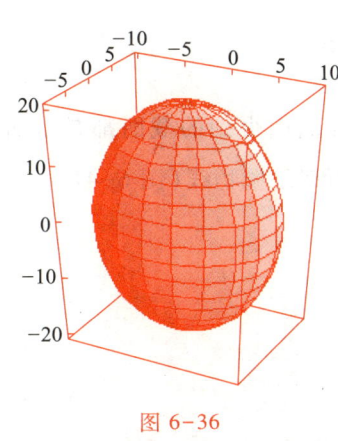

图 6-36

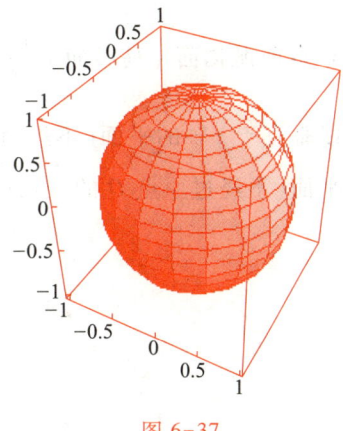

图 6-37

2. 单叶双曲面 $\dfrac{x^2}{a^2}+\dfrac{y^2}{b^2}-\dfrac{z^2}{c^2}=1(a>0,b>0,c>0)$

当 $a=b$ 时,得到**旋转单叶双曲面**(图 6-38): $\dfrac{x^2+y^2}{a^2}-\dfrac{z^2}{c^2}=1$(可以视为 xOz 平面上,将双曲线 $\dfrac{x^2}{a^2}-\dfrac{z^2}{c^2}=1$ 绕 z 轴旋转一周所得到的曲面).

3. 双叶双曲面 $\dfrac{x^2}{a^2}-\dfrac{y^2}{b^2}-\dfrac{z^2}{c^2}=1(a>0,b>0,c>0)$

当 $b=c$ 时,得到**旋转双叶双曲面**(图 6-39): $\dfrac{x^2}{a^2}-\dfrac{y^2+z^2}{c^2}=1$(可以视为 xOz 平面上,将双曲线 $\dfrac{x^2}{a^2}-\dfrac{z^2}{c^2}=1$ 绕 x 轴旋转一周所得到的曲面).

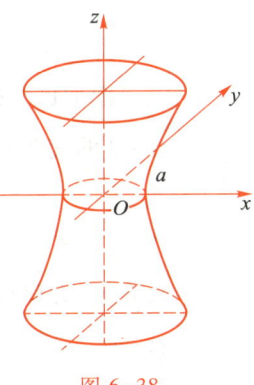

图 6-38

4. 椭圆抛物面 $\dfrac{x^2}{a^2}+\dfrac{y^2}{b^2}=z(a>0,b>0)$

当 $a=b$ 时,得到**旋转抛物面**(图 6-40): $\dfrac{x^2+y^2}{a^2}=z$(可以视为 xOz 平面上,将抛物线 $\dfrac{x^2}{a^2}=z$ 绕 z 轴旋转一周所得到的曲面).

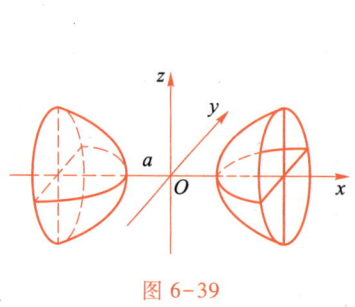
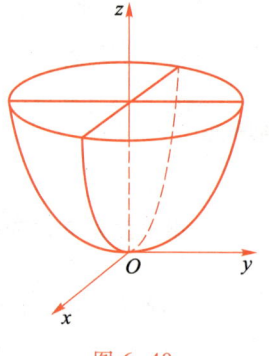

图 6-39   图 6-40

5. 双曲抛物面（马鞍面） $\dfrac{x^2}{a^2} - \dfrac{y^2}{b^2} = z\,(a>0, b>0)$

以垂直于 z 轴的平面（不经过原点 O 的）截此曲面得到的截面都是双曲线；以平行于 z 轴的平面（不经过原点 O 的）截此曲面得到的截面都是抛物线（图 6-41）.

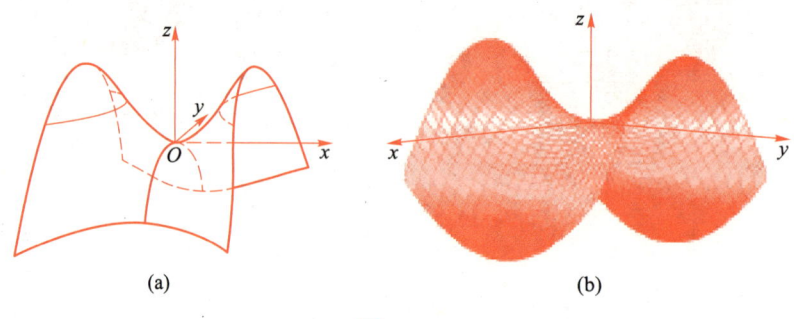

(a)   (b)

图 6-41

六、空间曲线及其方程

（一）空间曲线的一般方程

前面已经指出，空间曲线总可看作两个曲面的交线，曲面 $F(x,y,z)=0$ 和曲面 $G(x,y,z)=0$ 的交线 C，可以用方程组

$$\begin{cases} F(x,y,z)=0, \\ G(x,y,z)=0 \end{cases} \tag{7}$$

来表示，方程组（7）称为**曲线 C 的一般方程**（也称为**交面式方程**）.

例 2　方程组 $\begin{cases} z=x^2+y^2, \\ x+y=1 \end{cases}$ 表示怎样的曲线？

解　因为方程 $z=x^2+y^2$ 表示由 yOz 坐标面内的抛物线 $z=y^2$ 绕 z 轴旋转一周生成的旋转抛物面；方程 $x+y=1$ 表示平行于 z 轴的一个平面. 于是方程组

$$\begin{cases} z=x^2+y^2, \\ x+y=1 \end{cases}$$

表示上述旋转抛物面与平面的交线（抛物线），如图 6-42 所示.

例3 方程组 $\begin{cases} x^2+y^2+z^2=4a^2, \\ (x-a)^2+y^2=a^2 \end{cases}$ $(a>0)$ 表示怎样的曲线？

解 因为方程 $x^2+y^2+z^2=4a^2$ 表示球心在原点，半径为 $2a$ 的球面；方程 $(x-a)^2+y^2=a^2$ 表示母线平行于 z 轴的一个圆柱面，其准线为 xOy 坐标面内的一个圆，圆心为 $(a,0)$，半径为 a. 于是方程组

$$\begin{cases} x^2+y^2+z^2=4a^2, \\ (x-a)^2+y^2=a^2 \end{cases}$$

表示上述球面与柱面的交线，如图 6-43 所示.

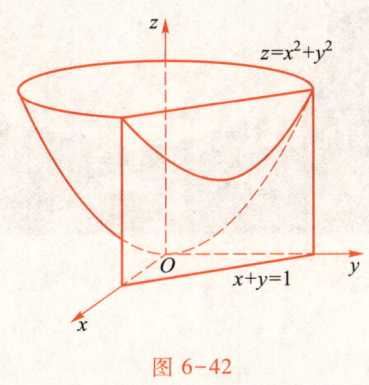

图 6-42

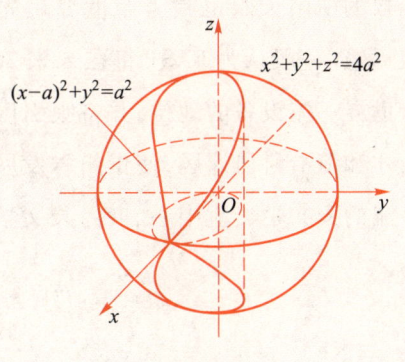

图 6-43

（二）空间曲线的参数方程

空间曲线 C 的方程除了一般方程外，有时用参数形式表示更为方便，如果曲线 C 上动点的坐标 x,y,z 为参数 t 的函数：

$$\begin{cases} x=x(t), \\ y=y(t), \\ z=z(t), \end{cases} \tag{8}$$

方程组（8）称为曲线 C 的参数方程.

如：空间一点 M 在圆柱面 $x^2+y^2=a^2$ 上以角速度 ω 绕 z 轴旋转，同时又以线速度 v 沿平行于 z 轴的正方向上升，这时点 M 构成的图形（如图 6-44 所示）叫做螺旋线，其方程为

$$\begin{cases} x=a\cos \omega t, \\ y=a\sin \omega t, \quad \text{其中 } t \text{ 为参数.} \\ z=vt, \end{cases}$$

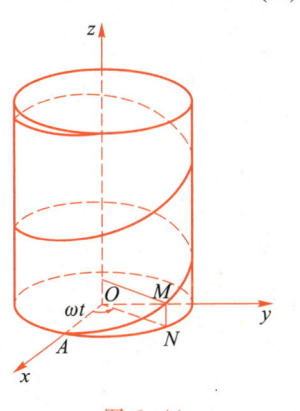

图 6-44

中 国 天 眼

2016 年,我国在贵州省黔南布依族苗族自治州境内建成了一台 500 m 口径的球面射电望远镜——FAST,它也被誉为"中国天眼". FAST 占地面积达到 260 000 m², 球反射面半径为 300 m,球冠张角 110°~120°,可以在观测方向形成 300 m 口径瞬时抛物面,是当今世界上最大的单口径望远镜. 同号称"地面最大的机器"德国波恩 100 m 口径射电望远镜相比,其

灵敏度提高约 10 倍,而与美国口径 300 m 的阿雷西博单孔射电望远镜相比,FAST 灵敏度高出 2.25 倍. 仅从技术指标来看,具有自主知识产权的中国天眼也是当今世界最先进的大型望远镜. 一般认为 FAST 将在未来 20~30 年保持世界一流设备的地位,并将吸引国内外一流人才和前沿科研课题,使贵州省发展成为国际一流的天文学交流中心、世界天文学的研究中心.

文档
扫一扫,看答案

 任务训练

1. 写出几个常见空间曲面的名称及其在直角坐标系下的方程.

2. 椭圆、抛物线、双曲线绕其对称轴旋转各得什么曲面?

 思考题

方程 $z = x^2 + y^2$ 表示怎样的曲面,它分别与平面 $x = 1, y = 0, z = 3$ 的交线是什么?

习题六

一、基础练习

1. 已知向量 $a = 3i + 5j - k$，$b = 2i + 2j + 2k$，$c = 4i - j - 3k$，求 $2a - 3b + 4c$.

2. 已知向量 $a = i - 3j + 2k$，$b = \lambda i + \mu j + k$，且 $a \parallel b$，求数 λ, μ.

3. 已知向量 $|a| = 10$，$b = 3i - j + \sqrt{15}k$，且 $a \parallel b$，求向量 a.

4. 设向量 a 的终点为 $\left(\dfrac{7}{2}, \dfrac{3}{2}, -1 + \dfrac{3}{\sqrt{2}} \right)$，$|a| = 3$，方向余弦中 $\cos\alpha = \cos\beta = \dfrac{1}{2}$，求向量 a 的起点坐标.

5. 已知 $|a| = 2$，$|b| = 1$，$(a,b) = \dfrac{\pi}{3}$，求：

(1) $a \cdot b$；   (2) $(2a + 3b) \cdot (3a - b)$.

6. 已知向量 $a = 4i - 2j - 4k$，$b = 6i - 3j + 2k$，求：

(1) $a \cdot b$；   (2) $(3a - 2b) \cdot (a + 3b)$.

7. 求过点 $(2, 1, -1)$ 且法向量为 $n = (1, -2, 3)$ 的平面方程.

8. 求过点 $(1, -2, 3)$ 且与平面 $7x - 3y + z - 5 = 0$ 平行的平面方程.

9. 已知点 $A(2, -1, 2)$ 和点 $B(8, -7, 5)$，求过点 B 且垂直于 $\overrightarrow{AB}$ 的平面方程.

10. 指出下列方程表示的平面的特点，并画出它们的图形：

(1) $y = 0$；   (2) $z - 1 = 0$；

(3) $x + 2y = 3$；   (4) $x + 2y = 0$；

(5) $3x - 2y + z = 0$；   (6) $x + y + z = 3$.

11. 求满足所给条件的平面方程：

(1) 过点 $(1, -2, 4)$，垂直于 x 轴；

(2) 过点 $(-3, 1, -2)$，通过 z 轴；

(3) 过点 $(4, 0, -2)$ 和点 $(5, 1, 7)$，平行于 y 轴.

12. 已知平面过点 $(0, 0, 1)$，平面内有两个向量 $a = (-2, 1, 1)$ 和 $b = (-1, 0, 0)$，求平面的方程.

13. 设平面过点 $(5, -7, 4)$，且在三个坐标轴上的截距相等，求此平面的方程.

14. 已知平面过三点：$A(1, -1, 0)$，$B(2, 3, -1)$，$C(-1, 0, 2)$，求此平面的方程.

15. 求过点 $(4, -1, 3)$ 且平行于直线 $\dfrac{x+1}{2} = \dfrac{y}{1} = \dfrac{z-1}{5}$ 的直线方程.

16. 求过点 $(3, -2, 1)$ 和点 $(-1, 0, 2)$ 的直线方程.

17. 求球心在点 $(-1, -3, 2)$，且通过点 $(1, -1, 1)$ 的球面方程.

18. 已知球面过点 $(0, 2, 2)$，$(4, 0, 0)$，球心在 y 轴上，求球面方程.

19. 求球面 $x^2 + y^2 + z^2 - 6z - 7 = 0$ 的球心坐标和半径.

20. 求 xOz 坐标面上的曲线 $\dfrac{x^2}{3}+\dfrac{z^2}{4}=1$，绕 x 轴及 z 轴旋转一周生成的旋转曲面.

21. 求 yOz 坐标面上的曲线 $z=\sqrt{y}$，绕 y 轴及 z 轴旋转一周生成的旋转曲面.

22. 求 xOy 坐标面上的曲线 $x^2-y^2=1$，绕 x 轴及 y 轴旋转一周生成的旋转曲面.

二、提高练习

1. 在 xOy 坐标面内求一个向量 $\boldsymbol{a}$，使其垂直于向量 $\boldsymbol{b}=4\boldsymbol{i}-3\boldsymbol{j}+5\boldsymbol{k}$，且 $|\boldsymbol{a}|=2|\boldsymbol{b}|$.

2. 已知向量 $\boldsymbol{a}=2\boldsymbol{i}-\boldsymbol{j}+\boldsymbol{k}$ 与 $\boldsymbol{b}=\boldsymbol{i}+2\boldsymbol{j}-\boldsymbol{k}$，求：

（1）$\boldsymbol{a}\times\boldsymbol{b}$；　　　　　　　　　　　（2）$(\boldsymbol{a}+\boldsymbol{b})\times(\boldsymbol{a}-\boldsymbol{b})$.

3. 已知向量 $\boldsymbol{a}=\boldsymbol{i}+\boldsymbol{j}+\boldsymbol{k},\boldsymbol{b}=\boldsymbol{i}-\boldsymbol{j},\boldsymbol{c}=\boldsymbol{j}+\boldsymbol{k}$，求：

（1）$\boldsymbol{a}\times\boldsymbol{b}$；　　　　　　　　　　　（2）$\mathrm{prj}_{\boldsymbol{b}\times\boldsymbol{a}}\boldsymbol{c}$.

4. 已知向量 $\boldsymbol{a}=2\boldsymbol{i}+4\boldsymbol{j}-\boldsymbol{k}$ 与 $\boldsymbol{b}=-2\boldsymbol{j}+2\boldsymbol{k}$，求同时垂直于 $\boldsymbol{a}$ 与 $\boldsymbol{b}$ 的单位向量.

5. 设向量 $\boldsymbol{b}$ 与 $\boldsymbol{a}=2\boldsymbol{i}-\boldsymbol{j}+2\boldsymbol{k}$ 平行，且 $\boldsymbol{a}\cdot\boldsymbol{b}=36$，求向量 $\boldsymbol{b}$.

6. 求垂直于向量 $\boldsymbol{a}=3\boldsymbol{i}+6\boldsymbol{j}+8\boldsymbol{k}$ 与 x 轴的单位向量.

7. 求直线 $\begin{cases} x-y+z=1,\\ 2x+y+z-4=0 \end{cases}$ 的点向式方程及参数方程.

8. 求过点 $(2,0,-3)$ 且与直线 $\begin{cases} x-2y+4z-7=0,\\ 3x+5y-2z+1=0 \end{cases}$ 垂直的平面方程.

9. 求直线 $\begin{cases} 5x-3y+3z-9=0,\\ 3x-2y+z-1=0 \end{cases}$ 与直线 $\begin{cases} 2x+2y-z+23=1,\\ 3x+8y+z-18=0 \end{cases}$ 的夹角的余弦.

10. 求直线 $\begin{cases} x+y+3z=1,\\ x-y-z=0 \end{cases}$ 与平面 $x-y-z+1=0$ 的夹角.

11. 判别下列各组直线与平面间的位置关系：

（1）$\dfrac{x+3}{-2}=\dfrac{y+4}{-7}=\dfrac{z}{3}$ 与 $4x-2y-2z-3=0$；

（2）$\dfrac{x}{3}=\dfrac{y}{-2}=\dfrac{z}{7}$ 与 $3x-2y+7z-8=0$；

（3）$\dfrac{x-2}{3}=\dfrac{y+2}{1}=\dfrac{z-3}{-4}$ 与 $x+y+z-3=0$.

12. 求过点 $(1,2,1)$ 且与两直线 $\begin{cases} x+2y-z+1=0,\\ x-y+z-1=0 \end{cases}$ 和 $\begin{cases} 2x-y+z=0,\\ x-y+z=0 \end{cases}$ 平行的平面方程.

13. 求点 $(-1,2,0)$ 在平面 $x+2y-z+1=0$ 上的投影.

14. 说出下列旋转曲面是如何形成的：

（1）$\dfrac{x^2}{4}+\dfrac{y^2}{9}+\dfrac{z^2}{9}=1$；　　　　　　　（2）$x^2-\dfrac{y^2}{4}+z^2=1$；

（3）$x^2-y^2-z^2=1$；

（4）$x^2+y^2=(z-a)^2$.

15. 指出下列方程在平面解析几何中和空间解析几何中分别表示什么图形：

（1）$x=2$；

（2）$y=x+1$；

（3）$x^2+y^2=4$；

（4）$x^2-y^2=1$.

16. 指出下列方程表示的曲面的名称，并画出它们的图形：

（1）$\dfrac{x^2}{9}+\dfrac{z^2}{4}=1$；

（2）$-\dfrac{x^2}{4}+\dfrac{y^2}{9}=1$；

（3）$y^2-z=0$；

（4）$\dfrac{x^2}{9}+\dfrac{y^2}{4}+z^2=1$；

（5）$\dfrac{x^2}{4}+\dfrac{y^2}{9}=z$；

（6）$x^2-y^2=z^2$；

（7）$x^2-2y^2+z^2=1$；

（8）$x^2-4y^2-z^2=1$；

（9）$x^2+y^2=z$；

（10）$x^2-y^2=z$.

17. 指出下列方程表示的曲线：

（1）$\begin{cases} x^2+y^2+z^2=25, \\ x=3; \end{cases}$

（2）$\begin{cases} x^2+4y^2+9z^2=36, \\ y=1; \end{cases}$

（3）$\begin{cases} x^2-4y^2+z^2=25, \\ x=-3; \end{cases}$

（4）$\begin{cases} y^2+z^2-4x+8=0, \\ y=4. \end{cases}$

第 7 章
多元函数微分学

　　在前面,我们学习的函数只有一个自变量,这种函数称为一元函数.但是,实际问题往往有很多因素影响,解决这类问题需要多元函数.本章将在一元函数微分学的基础上,讨论多元函数的微分学及其应用.

7.1 多元函数的基本概念

 任务导入

纺织纤维可分为两大类:一类是天然纤维,另一类是化学纤维.天然纤维又分为动物纤维和植物纤维.如蚕丝、羊毛、驼毛等属于动物纤维,棉花、麻等属于植物纤维.化学纤维分为再生纤维和合成纤维.再生纤维是指以天然高分子化合物为原料(如棉短绒、木材、甘蔗渣等),经化学处理和机械加工而制得的纤维;合成纤维一般是用石油、天然气、煤等为原料,经一系列化学反应,合成高分子化合物,再经加工而制得的纤维.这些不同种类的纤维都有其各自的优缺点,很难用唯一的指标就给出一个孰优孰坏的评判标准,需要综合不同的角度来分析.例如可以从柔软性、保暖性、吸湿性、缩水性、染色性、弹性、耐磨性、耐热性、耐辐射性、导电性、耐霉菌虫蛀性、化学稳定性等来分析不同纤维的特点.其实现实生活中的种种事物都需要从不同的角度进行分析,这样才能得出比较客观的认识.那么在数学上我们是怎样从不同的角度分析问题的呢? 下面我们就进入多元函数的学习.

一、平面上的点集

(一) 邻域

设 $P_0(x_0,y_0)$ 是 xOy 面上的一点,δ 是一个正数,xOy 面上与点 P_0 的距离小于 δ 的所有点的集合,称为点 P_0 的 δ **邻域**,记作 $U(P_0,\delta)$,即

$$U(P_0,\delta) = \{P \mid |P_0P| < \delta\},$$

或

$$U(P_0,\delta) = \left\{(x,y) \mid \sqrt{(x-x_0)^2+(y-y_0)^2} < \delta\right\}.$$

容易看出,邻域 $U(P_0,\delta)$ 是以点 P_0 为圆心,δ 为半径的圆的内部(不含圆周),所以点 P_0 又称为该**邻域的中心**,δ 称为**邻域的半径**.

将邻域 $U(P_0,\delta)$ 的中心 P_0 去掉所得到的邻域称为点 P_0 的 δ **去心邻域**,记作 $\mathring{U}(P_0,\delta)$,即

$$\mathring{U}(P_0,\delta) = \{P \mid 0 < |P_0P| < \delta\},$$

或

$$\mathring{U}(P_0,\delta) = \left\{(x,y) \mid 0 < \sqrt{(x-x_0)^2+(y-y_0)^2} < \delta\right\}.$$

如果不需要考虑邻域的半径 δ,可用 $U(P_0)$ 简单表示点 P_0 的邻域,同样可用 $\mathring{U}(P_0)$ 简单表示点 P_0 的去心邻域.

(二) 区域

设 E 是平面 xOy 上的一个点集,P_0 是平面 xOy 上的一点,则点 P_0 与点集 E 必有以下三

种关系之一：

（1）如果存在点 P_0 的某个邻域 $U(P_0)$，使得 $U(P_0) \subset E$，则称点 P_0 为 E 的**内点**；

（2）如果存在点 P_0 的某个邻域 $U(P_0)$，使得 $U(P_0) \cap E = \varnothing$，则称点 P_0 为 E 的**外点**；

（3）如果在点 P_0 的任何邻域内，既有属于 E 的点，又有不属于 E 的点，则称点 P_0 为 E 的**边界点**，点集 E 的全体边界点组成的集合称为 E 的**边界**.

根据上述概念，点集 E 的内点必然属于 E，而 E 的边界点可能属于 E 也可能不属于 E.

根据点的邻近处是否有无穷多个点来分类，则有：

（1）如果点 P_0 的任意去心邻域 $\mathring{U}(P_0)$ 内总有点集 E 中的点，即 $\mathring{U}(P_0) \cap E \neq \varnothing$，则称点 P_0 为 E 的**聚点**；

（2）如果 $P_0 \in E$，且存在某个去心邻域 $\mathring{U}(P_0)$，使得 $\mathring{U}(P_0) \cap E = \varnothing$，则称点 P_0 为 E 的**孤立点**.

根据点集中所属点的特征，可以定义一些重要的平面点集.

（1）如果点集 E 内任意点都是 E 的内点，则称 E 为**开集**；

（2）如果点集 E 的所有聚点都属于 E，则称 E 为**闭集**；

（3）如果点集 E 内的任何两点都可用折线连接，且折线上的点都属于 E，则称 E 为**连通集**；

（4）连通的开集称为**开域**；

（5）开域连同它的边界一起称为**闭域**；

（6）开域、闭域或者开域连同其一部分边界点所组成的点集，统称为**区域**；

（7）对于点集 E，如果存在某一正数 r，使得 $E \subset U(O, r)$，其中 O 是坐标原点，则称 E 是**有界点集**，否则就是**无界点集**.

知识链接

集合论是由德国数学家格奥尔格·康托尔创立的. 他首先定义了点集的极限点，然后引进了点集的导集和导集的导集等有关重要概念. 随后他又给出了开集、闭集和完全集等重要概念，并定义了集合的并与交两种运算. 为了将有穷集合的元素个数的概念推广到无穷集合，他以一一对应为原则，提出了集合等价的概念. 两个集合只有它们的元素间可以建立一一对应才称为是等价的. 这样就第一次对各种无穷集合按它们元素的"多少"进行了分类. 他还引进了"可列"这个概念，把凡是能和正整数构成一一对应的任何一个集合都称为可列集合，并证明了有理数集合是可列的，后来他还证明了所有的代数数的全体构成的集合也是可列的，并回答了实数集合是不可列的. 由于实数集合是不可列的，而代数数集合是可列的，于是他得到了必定有超越

数存在的结论,而且超越数"大大多于"代数数.同年又构造了实变函数论中著名的"康托尔集",给出测度为零的不可数集的一个例子.他还巧妙地将一条直线上的点与整个平面的点一一对应起来,甚至可以将直线与整个 n 维空间进行点的一一对应.

由康托尔首创的全新且具有划时代意义的集合论,是自古希腊时代的两千多年以来,人类认识史上第一次给无穷建立起抽象的形式符号系统和确定的运算,它从本质上揭示了无穷的特性,使无穷的概念发生了一次革命性的变化,并渗透到所有的数学分支,从根本上改造了数学的结构,促进了数学的其他许多新的分支的建立和发展,成为实变函数论、代数拓扑、群论和泛函分析等理论的基础,还给逻辑和哲学带来了深远的影响,令 19、20 世纪之交的整个数学界甚至哲学界感到震惊.可以毫不夸张地讲,"关于数学无穷的革命几乎是由他一个人独立完成的".

微视频
多元函数的概念

（三）多元函数的概念

定义 7.1.1　设 D 是平面上一非空点集,如果对于 D 内的每个点 (x,y),按照某一对应法则 f,都有唯一确定的实数 z 与之对应,则称 f 是 D 上的**二元函数**,记作

$$z = f(x,y), \quad (x,y) \in D \text{ 或 } z = f(P), \quad P \in D.$$

其中 (x,y) 为**自变量**,z 为**因变量**,点集 D 称为该函数的**定义域**,数集 $\{z \mid z = f(x,y), (x,y) \in D\}$ 称为该函数的**值域**.

> **例 1**　求函数 $f(x,y) = \sqrt{4-x^2-y^2}$ 的定义域.
>
> **解**　要使函数有意义,必须满足 $4-x^2-y^2 \geq 0$,即 $x^2+y^2 \leq 4$,所以函数的定义域为 $D = \{(x,y) \mid x^2+y^2 \leq 4\}$.

类似地,可定义三元及三元以上的函数,把二元和二元以上的函数统称为**多元函数**.

二、二元函数的极限

定义 7.1.2　设 D 为二元函数 $z = f(x,y)$ 的定义域,$P_0(x_0,y_0)$ 是 D 的一个聚点,A 为常数.如果对任一给定的正数 ε,总存在 $\delta > 0$,当点 $P(x,y) \in D$,且 $0 < |P_0P| = \sqrt{(x-x_0)^2+(y-y_0)^2} < \delta$ 时,总有

$$|f(x,y) - A| < \varepsilon,$$

则称 A 为二元函数 $z = f(x,y)$ 当点 $P(x,y)$ 趋于点 $P_0(x_0,y_0)$ 时的**极限**,记作

$$\lim_{(x,y) \to (x_0,y_0)} f(x,y) = A \text{ 或 } f(x,y) \to A, (x,y) \to (x_0,y_0).$$

也可简单记作

$$\lim_{P \to P_0} f(P) = A \text{ 或 } f(P) \to A, P \to P_0.$$

例 2 求极限 $\lim\limits_{(x,y)\to(0,0)} (x^2+y^2)\sin\dfrac{1}{x^2+y^2}$.

解 令 $u=x^2+y^2$，则 $\lim\limits_{(x,y)\to(0,0)} (x^2+y^2)\sin\dfrac{1}{x^2+y^2}=\lim\limits_{u\to0} u\sin\dfrac{1}{u}=0$.

例 3 判断极限 $\lim\limits_{(x,y)\to(0,0)}\dfrac{xy}{x^2+y^2}$ 是否存在.

解 取 $y=kx$（k 为常数），则令 (x,y) 沿 $y=kx$ 趋向于 $(0,0)$，由于极限

$\lim\limits_{x\to0}\dfrac{kx^2}{x^2+k^2x^2}=\dfrac{k}{1+k^2}$ 与 k 有关，所以 $\lim\limits_{(x,y)\to(0,0)}\dfrac{xy}{x^2+y^2}$ 不存在.

三、二元函数的连续性

定义 7.1.3 设二元函数 $z=f(x,y)$ 在点 $P_0(x_0,y_0)$ 的某邻域内有定义，如果

$$\lim\limits_{(x,y)\to(x_0,y_0)} f(x,y)=f(x_0,y_0),$$

则称二元函数 $z=f(x,y)$ 在点 $P_0(x_0,y_0)$ 处**连续**，点 $P_0(x_0,y_0)$ 称为二元函数 $z=f(x,y)$ 的**连续点**；如果二元函数 $z=f(x,y)$ 在点 $P_0(x_0,y_0)$ 处不连续，则称函数 $z=f(x,y)$ 在点 $P_0(x_0,y_0)$ 处**间断**，此时点 $P_0(x_0,y_0)$ 称为函数 $z=f(x,y)$ 的**间断点**.

一元连续函数和、差、积、商及复合函数的性质可以平行推广到多元连续函数.

例 4 求极限 $\lim\limits_{(x,y)\to(1,0)}\dfrac{x-\sin y}{x+\cos(xy)}$.

解 $\lim\limits_{(x,y)\to(1,0)}\dfrac{x-\sin y}{x+\cos(xy)}=\dfrac{1-\sin 0}{1+\cos 0}=\dfrac{1}{2}$.

与闭区间上一元连续函数的性质相类似，有界闭域上的二元连续函数也有如下性质.

性质 7.1.1（最值定理） 如果二元函数 $z=f(x,y)$ 在有界闭集 D 上连续，则 $z=f(x,y)$ 必在 D 上取到最大值和最小值.

性质 7.1.2（介值定理） 如果二元函数 $z=f(x,y)$ 在有界闭域 D 上连续，m 和 M 分别是 $z=f(x,y)$ 在 D 上的最大值和最小值，则对于介于 m 与 M 之间的任意一个数 μ，必存在一点 $(x_0,y_0)\in D$，使得 $f(x_0,y_0)=\mu$.

任务训练

求函数 $z=\dfrac{\arcsin x}{y}$ 的定义域.

文档
扫一扫，看答案

求极限：$\lim\limits_{(x,y)\to(0,0)} \dfrac{x^3+y}{\sqrt{1+x^3+y}-1}$.

7.2 偏导数

 任务导入

　　纺织品是与人民生活直接有关的消费品,牵涉千家万户、男女老少.它的品种规格复杂,花样款式繁多,市场需求富于变化,其价格水平及变动与人民生活息息相关.一般来说,纺织品的价格是由其原材料成本、工人工资、车间及仓库运营成本、销售管理成本、税金等决定.可以想见,纺织品价格并不是一成不变的.如果在其他因素不变的条件下,原材料成本发生了改变,往往也会影响纺织品价格的改变;同样,如果在其他因素不变的条件下,工人工资发生了改变,纺织品价格也会改变.在这里,纺织品价格如果看成因变量,则原材料成本、工人工资、车间及仓库运营成本、销售管理成本、税金等就看成自变量.像这样在其他自变量不变的条件下,一个自变量发生了改变导致因变量的改变,研究这种变化率的工具就是本节即将介绍的偏导数.

一、偏导数的定义及其计算

微视频
偏导数的定义
及其计算

　　定义 7.2.1　设函数 $z=f(x,y)$ 在点 (x_0,y_0) 的某一邻域内有定义,当 y 固定在 y_0,而 x 在 x_0 处有增量 Δx 时,相应地,函数有增量 $f(x_0+\Delta x,y_0)-f(x_0,y_0)$.如果 $\lim\limits_{\Delta x\to 0} \dfrac{f(x_0+\Delta x,y_0)-f(x_0,y_0)}{\Delta x}$ 存在,则称此极限值为函数 $z=f(x,y)$ 在点 (x_0,y_0) 处**对 x 的偏导数**,记为

$$\left.\frac{\partial z}{\partial x}\right|_{\substack{x=x_0\\y=y_0}},\quad \left.\frac{\partial f}{\partial x}\right|_{\substack{x=x_0\\y=y_0}},\quad z_x\,\big|_{\substack{x=x_0\\y=y_0}} 或 f_x(x_0,y_0).$$

即

$$f_x(x_0,y_0)=\lim\limits_{\Delta x\to 0} \frac{f(x_0+\Delta x,y_0)-f(x_0,y_0)}{\Delta x}.$$

　　类似地,函数 $z=f(x,y)$ 在点 (x_0,y_0) 处**对 y 的偏导数**为

$$\lim\limits_{\Delta y\to 0} \frac{f(x_0,y_0+\Delta y)-f(x_0,y_0)}{\Delta y},$$

记为

$$\left.\frac{\partial z}{\partial y}\right|_{\substack{x=x_0\\y=y_0}},\quad \left.\frac{\partial f}{\partial y}\right|_{\substack{x=x_0\\y=y_0}},\quad z_y\,\big|_{\substack{x=x_0\\y=y_0}} 或 f_y(x_0,y_0).$$

即

$$f_y(x_0,y_0)=\lim_{\Delta y\to 0}\frac{f(x_0,y_0+\Delta x)-f(x_0,y_0)}{\Delta y}.$$

如果函数 $z=f(x,y)$ 在区域 D 内任一点 (x,y) 处对 x 的偏导数都存在,那么这个偏导数就是 x,y 的函数,并称为函数 $z=f(x,y)$ **对自变量 x 的偏导函数**,简称**对 x 的偏导数**,记为

$$\frac{\partial z}{\partial x}, \quad \frac{\partial f}{\partial x}, \quad z_x \text{ 或 } f_x(x,y).$$

同样,函数 $z=f(x,y)$ **对自变量 y 的偏导函数**,记为

$$\frac{\partial z}{\partial y}, \quad \frac{\partial f}{\partial y}, \quad z_y \text{ 或 } f_y(x,y).$$

类似地,偏导数的概念可以推广到二元以上的函数.

例 1 求函数 $z=f(x,y)=\ln(x^2+y)$ 在 $(1,1)$ 处的偏导数.

解 函数 $z=f(x,y)$ 对 x 求偏导得 $f_x(x,y)=\dfrac{2x}{x^2+y}$,函数 $z=f(x,y)$ 对 y 求偏导

得 $f_y(x,y)=\dfrac{1}{x^2+y}$.所以函数 $z=f(x,y)$ 在 $(1,1)$ 处的偏导数为 $f_x(1,1)=\dfrac{2\times 1}{1^2+1}=1$,

$f_y(1,1)=\dfrac{1}{1^2+1}=\dfrac{1}{2}$.

例 2 求函数 $z=x^y$ 的偏导数.

解 函数 $z=x^y$ 对 x 求偏导得 $z_x=yx^{y-1}$,对 y 求偏导得 $z_x=x^y\ln x$.

在一元函数微分学中,如果函数在某点存在导数,则它在该点必定连续.但对多元函数而言,即使函数在某点的各个偏导数都存在,也不能保证函数在该点处连续.

例如,二元函数

$$f(x,y)=\begin{cases}\dfrac{xy}{x^2+y^2}, & (x,y)\neq(0,0),\\ 0, & (x,y)=(0,0),\end{cases}$$

在点 $(0,0)$ 的偏导数为

$$f_x(0,0)=\lim_{\Delta x\to 0}\frac{f(0+\Delta x,0)-f(0,0)}{\Delta x}=\lim_{\Delta x\to 0}\frac{0}{\Delta x}=0,$$

$$f_y(0,0)=\lim_{\Delta x\to 0}\frac{f(0,0+\Delta y)-f(0,0)}{\Delta y}=\lim_{\Delta y\to 0}\frac{0}{\Delta y}=0.$$

但从上一节例 3 知道这个函数在点 $(0,0)$ 处不连续.

二、偏导数的几何意义

设曲面方程为 $z=f(x,y)$,$M_0(x_0,y_0,(x_0,y_0))$ 是该曲面上一点,过点 M_0 作平面 $y=y_0$,

此平面与曲面相交得一曲线,曲线方程为

$$\begin{cases} z = f(x, y), \\ y = y_0, \end{cases}$$

则偏导数 $f_x(x_0, y_0)$ 表示上述曲线在点 $M_0(x_0, y_0, (x_0, y_0))$ 处的切线对 x 轴正向的斜率.

同样,偏导数 $f_y(x_0, y_0)$ 在几何上表示曲线 $\begin{cases} z = f(x, y), \\ x = x_0 \end{cases}$ 在点 $M_0(x_0, y_0, (x_0, y_0))$ 处的切线对 y 轴正向的斜率.

三、高阶偏导数

设二元函数 $z = f(x, y)$ 在区域 D 内具有偏导数

$$\frac{\partial z}{\partial x} = f_x(x, y), \frac{\partial z}{\partial y} = f_y(x, y),$$

则在 D 内 $f_x(x, y)$ 和 $f_y(x, y)$ 都是 x, y 的函数. 如果这两个函数关于自变量 x, y 的偏导数也存在,则称它们是函数 $z = f(x, y)$ 的**二阶偏导数**. 按照对自变量求导顺序的不同,共有下列四个二阶偏导数:

$$\frac{\partial}{\partial x}\left(\frac{\partial z}{\partial x}\right) = \frac{\partial^2 z}{\partial x^2} = f_{xx}(x, y), \quad \frac{\partial}{\partial y}\left(\frac{\partial z}{\partial x}\right) = \frac{\partial^2 z}{\partial x \partial y} = f_{xy}(x, y),$$

$$\frac{\partial}{\partial x}\left(\frac{\partial z}{\partial y}\right) = \frac{\partial^2 z}{\partial y \partial x} = f_{yx}(x, y), \quad \frac{\partial}{\partial y}\left(\frac{\partial z}{\partial y}\right) = \frac{\partial^2 z}{\partial y^2} = f_{yy}(x, y).$$

其中 $f_{xy}(x, y)$ 与 $f_{yx}(x, y)$ 称为 $z = f(x, y)$ 的**二阶混合偏导数**. 二阶及二阶以上的偏导数统称为**高阶偏导数**.

例 3　求 $z = 4x^3 - 3x^2 y + 3xy^2 + x - y$ 的二阶偏导数和 $\dfrac{\partial^3 z}{\partial x^3}$.

解　$\dfrac{\partial z}{\partial x} = 12x^2 - 6xy + 3y^2 + 1, \dfrac{\partial z}{\partial y} = -3x^2 + 6xy - 1;$

$\dfrac{\partial^2 z}{\partial x^2} = 24x - 6y, \dfrac{\partial^2 z}{\partial x \partial y} = -6x + 6y, \dfrac{\partial^2 z}{\partial y \partial x} = -6x + 6y, \dfrac{\partial^2 z}{\partial y^2} = 6x;$

$\dfrac{\partial^3 z}{\partial x^3} = 24.$

一般情况下,$\dfrac{\partial^2 z}{\partial x \partial y} \neq \dfrac{\partial^2 z}{\partial y \partial x}$,但是在一定条件下,二者相等.

定理 7.2.1　如果二元函数 $z = f(x, y)$ 的两个混合偏导数 $\dfrac{\partial^2 z}{\partial y \partial x}$ 和 $\dfrac{\partial^2 z}{\partial x \partial y}$ 在区域 D 内连续,则在该区域内有 $\dfrac{\partial^2 z}{\partial x \partial y} = \dfrac{\partial^2 z}{\partial y \partial x}$.

例 4 验证函数 $r=\sqrt{x^2+y^2+z^2}$ 满足方程 $\dfrac{\partial^2 r}{\partial x^2}+\dfrac{\partial^2 r}{\partial y^2}+\dfrac{\partial^2 r}{\partial z^2}=\dfrac{2}{r}$.

解 因为 $\dfrac{\partial r}{\partial x}=\dfrac{x}{\sqrt{x^2+y^2+z^2}}$，$\dfrac{\partial r}{\partial y}=\dfrac{y}{\sqrt{x^2+y^2+z^2}}$，$\dfrac{\partial r}{\partial z}=\dfrac{z}{\sqrt{x^2+y^2+z^2}}$，

又因为

$$\frac{\partial^2 r}{\partial x^2}=\frac{\sqrt{x^2+y^2+z^2}-x\cdot\dfrac{x}{\sqrt{x^2+y^2+z^2}}}{\left(\sqrt{x^2+y^2+z^2}\right)^2}=\frac{y^2+z^2}{\left(x^2+y^2+z^2\right)^{\frac{3}{2}}},$$

同理得

$$\frac{\partial^2 r}{\partial y^2}=\frac{x^2+z^2}{\left(x^2+y^2+z^2\right)^{\frac{3}{2}}},\quad \frac{\partial^2 r}{\partial z^2}=\frac{x^2+y^2}{\left(x^2+y^2+z^2\right)^{\frac{3}{2}}},$$

所以

$$\frac{\partial^2 r}{\partial x^2}+\frac{\partial^2 r}{\partial y^2}+\frac{\partial^2 r}{\partial z^2}=\frac{2\left(x^2+y^2+z^2\right)}{\left(x^2+y^2+z^2\right)^{\frac{3}{2}}}=\frac{2}{r}.$$

 **知识链接**

我们通常说的碳纤维,其实是对碳纤维增强复合材料的简称,与真正的碳纤维是有区别的,除了碳纤维(CFRP),目前市面上出现比较多的增强复合材料还有玻璃纤维增强复合材料(GFRP)、芳纶纤维增强复合材料(AFRP),它们都属于新型纺织材料.

碳纤维的强度在 400~800 MPa 左右,而普通钢材的强度为 200~500 MPa,测试的强度比钢材要好很多.在军工领域,这些材料大量应用于飞机、舰船、潜艇、坦克、导弹、雷达的高性能结构件和特种电子设备.

所谓碳纤维是指一根根的碳纤维丝束,而碳纤维增强复合材料是很多碳纤维丝束按照一定的方向排布,然后与树脂、陶瓷、金属等基体混合连接在一起,不同的碳纤维复合材料之间千差万别.原始的碳纤维其实更像布料,可以弯折,可以卷成一卷.而在碳纤维复合材料的应用中,纤维的排布既可以是单一方向的,也可以是多方向交叉叠加的.碳纤维的分布密度会对碳纤维复合材料的性能产生直接影响.简单说,纤维越密,单位体积内的纤维越多,沿纤维方向的强度就越高;反之,纤维越疏,单位体积内的纤维越少,最终碳纤维材料的强度也就越低.所以我们可以通过调整纤维体积比来控制碳纤维材料的使用性能.

以碳纤维为代表的新型纺织材料的开发与推广应用,当然是多学科综合发展的结果.它涉及材料学、纺织学、力学、数学等许多领域.在各类增强复合材料的制备、方案设计、材料的强度分析中无不出现数学的影子.

 **任务训练**

已知 $f(x,y)=(x+y)\mathrm{e}^y$，求 $f_x(1,0)$，$f_y(1,0)$.

 **思考题**

设 $z=\mathrm{e}^{-\left(\frac{1}{x}+\frac{1}{y}\right)}$，证明 $x^2\dfrac{\partial z}{\partial x}+y^2\dfrac{\partial z}{\partial y}=2z$.

7.3 全微分

 任务导入

在上一小节的学习中,我们知道纺织品的价格一般是由其原材料成本、工人工资、车间及仓库运营成本、销售管理成本、税金等决定的. 如果把纺织品价格看成因变量,把原材料成本、工人工资、车间及仓库运营成本、销售管理成本、税金等看成自变量,我们指出在其他自变量不变的条件下,一个自变量发生了改变导致因变量改变,研究工具就是偏导数. 但是如果自变量都发生了改变,那么因变量将如何变化呢? 下面即将介绍的全微分会让你找到答案.

一、全微分

定义 7.3.1 如果函数 $z=f(x,y)$ 在点 (x,y) 处的全增量
$$\Delta z=f(x+\Delta x,y+\Delta y)-f(x,y)$$
可以表示为
$$\Delta z=A\Delta x+B\Delta y+o(\rho),$$
其中 A,B 不依赖 $\Delta x,\Delta y$,而仅与 x、y 有关,$\rho=\sqrt{(\Delta x)^2+(\Delta y)^2}$,则称函数 $z=f(x,y)$ 在点 (x,y) 处**可微分**,简称**可微**,$A\Delta x+B\Delta y$ 称为函数 $z=f(x,y)$ 在点 (x,y) 处的**全微分**,记为 $\mathrm{d}z$,即
$$\mathrm{d}z=A\Delta x+B\Delta y.$$

若函数在区域内各点处可微,则称该函数**在 D 内可微**.

定理 7.3.1(可微的必要条件) 如果函数 $z=f(x,y)$ 在点 (x,y) 处可微,则

(1) 函数 $z=f(x,y)$ 在点 (x,y) 处连续;

(2) 函数 $z=f(x,y)$ 在点 (x,y) 处的偏导数 $\dfrac{\partial z}{\partial x}$,$\dfrac{\partial z}{\partial y}$ 必存在,且 $z=f(x,y)$ 在点 (x,y) 处的全微分为 $\mathrm{d}z=\dfrac{\partial z}{\partial x}\Delta x+\dfrac{\partial z}{\partial y}\Delta y$.

证明 (1) 因为函数 $z=f(x,y)$ 在点 (x,y) 处可微,则有
$$\Delta z=A\Delta x+B\Delta y+o(\rho),$$

于是
$$\lim_{(\Delta x,\Delta y)\to(0,0)}\Delta z=0,$$

即
$$\lim_{(\Delta x,\Delta y)\to(0,0)}f(x+\Delta x,y+\Delta y)=f(x,y),$$

所以函数 $z=f(x,y)$ 在点 (x,y) 处连续.

（2）因为函数 $z=f(x,y)$ 在点 (x,y) 处可微,则有
$$f(x+\Delta x,y+\Delta y)-f(x,y)=A\Delta x+B\Delta y+o(\rho),$$

令 $\Delta y=0$,则函数关于 x 的偏导数为
$$\frac{\partial z}{\partial x}=\lim_{\Delta x\to0}\frac{f(x+\Delta x,y)-f(x,y)}{\Delta x}=\lim_{\Delta x\to0}\frac{A\Delta x+o(|\Delta x|)}{\Delta x}=A,$$

同理可证 $\dfrac{\partial z}{\partial y}=B$,因此 $\mathrm{d}z=\dfrac{\partial z}{\partial x}\Delta x+\dfrac{\partial z}{\partial y}\Delta y$.

注意定理 7.3.1 中（2）的逆命题不成立,即偏导数存在,函数不一定可微.

定理 7.3.2（可微的充分条件）　如果函数 $z=f(x,y)$ 在点 (x,y) 处的偏导数 $\dfrac{\partial z}{\partial x},\dfrac{\partial z}{\partial y}$ 连续,则函数 $z=f(x,y)$ 在点 (x,y) 处可微.

类似于一元函数微分的情形,自变量的微分等于自变量的增量,即 $\mathrm{d}x=\Delta x,\mathrm{d}y=\Delta y$,于是有 $\mathrm{d}z=\dfrac{\partial z}{\partial x}\mathrm{d}x+\dfrac{\partial z}{\partial y}\mathrm{d}y$.

例 1　求函数 $z=x^2\sin 3y$ 的全微分.

解　因为 $\dfrac{\partial z}{\partial x}=2x\sin 3y,\dfrac{\partial z}{\partial y}=3x^2\cos 3y$,所以函数的全微分为
$$\mathrm{d}z=2x\sin 3y\mathrm{d}x+3x^2\cos 3y\mathrm{d}y.$$

例 2　计算函数 $z=y^x$ 在点 $(1,2)$ 的全微分.

解　因为 $\dfrac{\partial z}{\partial x}=y^x\ln y,\dfrac{\partial z}{\partial y}=xy^{x-1}$,所以 $\dfrac{\partial z}{\partial x}\Big|_{(1,2)}=2\ln 2,\dfrac{\partial z}{\partial y}\Big|_{(1,2)}=1$,从而函数在点 $(1,2)$ 的全微分为 $\mathrm{d}z=2\ln 2\mathrm{d}x+\mathrm{d}y$.

二、全微分在近似计算中的应用

当二元函数的两个偏导数连续,并且两个自变量的增量都很小时,就有近似计算公式
$$\Delta z\approx\mathrm{d}z=f_x(x,y)\Delta x+f_y(x,y)\Delta y,$$

即
$$f(x+\Delta x,y+\Delta y)\approx f(x,y)+f_x(x,y)\Delta x+f_y(x,y)\Delta y.$$

例 3　计算 $z=1.08^{3.96}$ 的近似值.

解　设 $f(x,y)=x^y$,令 $x=1,y=4,\Delta x=0.08,\Delta y=-0.04$.由二元函数全微分近

似计算公式得

$$1.08^{3.96} = f(x+\Delta x, y+\Delta y)$$
$$\approx f(1,4) + f_x(1,4)\Delta x + f_y(1,4)\Delta y$$
$$= 1 + 4 \times 0.08 + 1^4 \times \ln 1 \times (-0.04)$$
$$= 1 + 0.32 = 1.32.$$

 任务训练

求函数 $u = \arcsin \dfrac{z}{\sqrt{x^2+y^2}}$ 的全微分.

 思考题

求函数 $u = \dfrac{x}{x^2+y^2+z^2}$ 的全微分.

7.4 多元复合函数微分法

 任务导入

　　火箭是以热气流高速向后喷出,利用产生的反作用力向前运动的喷气推进装置. 它自身携带燃烧剂与氧化剂,不依赖空气中的氧助燃,既可在大气中,又可在外层空间飞行. 火箭在飞行过程中随着火箭推进剂的消耗,其质量不断减小,是变质量飞行体. 火箭是能使物体达到宇宙速度、克服或摆脱地球引力,进入宇宙空间的运载工具. 由万有引力定律知,地球对火箭的引力为 $F = \dfrac{GMm}{r^2}$,其中 G 为万有引力系数,M 为地球质量,m 为火箭质量,它是时间 t 的函数,记为 $m(t)$,r 是火箭到地球中心的距离,它也是时间 t 的函数,记为 $r(t)$,从而地球对火箭的引力就为

$$F(t) = f(m(t), r(t)) = \frac{GMm(t)}{r^2(t)}.$$

　　当火箭发射运行了 t_0 时,我们可以求出火箭质量减少的速率 $\left.\dfrac{\mathrm{d}m(t)}{\mathrm{d}t}\right|_{t=t_0}$,火箭离地球中心的变化率 $\left.\dfrac{\mathrm{d}r(t)}{\mathrm{d}t}\right|_{t=t_0}$,以及 $\dfrac{\partial f}{\partial m}, \dfrac{\partial f}{\partial r}$,但是如何利用 $\dfrac{\partial f}{\partial m}, \dfrac{\partial f}{\partial r}, \left.\dfrac{\mathrm{d}m(t)}{\mathrm{d}t}\right|_{t=t_0}, \left.\dfrac{\mathrm{d}r(t)}{\mathrm{d}t}\right|_{t=t_0}$ 来表示此时地

球对火箭引力减少的速率 $\dfrac{\mathrm{d}F(t)}{\mathrm{d}t}\bigg|_{t=t_0}$ 呢?

我们已学会了一元复合函数求导的链式法则. 本节就是在一元复合函数求导的基础上,将其链式法则推广到多元复合函数.

一、复合函数的中间变量为一元函数的情形

定理 7.4.1 设 $u=u(t)$, $v=v(t)$ 均在 t 处可导,函数 $z=f(u,v)$ 在对应点 (u,v) 处有连续的偏导数. 则复合函数 $z=f[u(t),v(t)]$ 在 t 处可导,且其导数公式为

$$\frac{\mathrm{d}z}{\mathrm{d}t}=\frac{\partial z}{\partial u}\frac{\mathrm{d}u}{\mathrm{d}t}+\frac{\partial z}{\partial v}\frac{\mathrm{d}v}{\mathrm{d}t},$$

公式中的导数 $\dfrac{\mathrm{d}z}{\mathrm{d}t}$ 称为**全导数**.

这种方法可以推广到三元函数的情形,例如,设 $u=u(t)$, $v=v(t)$, $w=w(t)$ 均在 t 处可导,函数 $z=f(u,v,w)$ 在对应点 (u,v,w) 处有连续的偏导数. 则复合函数 $z=f[u(t),v(t),w(t)]$ 的全导数为

$$\frac{\mathrm{d}z}{\mathrm{d}t}=\frac{\partial z}{\partial u}\frac{\mathrm{d}u}{\mathrm{d}t}+\frac{\partial z}{\partial v}\frac{\mathrm{d}v}{\mathrm{d}t}+\frac{\partial z}{\partial w}\frac{\mathrm{d}w}{\mathrm{d}t}.$$

例 1 设 $z=uv$,其中 $u=\sin t$, $v=\mathrm{e}^t$,求 $\dfrac{\mathrm{d}z}{\mathrm{d}t}$.

解 由公式得 $\dfrac{\mathrm{d}z}{\mathrm{d}t}=\dfrac{\partial z}{\partial u}\dfrac{\mathrm{d}u}{\mathrm{d}t}+\dfrac{\partial z}{\partial v}\dfrac{\mathrm{d}v}{\mathrm{d}t}=v\cdot\cos t+u\cdot\mathrm{e}^t=(\cos t+\sin t)\mathrm{e}^t.$

二、复合函数的中间变量为多元函数的情形

定理 7.4.2 设 $u=u(x,y)$, $v=v(x,y)$ 都具有对 x 及对 y 的偏导数,函数 $z=f(u,v)$ 在对应点 (u,v) 处有连续的偏导数 $\dfrac{\partial z}{\partial u}$ 和 $\dfrac{\partial z}{\partial v}$. 则复合函数 $z=f[u(x,y),v(x,y)]$ 在 (x,y) 处的两个偏导数存在,且其偏导数公式为

$$\frac{\partial z}{\partial x}=\frac{\partial z}{\partial u}\frac{\partial u}{\partial x}+\frac{\partial z}{\partial v}\frac{\partial v}{\partial x},\quad \frac{\partial z}{\partial y}=\frac{\partial z}{\partial u}\frac{\partial u}{\partial y}+\frac{\partial z}{\partial v}\frac{\partial v}{\partial y}.$$

例 2 设 $z=\mathrm{e}^u\cos v$,其中 $u=xy$, $v=x-y$,求 $\dfrac{\partial z}{\partial x}$ 和 $\dfrac{\partial z}{\partial y}$.

解 由公式得

$$\frac{\partial z}{\partial x} = \frac{\partial z}{\partial u}\frac{\partial u}{\partial x} + \frac{\partial z}{\partial v}\frac{\partial v}{\partial x} = e^u \cos v \cdot y - e^u \sin v$$

$$= e^{xy}[y\cos(x-y) - \sin(x-y)],$$

$$\frac{\partial z}{\partial y} = \frac{\partial z}{\partial u}\frac{\partial u}{\partial y} + \frac{\partial z}{\partial v}\frac{\partial v}{\partial y} = e^u \cos v \cdot x + e^u \sin v$$

$$= e^{xy}[x\cos(x-y) + \sin(x-y)].$$

例 3 设 $z = (x^2+y^2)^{xy}$，求 $\dfrac{\partial z}{\partial x}$ 和 $\dfrac{\partial z}{\partial y}$.

解 令 $u = x^2+y^2, v = xy$，则 $z = u^v$，由公式得

$$\frac{\partial z}{\partial x} = \frac{\partial z}{\partial u}\frac{\partial u}{\partial x} + \frac{\partial z}{\partial v}\frac{\partial v}{\partial x} = vu^{v-1} \cdot 2x + u^v \ln u \cdot y$$

$$= 2x^2 y (x^2+y^2)^{xy-1} + y (x^2+y^2)^{xy} \ln(x^2+y^2),$$

$$\frac{\partial z}{\partial y} = \frac{\partial z}{\partial u}\frac{\partial u}{\partial y} + \frac{\partial z}{\partial v}\frac{\partial v}{\partial y} = vu^{v-1} \cdot 2y + u^v \ln u \cdot x$$

$$= 2xy^2 (x^2+y^2)^{xy-1} + x (x^2+y^2)^{xy} \ln(x^2+y^2).$$

三、复合函数的中间变量既有一元函数又有多元函数的情形

定理 7.4.3 设 $u = u(x,y)$ 在点 (x,y) 有对 x 及对 y 的偏导数，函数 $v = v(y)$ 在点 y 可导，函数 $z = f(u,v)$ 在对应点 (u,v) 处有连续的偏导数 $\dfrac{\partial z}{\partial u}$ 和 $\dfrac{\partial z}{\partial v}$. 则复合函数 $z = f[u(x,y), v(y)]$ 在 (x,y) 处的两个偏导数存在，且有

$$\frac{\partial z}{\partial x} = \frac{\partial z}{\partial u}\frac{\partial u}{\partial x}, \qquad \frac{\partial z}{\partial y} = \frac{\partial z}{\partial u}\frac{\partial u}{\partial y} + \frac{\partial z}{\partial v}\frac{\mathrm{d}v}{\mathrm{d}y}.$$

例 4 设 $z = e^{u+v}$，其中 $u = x\sin y, v = \cos y$，求 $\dfrac{\partial z}{\partial x}$ 和 $\dfrac{\partial z}{\partial y}$.

解 由公式得

$$\frac{\partial z}{\partial x} = \frac{\partial z}{\partial u}\frac{\partial u}{\partial x} = e^{u+v} \cdot \sin y = e^{x\sin y + \cos y} \cdot \sin y,$$

$$\frac{\partial z}{\partial y} = \frac{\partial z}{\partial u}\frac{\partial u}{\partial y} + \frac{\partial z}{\partial v}\frac{\partial v}{\partial y} = e^{u+v} \cdot x\cos y - e^{u+v}\sin y$$

$$= e^{x\sin y + \cos y}(x\cos y - \sin y).$$

为了简单起见，常采用以下记号：

$$f_1'(u,v) = f_u(u,v), f_2'(u,v) = f_v(u,v), f_{12}''(u,v) = f_{uv}(u,v), \cdots.$$

这里下标 1 表示对第一个变量 u 求偏导数,下标 2 表示对第二个变量 v 求偏导数,同理有 f''_{11},f''_{12} 等.

例5 设 $z = f(xy, x^2 + y^2)$,其中 f 具有二阶连续的偏导数,求 $\dfrac{\partial z}{\partial x}, \dfrac{\partial z}{\partial y}$ 以及 $\dfrac{\partial^2 z}{\partial x \partial y}$.

解
$$\frac{\partial z}{\partial x} = yf'_1 + 2xf'_2, \quad \frac{\partial z}{\partial y} = xf'_1 + 2yf'_2;$$

$$\frac{\partial^2 z}{\partial x \partial y} = f'_1 + y(xf''_{11} + 2yf''_{12}) + 2x(xf''_{21} + 2yf''_{22})$$

$$= f'_1 + xyf''_{11} + 2y^2 f''_{12} + 2x^2 f''_{21} + 4xyf''_{22}$$

$$= f'_1 + xyf''_{11} + 2(y^2 + x^2)f''_{12} + 4xyf''_{22}.$$

四、全微分的形式不变性

设函数 $z = f(u, v), u = u(x, y), v = v(x, y)$ 可微,则有

$$dz = \frac{\partial z}{\partial x}dx + \frac{\partial z}{\partial y}dy = \left(\frac{\partial z}{\partial u}\frac{\partial u}{\partial x} + \frac{\partial z}{\partial v}\frac{\partial v}{\partial x}\right)dx + \left(\frac{\partial z}{\partial u}\frac{\partial u}{\partial y} + \frac{\partial z}{\partial v}\frac{\partial v}{\partial y}\right)dy$$

$$= \frac{\partial z}{\partial u}\left(\frac{\partial u}{\partial x}dx + \frac{\partial u}{\partial y}dy\right) + \frac{\partial z}{\partial v}\left(\frac{\partial v}{\partial x}dx + \frac{\partial v}{\partial y}dy\right) = \frac{\partial z}{\partial u}du + \frac{\partial z}{\partial v}dv.$$

可以看出,无论 z 是自变量 x, y 的函数,还是中间变量 u, v 的函数,它的全微分形式是一样的,这个性质就为**全微分的形式不变性**.

例6 利用全微分的形式不变性,求函数 $z = \dfrac{xy}{x^2 + y^2}$ 的偏导数.

解
$$dz = d\frac{xy}{x^2 + y^2} = \frac{(x^2 + y^2)d(xy) - xyd(x^2 + y^2)}{(x^2 + y^2)^2}$$

$$= \frac{(x^2 + y^2)(ydx + xdy) - xy(2xdx + 2ydy)}{(x^2 + y^2)^2}$$

$$= \frac{y(y^2 - x^2)dx + x(x^2 - y^2)dy}{(x^2 + y^2)^2},$$

所以 $\dfrac{\partial z}{\partial x} = \dfrac{y(y^2 - x^2)}{(x^2 + y^2)^2}, \dfrac{\partial z}{\partial y} = \dfrac{x(x^2 - y^2)}{(x^2 + y^2)^2}.$

 任务训练

设 $z = (x^2 + y^2)^{xy}$,求 $\dfrac{\partial z}{\partial x}, \dfrac{\partial z}{\partial y}$.

设 $z = f(x, y)$ 具有二阶连续偏导数,且 $x = e^u \cos v$,$y = e^u \sin v$,证明:

$$\frac{\partial^2 z}{\partial x^2} + \frac{\partial^2 z}{\partial y^2} = e^{-2u} \left(\frac{\partial^2 z}{\partial u^2} + \frac{\partial^2 z}{\partial v^2} \right).$$

7.5 隐函数微分法

本节将把一元隐函数微分法推广到多元隐函数的情形.

一、一个方程的情形

定理 7.5.1(**隐函数存在定理 1**) 设函数 $F(x, y)$ 在点 $P_0(x_0, y_0)$ 的某一邻域内具有连续的偏导数,且

$$F_y(x_0, y_0) \neq 0, \quad F(x_0, y_0) = 0,$$

则方程 $F(x, y) = 0$ 在点 $P_0(x_0, y_0)$ 的某一邻域内唯一确定一个连续且具有连续导数的函数 $y = f(x)$,满足 $y_0 = f(x_0)$,并有

$$\frac{\mathrm{d}y}{\mathrm{d}x} = -\frac{F_x}{F_y}.$$

微视频
隐函数微分法
（一个方程的
情形）

本定理不作严格证明,仅作以下推导.

将函数 $y = f(x)$ 代入方程 $F(x, y) = 0$,得

$$F[x, f(x)] = 0,$$

利用复合函数求导法则对上述方程关于 x 求导,得

$$\frac{\partial F}{\partial x} + \frac{\partial F}{\partial y} \frac{\mathrm{d}y}{\mathrm{d}x} = 0,$$

整理得

$$\frac{\mathrm{d}y}{\mathrm{d}x} = -\frac{F_x}{F_y}.$$

例 1 验证方程 $x^2 + y^2 - 1 = 0$ 在点 $(0, 1)$ 的某邻域内能唯一确定一个具有连续导数且当 $x = 0$ 时 $y = 1$ 的隐函数 $y = f(x)$,求该函数的一阶和二阶导数在 $x = 0$ 处的值.

解 令 $F(x, y) = x^2 + y^2 - 1$,则

$$F_x = 2x, \quad F_y = 2y, \quad F_x(0, 1) = 0, \quad F_y(0, 1) = 2 \neq 0.$$

根据定理 7.5.1 知,方程 $x^2 + y^2 - 1 = 0$ 在点 $(0, 1)$ 的某邻域内能唯一确定一个具有连续导数且当 $x = 0$ 时 $y = 1$ 的隐函数 $y = f(x)$.

下面求该函数的一阶和二阶导数.

$$\frac{dy}{dx} = -\frac{F_x}{F_y} = -\frac{x}{y}, \frac{dy}{dx}\Big|_{x=0} = 0,$$

$$\frac{d^2y}{dx^2} = -\frac{y-xy'}{y^2} = -\frac{y-x\left(-\dfrac{x}{y}\right)}{y^2} = -\frac{y^2+x^2}{y^3} = -\frac{1}{y^3}, \frac{d^2y}{dx^2}\Big|_{x=0} = -1.$$

例 2 求由方程 $\sin x + e^y - xy = 0$ 确定的隐函数的导数 $\dfrac{dy}{dx}$.

解法一 令 $F(x,y) = \sin x + e^y - xy$，则

$$F_x = \cos x - y, \quad F_y = e^y - x,$$

由隐函数存在定理得

$$\frac{dy}{dx} = -\frac{\cos x - y}{e^y - x}.$$

解法二 把 y 看成 x 的函数 $y = f(x)$，对方程 $\sin x + e^y - xy = 0$ 两边关于 x 求导，得

$$\cos x + e^y y' - y - xy' = 0,$$

解得

$$y' = -\frac{\cos x - y}{e^y - x}.$$

定理 7.5.2(隐函数存在定理 2) 设函数 $F(x,y,z)$ 在点 $P_0(x_0,y_0,z_0)$ 的某一邻域内具有连续的偏导数，且

$$F_z(x_0,y_0,z_0) \neq 0, \quad F(x_0,y_0,z_0) = 0,$$

则方程 $F(x,y,z) = 0$ 在点 $P_0(x_0,y_0,z_0)$ 的某一邻域内唯一确定一个连续且具有连续导数的函数 $z = f(x,y)$，满足 $z_0 = f(x_0,y_0)$，并有

$$\frac{\partial z}{\partial x} = -\frac{F_x}{F_z}, \quad \frac{\partial z}{\partial y} = -\frac{F_y}{F_z}.$$

同样只给出定理最后结论的推导.

将函数 $z = f(x,y)$ 代入方程 $F(x,y,z) = 0$，得

$$F[x,y,f(x,y)] = 0,$$

利用复合函数求导法则对上述方程关于 x 和 y 求导，得

$$F_x + F_z\frac{\partial z}{\partial x} = 0, \quad F_y + F_z\frac{\partial z}{\partial y} = 0.$$

整理，得

$$\frac{\partial z}{\partial x} = -\frac{F_x}{F_z}, \quad \frac{\partial z}{\partial y} = -\frac{F_y}{F_z}.$$

例 3　求由方程 $x^2+y^2+z^2=2z$ 确定的隐函数的导数 $\dfrac{\partial z}{\partial x}, \dfrac{\partial z}{\partial y}$.

解法一　令 $F(x,y,z)=x^2+y^2+z^2-2z$，则

$$F_x=2x, \quad F_y=2y, \quad F_z=2z-2,$$

由隐函数存在定理得

$$\frac{\partial z}{\partial x}=-\frac{F_x}{F_z}=\frac{x}{1-z}, \quad \frac{\partial z}{\partial y}=-\frac{F_y}{F_z}=\frac{y}{1-z}.$$

解法二　把 z 看成 x 和 y 的函数 $z=f(x,y)$，对方程 $x^2+y^2+z^2=2z$ 两边关于 x 求导，得

$$2x+2z\frac{\partial z}{\partial x}=2\frac{\partial z}{\partial x},$$

解得

$$\frac{\partial z}{\partial x}=\frac{x}{1-z}.$$

对方程 $x^2+y^2+z^2=2z$ 两边关于 y 求导，得

$$2y+2z\frac{\partial z}{\partial y}=2\frac{\partial z}{\partial y},$$

解得

$$\frac{\partial z}{\partial y}=\frac{y}{1-z}.$$

二、方程组的情形

设方程组

$$\begin{cases} F(x,y,u,v)=0, \\ G(x,y,u,v)=0 \end{cases}$$

隐含函数组 $u=u(x,y), v=v(x,y)$. 将函数组 $u=u(x,y), v=v(x,y)$ 代入方程组 $\begin{cases} F(x,y,u,v)=0, \\ G(x,y,u,v)=0 \end{cases}$ 中，得

$$\begin{cases} F[x,y,u(x,y),v(x,y)]=0, \\ G[x,y,u(x,y),v(x,y)]=0, \end{cases}$$

两边对 x 求偏导，得

$$\begin{cases} F_x+F_u\dfrac{\partial u}{\partial x}+F_v\dfrac{\partial v}{\partial x}=0, \\ G_x+G_u\dfrac{\partial u}{\partial x}+G_v\dfrac{\partial v}{\partial x}=0, \end{cases}$$

当行列式 $\begin{vmatrix} F_u & F_v \\ G_u & G_v \end{vmatrix} \neq 0$ 时,解此方程组,得

$$\frac{\partial u}{\partial x} = -\frac{\begin{vmatrix} F_x & F_v \\ G_x & G_v \end{vmatrix}}{\begin{vmatrix} F_u & F_v \\ G_u & G_v \end{vmatrix}}, \quad \frac{\partial v}{\partial x} = -\frac{\begin{vmatrix} F_u & F_x \\ G_u & G_x \end{vmatrix}}{\begin{vmatrix} F_u & F_v \\ G_u & G_v \end{vmatrix}}.$$

其中行列式 $\begin{vmatrix} F_u & F_v \\ G_u & G_v \end{vmatrix}$ 称为函数 F 和 G 的**雅可比行列式**,记为

$$J = \frac{\partial(F,G)}{\partial(u,v)} = \begin{vmatrix} F_u & F_v \\ G_u & G_v \end{vmatrix}.$$

所以上述偏导可以写成

$$\frac{\partial u}{\partial x} = -\frac{\dfrac{\partial(F,G)}{\partial(x,v)}}{\dfrac{\partial(F,G)}{\partial(u,v)}}, \quad \frac{\partial v}{\partial x} = -\frac{\dfrac{\partial(F,G)}{\partial(u,x)}}{\dfrac{\partial(F,G)}{\partial(u,v)}}.$$

同理

$$\frac{\partial u}{\partial y} = -\frac{\dfrac{\partial(F,G)}{\partial(y,v)}}{\dfrac{\partial(F,G)}{\partial(u,v)}}, \quad \frac{\partial v}{\partial y} = -\frac{\dfrac{\partial(F,G)}{\partial(u,y)}}{\dfrac{\partial(F,G)}{\partial(u,v)}}.$$

定理 7.5.3(隐函数存在定理 3) 设函数组 $F(x,y,u,v)$,$G(x,y,u,v)$ 在点 $P_0(x_0,y_0,u_0,v_0)$ 的某一邻域内具有对各个变量的连续偏导数,且

$$F(x_0,y_0,u_0,v_0)=0,G(x_0,y_0,u_0,v_0)=0,$$

又函数 F 和 G 的雅可比行列式 $J=\dfrac{\partial(F,G)}{\partial(u,v)}$ 在点 $P_0(x_0,y_0,u_0,v_0)$ 处不等于零,则方程组

$$\begin{cases} F(x,y,u,v)=0, \\ G(x,y,u,v)=0 \end{cases}$$

在点 $P_0(x_0,y_0,u_0,v_0)$ 的某一邻域内唯一确定一组连续且具有连续偏导数的函数组 $u=u(x,y)$,$v=v(x,y)$,且 $u_0=u(x_0,y_0)$,$v_0=v(x_0,y_0)$,其偏导数为

$$\frac{\partial u}{\partial x} = -\frac{\dfrac{\partial(F,G)}{\partial(x,v)}}{\dfrac{\partial(F,G)}{\partial(u,v)}}, \quad \frac{\partial v}{\partial x} = -\frac{\dfrac{\partial(F,G)}{\partial(u,x)}}{\dfrac{\partial(F,G)}{\partial(u,v)}}, \quad \frac{\partial u}{\partial y} = -\frac{\dfrac{\partial(F,G)}{\partial(y,v)}}{\dfrac{\partial(F,G)}{\partial(u,v)}}, \quad \frac{\partial v}{\partial y} = -\frac{\dfrac{\partial(F,G)}{\partial(u,y)}}{\dfrac{\partial(F,G)}{\partial(u,v)}}.$$

例4 设 $u=u(x,y)$,$v=v(x,y)$ 由方程组 $\begin{cases} xu-yv=0, \\ yu+xv=1 \end{cases}$ 确定,求 $\dfrac{\partial u}{\partial x},\dfrac{\partial u}{\partial y},\dfrac{\partial v}{\partial x},\dfrac{\partial v}{\partial y}$.

解 对方程组 $\begin{cases} xu - yv = 0, \\ yu + xv = 1 \end{cases}$ 两端关于 x 求导,得

$$\begin{cases} u + x\dfrac{\partial u}{\partial x} - y\dfrac{\partial v}{\partial x} = 0, \\[2mm] y\dfrac{\partial u}{\partial x} + v + x\dfrac{\partial v}{\partial x} = 0, \end{cases}$$

解得

$$\frac{\partial u}{\partial x} = \frac{\begin{vmatrix} -u & -y \\ -v & x \end{vmatrix}}{\begin{vmatrix} x & -y \\ y & x \end{vmatrix}} = -\frac{ux + vy}{x^2 + y^2}, \qquad \frac{\partial v}{\partial x} = \frac{\begin{vmatrix} x & -u \\ y & -v \end{vmatrix}}{\begin{vmatrix} x & -y \\ y & x \end{vmatrix}} = -\frac{xv - yu}{x^2 + y^2}.$$

对方程组 $\begin{cases} xu - yv = 0, \\ yu + xv = 1 \end{cases}$ 两端关于 y 求导,得

$$\begin{cases} x\dfrac{\partial u}{\partial y} - v - y\dfrac{\partial v}{\partial y} = 0, \\[2mm] u + y\dfrac{\partial u}{\partial y} + x\dfrac{\partial v}{\partial y} = 0, \end{cases}$$

解得

$$\frac{\partial u}{\partial y} = \frac{\begin{vmatrix} v & -y \\ -u & x \end{vmatrix}}{\begin{vmatrix} x & -y \\ y & x \end{vmatrix}} = \frac{vx - yu}{x^2 + y^2}, \qquad \frac{\partial v}{\partial y} = \frac{\begin{vmatrix} x & v \\ y & -u \end{vmatrix}}{\begin{vmatrix} x & -y \\ y & x \end{vmatrix}} = -\frac{xu + vy}{x^2 + y^2}.$$

 任务训练

设 $z = z(x, y)$ 为由方程 $xz = \sin y + f(xy, y + z)$ 所确定的函数,其中 f 一阶连续可导,求 $\dfrac{\partial z}{\partial x}, \dfrac{\partial z}{\partial y}$.

文档
扫一扫,看答案

 思考题

设函数 $z(x, y)$ 由方程 $F\left(x + \dfrac{z}{y}, y + \dfrac{z}{x}\right) = 0$ 所确定,证明:

$$x\frac{\partial z}{\partial x} + y\frac{\partial z}{\partial y} = z - xy.$$

7.6 多元函数微分学在几何上的应用

我们知道一元函数在某点处的导数在几何上表示的就是曲线在该点处的切线的斜率,那么多元函数的微分又有什么样的几何意义呢?

一、空间曲线的切线与法平面

类似于平面曲线切线的概念,一条空间曲线 Γ 在点 $M_0(x_0,y_0,z_0)$ 处的切线是这样定义的:在曲线 Γ 上任取一点 $M(x_0+\Delta x,y_0+\Delta y,z_0+\Delta z)$,作割线 M_0M,当点 M 沿曲线 Γ 趋于 M_0 时,割线 M_0M 的极限位置 M_0T 称为空间曲线 Γ 在点 M_0 处的**切线**,点 M_0 为**切点**(图 7–1).

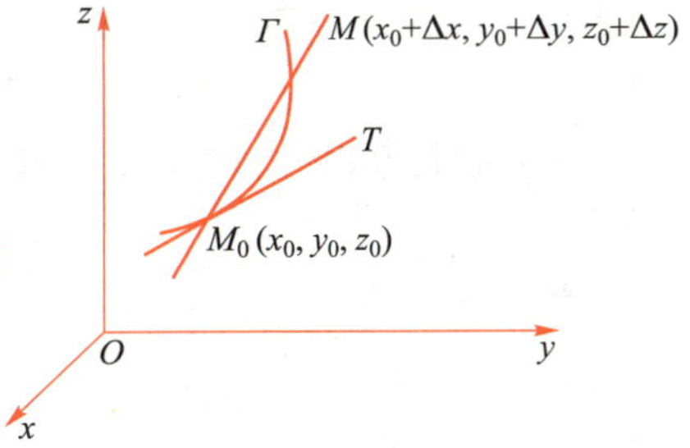

$$(\text{一}) \quad \text{空间曲线 } \Gamma: \begin{cases} x=x(t), \\ y=y(t), \\ z=z(t) \end{cases} \text{的切线和法平面}$$

图 7–1

设空间曲线 Γ 的参数方程为 $\begin{cases} x=x(t), \\ y=y(t), \\ z=z(t), \end{cases}$ 其中

$x(t),y(t),z(t)$ 都可导,且导数不同时为零.

现求曲线 Γ 上一点 $M_0(x_0,y_0,z_0)$ 处的切线和法平面.其中点 $M_0(x_0,y_0,z_0)$ 对应的参数为 t_0,即 $x_0=x(t_0),y_0=y(t_0),z_0=z(t_0)$.在曲线 Γ 上点 $M_0(x_0,y_0,z_0)$ 附近取一点 $M(x_0+\Delta x,y_0+\Delta y,z_0+\Delta z)$,对应的参数是 $t_0+\Delta t$.作曲线的割线 M_0M,其方程为

$$\frac{x-x_0}{\Delta x}=\frac{y-y_0}{\Delta y}=\frac{z-z_0}{\Delta z},$$

其中 $\Delta x=x(t_0+\Delta t)-x(t_0),\Delta y=y(t_0+\Delta t)-y(t_0),\Delta z=z(t_0+\Delta t)-z(t_0)$.用 Δt 除上式各分母得

$$\frac{x-x_0}{\dfrac{\Delta x}{\Delta t}}=\frac{y-y_0}{\dfrac{\Delta y}{\Delta t}}=\frac{z-z_0}{\dfrac{\Delta z}{\Delta t}},$$

当点 M 沿曲线 Γ 趋于 M_0 时,即 $\Delta t \to 0$,得曲线 Γ 在点 M_0 处的**切线方程**为

$$\frac{x-x_0}{x'(t_0)}=\frac{y-y_0}{y'(t_0)}=\frac{z-z_0}{z'(t_0)}.$$

曲线在某点处的切线的方向向量称为曲线的**切向量**.向量

$$T=(x'(t_0),y'(t_0),z'(t_0))$$

就是曲线 Γ 在点 M_0 处的一个切向量.

过点 M_0 且与切线垂直的平面称为曲线 Γ 在点 M_0 处的**法平面**. 曲线的切向量就是法平面的法向量,于是,该法平面方程为

$$x'(t_0)(x-x_0)+y'(t_0)(y-y_0)+z'(t_0)(z-z_0)=0.$$

例1 求曲线 $\Gamma:\begin{cases}x=\displaystyle\int_0^t \mathrm{e}^u \cos u \, du, \\ y=2\cos t-\sin t, \\ z=\mathrm{e}^{2t}\end{cases}$ 在 $t=0$ 处的切线和法平面方程.

解 当 $t=0$ 时,得 $x=0,y=2,z=1$,所以切点坐标为 $M_0(0,2,1)$. 因为

$$x'=\mathrm{e}^t \cos t, y'=-2\sin t-\cos t, z'=2\mathrm{e}^{2t},$$

所以在 $t=0$ 处的切线的方向向量为 $T=\{1,-1,2\}$.

在点 $M_0(0,2,1)$ 处的切线方程为

$$\frac{x}{1}=\frac{y-2}{-1}=\frac{z-1}{2}.$$

法平面方程为 $x-(y-2)+2(z-1)=0$,即 $x-y+2z=0$.

(二)空间曲线 $\Gamma:\begin{cases}y=y(x), \\ z=z(x)\end{cases}$ 的切线和法平面

如果空间曲线 Γ 的参数方程为 $\begin{cases}y=y(x), \\ z=z(x),\end{cases}$ 则取 x 为参数,将方程写成参数方程的形式

$$\begin{cases}x=x, \\ y=y(x), \\ z=z(x),\end{cases}$$

如果函数 $y=y(x),z=z(x)$ 在 $x=x_0$ 处可导,则曲线 Γ 在点 $x=x_0$ 处的切向量为

$$T=\{1,y'(x_0),z'(x_0)\},$$

从而曲线 Γ 在点 $x=x_0$ 处的切线方程为

$$\frac{x-x_0}{1}=\frac{y-y_0}{y'(x_0)}=\frac{z-z_0}{z'(x_0)}.$$

法平面方程为

$$(x-x_0)+y'(x_0)(y-y_0)+z'(x_0)(z-z_0)=0.$$

例2 求曲线 $\Gamma:\begin{cases}y=3x-1, \\ z=3x^2\end{cases}$ 在 $x=1$ 处的切线和法平面方程.

解 当 $x=1$ 时,得切点坐标为 $M_0(1,2,3)$. 因为

$$y'=3,z'=6x,$$

所以在 $x=1$ 处的切线的方向向量为 $T=\{1,3,6\}$.

在点 $M_0(1,2,3)$ 处的切线方程为

$$\frac{x-1}{1}=\frac{y-2}{3}=\frac{z-3}{6}.$$

法平面方程为 $(x-1)+3(y-2)+6(z-3)=0$, 即 $x+3y+6z=25$.

（三） 空间曲线 $\Gamma:\begin{cases}F(x,y,z)=0,\\ G(x,y,z)=0\end{cases}$ 的切线和法平面

如果空间曲线 Γ 是以一般方程形式 $\begin{cases}F(x,y,z)=0,\\ G(x,y,z)=0\end{cases}$ 给出, 由隐函数存在定理知, 只要函

数 F 和 G 在曲线 Γ 上点 $M_0(x_0,y_0,z_0)$ 处具有连续的偏导数, 且 $\left.\dfrac{\partial(F,G)}{\partial(y,z)}\right|_{M_0}\neq 0$, 则必在点

$M_0(x_0,y_0,z_0)$ 的某个邻域内能唯一地确定具有连续导数的函数 $y=y(x)$ 和 $z=z(x)$.

这样的空间曲线 Γ 在 M_0 附近的表达式可认为是

$$\begin{cases}x=x,\\ y=y(x),\\ z=z(x),\end{cases}$$

切向量为 $T=(1,y'(x),z'(x))=\left(1,\dfrac{\mathrm{d}y}{\mathrm{d}x},\dfrac{\mathrm{d}z}{\mathrm{d}x}\right)$.

对方程组 $\begin{cases}F[x,y(x),z(x)]=0,\\ G[x,y(x),z(x)]=0\end{cases}$ 的两边分别关于 x 求导, 得

$$\begin{cases}F_x+F_y\dfrac{\mathrm{d}y}{\mathrm{d}x}+F_z\dfrac{\mathrm{d}z}{\mathrm{d}x}=0,\\[2mm] G_x+G_y\dfrac{\mathrm{d}y}{\mathrm{d}x}+G_z\dfrac{\mathrm{d}z}{\mathrm{d}x}=0,\end{cases}$$

解方程组, 求得

$$\frac{\mathrm{d}y}{\mathrm{d}x}=\frac{\begin{vmatrix}F_z & F_x\\ G_z & G_x\end{vmatrix}}{\begin{vmatrix}F_y & F_z\\ G_y & G_z\end{vmatrix}},\qquad \frac{\mathrm{d}z}{\mathrm{d}x}=\frac{\begin{vmatrix}F_x & F_y\\ G_x & G_y\end{vmatrix}}{\begin{vmatrix}F_y & F_z\\ G_y & G_z\end{vmatrix}}.$$

因此, 曲线 Γ 上点 $M_0(x_0,y_0,z_0)$ 处的切向量为

$$T=\left(1,\;\frac{\begin{vmatrix}F_z & F_x\\ G_z & G_x\end{vmatrix}_{M_0}}{\begin{vmatrix}F_y & F_z\\ G_y & G_z\end{vmatrix}_{M_0}},\;\frac{\begin{vmatrix}F_x & F_y\\ G_x & G_y\end{vmatrix}_{M_0}}{\begin{vmatrix}F_y & F_z\\ G_y & G_z\end{vmatrix}_{M_0}}\right),$$

或者

$$T = \left(\left| \begin{matrix} F_y & F_z \\ G_y & G_z \end{matrix} \right|_{M_0}, \left| \begin{matrix} F_z & F_x \\ G_z & G_x \end{matrix} \right|_{M_0}, \left| \begin{matrix} F_x & F_y \\ G_x & G_y \end{matrix} \right|_{M_0} \right),$$

于是曲线 Γ 上点 $M_0(x_0, y_0, z_0)$ 处的切线方程为

$$\frac{x - x_0}{\left| \begin{matrix} F_y & F_z \\ G_y & G_z \end{matrix} \right|_{M_0}} = \frac{y - y_0}{\left| \begin{matrix} F_z & F_x \\ G_z & G_x \end{matrix} \right|_{M_0}} = \frac{z - z_0}{\left| \begin{matrix} F_x & F_y \\ G_x & G_y \end{matrix} \right|_{M_0}},$$

法平面方程为

$$\left| \begin{matrix} F_y & F_z \\ G_y & G_z \end{matrix} \right|_{M_0} (x - x_0) + \left| \begin{matrix} F_z & F_x \\ G_z & G_x \end{matrix} \right|_{M_0} (y - y_0) + \left| \begin{matrix} F_x & F_y \\ G_x & G_y \end{matrix} \right|_{M_0} (z - z_0) = 0.$$

例3 求曲线 $\Gamma : \begin{cases} x^2 + y^2 + z^2 = 6, \\ x + y + z = 0 \end{cases}$ 在 $M_0(1, -2, 1)$ 处的切线和法平面方程.

解 对方程组 $\begin{cases} x^2 + y^2 + z^2 = 6 \\ x + y + z = 0 \end{cases}$ 两边分别关于 x 求导,得

$$\begin{cases} 2x + 2y \dfrac{dy}{dx} + 2z \dfrac{dz}{dx} = 0, \\ 1 + \dfrac{dy}{dx} + \dfrac{dz}{dx} = 0, \end{cases}$$

将点 $M_0(1, -2, 1)$ 代入得

$$\begin{cases} -2 \dfrac{dy}{dx} + \dfrac{dz}{dx} = -1, \\ \dfrac{dy}{dx} + \dfrac{dz}{dx} = -1, \end{cases}$$

解得 $\dfrac{dy}{dx}\Big|_{M_0} = 0, \dfrac{dz}{dx}\Big|_{M_0} = -1$,所以切线的方向向量为 $T = \{1, 0, -1\}$.

在点 $M_0(1, -2, 1)$ 处的切线方程为

$$\frac{x - 1}{1} = \frac{y + 2}{0} = \frac{z - 1}{-1}.$$

法平面方程为 $(x - 1) + 0(y + 2) - 1(z - 1) = 0$,即 $x - z = 0$.

二、空间曲面的切平面与法线

设 $M_0(x_0, y_0, z_0)$ 为曲面 Σ 上一点,若 Σ 上任意一条过点 M_0 的曲线在点 M_0 处有切线,且这些切线均在同一平面内,则称此平面为曲面 Σ 在点 M_0 处的**切平面**,称过点 M_0 而垂直于切平面的直线为 Σ 在点 M_0 处的**法线**. 称法线的方向向量(切平面的法向量)为 Σ 在点 M_0

处的**法向量**(图 7-2).

设曲面 Σ 的方程为 $F(x,y,z)=0$，$M_0(x_0,y_0,z_0)$ 是曲面 Σ 上的一点，假设函数 $F(x,y,z)$ 在点 $M_0(x_0,y_0,z_0)$ 处具有连续的偏导数，且不同时为零.

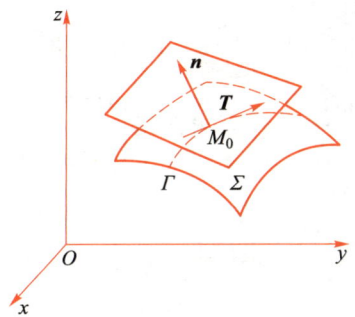

图 7-2

在曲面 Σ 上，过点 M_0 任意作一条曲线 Γ，假设其参数方程为

$$x=x(t),\quad y=y(t),\quad z=z(t),$$

假设 $t=t_0$ 对应点 $M_0(x_0,y_0,z_0)$，即 $x_0=x(t_0),y_0=y(t_0),z_0=z(t_0)$.

曲线 Γ 在点 $M_0(x_0,y_0,z_0)$ 的切向量为 $\boldsymbol{T}=\{x'(t_0),y'(t_0),z'(t_0)\}$. 对曲面方程 $F(x,y,z)=0$ 两端关于 $t=t_0$ 的全导数为

$$F_x(x_0,y_0,z_0)x'(t_0)+F_y(x_0,y_0,z_0)y'(t_0)+F_z(x_0,y_0,z_0)z'(t_0)=0.$$

引入向量 $\boldsymbol{n}=(F_x(x_0,y_0,z_0),F_y(x_0,y_0,z_0),F_z(x_0,y_0,z_0))$，则 $\boldsymbol{n}\cdot\boldsymbol{T}=0$，因此 $\boldsymbol{n}$ 与 $\boldsymbol{T}$ 是垂直的，由于曲线 Γ 是曲面 Σ 上通过点 M_0 的任意一条曲线，它们在点 M_0 的切线都与向量 $\boldsymbol{n}$ 垂直，所以向量 $\boldsymbol{n}$ 即为切平面的**法向量**.

所以，曲面 Σ 上过点 $M_0(x_0,y_0,z_0)$ 的**切平面方程**为

$$F_x(x_0,y_0,z_0)(x-x_0)+F_y(x_0,y_0,z_0)(y-y_0)+F_z(x_0,y_0,z_0)(z-z_0)=0.$$

法线方程为

$$\frac{x-x_0}{F_x(x_0,y_0,z_0)}=\frac{y-y_0}{F_y(x_0,y_0,z_0)}=\frac{z-z_0}{F_z(x_0,y_0,z_0)}.$$

例 4 求旋转抛物面 $z=x^2+y^2+1$ 在 $M_0(1,1,3)$ 处的切平面及法线方程.

解 令 $F(x,y,z)=x^2+y^2+1-z$，由于

$$F_x=2x,\quad F_y=2y,\quad F_z=-1,$$

所以在点 $M_0(1,1,3)$ 处的法向量为

$$\boldsymbol{n}=(2x,2y,-1)\big|_{(1,1,3)}=(2,2,-1),$$

因此旋转抛物面在点 $M_0(1,1,3)$ 处的切平面为

$$2(x-1)+2(y-1)-(z-3)=0,$$

即

$$2x+2y-z=1.$$

法线方程为

$$\frac{x-1}{2}=\frac{y-1}{2}=\frac{z-3}{-1}.$$

 任务训练

求曲线 $\begin{cases} xyz=6, \\ xy+yz+zx=11 \end{cases}$ 在点 $(1,2,3)$ 处的切线方程.

 **思考题**

求曲面 $z=\dfrac{x^2}{2}+y^2$ 平行于平面 $2x+2y-z=0$ 的切平面方程.

7.7 方向导数与梯度

 任务导入

我们知道多元函数的偏导数只是反映函数沿着坐标轴方向的变化率. 但在实际生活中只考虑某些特定方向的变化率是不够的,需要考虑任意方向上的变化率. 本节就介绍多元函数沿任意方向上的变化率的问题.

一、方向导数

定义 7.7.1 设函数 $z=f(x,y)$ 在点 $P_0(x_0,y_0)$ 的某一邻域 $U(P_0)$ 内有定义,l 为自点 P_0 出发的射线,$P(x_0+\Delta x,y_0+\Delta y)$ 为射线 l 上且含于 $U(P_0)$ 内的任一点,以

$$\rho=\sqrt{(\Delta x)^2+(\Delta y)^2}$$

表示点 P_0 与 P 之间的距离,如果极限

$$\lim_{\rho\to 0}\frac{\Delta z}{\rho}=\lim_{\rho\to 0}\frac{f(x_0+\Delta x,y_0+\Delta y)-f(x_0,y_0)}{\rho}$$

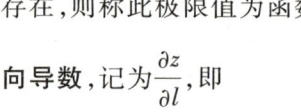

存在,则称此极限值为函数 $z=f(x,y)$ 在点 P_0 处沿方向 l 的**方向导数**,记为 $\dfrac{\partial z}{\partial l}$,即

$$\frac{\partial z}{\partial l}=\lim_{\rho\to 0}\frac{f(x_0+\Delta x,y_0+\Delta y)-f(x_0,y_0)}{\rho}.$$

定理 7.7.1 如果 $z=f(x,y)$ 在点 $P(x,y)$ 处是可微的,则函数在该点处沿任一方向 l 的方向导数都存在,且

$$\frac{\partial z}{\partial l}=\frac{\partial z}{\partial x}\cos\varphi+\frac{\partial z}{\partial y}\sin\varphi,$$

其中 φ 为 x 轴正向到方向 l 的转角.

证明　因为函数 $z=f(x,y)$ 在点 $P(x,y)$ 处是可微的,所以有

$$f(x+\Delta x,y+\Delta y)-f(x,y)=\frac{\partial z}{\partial x}\Delta x+\frac{\partial z}{\partial y}\Delta y+o(\rho),$$

两边同除以 ρ,得

$$\frac{f(x+\Delta x,y+\Delta y)-f(x,y)}{\rho}=\frac{\partial z}{\partial x}\frac{\Delta x}{\rho}+\frac{\partial z}{\partial y}\frac{\Delta y}{\rho}+\frac{o(\rho)}{\rho}$$

$$=\frac{\partial z}{\partial x}\cos\varphi+\frac{\partial z}{\partial y}\sin\varphi+o(\rho),$$

所以有 $\dfrac{\partial z}{\partial l}=\lim\limits_{\rho\to 0}\dfrac{\Delta z}{\rho}=\dfrac{\partial z}{\partial x}\cos\varphi+\dfrac{\partial z}{\partial y}\sin\varphi.$

例 1　求函数 $z=x\mathrm{e}^{2y}$ 在点 $P(1,0)$ 处到点 $Q(2,-1)$ 的方向导数.

解　这里 l 即为向量 $\overrightarrow{PQ}=(1,-1)$ 的方向,因此有

$$\cos\varphi=\frac{1}{\sqrt{2}},\quad \sin\varphi=-\frac{1}{\sqrt{2}}.$$

函数 $z=x\mathrm{e}^{2y}$ 在点 $P(1,0)$ 的偏导数为

$$\frac{\partial z}{\partial x}\bigg|_{(1,0)}=\mathrm{e}^{2y}\big|_{(1,0)}=1,\frac{\partial z}{\partial y}\bigg|_{(1,0)}=2x\mathrm{e}^{2y}\big|_{(1,0)}=2,$$

所以方向导数为 $\dfrac{\partial z}{\partial l}=\dfrac{1}{\sqrt{2}}-2\dfrac{1}{\sqrt{2}}=-\dfrac{\sqrt{2}}{2}.$

二、梯度

定义 7.7.2　设二元函数 $z=f(x,y)$ 在 $P(x,y)$ 处可偏导,则称向量

$$\frac{\partial z}{\partial x}\boldsymbol{i}+\frac{\partial z}{\partial y}\boldsymbol{j}$$

为函数 $z=f(x,y)$ 在点 $P(x,y)$ 处的**梯度**,记为 $\mathrm{grad}\,f(x,y)$,即

$$\mathrm{grad}\,f(x,y)=\frac{\partial z}{\partial x}\boldsymbol{i}+\frac{\partial z}{\partial y}\boldsymbol{j}.$$

假设 $\boldsymbol{e}=(\cos\varphi,\sin\varphi)$ 是与 l 同方向的单位向量,根据方向导数的计算公式,有

$$\frac{\partial z}{\partial l}=\frac{\partial z}{\partial x}\cos\varphi+\frac{\partial z}{\partial y}\sin\varphi=\left(\frac{\partial z}{\partial x},\frac{\partial z}{\partial y}\right)\cdot(\cos\varphi,\sin\varphi)$$

$$=\mathrm{grad}\,f(x,y)\cdot\boldsymbol{e}=|\mathrm{grad}\,f(x,y)|\cos\theta,$$

其中 θ 表示向量 $\mathrm{grad}\,f(x,y)$ 与 $\boldsymbol{e}$ 的夹角.

当 $\theta=0$ 时,$\cos\theta=1$,即梯度方向与 $\boldsymbol{e}$ 方向一致时,这时 $\dfrac{\partial z}{\partial l}$ 取最大值,最大值为梯度的模

$|\mathrm{grad}\,f(x,y)|$.当 $\theta=\pi$ 时,$\cos\theta=-1$,即梯度方向与 $\boldsymbol{e}$ 方向相反时,这时 $\dfrac{\partial z}{\partial l}$ 取最小值,最小值

为梯度模的相反数 $-|\operatorname{grad} f(x,y)|$. 因此有:函数在某点的梯度是这样一个向量,它的方向与取得最大方向导数的方向一致,而它的模为方向导数的最大值.

例 2 求 $\operatorname{grad} \dfrac{1}{x^2+y^2}$.

解 令 $z=\dfrac{1}{x^2+y^2}$,由于 $\dfrac{\partial z}{\partial x}=-\dfrac{2x}{(x^2+y^2)^2}$,$\dfrac{\partial z}{\partial y}=-\dfrac{2y}{(x^2+y^2)^2}$,所以

$$\operatorname{grad} \dfrac{1}{x^2+y^2}=-\dfrac{2x}{(x^2+y^2)^2}\boldsymbol{i}-\dfrac{2y}{(x^2+y^2)^2}\boldsymbol{j}.$$

文档
扫一扫,看答案

 任务训练

求函数 $u=\dfrac{z^2}{c^2}-\dfrac{x^2}{a^2}-\dfrac{y^2}{b^2}$ 在点 (a,b,c) 处的梯度.

 思考题

设 $z=x^2+y^2+z^2-3xyz$,求在怎样的点集上 $\operatorname{grad} u$ 与 z 轴平行.

 # 7.8 多元函数的极值

 任务导入

在日常生活中,人们常常需要面对这样的问题:在有限的收入情况下如何合理消费,以达到最满意的消费效果.经济学家试图借助"效用函数"来解决这一问题.所谓"效用函数",就是描述人们同时消费多种物品时满意程度的量.为了简单起见,假设只有两种物品供消费,同时购买这两种物品各 x 单位和 y 单位时常见的效用函数有:

$$U(x,y)=x+y, \quad U(x,y)=\ln x+\ln y \text{ 等}.$$

当效用函数达到最大值时,人们的消费分配方案才是最佳的.

例如:某同学有 200 元钱,他决定购买书和食物,已知每本书 25 元,每份食物 20 元,他购买 x 本书和 y 份食物的效用函数为 $U(x,y)=\ln x+\ln y$.问他应该如何分配 200 元钱,才能达到最满意的效果?

这类问题就是这一节要讲解的多元函数求最值问题.

一、二元函数的极值

定义 7.8.1 设 $P_0(x_0,y_0)$ 是函数 $z=f(x,y)$ 的定义域 D 内一点,若存在 P_0 的一个包含

在 D 内的邻域,对于该邻域内所有异于点 P_0 的点 $P(x,y)$,都有
$$f(x,y) \leqslant f(x_0,y_0) \text{ 或 } f(x,y) \geqslant f(x_0,y_0),$$
则称 $f(x_0,y_0)$ 是函数 $z=f(x,y)$ 的**极大值**(或**极小值**),称 P_0 为 $z=f(x,y)$ 的**极大值点**(或**极小值点**).极大值和极小值统称为**极值**,极大值点和极小值点统称为**极值点**.

例 1 $z=2x^2+3y^2+2$ 在点 $(0,0)$ 处取得极小值 2.

例 2 $z=-\sqrt{x^2+y^2}$ 在点 $(0,0)$ 处取得极大值 0.

例 3 $z=xy$ 在点 $(0,0)$ 处不取极值.

定理 7.8.1(极值的必要条件) 如果函数 $z=f(x,y)$ 在点 $P_0(x_0,y_0)$ 处的两个偏导数都存在,且函数在 P_0 处取得极值,则必有
$$f_x(x_0,y_0)=0, f_y(x_0,y_0)=0.$$
使 $f_x(x,y)=0, f_y(x,y)=0$ 同时成立的点 $P_0(x_0,y_0)$,称为函数 $z=f(x,y)$ 的驻点.

注:驻点仅是取得极值的必要条件,即函数在驻点不一定取得极值.例如 $(0,0)$ 是函数 $z=xy$ 的驻点,但并不是极值点.

定理 7.8.2(极值的充分条件) 设 $P_0(x_0,y_0)$ 为函数 $z=f(x,y)$ 的驻点,且函数在点 P_0 的某邻域内有二阶连续偏导数.记
$$A=f_{xx}(x_0,y_0),\quad B=f_{xy}(x_0,y_0), C=f_{yy}(x_0,y_0),\quad \Delta=B^2-AC,$$

(1) 当 $\Delta<0$ 时,P_0 是函数 $f(x,y)$ 的极值点;且若 $A>0$,P_0 为极小值点,若 $A<0$,P_0 为极大值点;

(2) 当 $\Delta>0$ 时,P_0 不是函数 $f(x,y)$ 的极值点;

(3) 当 $\Delta=0$ 时,不能判定 P_0 是否是函数 $f(x,y)$ 的极值点.

例 4 求函数 $z=x^3+y^3-3xy$ 的极值.

解 解方程组 $\begin{cases} \dfrac{\partial z}{\partial x}=3x^2-3y=0, \\ \dfrac{\partial z}{\partial y}=3y^2-3x=0, \end{cases}$ 得驻点 $(0,0),(1,1)$.

$$f_{xx}(x,y)=6x, f_{xy}(x,y)=-3, f_{yy}(x,y)=6y.$$

对于驻点 $(0,0)$,有 $A=0,B=-3,C=0$,则 $\Delta=B^2-AC=9>0$,可知驻点 $(0,0)$ 不是极值点.

对于驻点 $(1,1)$,有 $A=6,B=-3,C=6$,则 $\Delta=B^2-AC=-27<0$,且 $A=6>0$,由取得极值的充分条件,可知点 $(1,1)$ 为极小值点,极小值为 $f(1,1)=-1$.

二、多元函数的最值

对于一元函数而言,在闭区间上连续的函数必有最值.对于二元函数也有类似的结论:**在有界闭区域上连续的函数必定存在最大值和最小值**.对于二元可微函数,如果该函数的最值在区域内部取得,这个最值点必在函数的驻点之中;如果函数最值在区域的边界上取得,则它一定也是函数在边界上的最值.因此,求函数最值的方法是:将函数在所讨论的区域内的所有驻点求出来,将函数在驻点处的函数值与函数在边界上的最大值和最小值进行比较,其中最大者就是函数在闭区域上的最大值,最小者就是函数在闭区域上的最小值.

例 5 求函数 $z=f(x,y)=x^2-y^2$ 在闭区域 $D=\{(x,y)\mid x^2+y^2\leqslant 4\}$ 上的最大值和最小值.

解 函数在闭区域 D 上是连续的,最大值和最小值一定存在,

$$\frac{\partial z}{\partial x}=2x, \frac{\partial z}{\partial y}=-2y.$$

令 $\frac{\partial z}{\partial x}=0, \frac{\partial z}{\partial y}=0$,得驻点 $(0,0)$,且 $f(0,0)=0$.考虑函数在区域 D 边界上的情况.区域 D 的边界 $x^2+y^2=4$ 是一个圆,在边界上,函数 $z=f(x,y)=x^2-y^2$ 成为 x 的一元函数 $z=\varphi(x)=2x^2-4, -2\leqslant x\leqslant 2$.对此函数求导,有 $\varphi'(x)=4x$,令 $\varphi'(x)=0$,得到函数 $z=2x^2-4$ 在 $[-2,2]$ 上的驻点为 $x=0$,此时相应的函数值为 $z=\varphi(0)=-4$,又 $\varphi(-2)=4, \varphi(2)=4$,所以函数在闭区域 D 上的最大值为 $z=4$,它在点 $(-2,0)$ 和 $(2,0)$ 处取得;最小值为 $z=-4$,它在点 $(0,2)$ 处取得.

在实际问题中,常常从问题的本身能断定它的最值肯定存在且在问题考虑范围的内部达到,这时如果函数在定义区域内仅有唯一一个驻点,那么该驻点的函数值就是函数的最大值或最小值.

例 6 欲做一个容量一定的长方体容器,问应选择怎样的尺寸,才能使此容器的材料最省?

解 设箱子的长、宽、高分别为 x,y,z,容量为 V,则 $V=xyz$,箱子的表面积为 $S=2(xy+yz+xz)$,要使用的材料最少,则应求 S 的最小值.

由于 $z=\frac{V}{xy}$,所以 $S=2\left(xy+\frac{V}{x}+\frac{V}{y}\right)(x>0,y>0)$.令 $S_x=2\left(y-\frac{V}{x^2}\right)=0, S_y=2\left(x-\frac{V}{y^2}\right)=0$,求得唯一的驻点 $P(\sqrt[3]{V},\sqrt[3]{V})$.

根据问题的实际意义可知 S 一定存在最小值,所以可以断定 P 即为 S 的最小值点,即当 $x=y=\sqrt[3]{V}$ 时,函数 S 取得最小值.

此时 $z=\frac{V}{xy}=\sqrt[3]{V}$,所以长方体实际上是正方体.这表明在体积固定为 V 的长方体中,以正方体的表面积最小,最小值 $S_{min}=6\sqrt[3]{V^2}$.

三、条件极值

以上讨论的极值问题,自变量在定义域内可以任意取值,没有受到任何限制,通常称这样的极值问题为**无条件极值**问题.但是,在实际问题中,求极值或最值时,对自变量的取值往往要附加一定的约束条件,这类附有约束条件的极值问题称为**条件极值**问题.

条件极值问题的一般提法是:求目标函数 $z = f(x, y)$ 在约束条件 $\varphi(x, y) = 0$ 下的极值.求解这一条件极值问题的常用方法是拉格朗日乘数法.

拉格朗日乘数法求极值的具体步骤如下:

(1) 构造辅助函数 $F(x, y, \lambda) = f(x, y) + \lambda \varphi(x, y)$,$\lambda$ 称为拉格朗日乘数;

(2) 求函数 $F(x, y, \lambda)$ 的驻点,即联立解方程组:

$$\begin{cases} F_x = f_x + \lambda \varphi_x = 0, \\ F_y = f_y + \lambda \varphi_y = 0, \\ F_\lambda = \varphi(x, y) = 0, \end{cases}$$

得到驻点 (x_0, y_0, λ_0);

(3) 判别求出的 (x_0, y_0) 是否为极值点,通常根据实际问题的意义去判定.

例 7 试用条件极值的方法解决例 6 的问题.

解 设箱子的长、宽、高为 x, y, z,要求容量为 V,表面积为 S.问题归结为在约束条件 $xyz = V$ 下,求 $S = 2(xy + yz + xz)$ 的极小值.

令 $F(x, y, z, \lambda) = 2(xy + yz + xz) + \lambda(xyz - V)$,解方程组

$$\begin{cases} F_x = 2(y + z) + \lambda yz = 0, \\ F_y = 2(x + z) + \lambda xz = 0, \\ F_z = 2(x + y) + \lambda xy = 0, \\ xyz - V = 0, \end{cases}$$

得 $x_0 = y_0 = z_0 = \sqrt[3]{V}$,$\lambda = \dfrac{4}{\sqrt[3]{V}}$.

因为实际问题有极小值,而可能达到极值的点又唯一,所以极小值必定在此点达到,即当 $x = y = z = \sqrt[3]{V}$ 时表面积 S 最小,最小值 $S_{\min} = 6\sqrt[3]{V^2}$.

任务导入的问题解答:

解 问题归结为在约束条件 $25x + 20y = 200$ 下,求 $U(x, y) = \ln x + \ln y$ 的最大值.

令 $F(x, y, \lambda) = \ln x + \ln y + \lambda(25x + 20y - 200)$,解方程组

$$\begin{cases} F_x = \dfrac{1}{x} + 25\lambda = 0, \\[2mm] F_y = \dfrac{1}{y} + 20\lambda = 0, \\[2mm] F_\lambda = 25x + 20y - 200 = 0, \end{cases}$$

得 $x_0 = 4$，$y_0 = 5$，$\lambda = -\dfrac{1}{100}$.

所以该同学购买 4 本书，5 份食物时，就会达到最满意的消费效果.

文档
扫一扫，看答案

 **任务训练**

求函数 $f(x,y) = x^2 + 2y^2 - x^2 y^2$ 在区域 $D = \left\{ (x,y) \,\middle|\, x^2 + y^2 \leq 4, y \geq 0 \right\}$ 上的最值.

 思考题

已知三角形周长为 $2p$，求出面积为最大的三角形.

习题七

一、基础练习

1. 求下列函数的定义域：

(1) $z=\sqrt{x-\sqrt{y}}$;

(2) $z=\ln\ (y^2-2x+2)$;

(3) $z=\sqrt{x^2+y^2-1}+\dfrac{1}{\sqrt{4-x^2-y^2}}$;

(4) $z=\dfrac{\sqrt{4x-y^2}}{\ln(1-x^2-y^2)}$;

(5) $z=\ln(xy)$.

2. 设 $f(x,y)=\dfrac{2xy}{x^2+y^2}$ ，求 $f\left(1,\dfrac{y}{x}\right)$.

3. 设 $f(x+y,x-y)=x^2-y^2$ ，求 $f(x,y)$.

4. 求下列极限：

(1) $\lim\limits_{(x,y)\to(1,0)}\dfrac{\ln(2x+\mathrm{e}^y)}{\sqrt{x^2+y^2}}$;

(2) $\lim\limits_{(x,y)\to(0,0)}\dfrac{\sqrt{xy+4}-2}{xy}$;

(3) $\lim\limits_{(x,y)\to(0,0)}\dfrac{xy}{\sqrt{x^2+y^2}}$;

(4) $\lim\limits_{(x,y)\to(0,0)}\dfrac{\sqrt{x^2+y^2}-\sin\sqrt{x^2+y^2}}{\sqrt{(x^2+y^2)^3}}$.

5. 说明下列极限不存在：

(1) $\lim\limits_{(x,y)\to(0,0)}\dfrac{x+y}{x-y}$;

(2) $\lim\limits_{(x,y)\to(0,0)}(1+xy)^{\frac{1}{x+y}}$.

6. 求下列函数的偏导数：

(1) $z=x^2-3xy+y^2-1$;

(2) $z=y^{\sin x}$;

(3) $z=\arctan\dfrac{y}{x}$;

(4) $z=\dfrac{\mathrm{e}^{xy}}{\mathrm{e}^x+\mathrm{e}^y}$;

(5) $z=\cos(x^2y)$;

(6) $z=\left(\dfrac{x}{y}\right)^z$.

7. 求曲线 $\begin{cases} z=\dfrac{x^2+y^2}{4}, \\ y=4 \end{cases}$ 在点 $(2,4,5)$ 处的切线.

8. 求下列函数的二阶偏导数 $\dfrac{\partial^2 z}{\partial x^2}$, $\dfrac{\partial^2 z}{\partial y^2}$ 和 $\dfrac{\partial^2 z}{\partial x\partial y}$.

(1) $z=x^2+2xy-y^2$;

(2) $z=x^y$;

(3) $z=\mathrm{e}^x\sin y$;

(4) $z=\ln(x+y^2)$.

9. 求下列函数的全微分：

（1）$z = \dfrac{y}{x}$；   （2）$z = \ln(x^2 + y^2)$；

（3）$z = \sin(y\cos x)$；   （4）$z = \arcsin(xy)$；

（5）$u = x^{yz}$；   （6）$u = \mathrm{e}^{z + \frac{x}{y}}$.

10. 设 $u = \left(\dfrac{x}{y}\right)^z$，求 $\mathrm{d}u\,\big|_{(1,1,1)}$.

11. 计算 $(1.97)^{1.05}$ 的近似值.

12. 已知矩形边长为 $x = 6\text{ m}, y = 8\text{ m}$，如果 x 增加 5 cm 而 y 减少 10 cm，问这个矩形的对角线怎样近似变化？

13. 设 $z = \dfrac{y}{x}$，而 $x = \mathrm{e}^t, y = 1 - \mathrm{e}^{2t}$，求 $\dfrac{\mathrm{d}z}{\mathrm{d}t}$.

14. 设 $z = \mathrm{e}^{uv}$，而 $u = \sin t, v = \cos t$，求 $\dfrac{\mathrm{d}z}{\mathrm{d}t}$.

15. 设 $z = u^2 + v^2$，而 $u = x + y, v = x - y$，求 $\dfrac{\partial z}{\partial x}, \dfrac{\partial z}{\partial y}$.

16. 设 $z = \mathrm{e}^u \sin v$，而 $u = xy, v = x + y$，求 $\dfrac{\partial z}{\partial x}, \dfrac{\partial z}{\partial y}$.

17. 设 $z = x^2 y - xy^2$，而 $x = r\cos\theta, y = r\sin\theta$，求 $\dfrac{\partial z}{\partial r}, \dfrac{\partial z}{\partial \theta}$.

18. 设 f 具有一阶连续偏导数，求下列函数的一阶偏导数：

（1）$z = f(x^2 - y^2, xy)$；   （2）$z = f\left(\dfrac{y}{x}, \dfrac{x}{y}\right)$；

（3）$z = f(x, x+y, x-y)$；   （4）$u = f(x, xy, xyz)$.

19. 设 f 具有二阶连续偏导数，求下列函数的 $\dfrac{\partial^2 z}{\partial x^2}, \dfrac{\partial^2 z}{\partial y^2}, \dfrac{\partial^2 z}{\partial x \partial y}$：

（1）$z = f(xy, y)$；   （2）$z = f\left(\dfrac{y}{x}, x^2 y\right)$；

（3）$z = f(x^2 + y^2)$；   （4）$z = f(\mathrm{e}^x, x^2 - y^2)$.

20. 已知 $x^y = y^x$，求 $\dfrac{\mathrm{d}y}{\mathrm{d}x}$.

21. 已知 $\ln\sqrt{x^2 + y^2} = \arctan\dfrac{y}{x}$，求 $\dfrac{\mathrm{d}y}{\mathrm{d}x}$.

22. 已知 $\mathrm{e}^x - xyz = 0$，求 $\dfrac{\partial z}{\partial x}, \dfrac{\partial z}{\partial y}$.

23. 已知 $\sin(x - 2y + 3z) = x + 2y - 3z$，求 $\dfrac{\partial z}{\partial x}, \dfrac{\partial z}{\partial y}$.

24. 已知 $x^2 + y^2 + z^2 = yf\left(\dfrac{z}{y}\right)$，其中 f 可导，求 $\dfrac{\partial z}{\partial x}, \dfrac{\partial z}{\partial y}$.

25. 已知 $x+y+z=e^z$，求 $\dfrac{\partial^2 z}{\partial x^2},\dfrac{\partial^2 z}{\partial x \partial y},\dfrac{\partial^2 z}{\partial y^2}$.

26. 设 $\begin{cases} x^2+y^2=\dfrac{1}{2}z^2, \\ x+y+z=2, \end{cases}$ 求 $\dfrac{\mathrm{d}x}{\mathrm{d}z},\dfrac{\mathrm{d}y}{\mathrm{d}z}$.

27. 设 $\begin{cases} u^3+xv-y=0, \\ v^3+yu-x=0, \end{cases}$ 求 $\dfrac{\partial u}{\partial x},\dfrac{\partial v}{\partial x}$.

28. 设 $\begin{cases} x=e^u+u\sin v, \\ y=e^u-u\cos v, \end{cases}$ 求 $\dfrac{\partial u}{\partial x},\dfrac{\partial u}{\partial y},\dfrac{\partial v}{\partial x},\dfrac{\partial v}{\partial y}$.

29. 求曲线 $x=t-\sin t, y=1-\cos t, z=4\sin \dfrac{t}{2}$ 在 $t=\dfrac{\pi}{2}$ 处的切线和法平面方程.

30. 求曲线 $x=t, y=t^2, z=\dfrac{t}{1+t}$ 在 $t=1$ 处的切线和法平面方程.

31. 求曲线 $\begin{cases} x^2+y^2+z^2=a^2, \\ x^2+y^2=ax \end{cases}$ 在点 $M_0(0,0,a)$ 处的切线和法平面方程.

32. 求曲线 $x=t, y=-t^2, z=t^3$ 与平面 $x+2y+z=4$ 平行的切线方程.

33. 求曲面 $z=x^2+y^2$ 在点 $M_0(2,1,5)$ 处的切平面和法线方程.

34. 求球面 $x^2+y^2+z^2=14$ 在点 $M_0(1,2,3)$ 处的切平面和法线方程.

35. 求曲面 $z=y+\ln \dfrac{x}{z}$ 在点 $M_0(1,1,1)$ 处的切平面和法线方程.

36. 求曲面 $x^2+y^2+z^2=1$ 上平行于平面 $x-y+2z=0$ 的切平面方程.

37. 求函数 $z=x^2+y^2$ 在点 $(1,2)$ 处沿该点到点 $(2,2+\sqrt{3})$ 的方向的方向导数.

38. 求函数 $z=\ln(x^2+y^2)$ 在点 $(1,1)$ 处沿方向余弦 $\left\{\dfrac{1}{2},\dfrac{\sqrt{3}}{2}\right\}$ 的方向导数.

39. 求函数 $u=\ln(x^2+y^2+z^2)$ 在点 $M_0(0,1,2)$ 处沿向量 $\{2,-1,-1\}$ 的方向导数.

40. 设 $f(x,y,z)=x^2+3y^2+5z^2+2xy-4y-8z$，求 $\operatorname{grad} f(0,0,0),\operatorname{grad} f(3,2,1)$.

41. 函数 $u=xy^2+z^3-xyz$ 在点 $M_0(1,1,1)$ 处沿哪个方向的方向导数最大？最大值是多少？

42. 求函数 $f(x,y)=x^3-4x^2+2xy-y^2+3$ 的极值.

43. 求函数 $f(x,y)=(x^2+y^2)^2-2(x^2-y^2)$ 的极值.

44. 求函数 $f(x,y)=e^{2x}(x+y^2+2y)$ 的极值.

45. 求函数 $f(x,y)=\sin x+\cos y+\cos(x-y)$ 的极值.

46. 求由方程 $x^2+y^2+z^2-2x-2y-4z=10$ 确定的隐函数 $z=f(x,y)$ 的极值.

47. 将周长为 $2p$ 的矩形绕它的一边旋转而构成一个圆柱体，问矩形的边长各为多少时，才可使圆柱体的体积为最大？

二、提高练习

1. 求下列函数的定义域：

（1）$z=\sqrt{4-x^2-y^2}$；

（2）$z=\sqrt{x-y}$.

2. 求下列极限：

（1）$\lim\limits_{(x,y)\to(0,0)}\dfrac{\sqrt{2+x^2+y^2}-\sqrt{2}}{x^2+y^2}$；

（2）$\lim\limits_{(x,y)\to(0,0)}\dfrac{x+y}{x^2-xy+y^2}$.

3. 已知 $z=x^3y+\dfrac{y}{x}$，求 $\dfrac{\partial z}{\partial x},\dfrac{\partial z}{\partial y}$.

4. 已知 $z=\mathrm{e}^{2x+3y}+\sin(x-2y)$，求 $\dfrac{\partial z}{\partial x},\dfrac{\partial z}{\partial y}$.

5. 已知 $z=\arcsin(xy)$，求 $\dfrac{\partial^2 z}{\partial x^2},\dfrac{\partial^2 z}{\partial y^2},\dfrac{\partial^2 z}{\partial x\partial y}$.

6. 已知 $z=uv+\dfrac{u}{v},u=x\sin y,v=x\cos y$，求 $\dfrac{\partial z}{\partial x},\dfrac{\partial z}{\partial y}$.

7. 已知 $z=\arctan(xy),y=\mathrm{e}^x$，求 $\dfrac{\mathrm{d}z}{\mathrm{d}x}$.

8. 求函数 $u=x^y y^z z^x$ 的全微分.

9. 设 $z=z(x,y)$ 为由方程 $f(x+y,y+z)=0$ 所确定的函数，其中 f 二阶连续可导，求 $\mathrm{d}z,\dfrac{\partial^2 z}{\partial x^2}$.

10. 设 $\begin{cases}z=x^2+y^2,\\ x^2+2y^2+3z^2=20,\end{cases}$ 求 $\dfrac{\mathrm{d}y}{\mathrm{d}x},\dfrac{\mathrm{d}z}{\mathrm{d}x}$.

11. 设 $\begin{cases}x-u^2-yv=0,\\ y-v^2-xu=0,\end{cases}$ 求 $\dfrac{\partial u}{\partial x},\dfrac{\partial v}{\partial x},\dfrac{\partial u}{\partial y},\dfrac{\partial v}{\partial y}$.

12. 求函数 $f(x,y,z)=x^3-xy^2-\cos z$ 在点 $(1,1,0)$ 处沿 $l=\{2,-3,6\}$ 方向的方向导数，说明函数在该点沿哪个方向的方向导数最大，并求最大方向导数.

13. 求函数 $f(x,y)=\ln(1+x^2+y^2)+1-\dfrac{x^3}{15}-\dfrac{y^3}{4}$ 的极值.

第 8 章
多元函数积分学

本章介绍多元函数积分学.在一元函数积分学中我们知道,定积分是某种确定形式的和的极限.这种和的极限的概念推广到定义在区域、曲线及曲面上多元函数的情形,便得到重积分、曲线积分及曲面积分的概念.本章将介绍重积分(包括二重积分和三重积分)、曲线积分和曲面积分的概念、计算以及它们的一些应用.

8.1 二重积分的概念与性质

任务导入

一座形状为曲顶柱体的建筑物的体积如何计算？一非均匀的平面金属薄片,如何求其质量？解决这些实际问题,需要用到二重积分.

一、二重积分的概念

（一） 曲顶柱体的体积

设有一立体,它的底是 xOy 坐标面上的闭区域 D,它的侧面是以 D 的边界线为准线而母线平行于 z 轴的柱面,它的顶是曲面 $z=f(x,y)$,这里 $f(x,y) \geqslant 0$ 且在 D 上连续 (图 8-1),这种立体叫做曲顶柱体,现在我们来讨论如何计算这一曲顶柱体的体积 V.

我们知道,平顶柱体的高是不变的,它的体积可以用公式

$$体积 = 底面积 \times 高$$

来计算,但对于曲顶柱体,当点 (x,y) 在区域 D 上变动时,高度 $f(x,y)$ 是个变量,因此它的体积不能直接用上面公式来计算.但如果回忆起求曲边梯形面积的问题,就不难想到,那里所采用的解决问题的办法,也可以用来解决这个问题.

1. 分割

用一组曲线网把 D 分成 n 个小闭区域 $\Delta\sigma_1, \Delta\sigma_2, \cdots, \Delta\sigma_n$.

分别以这些小闭区域的边界曲线为准线,作母线平行于 z 轴的柱面,这些柱面把原来的曲顶柱体分为 n 个细的曲顶柱体(图 8-2),设这些细曲顶柱体的体积为 $\Delta V_i, 1 \leqslant i \leqslant n$.

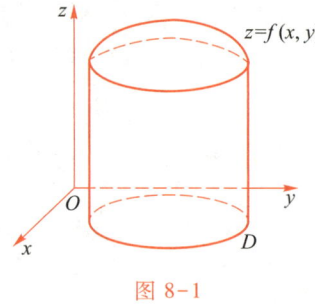

图 8-1

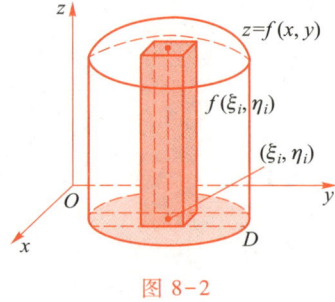

图 8-2

2. 近似

当这些小闭区域的直径很小时,由于 $f(x,y)$ 连续,在同一个小闭区域上 $f(x,y)$ 变化很小,这时细曲顶柱体可近似看作平顶柱体.在每个 $\Delta\sigma_i$ (这小闭区域的面积也记作 $\Delta\sigma_i$)中任取一点 (ξ_i, η_i),以 $f(\xi_i, \eta_i)$ 为高、$\Delta\sigma_i$ 为底面积的平顶柱体的体积为 $f(\xi_i, \eta_i)\Delta\sigma_i$,于是

$$\Delta V_i \approx f(\xi_i, \eta_i)\Delta\sigma_i.$$

3. 求和

将这 n 个细平顶柱体体积相加,即得曲顶柱体体积的近似值,即

$$V = \sum_{i=1}^{n} \Delta V_i \approx \sum_{i=1}^{n} f(\xi_i, \eta_i) \Delta \sigma_i.$$

4. 取极限

令 n 个小闭区域的直径中的最大值(记作 λ)趋于零,取上述和式的极限,便得所求的曲顶柱体的体积 V,即

$$V = \lim_{\lambda \to 0} \sum_{i=1}^{n} f(\xi_i, \eta_i) \Delta \sigma_i \quad (\lambda = \max_{1 \leqslant i \leqslant n} \Delta \sigma_i).$$

（二） 平面薄片的质量

设有一平面薄片占有 xOy 坐标面上的闭区域 D,它在点 (x,y) 处的面密度为 $\rho(x,y)$,且在 D 上连续,计算该薄片的质量 M.

我们知道,如果薄片是均匀的,即面密度是常数,那么薄片的质量可以用公式

$$\text{质量} = \text{面密度} \times \text{面积}$$

来计算,现在面密度 $\rho(x,y)$ 是变量,薄片的质量就不能直接用此公式来计算,但是上面用来处理曲顶柱体体积问题的方法完全适用于本问题.

先作划分.把薄片分成 n 个小片后,由于 $\rho(x,y)$ 连续,只要小片 $\Delta \sigma_i$ 所占的闭区域直径很小,这些小片就可以近似地看作均匀薄片,在 $\Delta \sigma_i$ 上任取一点 (ξ_i, η_i),可得第 i 个小片的质量 ΔM_i 的近似值(图 8-3)为 $\rho(\xi_i, \eta_i) \Delta \sigma_i (i=1,2,\cdots,n)$.然后通过求和、取极限,就可得到所求的平面薄片的质量,即 $M = \lim_{\lambda \to 0} \sum_{i=1}^{n} \rho(\xi_i, \eta_i) \Delta \sigma_i.$

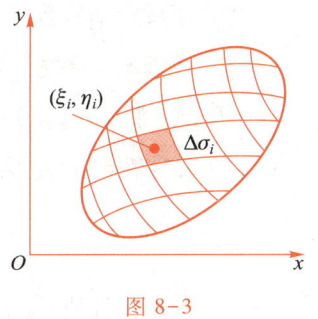

图 8-3

上面两个问题的实际意义虽然不同,但我们通过相同的步骤都把所求量归结为同一形式的和式的极限.事实上在物理、几何和工程技术中,有许多物理量或几何量都可归结为这一形式的和式的极限.因此,我们要从更一般的角度研究这种和式的极限,并抽象出下述二重积分的概念.

定义 8.1.1 设 $f(x,y)$ 是有界闭区域 D 上的有界函数.将闭区域 D 任意分割成 n 个小区域 $\Delta \sigma_1, \Delta \sigma_2, \cdots, \Delta \sigma_n$,仍用 $\Delta \sigma_1, \Delta \sigma_2, \cdots, \Delta \sigma_n$ 来表示这些小区域的面积.在每个小闭区域 $\Delta \sigma_i$ 上任意取一点 (ξ_i, η_i),作乘积 $f(\xi_i, \eta_i) \Delta \sigma_i$ 并作和 $\sum_{i=1}^{n} f(\xi_i, \eta_i) \Delta \sigma_i$.如果

$$\lim_{\lambda \to 0} \sum_{i=1}^{n} f(\xi_i, \eta_i) \Delta \sigma_i \quad (\lambda = \max_{1 \leqslant i \leqslant n} \Delta \sigma_i)$$

存在,则称该极限为函数 $f(x,y)$ 在区域 D 上的二重积分,记作 $\iint\limits_{D} f(x,y) \mathrm{d}\sigma$,即

$$\iint\limits_{D} f(x,y)\,\mathrm{d}\sigma = \lim_{\lambda \to 0} \sum_{i=1}^{n} f(\xi_i, \eta_i) \Delta \sigma_i. \tag{1}$$

在直角坐标系下，$\mathrm{d}\sigma = \mathrm{d}x\mathrm{d}y$，所以二重积分一般记为 $\iint\limits_{D} f(x,y)\,\mathrm{d}x\mathrm{d}y$.

我们不加证明地指出，当 $f(x,y)$ 在闭区域 D 上连续时，（1）式右端的和式的极限必定存在，也就是说，函数 $f(x,y)$ 在 D 上的二重积分必定存在.我们总假定函数 $f(x,y)$ 在闭区 D 上连续，所以 $f(x,y)$ 在 D 上的二重积分都是存在的，以后就不再每次加以说明了.由二重积分的定义又可知，曲顶柱体的体积是函数 $f(x,y)(\geqslant 0)$ 在底面闭区域 D 上的二重积分

$$V = \iint\limits_{D} f(x,y)\,\mathrm{d}\sigma.$$

平面薄片的质量是它的面密度 $\rho(x,y)$ 在薄片所占闭区域 D 上的二重积分

$$M = \iint\limits_{D} \rho(x,y)\,\mathrm{d}\sigma.$$

二、二重积分的性质

比较二重积分与定积分的定义可以想到，二重积分与定积分有类似的性质，现叙述于下.

性质 8.1.1 如果函数 $f(x,y)$，$g(x,y)$ 都在 D 上可积，那么对任意常数 a，b，函数 $af(x,y) \pm bg(x,y)$ 在 D 上也可积，且

$$\iint\limits_{D} (af(x,y) \pm bg(x,y))\,\mathrm{d}\sigma = a\iint\limits_{D} f(x,y)\,\mathrm{d}\sigma \pm b\iint\limits_{D} g(x,y)\,\mathrm{d}\sigma.$$

这一性质称为二重积分的线性性.

性质 8.1.2 如果函数 $f(x,y)$ 在 D 上可积，并且 D 被有限条曲线划分成有限个部分闭区域，那么 $f(x,y)$ 在这有限个部分闭区域上也可积.例如，D 划分为两个闭区域 D_1 和 D_2，则 $f(x,y)$ 在闭区域 D_1 和 D_2 也都可积，且

$$\iint\limits_{D} f(x,y)\,\mathrm{d}\sigma = \iint\limits_{D_1} f(x,y)\,\mathrm{d}\sigma + \iint\limits_{D_2} f(x,y)\,\mathrm{d}\sigma.$$

这一性质称为二重积分的积分区域可加性.

性质 8.1.3 如果在 D 上，$f(x,y) = 1$，σ 为 D 的面积，则 $\sigma = \iint\limits_{D} 1 \cdot \mathrm{d}\sigma = \iint\limits_{D} \mathrm{d}\sigma$.

性质 8.1.4 如果函数 $f(x,y)$ 在 D 上可积，并且在 D 上 $f(x,y) \geqslant 0$，那么

$$\iint\limits_{D} f(x,y)\,\mathrm{d}\sigma \geqslant 0.$$

推论 1 函数 $f(x,y)$，$g(x,y)$ 都在 D 上可积，并且在 D 上 $f(x,y) \geqslant g(x,y)$，那么

$$\iint\limits_{D} f(x,y)\,\mathrm{d}\sigma \geqslant \iint\limits_{D} g(x,y)\,\mathrm{d}\sigma.$$

推论 2 如果函数 $f(x,y)$ 在 D 上可积，则函数 $|f(x,y)|$ 在 D 上也可积，且

$$\left| \iint\limits_{D} f(x,y)\,\mathrm{d}\sigma \right| \leqslant \iint\limits_{D} |f(x,y)|\,\mathrm{d}\sigma.$$

性质 8.1.5 设 M，m 分别是 $f(x,y)$ 在闭区域 D 上的最大值和最小值，σ 是 D 的面积，

那么

$$m\sigma \leqslant \iint\limits_{D} f(x,y)\,\mathrm{d}\sigma \leqslant M\sigma.$$

这一性质称为二重积分的估值定理.

性质 8.1.6 如果函数 $f(x,y)$ 在闭区域 D 上连续,σ 是 D 的面积,那么在 D 上至少存在一点 (ξ,η),使得

$$\iint\limits_{D} f(x,y)\,\mathrm{d}\sigma = f(\xi,\eta)\sigma.$$

这一性质称为二重积分的积分中值定理.

例 1 利用二重积分的性质,比较二重积分 $\iint\limits_{D}(x+y)\,\mathrm{d}\sigma$ 和 $\iint\limits_{D}(x+y)^2\,\mathrm{d}\sigma$ 的大小,其中 D 是由直线 $x=0,y=0$ 及 $x+y=\dfrac{2}{3}$ 所围成的闭区域.

解 因为对任意的一点 $(x,y)\in D$,有 $x+y\leqslant\dfrac{2}{3}<1$.所以

$$(x+y)^2<(x+y),$$

故

$$\iint\limits_{D}(x+y)^2\,\mathrm{d}\sigma < \iint\limits_{D}(x+y)\,\mathrm{d}\sigma.$$

例 2 试利用二重积分的性质,估计二重积分 $\iint\limits_{D} \mathrm{e}^{\sin^2 x\cos y}\,\mathrm{d}\sigma$ 的值,其中 D 为圆形区域 $x^2+y^2\leqslant 1$.

解 对任意的 $(x,y)\in D$,因 $-1\leqslant\sin^2 x\cos y\leqslant 1$,故有

$$\frac{1}{\mathrm{e}}\leqslant \mathrm{e}^{\sin^2 x\cos y}\leqslant \mathrm{e},$$

又区域 D 的面积为 π,所以

$$\frac{\pi}{\mathrm{e}}\leqslant \iint\limits_{D} \mathrm{e}^{\sin^2 x\cos y}\,\mathrm{d}\sigma \leqslant \mathrm{e}\pi.$$

 任务训练

1. 根据二重积分的性质,比较 $\iint\limits_{D}(x+y)^2\,\mathrm{d}\sigma$ 与 $\iint\limits_{D}(x+y)^3\,\mathrm{d}\sigma$ 的大小,其中积分区域 D 由 x 轴,y 轴与直线 $x+y=1$ 所围成.

2. 利用二重积分的性质估计 $I=\iint\limits_{D} xy(x+y)\,\mathrm{d}\sigma$ 的值,其中 $D=\{(x,y)\mid 0\leqslant x\leqslant 1,0\leqslant y\leqslant 1\}$.

文档
扫一扫,看答案

计算 $\iint\limits_{D} \mathrm{d}\sigma$，其中 $D = \{(x,y) \mid 0 \leqslant x \leqslant 1, 0 \leqslant y \leqslant 1\}$．

8.2 二重积分的计算

任务导入

根据上节内容的学习，我们知道曲顶柱体的体积和平面薄片的质量都可归结为二重积分．那么如何计算二重积分呢？按照二重积分的定义来计算二重积分，对少数特别简单的被积函数和积分区域来说是可行的，但对一般的函数和区域来说，这不是一种切实可行的方法．本节介绍一种二重积分的算法，这种方法是把二重积分化为两次定积分来计算．

一、利用直角坐标计算二重积分

定义 8.2.1 设积分区域 D 是 xOy 坐标面上的一个有界闭区域，如果 D 可用不等式

$$\varphi_1(x) \leqslant y \leqslant \varphi_2(x), \quad a \leqslant x \leqslant b$$

来表示（图 8-4），其中函数 $\varphi_1(x)$，$\varphi_2(x)$ 在区间 $[a,b]$ 上连续，那么称 D 为 X 型平面区域，简称 X 型区域，记为 $D = \{(x,y) \mid \varphi_1(x) \leqslant y \leqslant \varphi_2(x), a \leqslant x \leqslant b\}$．

按照二重积分的几何意义，二重积分 $\iint\limits_{D} f(x,y)\mathrm{d}\sigma (f(x,y) \geqslant 0)$ 的值等于以 D 为底，以曲面 $z = f(x,y)$ 为顶的曲顶柱体（图 8-5）的体积，这个曲顶柱体的体积又可按"平行截面积为已知的立体体积"的计算方法求得．

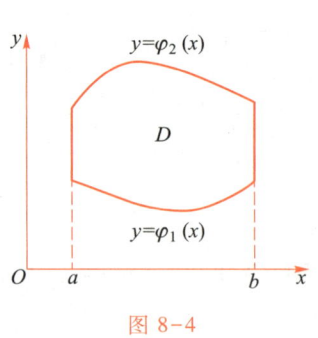

图 8-4

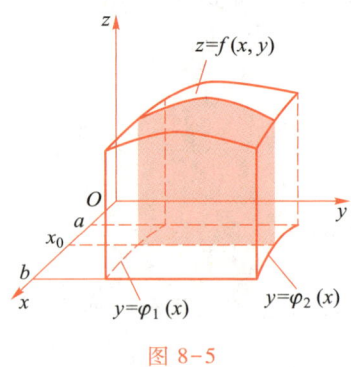

图 8-5

为此，在区间 $[a,b]$ 上任意取定一点 x_0，作平行于 yOz 坐标面的平面 $x = x_0$．此平面截曲顶柱体所得的截面是一个以区间 $[\varphi_1(x_0), \varphi_2(x_0)]$ 为底、曲线 $z = f(x_0, y)$ 为曲边的曲边梯形（图 8-5 中阴影部分），所以截面的面积为

$$A(x_0) = \int_{\varphi_1(x_0)}^{\varphi_2(x_0)} f(x_0, y)\, \mathrm{d}y.$$

一般地,过区间$[a,b]$上任一点x作平行于yOz坐标面的平面截曲顶柱体所得截面的面积为

$$A(x) = \int_{\varphi_1(x)}^{\varphi_2(x)} f(x, y)\, \mathrm{d}y.$$

于是,应用计算平行截面面积为已知的立体体积的方法,便可得曲顶柱体体积为

$$V = \int_a^b A(x)\, \mathrm{d}x = \int_a^b \int_{\varphi_1(x)}^{\varphi_2(x)} f(x, y)\, \mathrm{d}y \mathrm{d}x.$$

可见体积可以转化成二次积分计算,即

$$\iint_D f(x, y)\, \mathrm{d}\sigma = \int_a^b \int_{\varphi_1(x)}^{\varphi_2(x)} f(x, y)\, \mathrm{d}y \mathrm{d}x. \tag{1}$$

(1)式右端的积分叫做先对y后对x的二次积分,这个先对y后对x的二次积分也常记作

$$\int_a^b \mathrm{d}x \int_{\varphi_1(x)}^{\varphi_2(x)} f(x, y)\, \mathrm{d}y.$$

因此(1)式也写成

$$\iint_D f(x, y)\, \mathrm{d}\sigma = \int_a^b \mathrm{d}x \int_{\varphi_1(x)}^{\varphi_2(x)} f(x, y)\, \mathrm{d}y, \tag{1'}$$

这就是把二重积分化为先对y后对x的二次积分的公式.

在上述讨论中,我们假定$f(x,y) \geq 0$.但实际上公式(1)的成立并不受此条件限制.

类似地,如果D可用不等式

$$\psi_1(y) \leq x \leq \psi_2(y), \quad c \leq y \leq d$$

来表示(图8-6),其中函数$\psi_1(y), \psi_2(y)$在区间$[c,d]$上连续,那么称D为 Y 型平面区域,简称 Y 型区域,记为$D = \{(x, y) \mid \psi_1(y) \leq x \leq \psi_2(y), c \leq y \leq d\}$.那么就有

$$\iint_D f(x, y)\, \mathrm{d}\sigma = \int_c^d \mathrm{d}y \int_{\psi_1(y)}^{\psi_2(y)} f(x, y)\, \mathrm{d}x, \tag{2}$$

这就是二重积分化为先对x后对y的二次积分的公式.

如果积分区域D既不是 X 型的,又不是 Y 型的,这时通常可以把D分成几部分,使每个部分是 X 型区域或 Y 型区域.例如,在图8-7中,把D分成三部分,每个部分都是 X 型的,从而在这三部分上的二重积分都可利用公式(1)计算,再利用二重积分对积分区域的可加性,就可得到整个区域D上的二重积分.

将二重积分化为二次积分来计算时,采用不同的积分次序,往往会对计算过程带来不同的影响.应注意根据具体情况选择恰当的积分次序.在计算时,确定二次积分的积分限是一个关键.一般可以先画一个积分区域的草图,然后根据区域的类型确定二次积分的次序并定出相应的积分限来.

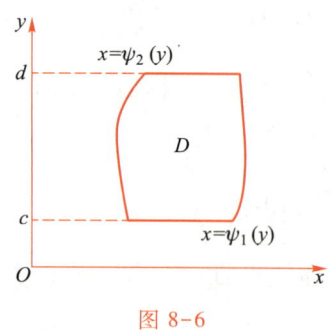
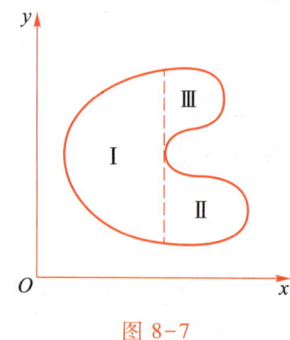

图 8-6 　　　　　　　　　　　　　　　图 8-7

例1　试将区域 D（由直线 $y=2x,x=2y,x+y=3$ 所围成）分别用 X 型区域和 Y 型区域表示出来.

解　先在平面直角坐标系下画出直线 $y=2x,x=2y,x+y=3$ 所围成的封闭区域 D（图 8-8）.

如果把 D 看成 X 型区域,首先看该区域 x 的取值范围 $0\leqslant x\leqslant 2$,然后在区间 $[0,2]$ 内任取 x,看 y 的下端取值为 $\frac{1}{2}x$,上端取值为 $2x(0\leqslant x\leqslant 1)$ 和 $3-x(1\leqslant x\leqslant 2)$.所以

$$D=\left\{(x,y)\;\Big|\;\frac{1}{2}x\leqslant y\leqslant 2x,0\leqslant x\leqslant 1\right\}\cup\left\{(x,y)\;\Big|\;\frac{1}{2}x\leqslant y\leqslant 3-x,1\leqslant x\leqslant 2\right\}.$$

如果把 D 看成 Y 型区域,首先看该区域 y 的取值范围 $0\leqslant y\leqslant 2$,然后在区间 $[0,2]$ 内任取 y,看 x 的左端取值为 $\frac{1}{2}y$,右端取值为 $2y(0\leqslant y\leqslant 1)$ 和 $3-y(1\leqslant y\leqslant 2)$.所以

$$D=\left\{(x,y)\;\Big|\;\frac{1}{2}y\leqslant x\leqslant 2y,0\leqslant y\leqslant 1\right\}\cup\left\{(x,y)\;\Big|\;\frac{1}{2}y\leqslant x\leqslant 3-y,1\leqslant y\leqslant 2\right\}.$$

例2　交换二次积分 $\int_0^1\mathrm{d}y\int_{\sqrt{y}}^1\sqrt{x^3+2}\,\mathrm{d}x$ 的积分次序.

解　根据所给的积分次序,区域 $D=\{(x,y)\,|\,\sqrt{y}\leqslant x\leqslant 1,0\leqslant y\leqslant 1\}$（图 8-9）.

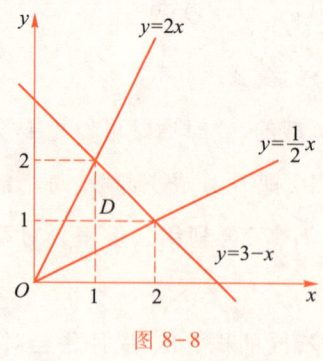
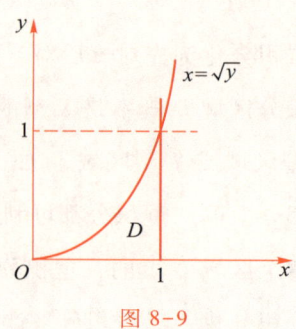

图 8-8 　　　　　　　　　　　　　　　图 8-9

先看该区域 x 的取值范围:$0\leqslant x\leqslant 1$,然后在区间 $[0,1]$ 内任取 x,看 y 的下端取值为 0,上端取值为 x^2.故

$$D = \{(x,y) \mid 0 \leqslant y \leqslant x^2, 0 \leqslant x \leqslant 1\}.$$

所以

$$\int_0^1 dy \int_{\sqrt{y}}^1 \sqrt{x^3 + 2}\, dx = \int_0^1 dx \int_0^{x^2} \sqrt{x^3 + 2}\, dy.$$

例 3　计算 $\iint\limits_D (x^3 + xy)\,dxdy$，其中 D 是由直线 $y = 1, x = 2$ 及 $y = x$ 所围成的封闭区域.

解法一　画出积分区域 D(图 8-10).

如图所示, D 既是 X 型区域, 又是 Y 型区域. 若按 X 型区域计算, 则先确定 D 中的点的横坐标 x 的变化范围是区间 $[1,2]$, 在区间 $[1,2]$ 上任意取定一个 x 值, 过点 x 作平行于 y 轴的直线, 这条直线与 D 的下方边界的交点的纵坐标是 $y = 1$, 与 D 的上方边界的交点的纵坐标是 $y = x$, 即 y 从 1 变到 x. 于是 D 可表示为 $D = \{(x,y) \mid 1 \leqslant y \leqslant x, 1 \leqslant x \leqslant 2\}$, 从而利用公式 (1) 得

$$\iint\limits_D (x^3 + xy)\,dxdy = \int_1^2 dx \int_1^x (x^3 + xy)\,dy = \int_1^2 \left(x^4 - \frac{1}{2}x^3 - \frac{x}{2}\right) dx = \frac{143}{40}.$$

解法二　若按 Y 型区域计算, 则先确定 D 中的点的纵坐标 y 的变化范围是区间 $[1,2]$. 然后在区间 $[1,2]$ 上任取一个 y 值, 过点 y 作平行于 x 轴的直线, 如图 8-11 所示, 这条直线与 D 的左方边界曲线的交点的横坐标是 $x = y$, 与 D 的右方边界曲线的交点的横坐标是 $x = 2$, 即 x 从 y 变到 2, 于是 D 可表示为 $D = \{(x,y) \mid y < x < 2, 1 < y < 2\}$. 从而利用公式 (2) 得

$$\iint\limits_D (x^3 + xy)\,dxdy = \int_1^2 dy \int_y^2 (x^3 + xy)\,dx = \int_1^2 \left(4 + 2y - \frac{y^4}{4} - \frac{1}{2}y^3\right) dy = \frac{143}{40}.$$

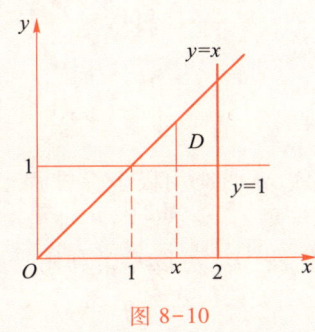
图 8-10

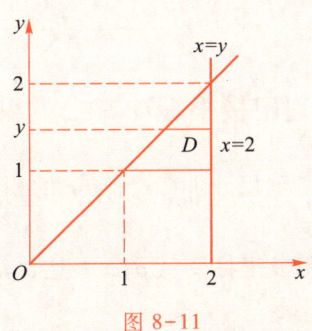
图 8-11

例 4　计算 $\iint\limits_D y\,dxdy$，其中 D 是由直线 $y = x - 2$ 和抛物线 $y^2 = x$ 所围成的闭区域.

解　如图 8-12 所示, 先求出直线和抛物线的交点 $(1,-1), (4,2)$. 把区域 D 表示成两个 X 型区域的并, 为

$$\{(x,y) \mid -\sqrt{x} \leqslant y \leqslant \sqrt{x}, 0 \leqslant x \leqslant 1\} \cup \{(x,y) \mid x - 2 \leqslant y \leqslant \sqrt{x}, 1 \leqslant x \leqslant 4\}.$$

表示成 Y 型区域为

$$\{(x,y)\mid y^2\leqslant x\leqslant y+2,-1\leqslant y\leqslant 2\}.$$

显而易见,表示成 Y 型区域则难度会小很多,

$$\iint_D y\,\mathrm{d}x\mathrm{d}y=\int_{-1}^{2}\mathrm{d}y\int_{y^2}^{y+2}y\,\mathrm{d}x=\int_{-1}^{2}y(y+2-y^2)\,\mathrm{d}y=\frac{9}{4}.$$

例 5　计算 $\iint_D \cos y^2\,\mathrm{d}x\mathrm{d}y$,其中 D 是由直线 $x=0,y=1$ 及 $y=x$ 所围成的闭区域.

解　如图 8-13 所示,按 X 型区域,得

$$\iint_D \cos y^2\,\mathrm{d}x\mathrm{d}y=\int_0^1\mathrm{d}x\int_x^1\cos y^2\,\mathrm{d}y,$$

但 $\cos y^2$ 的原函数并不是初等函数,无法直接使用微积分基本定理计算 $\int_x^1\cos y^2\,\mathrm{d}y$.

按 Y 型区域,得

$$\iint_D \cos y^2\,\mathrm{d}x\mathrm{d}y=\int_0^1\mathrm{d}y\int_0^y\cos y^2\,\mathrm{d}x=\int_0^1 y\cos y^2\,\mathrm{d}y=\frac{\sin 1}{2}.$$

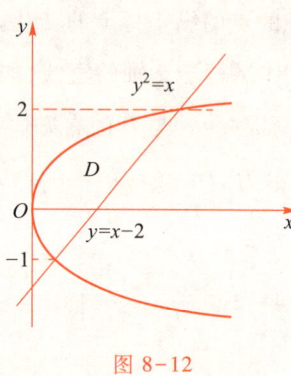

图 8-12　　　　　　　　图 8-13

二、利用极坐标计算二重积分

如果二重积分 $\iint_D f(x,y)\,\mathrm{d}\sigma$ 的积分区域 D 的边界曲线用极坐标方程来表示比较方便,且被积函数用极坐标变量 ρ,φ 表达比较简单,这时,我们就可以考虑利用极坐标来计算二重积分 $\iint_D f(x,y)\,\mathrm{d}\sigma$.

假定从极点 O 出发且穿过闭区域 D 内部的射线与 D 的边界曲线相交不多于两点.我们用以极点为圆心的一族同心圆(ρ＝常数)以及从极点出发的一族射线(φ＝常数),把 D 分成 n 个小闭区域(图 8-14).

考虑其中任一个小闭区域,可视为小扇环的面积 $\Delta\sigma$:

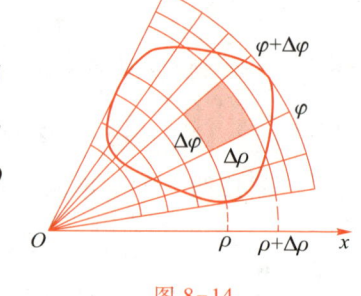

图 8-14

$$\Delta\sigma = \frac{1}{2}\left[(\rho+\Delta\rho)^2-\rho^2\right]\Delta\varphi = \rho\Delta\varphi\Delta\rho + \frac{1}{2}\Delta\rho^2\cdot\Delta\varphi,$$

不考虑高阶无穷小 $\frac{1}{2}\Delta\rho^2\Delta\varphi$ 的情况下，小闭区域面积

$$\Delta\sigma \approx \rho\mathrm{d}\rho\mathrm{d}\varphi.$$

由此可得到极坐标系中的面积元素

$$\mathrm{d}\sigma = \rho\mathrm{d}\rho\mathrm{d}\varphi.$$

又直角坐标和极坐标的变换关系式为

$$\begin{cases} x = \rho\cos\varphi, \\ y = \rho\sin\varphi, \end{cases}$$

所以

$$\iint\limits_D f(x,y)\mathrm{d}\sigma = \iint\limits_D f(\rho\cos\varphi,\rho\sin\varphi)\rho\mathrm{d}\rho\mathrm{d}\varphi. \tag{3}$$

设积分区域 D 可以用不等式

$$\rho_1(\varphi)\leqslant\rho\leqslant\rho_2(\varphi), \quad \alpha\leqslant\varphi\leqslant\beta$$

来表示(如图 8-15 所示)，其中函数 $\rho_1(\varphi),\rho_2(\varphi)$ 在区间 $[\alpha,\beta]$ 上连续.

先在区间 $[\alpha,\beta]$ 任意取定一个 φ 值.对应于这个 φ 值，D 上的点在线段上的极径 ρ 从 $\rho_1(\varphi)$ 变到 $\rho_2(\varphi)$.于是先以 ρ 为积分变量，在区间 $[\rho_1(\varphi),\rho_2(\varphi)]$ 上作积分

$$\int_{\rho_1(\varphi)}^{\rho_2(\varphi)} f(\rho\cos\varphi,\rho\sin\varphi)\rho\mathrm{d}\rho,$$

积分的结果是 φ 的函数，记为 $F(\varphi)$，即

$$F(\varphi) = \int_{\rho_1(\varphi)}^{\rho_2(\varphi)} f(\rho\cos\varphi,\rho\sin\varphi)\rho\mathrm{d}\rho.$$

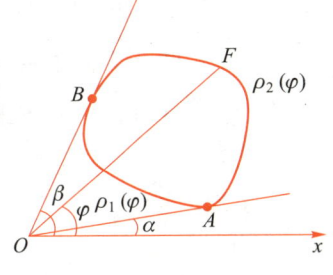

图 8-15

然后再以 φ 为积分变量，计算 $F(\varphi)$ 在区间 $[\alpha,\beta]$ 上的定积分，这样就得到极坐标系中的二重积分化为二次积分的公式为

$$\iint\limits_D f(x,y)\mathrm{d}\sigma = \iint\limits_D f(\rho\cos\varphi,\rho\sin\varphi)\rho\mathrm{d}\rho\mathrm{d}\varphi$$
$$= \int_\alpha^\beta\mathrm{d}\varphi\int_{\rho_1(\varphi)}^{\rho_2(\varphi)} f(\rho\cos\varphi,\rho\sin\varphi)\rho\mathrm{d}\rho. \tag{4}$$

例6 计算 $\iint\limits_D \mathrm{e}^{-x^2-y^2}\mathrm{d}x\mathrm{d}y$.其中 D 是圆形区域 $x^2+y^2\leqslant9$.

解 在极坐标下，D 可以表示成为

$$\{(\rho,\varphi)\mid 0\leqslant\rho\leqslant3,0\leqslant\varphi\leqslant2\pi\}.$$

因此

$$\iint\limits_D \mathrm{e}^{-x^2-y^2}\mathrm{d}x\mathrm{d}y = \int_0^{2\pi}\mathrm{d}\varphi\int_0^3 \mathrm{e}^{-\rho^2}\rho\mathrm{d}\rho = \int_0^{2\pi}\frac{1}{2}(1-\mathrm{e}^{-9})\mathrm{d}\varphi$$
$$= (1-\mathrm{e}^{-9})\pi.$$

若记区域 D 的面积为 σ，则

$$\sigma = \iint\limits_{D} \rho\,\mathrm{d}\rho\,\mathrm{d}\varphi = \int_{\alpha}^{\beta}\mathrm{d}\varphi\int_{\rho_1(\varphi)}^{\rho_2(\varphi)}\rho\,\mathrm{d}\rho.$$

例 7 计算心形线 $\rho = a(1+\cos\varphi)\,(a>0)$（图 8-16）所围成区域 D 的面积 σ.

解 $D = \{(\rho,\varphi) \mid 0 \leqslant \rho \leqslant a(1+\cos\varphi),\, 0 \leqslant \varphi \leqslant 2\pi\}$，

所以

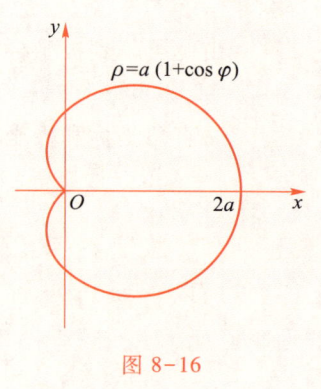

图 8-16

$$\sigma = \iint\limits_{D}\rho\,\mathrm{d}\rho\,\mathrm{d}\varphi = \int_0^{2\pi}\mathrm{d}\varphi\int_0^{a(1+\cos\varphi)}\rho\,\mathrm{d}\rho = \int_0^{2\pi}\frac{a^2}{2}(1+\cos\varphi)^2\,\mathrm{d}\varphi$$

$$= \frac{a^2}{2}\left[\frac{3}{2}\varphi + 2\sin\varphi + \frac{1}{4}\sin 2\varphi\right]_0^{2\pi} = \frac{3}{2}\pi a^2.$$

从以上各例可以看到，在计算某些二重积分时，采用极坐标很方便. 有时甚至可算出直角坐标下无法算出的积分. 当然，不是所有的二重积分都适宜用极坐标计算. 那么，用极坐标计算二重积分时，要考虑哪些因素呢？首先要看积分区域 D 的形状，一般地当 D 为圆域或圆域的一部分时，可考虑采用极坐标计算；其次再看被积函数的特点，通常当被积函数中含有 x^2+y^2 时，可考虑采用极坐标计算.

 任务训练

1. 计算 $\iint\limits_{D} x\,\mathrm{d}x\,\mathrm{d}y$，$D$ 为由直线 $x=0$，$y=0$，$y=x-1$ 所围成的闭区域.

文档
扫一扫，看答案

2. 计算 $\iint\limits_{D}(x^2-y^2)\,\mathrm{d}x\,\mathrm{d}y$，$D$ 为由曲线 $y=\sin x$ 在 $[0,\pi]$ 上与 x 轴所围成的闭区域.

3. 把二次积分 $\int_0^1\mathrm{d}x\int_{x^2}^{x}(x^2+y^2)^{-\frac{1}{2}}\mathrm{d}y$ 化为极坐标形式，并计算积分值.

 思考题

假设某湖的最大水深为 h m，湖床形状近似椭球正弦曲面 $f(x,y)=-h\cos\left(\dfrac{\pi}{2}\sqrt{\dfrac{x^2}{a^2}+\dfrac{y^2}{b^2}}\right)$，其中湖面边界为曲线 $\dfrac{x^2}{a^2}+\dfrac{y^2}{b^2}=1$. 求湖水的总体积.

高等数学（轻工纺织类）

8.3 三重积分

任务导入

如果函数 $f(x,y,z)$ 表示某物体在点 (x,y,z) 处的密度，Ω 是该物体所占有的空间闭区域，$f(x,y,z)$ 在 Ω 上连续，那么该物体的质量是多少？如果将该物体放置在水平面上，考虑物体的静止位置，必然要考虑该物体的质心，那么物体的质心位置在哪里？解决这些实际问题，需要用到三重积分.

一、三重积分的概念

二重积分的概念可以很自然地推广到三重积分.

定义 8.3.1 设 $f(x,y,z)$ 是空间有界闭区域 Ω 上的函数.将 Ω 任意分成 n 个小闭区域 $\Delta\Omega_1, \Delta\Omega_2, \cdots, \Delta\Omega_n$，$\Delta V_i$ 表示第 i 个小闭区域 $\Delta\Omega_i$ 的体积.在每个 $\Delta\Omega_i$ 上任取一点 (ξ_i, η_i, ζ_i)，作乘积 $f(\xi_i, \eta_i, \zeta_i)\Delta V_i (i=1,2,\cdots,n)$，并作和式 $\sum_{i=1}^{n} f(\xi_i, \eta_i, \zeta_i)\Delta V_i$.

如果当各小闭区域的直径中的最大值趋于零时，这个和式的极限存在，并且与 Ω 的分法及在每个 $\Delta\Omega_i$ 上任取的点 (ξ_i, η_i, ζ_i) 的取法都无关，那么称此极限为函数 $f(x,y,z)$ 在闭区域 Ω 上的三重积分，记作 $\iiint\limits_{\Omega} f(x,y,z)\mathrm{d}V$，即

$$\iiint\limits_{\Omega} f(x,y,z)\mathrm{d}V = \lim_{\Delta\to 0}\sum_{i=1}^{n} f(\xi_i, \eta_i, \zeta_i)\Delta V_i, \tag{1}$$

其中 $\mathrm{d}V$ 叫做体积元素.

在直角坐标系中，如果用平行于坐标面的面来划分 Ω，那么除了包含 Ω 边界点的一些不规则小闭区域外，得到的小闭区域 $\Delta\Omega_i$ 为长方体.设长方体闭区域 $\Delta\Omega_i$ 的边长为 $\Delta x_j, \Delta y_k, \Delta z_l$. 那么 $\Delta V_i = \Delta x_j \Delta y_k \Delta z_l$，因此在直角坐标系中，有时也把体积元素 $\mathrm{d}V$ 记作 $\mathrm{d}x\mathrm{d}y\mathrm{d}z$，而把三重积分记作

$$\iiint\limits_{\Omega} f(x,y,z)\mathrm{d}x\mathrm{d}y\mathrm{d}z,$$

其中 $\mathrm{d}x\mathrm{d}y\mathrm{d}z$ 叫做直角坐标系中的体积元素.

我们不加证明地指出，当函数 $f(x,y,z)$ 在闭区域 Ω 上连续时，(1)式右端的和式极限必定存在，也就是函数 $f(x,y,z)$ 在闭区域 Ω 上的三重积分必定存在.以后我们总假定函数 $f(x,y,z)$ 在闭区域 Ω 上是连续的.

关于二重积分的一些术语，例如被积函数、积分区域等，也可相应地用到三重积分上.

三重积分的性质与二重积分的性质类似，这里不再重复了.

如果函数 $f(x,y,z)$ 表示某物体在点 (x,y,z) 处的密度，Ω 是该物体所占有的空间闭区

域, $f(x,y,z)$ 在 Ω 上连续, 该物体的质量为 M, 则有

$$M = \iiint\limits_{\Omega} f(x,y,z)\,\mathrm{d}x\mathrm{d}y\mathrm{d}z.$$

二、三重积分的计算

计算三重积分 $\iiint\limits_{\Omega} f(x,y,z)\,\mathrm{d}V$ 的基本方法, 是将三重积分化为三次积分来计算. 下面将分别讨论在不同的坐标系下将三重积分化为三次积分来计算.

（一）利用直角坐标计算三重积分

假设平行于 z 轴且穿过闭区域 Ω 内部的直线与闭区域 Ω 的边界曲面 S 相交不多于两点. 把闭区域 Ω 投影到 xOy 坐标面上, 得一平面闭区域 D (图 8-17). 以 D 的边界为准线作母线平行于 z 轴的柱面. 这柱面与曲面 S 的交线从 S 中分出上下两部分, 它们的方程分别为

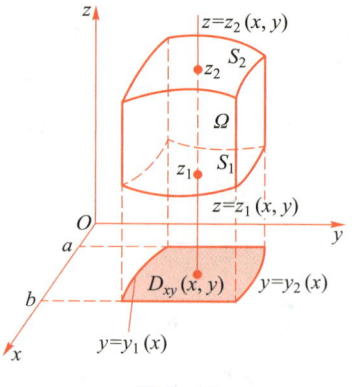

图 8-17

$$S_1: z = z_1(x,y) \text{ 和 } S_2: z = z_2(x,y),$$

其中 $z = z_1(x,y)$ 与 $z = z_2(x,y)$ 都是 D 上的连续函数, 且 $z_1(x,y) \leqslant z_2(x,y)$. 过 D 内任一点 (x,y) 作平行于 z 轴的直线, 这直线通过曲面 S 穿入 Ω 内, 然后通过曲面 S 穿出 Ω 外, 穿入点与穿出点的竖坐标分别为 $z_1(x,y)$ 与 $z_2(x,y)$. 在这种情形下, 积分区域 Ω 可表示为

$$\Omega = \{(x,y,z) \mid z_1(x,y) \leqslant z \leqslant z_2(x,y), (x,y) \in D\}.$$

先将 x,y 看作定值, 将 $f(x,y,z)$ 只看作 z 的函数, 在区间 $[z_1(x,y), z_2(x,y)]$ 上对 z 积分. 积分的结果是 x,y 的函数, 记为 $F(x,y)$. 即

$$F(x,y) = \int_{z_1(x,y)}^{z_2(x,y)} f(x,y,z)\,\mathrm{d}z.$$

然后计算 $F(x,y)$ 在闭区域 D 上的二重积分

$$\iint\limits_{D} F(x,y)\,\mathrm{d}x\mathrm{d}y = \iint\limits_{D}\int_{z_1(x,y)}^{z_2(x,y)} f(x,y,z)\,\mathrm{d}z\mathrm{d}x\mathrm{d}y.$$

假如闭区域

$$D = \{(x,y) \mid y_1(x) \leqslant y \leqslant y_2(x), a \leqslant x \leqslant b\},$$

把这个二重积分化为二次积分, 于是得到三重积分的计算公式

$$\iiint\limits_{\Omega} f(x,y,z)\,\mathrm{d}V = \int_a^b \mathrm{d}x \int_{y_1(x)}^{y_2(x)} \mathrm{d}y \int_{z_1(x,y)}^{z_2(x,y)} f(x,y,z)\,\mathrm{d}z. \tag{2}$$

公式 (2) 把三重积分化为先对 z, 次对 y, 最后对 x 的三次积分.

如果平行于 z 轴或 y 轴且穿过闭区域 Ω 内部的直线与 Ω 的边界曲面 S 相交不多于两点, 也可把闭区域 Ω 投影到 yOz 坐标面上或 zOx 坐标面上, 这样便可把三重积分化为按其他顺序的三次积分. 如果平行于坐标轴且穿过闭区域 Ω 内部的直线与边界曲面 S 的交点多于

两个,也可像处理二重积分那样,把 Ω 分成若干部分,Ω 上的三重积分化为各部分闭区域上的三重积分的和.

例1 计算三重积分 $\iiint\limits_{\Omega} x\mathrm{d}V$,其中 Ω 为三个坐标面及平面 $x+2y+z=1$ 所围成的有界闭区域.

解 画出积分区域 Ω 如图 8-18 所示.

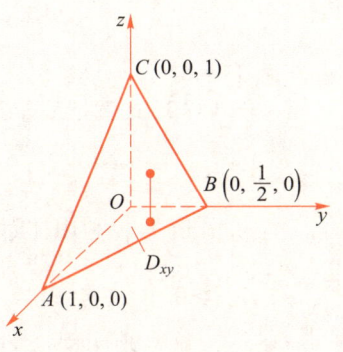

图 8-18

将区域 Ω 投影到 xOy 坐标面上,得投影区域 D 为三角形闭区域 OAB.直线 OA、OB 及 AB 的方程依次为:$y=0,x=0$ 及 $x+2y=1$,所以投影区域

$$D=\left\{(x,y)\ \middle|\ 0\leqslant y\leqslant \frac{1-x}{2},0\leqslant x\leqslant 1\right\}.$$

在 D 内任取一点 (x,y),过此点作平行于 z 轴的直线,该直线通过平面 xOy 穿入 Ω 内,然后通过平面 $x+2y+z=1$ 穿出 Ω 外.

于是,由公式(2)求得

$$\iiint\limits_{\Omega} x\mathrm{d}V=\iint\limits_{D}\mathrm{d}x\mathrm{d}y\int_{0}^{1-x-2y} x\mathrm{d}z$$

$$=\int_{0}^{1}\mathrm{d}x\int_{0}^{\frac{1-x}{2}}\mathrm{d}y\int_{0}^{1-x-2y} x\mathrm{d}z$$

$$=\int_{0}^{1}x\mathrm{d}x\int_{0}^{\frac{1-x}{2}}(1-x-2y)\mathrm{d}y$$

$$=\frac{1}{4}\int_{0}^{1}(x-2x^2+x^3)\mathrm{d}x=\frac{1}{48}.$$

在此例中,对三重积分的计算我们是先关于 z 计算一个定积分,然后在 Ω 的投影区域 D 上再关于 x,y 计算一个二重积分,这种积分方法通常称为"先一后二"的方法,又可称为"穿针法".

(二) 利用柱面坐标计算三重积分

设 $M(x,y,z)$ 为空间内一点,如果 xOy 平面上的点 (x,y) 的极坐标为 (ρ,φ),则 (ρ,φ,z) 称为点 $M(x,y,z)$ 的柱面坐标.柱面坐标与直角坐标的关系为

$$\begin{cases}x=\rho\cos\varphi,\\y=\rho\sin\varphi,\\z=z\end{cases}$$

$$(0\leqslant \rho<+\infty,\quad 0\leqslant \varphi\leqslant 2\pi,\quad -\infty<z<+\infty).$$

在柱面坐标下,$\mathrm{d}V=\rho\mathrm{d}\rho\mathrm{d}\varphi\mathrm{d}z$,这就是柱面坐标系中的体积元素.对于空间区域 Ω,假定它

在柱面坐标系中可表示为

$$\Omega = \{(z,\rho,\varphi) \mid z_1(\rho,\varphi) \leq z \leq z_2(\rho,\varphi), \rho_1(\varphi) \leq \rho \leq \rho_2(\varphi), \alpha \leq \varphi \leq \beta\}.$$

因此三重积分在柱面坐标下的计算式为

$$\iiint\limits_{\Omega} f(x,y,z)\,\mathrm{d}V$$

$$= \iiint\limits_{\Omega} f(\rho\cos\varphi, \rho\sin\varphi, z)\rho\,\mathrm{d}\rho\,\mathrm{d}\varphi\,\mathrm{d}z$$

$$= \int_{\alpha}^{\beta} \mathrm{d}\varphi \int_{\rho_1(\varphi)}^{\rho_2(\varphi)} \mathrm{d}\rho \int_{z_1(\rho,\varphi)}^{z_2(\rho,\varphi)} f(\rho\cos\varphi, \rho\sin\varphi, z)\rho\,\mathrm{d}z. \tag{3}$$

这样(3)式就把三重积分化成了柱面坐标下的三次积分.

例 2　利用柱面坐标计算三重积分 $\iiint\limits_{\Omega} z\,\mathrm{d}V$,其中闭区域 Ω 为半球体 $x^2+y^2+z^2 \leq 1, z \geq 0$.

解　把闭区域 Ω 投影到 xOy 上,得区域 $D = \{(\rho,\varphi) \mid 0 \leq \rho \leq 1, 0 \leq \varphi \leq 2\pi\}$. Ω 的下边界曲面为 xOy 平面,即 $z=0$ 的一部分,上边界曲面为球面 $z = \sqrt{1-x^2-y^2}$,在柱面坐标系下,两个曲面可表示为 $z=0$ 和 $z = \sqrt{1-\rho^2}$. 于是,

$$\iiint\limits_{\Omega} z\,\mathrm{d}V$$

$$= \iiint\limits_{\Omega} z\rho\,\mathrm{d}\rho\,\mathrm{d}\varphi\,\mathrm{d}z = \int_0^{2\pi} \mathrm{d}\varphi \int_0^1 \mathrm{d}\rho \int_0^{\sqrt{1-\rho^2}} z\rho\,\mathrm{d}z$$

$$= \frac{1}{2}\int_0^{2\pi} \mathrm{d}\varphi \int_0^1 \rho(1-\rho^2)\,\mathrm{d}\rho = \left[\frac{\pi}{2}\left(\rho^2 - \frac{\rho^4}{2}\right)\right]\Bigg|_0^1 = \frac{\pi}{4}.$$

（三）利用球面坐标计算三重积分

设 $M(x,y,z)$ 为空间内一点,则点 M 也可用这样三个有次序的数 r,φ,θ 来确定,其中 r 为原点 O 与点 M 间的距离,即向径 $\overrightarrow{OM}$ 的长度,φ 为 OM 与 z 轴正向所夹的角,θ 为 OM 在 xOy 坐标面上的投影向量 $\overrightarrow{OP}$ 与 x 轴正向的夹角.这样的三个数叫做点 M 的球面坐标.这里规定 r,φ,θ 的变化范围分别为

$$0 \leq r < +\infty,$$

$$0 \leq \varphi \leq \pi,$$

$$0 \leq \theta \leq 2\pi.$$

显而易见,点 M 的直角坐标与球面坐标的关系为

$$\begin{cases} x = r\sin\varphi\cos\theta, \\ y = r\sin\varphi\sin\theta, \\ z = r\cos\varphi. \end{cases}$$

三重积分从直角坐标变化为球面坐标的公式为

$$\iiint_{\Omega} f(x,y,z)\,\mathrm{d}V = \iiint_{\Omega} f(r\sin\varphi\cos\theta, r\sin\varphi\sin\theta, r\cos\varphi)r^2\sin\varphi\,\mathrm{d}r\mathrm{d}\varphi\mathrm{d}\theta. \qquad (4)$$

其中 $r^2\sin\varphi\,\mathrm{d}r\mathrm{d}\varphi\mathrm{d}\theta$ 称为球面坐标下的体积元素,它的几何意义如图 8-19 所示.

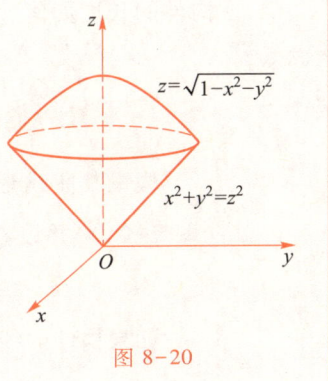

取一个代表性的小区域,考虑由 r,φ 和 θ 各取得微小增量 $\mathrm{d}r,\mathrm{d}\varphi$ 和 $\mathrm{d}\theta$ 所成的六面体的体积.不计高阶无穷小,这个六面体可看作一个长方体,它的棱长分别为 $\mathrm{d}r,r\mathrm{d}\varphi,r\sin\varphi\mathrm{d}\theta$,所以体积元素

$$\mathrm{d}V = r^2\sin\varphi\,\mathrm{d}r\mathrm{d}\varphi\mathrm{d}\theta.$$

(4)式就是把三重积分的变量从直角坐标变换为球面坐标的公式.

图 8-19

如果区域 Ω 在球面坐标下可表示为

$$\Omega = \left\{ (r,\varphi,\theta) \mid r_1(\varphi,\theta) \leq r \leq r_2(\varphi,\theta), \varphi_1(\theta) \leq \varphi \leq \varphi_2(\theta), \alpha \leq \theta \leq \beta \right\},$$

于是

$$\iiint_{\Omega} f(x,y,z)\,\mathrm{d}V$$

$$= \iiint_{\Omega} f(r\sin\varphi\cos\theta, r\sin\varphi\sin\theta, r\cos\varphi)r^2\sin\varphi\,\mathrm{d}r\mathrm{d}\varphi\mathrm{d}\theta$$

$$= \int_{\alpha}^{\beta} \mathrm{d}\theta \int_{\varphi_1(\theta)}^{\varphi_2(\theta)} \mathrm{d}\varphi \int_{r_1(\varphi,\theta)}^{r_2(\varphi,\theta)} f(r\sin\varphi\cos\theta, r\sin\varphi\sin\theta, r\cos\varphi)r^2\sin\varphi\,\mathrm{d}r.$$

例3 计算上半球面 $z = \sqrt{1-x^2-y^2}$ 与圆锥面 $x^2+y^2 = z^2$ 所围成的立体的体积.

解 如图 8-20 所示,该区域可表示为

$$\Omega = \left\{ (r,\theta,\varphi) \mid 0 \leq r \leq 1, 0 \leq \varphi \leq \frac{\pi}{4}, 0 \leq \theta \leq 2\pi \right\},$$

于是

$$V = \iiint_{\Omega} \mathrm{d}x\mathrm{d}y\mathrm{d}z = \int_0^{2\pi} \mathrm{d}\theta \int_0^{\frac{\pi}{4}} \mathrm{d}\varphi \int_0^1 r^2\sin\varphi\,\mathrm{d}r = \frac{\pi}{3}(2-\sqrt{2}).$$

图 8-20

知识链接

牛顿在《自然哲学的数学原理》中讨论球与球壳作用于质点上的万有引力时就已经涉及重积分的概念,但他是用几何形式论述的.在 18 世纪上半叶,牛顿的工作被以分析的形式加以推广.1748 年,欧拉用累次积分算出了表示一厚度为 δc 的椭圆薄片对其中心正上方一质点的引力的重积分:积分区域由椭圆围成.1769 年,欧拉建立了平面有界区域上的二重积分的概念,给出了用累次积分计算二重积分的方法.而拉格朗日在关于旋转椭球

的引力的著作中,用三重积分表示引力.为了克服计算中的困难,他转用球面坐标,建立了有关的积分变换公式,开始了多重积分变换的研究.与此同时,拉普拉斯也使用了球面坐标变换.

 任务训练

1. 计算 $\iiint\limits_{\Omega} xy\, \mathrm{d}V$,其中 Ω 为以点 $(0,0,0),(1,0,0),(0,2,0),(0,0,3)$ 为顶点的四面体.

2. 计算 $\iiint\limits_{\Omega} \sqrt{x^2+y^2}\, \mathrm{d}V$,其中 Ω 是由曲面 $z=9-x^2-y^2$ 和平面 $z=0$ 所围成的闭区域.

文档
扫一扫,看答案

 思考题

计算 $\iiint\limits_{\Omega} (x^2+y^2)\, \mathrm{d}V$,其中闭区域 Ω 由 $0<a \leqslant \sqrt{x^2+y^2+z^2} \leqslant A, z\geqslant 0$ 所确定.

8.4 第一类曲线积分

 **任务导入**

一般来说,机械物品中都含有曲线形构件,那么曲线形构件的质量如何求?这些曲线形构件的长度如何计算?解决这些问题,需要用到第一类曲线积分.

一、第一类曲线积分的概念

假设某曲线形构件所占的位置为 xOy 面上的一段曲线弧 L,它的两个端点是 A,B(图 8-21),并设在 L 上任一点 (x,y) 处,构件的线密度为 $\mu(x,y)$,现在来计算这构件的质量 M.

如果构件的线密度是常量,那么构件的质量就等于它的线密度与长度之积.当线密度是变量时,这方法就不适用了,而要用积分的思想方法来解决.我们用 L 上的点 $M_1,M_2,\cdots,M_{n-1}$ 把 L 分成 n 个小弧段,在线密度连续变化的条件下,可在小弧段 $\widehat{M_{i-1}M_i}$ 上任取一点 (ξ_i,η_i),并以 $\mu(\xi_i,\eta_i)$ 代替这小段构件上各点处的线密度,从而得该小段构件的质量的近似值为

$$\mu(\xi_i,\eta_i)\Delta s_i,$$

其中 Δs_i 表示弧段 $\widehat{M_{i-1}M_i}$ 的长度,于是整个曲线形构件的质量

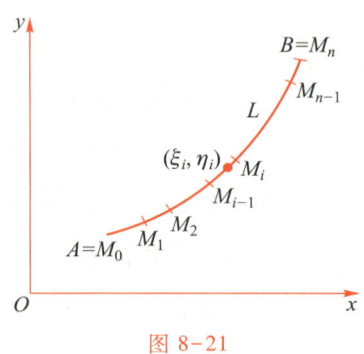

图 8-21

$$M \approx \sum_{i=1}^{n} \mu(\xi_i, \eta_i) \Delta s_i.$$

用 λ 表示 n 个小弧段的最大长度, 即 $\lambda = \max_{1 \leqslant i \leqslant n} \{\Delta s_i\}$, 令 $\lambda \to 0$, 取上式右端的极限, 就得到整个构件质量的精确值

$$M = \lim_{i \to 0} \sum_{i=1}^{n} \mu(\xi_i, \eta_i) \Delta s_i.$$

这类和式的极限在研究其他问题时还会遇到, 故引入如下定义.

定义 8.4.1 设 L 是 xOy 面上以 A, B 为端点的光滑曲线弧, 函数 $f(x, y)$ 在 L 上有界. 在 L 上任意插入一个点列 $M_1, M_2, \cdots, M_{n-1}$ 把 L 分成 n 个小弧段, 设第 i 个小弧段的长度为 $\Delta s_i, (\xi_i, \eta_i)$ 为第 i 个小弧段上任意取定的一点 $(i = 1, 2, \cdots, n)$, 作和 $\sum_{i=1}^{n} f(\xi_i, \eta_i) \Delta s_i$. 记 $\lambda = \max_{1 \leqslant i \leqslant n} \{\Delta s_i\}$, 如果当 $\lambda \to 0$ 时, 这个和的极限存在, 则称此极限为函数 $f(x, y)$ 在曲线弧 L 上的第一类曲线积分, 记作 $\int_L f(x, y) \mathrm{d}s$, 即

$$\int_L f(x, y) \mathrm{d}s = \lim_{i \to 0} \sum_{i=1}^{n} f(\xi_i, \eta_i) \Delta s_i,$$

其中 $f(x, y)$ 称为被积函数, $f(x, y) \mathrm{d}s$ 称为被积表达式, L 称为积分弧段, $\mathrm{d}s$ 称为弧长元素.

由定义可知, 前述曲线形构件的质量可表示为 $M = \int_L \mu(x, y) \mathrm{d}s$. 显然, 当被积函数为常数 1 时, $\int_L \mathrm{d}s$ 等于 L 的长度.

如果 L 是分段光滑的, 即 L 是由有限多条光滑曲线弧连接而成的, 则规定 $f(x, y)$ 在 L 上的曲线积分等于 $f(x, y)$ 在各光滑曲线段上的曲线积分之和. 若 L 是闭曲线, 则曲线积分的积分号常写作 $\oint_L f(x, y) \mathrm{d}s$.

与定积分存在的条件类似, 当函数 $f(x, y)$ 在积分弧段 L 上连续时, 第一类曲线积分 $\int_L f(x, y) \mathrm{d}s$ 一定存在 (以下总假设 $f(x, y)$ 在 L 上连续). 并且, 第一类曲线积分也有与定积分类似的性质.

性质 8.4.1 设 a, b 为常数, 则

$$\int_L [af(x, y) + bg(x, y)] \mathrm{d}s = a \int_L f(x, y) \mathrm{d}s + b \int_L g(x, y) \mathrm{d}s.$$

性质 8.4.2 若积分弧段 L 可分成两段光滑曲线弧 L_1, L_2, 则

$$\int_L f(x, y) \mathrm{d}s = \int_{L_1} f(x, y) \mathrm{d}s + \int_{L_2} f(x, y) \mathrm{d}s.$$

性质 8.4.3 设在 L 上 $f(x, y) \leqslant g(x, y)$, 则

$$\int_L f(x, y) \mathrm{d}s \leqslant \int_L g(x, y) \mathrm{d}s.$$

特别地, 有

$$\left| \int_L f(x,y)\,\mathrm{d}s \right| \leqslant \int_L |f(x,y)|\,\mathrm{d}s.$$

二、第一类曲线积分的计算

如果给定了曲线弧 L 的参数方程,那么第一类曲线积分就可化为定积分来计算,具体方法如下:

定理 8.4.1 设 $f(x,y)$ 在曲线弧 L 上有定义且连续,L 的参数方程为

$$\begin{cases} x = \varphi(t), \\ y = \psi(t) \end{cases} \quad (\alpha \leqslant t \leqslant \beta),$$

其中 $\varphi(t), \psi(t)$ 在 $[\alpha, \beta]$ 上具有一阶连续导数,且 $\sqrt{(\varphi'(t))^2 + (\psi'(t))^2} \neq 0$,则曲线积分 $\int_L f(x,y)\,\mathrm{d}s$ 存在,且

$$\int_L f(x,y)\,\mathrm{d}s = \int_\alpha^\beta f(\varphi(t), \psi(t)) \sqrt{(\varphi'(t))^2 + (\psi'(t))^2}\,\mathrm{d}t \quad (\alpha < \beta). \tag{1}$$

当曲线 L 由方程 $y = \varphi(x), a \leqslant x \leqslant b$ 给出时,其参数方程为

$$\begin{cases} x = x, \\ y = \varphi(x) \end{cases} \quad (a \leqslant x \leqslant b),$$

于是由公式(1)得出

$$\int_L f(x,y)\,\mathrm{d}s = \int_a^b f(x, \varphi(x)) \sqrt{1 + (\varphi'(x))^2}\,\mathrm{d}x. \tag{2}$$

类似地,当 L 的对应方程是 $x = \psi(y), c \leqslant y \leqslant d$ 时,则

$$\int_L f(x,y)\,\mathrm{d}s = \int_c^d f(\psi(y), y) \sqrt{1 + (\psi'(y))^2}\,\mathrm{d}y. \tag{3}$$

例1 计算 $\int_L (x+y)\,\mathrm{d}s$,其中 L 为连接 $(1,0)$ 与 $(0,2)$ 两点的线段.

解 求出两点连线的方程为 $y = -2x + 2\,(0 \leqslant x \leqslant 1)$,因此

$$\int_L (x+y)\,\mathrm{d}s = \int_0^1 (x - 2x + 2) \sqrt{1 + (-2)^2}\,\mathrm{d}x = \frac{3}{2}\sqrt{5}.$$

例2 计算 $\int_L \sqrt{y}\,\mathrm{d}s$,其中 L 是抛物线 $y = x^2$ 上点 $O(0,0)$ 与点 $B(1,1)$ 之间的一段弧.

解 曲线的方程为 $y = x^2\,(0 \leqslant x \leqslant 1)$,因此

$$\int_L \sqrt{y}\,\mathrm{d}s = \int_0^1 \sqrt{x^2} \sqrt{1 + (x^2)'^2}\,\mathrm{d}x = \int_0^1 x\sqrt{1 + 4x^2}\,\mathrm{d}x = \frac{1}{12}(5\sqrt{5} - 1).$$

1. 计算 $\oint_L x \mathrm{d}s$，其中 L 为由抛物线 $y = x^2$，直线 $x = 1$ 及 x 轴所围成的曲边三角形的边界.

文档
扫一扫，看答案

2. 计算 $\int_\Gamma \dfrac{1}{x^2+y^2+z^2}\mathrm{d}s$，其中 Γ 为曲线 $\begin{cases} x = \mathrm{e}^t \cos t, \\ y = \mathrm{e}^t \sin t, \\ z = \mathrm{e}^t \end{cases} \quad (0 \leqslant t \leqslant 2).$

 思考题

计算 $\int_\Gamma x^2 yz \mathrm{d}s$，其中 Γ 为折线 $ABCD$，这里 A, B, C, D 分别为点 $(0,0,0)$，$(0,0,2)$，$(1,0,2)$，$(1,3,2)$.

8.5 第二类曲线积分

任务导入

利用定积分可以解决变力沿直线做功的问题，那么变力沿曲线所做的功如何计算呢？为此，我们需要介绍第二类曲线积分.

一、第二类曲线积分的概念

由于第二类曲线积分涉及有向曲线，故先对有向曲线做一点说明.当动点沿曲线向前移动时，就形成了曲线的走向：一条曲线通常有两个相反的走向，如果指定了其中的一个走向作为曲线的"方向"，则此曲线就称为有向曲线.例如对单位圆 $C: \begin{cases} x = \cos t, \\ y = \sin t, \end{cases}$ 如果规定了它的方向是逆时针向（即当参数由 0 变为 2π 时，曲线上动点 (x, y) 的移动方向），则 C 就成为一条有向闭曲线（图 8-22(a)）.对于非封闭的曲线弧 L，如果规定它的两个端点中的一个（记作 A）为起点，另一个（记作 B）为终点，则意味着 L 的方向是由 A 到 B，L 也就成了一条有向曲线，并可把 L 记作 $\overparen{AB}$（图 8-22(b)）.讨论有向曲线时，$\overparen{AB}$ 和 $\overparen{BA}$ 是两条不同的有向曲线弧.

对有向光滑曲线弧 L，规定 L 上任一点 (x, y) 处的切向量 $\boldsymbol{\tau}$ 的指向与 L 的方向相一致，如图 8-22 所示.

变力沿曲线所做的功　设在 xOy 面上一个质点在变力 $\boldsymbol{F}(x, y)$ 的作用下，从点 A 沿光滑曲线 L 移动到 B，已知 $\boldsymbol{F}(x, y) = P(x, y)\boldsymbol{i} + Q(x, y)\boldsymbol{j}$，其中函数 $P(x, y)$，$Q(x, y)$ 在 L 上

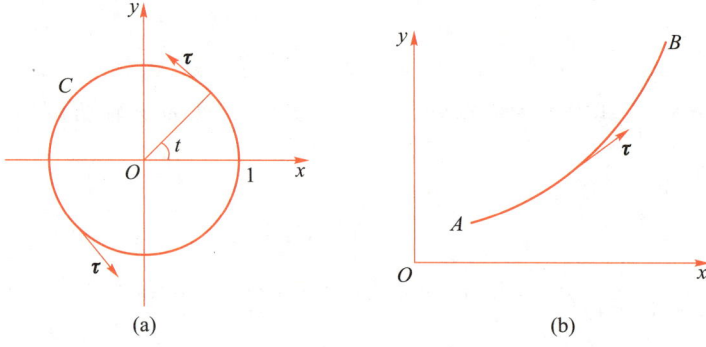

(a)   (b)

图 8-22

连续,计算质点在移动过程中变力 $\boldsymbol{F}(x,y)$ 所做的功(图 8-23).

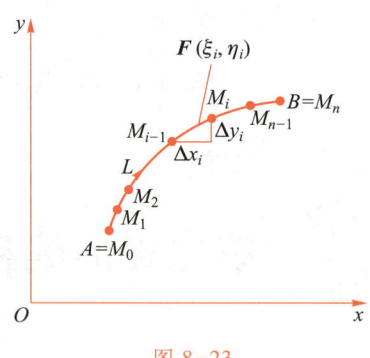

图 8-23

我们知道,如果力 $\boldsymbol{F}$ 是常力,且质点沿直线从 A 移动到 B,那么常力 $\boldsymbol{F}$ 所做的功等于向量 $\boldsymbol{F}$ 与向量 $\overrightarrow{AB}$ 的数量积,即 $W = \boldsymbol{F} \cdot \overrightarrow{AB}$.现在 $\boldsymbol{F}(x,y)$ 是变力,且质点沿曲线 L 移动,功 W 就不能按以上公式计算,要用定积分的思想来解决该问题.

我们在 L 上自 A 至 B 依次取分点

$$A = M_0(x_0, y_0), M_1(x_1, y_1), M_2(x_2, y_2), \cdots, M_{n-1}(x_{n-1}, y_{n-1}), M_n(x_n, y_n) = B,$$

把 L 分成 n 个小弧段,取其中一个有向小弧段 $\overparen{M_{i-1}M_i}$ 来分析:由于 $\overparen{M_{i-1}M_i}$ 光滑而且很短,可以用有向线段 $\overrightarrow{M_{i-1}M_i} = (\Delta x_i)\boldsymbol{i} + (\Delta y_i)\boldsymbol{j}$ 来近似代替它,其中 $\Delta x_i = x_i - x_{i-1}$,$\Delta y_i = y_i - y_{i-1}$.又由于函数 $P(x,y)$,$Q(x,y)$ 在 L 上连续,可以用 $\overparen{M_{i-1}M_i}$ 上任意取定的一点 (ξ_i, η_i) 处的力

$$\boldsymbol{F}(\xi_i, \eta_i) = P(\xi_i, \eta_i)\boldsymbol{i} + Q(\xi_i, \eta_i)\boldsymbol{j},$$

来近似代替这小弧段上各点处的力.这样,变力 $\boldsymbol{F}(x,y)$ 沿有向小弧段 $\overparen{M_{i-1}M_i}$ 所做的功 ΔW,可以认为近似地等于恒力 $\boldsymbol{F}(\xi_i, \eta_i)$ 沿 $\overrightarrow{M_{i-1}M_i}$ 所做的功:

$$\Delta W_i \approx \boldsymbol{F}(\xi_i, \eta_i)\overrightarrow{M_{i-1}M_i} = P(\xi_i, \eta_i)\Delta x_i + Q(\xi_i, \eta_i)\Delta y_i.$$

于是

$$W = \sum_{i=1}^{n} \Delta W_i \approx \sum_{i=1}^{n} \left[P(\xi_i, \eta_i)\Delta x_i + Q(\xi_i, \eta_i)\Delta y_i \right].$$

把所有小弧段长度的最大值记作 λ,令 $\lambda \to 0$,所得上述和式的极限

$$\lim_{\lambda \to 0} \sum_{i=1}^{n} \left[P(\xi_i, \eta_i)\Delta x_i + Q(\xi_i, \eta_i)\Delta y_i \right],$$

即为变力 $\boldsymbol{F}$ 沿有向曲线 L 所做的功.

定义 8.5.1　设 L 为 xOy 面上从点 A 到点 B 的一条光滑的有向曲线弧,函数 $P(x,y)$,$Q(x,y)$ 在 L 上有界,沿 L 的方向依次取分点

$$A = M_0(x_0, y_0), M_1(x_1, y_1), M_2(x_2, y_2), \cdots, M_{n-1}(x_{n-1}, y_{n-1}), M_n(x_n, y_n) = B,$$

把 L 分成 n 个有向小弧段 $\overset{\frown}{M_{i-1}M_i}$ $(i = 1, 2, \cdots, n)$,设 $\overrightarrow{M_{i-1}M_i} = \Delta x_i \boldsymbol{i} + \Delta y_i \boldsymbol{j}$,并记 λ 为所有小弧段长度的最大值,在 $\overrightarrow{M_{i-1}M_i}$ 上任意取一点 (ξ_i, η_i).在曲线上每一点取单位切向量 $\boldsymbol{\tau} = (\cos\theta,$ $\sin\theta)$.设 $\boldsymbol{f}(x, y) = (P(x, y), Q(x, y))$ 是定义在 L 上的向量值函数,称 $\int_L \boldsymbol{f} \cdot \boldsymbol{\tau}\, \mathrm{d}s$ 为 $\boldsymbol{f}$ 在 L 上的第二类曲线积分.注意到 $\boldsymbol{\tau}\mathrm{d}s = (\mathrm{d}x, \mathrm{d}y)$,因此第二类曲线积分也可写为 $\int_L P(x, y)\, \mathrm{d}x + Q(x, y)\, \mathrm{d}y$.

前面引例中的变力做功 $W = \int_L P(x, y)\, \mathrm{d}x + Q(x, y)\, \mathrm{d}y$.

第二类曲线积分具有以下的性质:

性质 8.5.1 如果把 L 分成 L_1 和 L_2,则

$$\int_L P\mathrm{d}x + Q\mathrm{d}y = \int_{L_1} P\mathrm{d}x + Q\mathrm{d}y + \int_{L_2} P\mathrm{d}x + Q\mathrm{d}y.$$

性质 8.5.2 设 L 是有向曲线弧,$-L$ 是与 L 方向相反的有向曲线弧,则

$$\int_{-L} P(x, y)\, \mathrm{d}x + Q(x, y)\, \mathrm{d}y = -\int_L P(x, y)\, \mathrm{d}x + Q(x, y)\, \mathrm{d}y.$$

二、第二类曲线积分的计算

定理 8.5.1 设 $P(x, y), Q(x, y)$ 是定义在光滑有向曲线 $L: \begin{cases} x = \varphi(t), \\ y = \psi(t) \end{cases}$ 上的连续函数,当参数 t 单调地由 α 变到 β 时,点 $M(x, y)$ 从 L 的起点 A 沿 L 运动到终点 B,则

$$\int_L P(x, y)\, \mathrm{d}x + \int_L Q(x, y)\, \mathrm{d}y = \int_\alpha^\beta (P[\varphi(t), \psi(t)]\varphi'(t) + Q[\varphi(t), \psi(t)]\psi'(t))\, \mathrm{d}t.$$

例1 计算 $\int_L xy\mathrm{d}x$,其中 L 为抛物线 $y = x^2$ 从 $A(0, 0)$ 到 $B(1, 1)$ 的一段弧.

解
$$\int_L xy\mathrm{d}x = \int_0^1 x x^2\, \mathrm{d}x = \frac{1}{4}.$$

知识链接

第一类曲线积分和第二类曲线积分是可以互相转化的.在曲线积分中,被积函数可以是数量函数或向量函数.积分的值是路径各点上的函数值乘上相应的权重(在被积函数是数量函数时,一般是弧长;在被积函数是向量函数时,一般是函数值与曲线微元向量的数量积)后的黎曼和.物理学中的许多简单的公式在推广之后都是以曲线积分的形式出现.曲线积分在物理学中是很重要的工具,可用来计算电场或重力场中的做功,或量子力学中计算粒子出现的概率.

 任务训练

1. 计算 $\oint_L (x+y)^2 \mathrm{d}y$，$L$ 为圆周 $x^2+y^2=2ax$（$a>0$）（按逆时针方向绕行）.

2. 计算 $\int_L (x^2-y^2) \mathrm{d}x$，其中 L 是抛物线 $y=x^2$ 从 $(0,0)$ 到 $(2,4)$ 的一段弧.

 思考题

计算 $\int_L y\mathrm{d}x + x\mathrm{d}y$，其中 $L:\begin{cases} x=R\cos t, \\ y=R\sin t \end{cases} \left(0 \leqslant t \leqslant \dfrac{\pi}{2}\right)$.

8.6 格林公式及其应用

 **任务导入**

在一元函数积分学中，牛顿-莱布尼茨公式 $\int_a^b F'(x)\mathrm{d}x = F(b) - F(a)$ 表示：$F'(x)$ 在区间 $[a,b]$ 上的积分可以通过它的原函数 $F(x)$ 在这个区间端点上的值来表达. 那么平面闭区域 D 上的二重积分与其边界曲线 L 上的曲线积分有什么关系呢？这就是接下来我们要讨论的格林公式.

设 D 为平面区域，如果 D 内任一闭曲线所围的部分都属于 D，则称 D 为**单连通区域**，否则称为**复连通区域**.

对平面区域 D 的边界曲线 L，我们规定 L 的正向如下：当观察者沿 L 的这个方向行走时，D 在他近处的那一部分总在他的左边.

定理 8.6.1 设闭区域 D 由分段光滑的曲线 L 围成，函数 $P(x,y)$ 及 $Q(x,y)$ 在 D 上具有一阶连续偏导数，则有

$$\iint_D \left(\frac{\partial Q}{\partial x} - \frac{\partial P}{\partial y}\right) \mathrm{d}x\mathrm{d}y = \oint_L P\mathrm{d}x + Q\mathrm{d}y, \tag{1}$$

其中 L 是 D 的取正向的边界曲线.

公式（1）叫做**格林公式**.

证明 仅就 D 既是 X 型的又是 Y 型的区域情形进行证明.

设 $D = \{(x,y) \mid \varphi_1(x) \leqslant y \leqslant \varphi_2(x), a \leqslant x \leqslant b\}$. 因为 $\dfrac{\partial P}{\partial y}$ 连续，所以由二重积分的计算有

$$\iint_D \frac{\partial P}{\partial y}\mathrm{d}x\mathrm{d}y = \int_a^b \left[\int_{\varphi_1(x)}^{\varphi_2(x)} \frac{\partial P(x,y)}{\partial y}\mathrm{d}y\right]\mathrm{d}x = \int_a^b \{P[x,\varphi_2(x)] - P[x,\varphi_1(x)]\}\mathrm{d}x.$$

另一方面，由第二类曲线积分的性质及计算有

$$\oint_L P\mathrm{d}x = \int_{L_1} P\mathrm{d}x + \int_{L_2} P\mathrm{d}x = \int_a^b P[x, \varphi_1(x)]\mathrm{d}x + \int_b^a P[x, \varphi_2(x)]\mathrm{d}x$$

$$= \int_a^b \{P[x, \varphi_1(x)] - P[x, \varphi_2(x)]\}\mathrm{d}x.$$

因此

$$-\iint_D \frac{\partial P}{\partial y}\mathrm{d}x\mathrm{d}y = \oint_L P\mathrm{d}x.$$

设 $D = \{(x, y) \mid \psi_1(y) \leqslant x \leqslant \psi_2(y), c \leqslant y \leqslant d\}$，类似地可证

$$\iint_D \frac{\partial Q}{\partial x}\mathrm{d}x\mathrm{d}y = \oint_L Q\mathrm{d}x.$$

由于 D 既是 X 型的又是 Y 型的，所以以上两式同时成立，两式合并即得

$$\iint_D \left(\frac{\partial Q}{\partial x} - \frac{\partial P}{\partial y} \right)\mathrm{d}x\mathrm{d}y = \oint_L P\mathrm{d}x + Q\mathrm{d}y.$$

对复连通区域 D，格林公式右端应包括沿区域 D 的全部边界的曲线积分，且边界的方向对区域 D 来说都是正向.

设区域 D 的边界曲线为 L，取 $P = -y, Q = x$，则由格林公式得

$$2\iint_D \mathrm{d}x\mathrm{d}y = \oint_L x\mathrm{d}y - y\mathrm{d}x，\text{或} A = \iint_D \mathrm{d}x\mathrm{d}y = \frac{1}{2}\oint_L x\mathrm{d}y - y\mathrm{d}x.$$

例 1 求椭圆 $x = a\cos\theta, y = b\sin\theta$ 所围成图形的面积 A.

解 设 D 是由椭圆 $x = a\cos\theta, y = b\sin\theta$ 所围成的区域.

$$A = \iint_D \mathrm{d}x\mathrm{d}y = \frac{1}{2}\oint_L -y\mathrm{d}x + x\mathrm{d}y$$

$$= \frac{1}{2}\int_0^{2\pi} (ab\sin^2\theta + ab\cos^2\theta)\mathrm{d}\theta = \frac{1}{2}ab\int_0^{2\pi} \mathrm{d}\theta = \pi ab.$$

例 2 设 L 是任意一条分段光滑的闭曲线，证明 $\oint_L 2xy\mathrm{d}x + x^2\mathrm{d}y = 0$.

证明 令 $P = 2xy, Q = x^2$，则 $\frac{\partial Q}{\partial x} - \frac{\partial P}{\partial y} = 2x - 2x = 0$. 因此，由格林公式有 $\oint_L 2xy\mathrm{d}x + x^2\mathrm{d}y = \pm\iint_D 0\mathrm{d}x\mathrm{d}y = 0$.

例 3 计算 $\iint_D e^{-y^2}\mathrm{d}x\mathrm{d}y$，其中 D 是以 $O(0,0), A(1,1), B(0,1)$ 为顶点的三角形闭区域.

解 令 $P = 0, Q = xe^{-y^2}$，则 $\frac{\partial Q}{\partial x} - \frac{\partial P}{\partial y} = e^{-y^2}$. 因此，由格林公式有

$$\iint_D e^{-y^2}\mathrm{d}x\mathrm{d}y = \int_{OA + AB + BO} xe^{-y^2}\mathrm{d}y$$

$$= \int_{OA} xe^{-y^2}\mathrm{d}y = \int_0^1 xe^{-x^2}\mathrm{d}x = \frac{1}{2}(1 - e^{-1}).$$

例4 计算 $\oint_L \dfrac{x\mathrm{d}y-y\mathrm{d}x}{x^2+y^2}$,其中 L 为一条无重点、分段光滑且不经过原点的连续闭曲线,L 的方向为逆时针方向.

解 令 $P=\dfrac{-y}{x^2+y^2}$,$Q=\dfrac{x}{x^2+y^2}$. 则当 $x^2+y^2\neq0$ 时,有 $\dfrac{\partial Q}{\partial x}=\dfrac{y^2-x^2}{(x^2+y^2)^2}=\dfrac{\partial P}{\partial y}$. 记 L 所围成的闭区域为 D. 当 $(0,0)\notin D$ 时,由格林公式得 $\oint_L \dfrac{x\mathrm{d}y-y\mathrm{d}x}{x^2+y^2}=0$;当 $(0,0)\in D$ 时,在 D 内取一圆周 $l:x^2+y^2=r^2(r>0)$. 由 L 及 l 围成了一个复连通区域 D_1,应用格林公式得

$$\oint_L \frac{x\mathrm{d}y-y\mathrm{d}x}{x^2+y^2}-\oint_l \frac{x\mathrm{d}y-y\mathrm{d}x}{x^2+y^2}=0.$$

其中 l 的方向取逆时针方向. 于是

$$\oint_L \frac{x\mathrm{d}y-y\mathrm{d}x}{x^2+y^2}=\oint_l \frac{x\mathrm{d}y-y\mathrm{d}x}{x^2+y^2}=\int_0^{2\pi}\frac{r^2\cos^2\theta+r^2\sin^2\theta}{r^2}\mathrm{d}\theta=2\pi.$$

 **知识链接**

格林(1793—1841)是 18 世纪英国数学家.他 8 岁上学,9 岁辍学,凭着对数学的爱好和惊人的毅力,在父亲的磨坊一边做工,一边自学.他 35 岁时完成了他的第 1 篇也是最重要的论文《论数学分析在电磁理论中的应用》,随后又完成了 3 篇论文.40 岁时他终于进入了剑桥大学,4 年后获得学士学位.格林短暂的一生共发表了 10 篇论文,数量不多,却包含了影响19 世纪数学物理发展的宝贵思想.

 任务训练

1. 计算曲线积分 $\oint_L (2xy-x^2)\mathrm{d}x+(x+y^2)\mathrm{d}y$,并验证格林公式的正确性,其中 L 是由抛物线 $y=x^2$ 和 $y^2=x$ 所围成的区域的正向边界曲线.

2. 利用格林公式计算曲线积分 $\oint_L (x^2-xy^3)\mathrm{d}x+(y^2-2xy)\mathrm{d}y$,其中 L 是四个顶点分别为$(0,0),(2,0),(2,2)$ 和 $(0,2)$ 的正方形区域的正向边界.

文档
扫一扫,看答案

% **思考题**

计算 $\int_L (e^x\sin y-2y)\mathrm{d}x+(e^x\cos y-2)\mathrm{d}y$,其中 L 为逆时针方向的上半圆周 $(x-a)^2+y^2=a^2$.

8.7 曲面积分

通过曲线积分的学习,我们知道曲线形构件的质量可以归为第一类曲线积分.那么曲面的质量如何计算? 在雨水较多的季节,为了科学防洪,需要计算河水水流量.那么河水水流量如何计算? 这些实际问题的解决,需要曲面积分的理论.

一、第一类曲面积分的概念与性质

物质曲面的质量问题 设 Σ 为面密度非均匀的物质曲面,其面密度为 $\rho(x,y,z)$,求其质量 M.

我们用类似于计算曲线形构件质量的方法来解决该问题.首先把曲面分成 n 个小块: $\Delta S_1, \Delta S_2, \cdots, \Delta S_n(\Delta S_i$ 也代表小曲面的面积),然后再求第 i 个小块质量的近似值为 $\rho(\xi_i, \eta_i, \zeta_i)$ $\Delta S_i((\xi_i, \eta_i, \zeta_i)$ 是 ΔS_i 上任意一点),之后将这 n 个小块质量的近似值求和为 $\sum_{i=1}^{n} \rho(\xi_i, \eta_i, \zeta_i)$ ΔS_i,最后求和取极限得精确值 $M = \lim_{\lambda \to 0} \sum_{i=1}^{n} \rho(\xi_i, \eta_i, \zeta_i) \Delta S_i (\lambda$ 为各小块曲面直径的最大值$)$.

这样的极限还会在其他问题中遇到.抽去它们的具体意义,就得出第一类曲面积分的概念.

定义 8.7.1 设曲面 Σ 是光滑的,函数 $f(x,y,z)$ 在 Σ 上有界.把 Σ 任意分成 n 小块: $\Delta S_1, \Delta S_2, \cdots, \Delta S_n(\Delta S_i$ 也代表曲面的面积),在 ΔS_i 上任取一点(ξ_i, η_i, ζ_i),如果当各小块曲面的直径的最大值 $\lambda \to 0$ 时,极限 $\lim_{\lambda \to 0} \sum_{i=1}^{n} f(\xi_i, \eta_i, \zeta_i) \Delta S_i$ 总存在,则称此极限为函数 $f(x,y,z)$ 在曲面 Σ 上的第一类曲面积分,记作 $\iint_{\Sigma} f(x,y,z) \, dS$,即

$$\iint_{\Sigma} f(x,y,z) \, dS = \lim_{z \to 0} \sum_{i=1}^{n} f(\xi_i, \eta_i, \zeta_i) \Delta S_i.$$

其中 $f(x,y,z)$ 叫做被积函数,Σ 叫做积分曲面.

我们指出,当 $f(x,y,z)$ 在光滑曲面 Σ 上连续时,对面积的曲面积分是存在的. 今后总假定 $f(x,y,z)$ 在 Σ 上连续.

根据上述定义,面密度为连续函数 $f(x,y,z)$ 的光滑曲面 Σ 的质量 M 可表示为 $\rho(x,y,z)$ 在 Σ 上对面积的曲面积分:

$$M = \iint_{\Sigma} f(x,y,z) \, dS.$$

如果 Σ 是分片光滑的,我们规定函数在 Σ 上对面积的曲面积分等于函数在光滑的各片曲面上对面积的曲面积分之和. 例如设 Σ 可分成两片光滑曲面 Σ_1 及 Σ_2(记作 $\Sigma = \Sigma_1 + \Sigma_2$),就规定

$$\iint\limits_{\Sigma_1+\Sigma_2} f(x,y,z)\,\mathrm{d}S = \iint\limits_{\Sigma_1} f(x,y,z)\,\mathrm{d}S + \iint\limits_{\Sigma_2} f(x,y,z)\,\mathrm{d}S.$$

第一类曲面积分满足与定积分类似的性质:

(1) 设 a,b 为常数,则

$$\iint\limits_{\Sigma}\left[af(x,y,z)+bg(x,y,z)\right]\mathrm{d}S = a\iint\limits_{\Sigma}f(x,y,z)\,\mathrm{d}S + b\iint\limits_{\Sigma}g(x,y,z)\,\mathrm{d}S;$$

(2) 若曲面 Σ 可分成两片光滑曲面 Σ_1 及 Σ_2,则

$$\iint\limits_{\Sigma}f(x,y,z)\,\mathrm{d}S = \iint\limits_{\Sigma_1}f(x,y,z)\,\mathrm{d}S + \iint\limits_{\Sigma_2}f(x,y,z)\,\mathrm{d}S;$$

(3) 设在曲面 Σ 上 $f(x,y,z)\leqslant g(x,y,z)$,则

$$\iint\limits_{\Sigma}f(x,y,z)\,\mathrm{d}S \leqslant \iint\limits_{\Sigma}g(x,y,z)\,\mathrm{d}S,$$

特别地,有

$$\left|\iint\limits_{\Sigma}f(x,y,z)\,\mathrm{d}S\right| \leqslant \int_{\Sigma}|f(x,y,z)|\,\mathrm{d}S;$$

(4) $\iint\limits_{\Sigma}\mathrm{d}S = A$,其中 A 为曲面 Σ 的面积.

二、第一类曲面积分的计算

设曲面 Σ 由方程 $z=z(x,y)$ 给出,Σ 在 xOy 面上的投影区域为 D_{xy},函数 $z=z(x,y)$ 在 D_{xy} 上具有连续偏导数,被积函数 $f(x,y,z)$ 在 Σ 上连续,则

$$\iint\limits_{\Sigma}f(x,y,z)\,\mathrm{d}S = \iint\limits_{D_{xy}}f\left[x,y,z(x,y)\right]\sqrt{1+z_x^2(x,y)+z_y^2(x,y)}\,\mathrm{d}x\mathrm{d}y.$$

如果积分曲面 Σ 的方程为 $y=y(z,x)$,D_{zx} 为 Σ 在 zOx 面上的投影区域,则函数 $f(x,y,z)$ 在 Σ 上对面积的曲面积分为

$$\iint\limits_{\Sigma}f(x,y,z)\,\mathrm{d}S = \iint\limits_{D_{zx}}f\left[x,y(z,x),z\right]\sqrt{1+y_z^2(z,x)+y_x^2(z,x)}\,\mathrm{d}z\mathrm{d}x.$$

如果积分曲面 Σ 的方程为 $x=x(y,z)$,D_{yz} 为 Σ 在 yOz 面上的投影区域,则函数 $f(x,y,z)$ 在 Σ 上对面积的曲面积分为

$$\iint\limits_{\Sigma}f(x,y,z)\,\mathrm{d}S = \iint\limits_{D_{yz}}f\left[x(y,z),y,z\right]\sqrt{1+x_y^2(y,z)+x_z^2(y,z)}\,\mathrm{d}y\mathrm{d}z.$$

例 1 计算曲面积分 $\iint\limits_{\Sigma}z\mathrm{d}S$,其中 Σ 是抛物面 $z=2-(x^2+y^2)$ 在 xOy 面上方的部分.

解 抛物面 $z=2-(x^2+y^2)$ 在 xOy 面上方的部分在 xOy 面上的投影

$$D = \{(x,y)\mid x^2+y^2\leqslant 2\}.$$

又 $z_x=-2x$,$z_y=-2y$,所以 $\iint\limits_{\Sigma}z\mathrm{d}S = \iint\limits_{D}(2-x^2-y^2)\sqrt{1+4x^2+4y^2}\,\mathrm{d}S$. D 可用极坐标表

示为 $D = \{(\rho,\varphi)\mid 0\leqslant\rho\leqslant\sqrt{2},0\leqslant\varphi\leqslant 2\pi\}$,故

$$\iint_D (2-x^2-y^2)\sqrt{1+4x^2+4y^2}\,\mathrm{d}S$$

$$=\int_0^{2\pi}\mathrm{d}\varphi\int_0^{\sqrt{2}}(2-\rho^2)\sqrt{1+4\rho^2}\,\rho\,\mathrm{d}\rho=\frac{37}{10}\pi.$$

三、第二类曲面积分的概念与性质

我们对曲面做一些说明,这里假定曲面是光滑的.

通常我们遇到的曲面都有两个侧,比如球面,有外侧和内侧;又如旋转抛物面 $z=x^2+2y^2$,或者一般的用方程 $z=z(x,y)$ 表示的曲面,有上侧和下侧.

第二类曲面积分需要在积分曲面取定的一侧上进行,所谓取定曲面的侧,实际上就是指定曲面上各点处的法向量的指向,比如对闭曲面,如取定它的外侧(内侧),则意味着曲面上各点处的法向量的指向一律朝外(朝内);如对曲面 $z=z(x,y)$,如果取定它的上侧(下侧),则意味着曲面上各点处的法向量的指向一律朝上(朝下),这种取定了侧的曲面(亦即指定了法向量指向的曲面)就称为有向曲面.

设 Σ 是有向曲面. 在 Σ 上取一小块曲面 ΔS,把 ΔS 投影到 xOy 面上得一投影区域,这投影区域的面积记为 $(\Delta\sigma)_{xy}$. 假定 ΔS 上各点处的法向量与 z 轴的夹角 γ 的余弦 $\cos\gamma$ 有相同的符号(即 $\cos\gamma$ 都是正的或都是负的). 我们规定 ΔS 在 xOy 面上的投影 $(\Delta S)_{xy}$ 为

$$(\Delta S)_{xy}=\begin{cases}(\Delta\sigma)_{xy}, & \cos\gamma>0,\\ -(\Delta\sigma)_{xy}, & \cos\gamma<0,\\ 0, & \cos\gamma\equiv0,\end{cases}$$

其中 $\cos\gamma\equiv0$ 也就是 $(\Delta\sigma)_{xy}=0$ 的情形. 类似地可以定义 ΔS 在 yOz 面及在 zOx 面上的投影 $(\Delta S)_{yz}$ 及 $(\Delta S)_{zx}$.

下面讨论一个例子,然后引进第二类曲面积分的定义.

流向曲面一侧的流量 设稳定流动的不可压缩流体的速度场由

$$\boldsymbol{v}(x,y,z)=(P(x,y,z),Q(x,y,z),R(x,y,z))$$

给出,Σ 是速度场中的一片有向曲面,函数 $P(x,y,z),Q(x,y,z),R(x,y,z)$ 都在 Σ 上连续,求在单位时间内流向 Σ 指定侧的流体的质量,即流量 Φ.

如果流体流过平面上面积为 A 的一个闭区域,且流体在这闭区域上各点处的流速为(常向量)$\boldsymbol{v}$,又设 $\boldsymbol{n}$ 为该平面的单位法向量,那么在单位时间内流过这闭区域的流体组成一个底面积为 A、斜高为 $|\boldsymbol{v}|$ 的斜柱体.

当 $\langle\boldsymbol{v},\boldsymbol{n}\rangle=\theta<\dfrac{\pi}{2}$ 时,这斜柱体的体积为

$$A\,|\boldsymbol{v}|\cos\theta=A\boldsymbol{v}\cdot\boldsymbol{n}.$$

当 $\langle v,n \rangle = \dfrac{\pi}{2}$ 时,显然流体通过闭区域 A 的流向 n 所指一侧的流量 Φ 为零,而 $Av\cdot n=0$,故 $\Phi = Av\cdot n = 0$.

当 $\langle v,n \rangle > \dfrac{\pi}{2}$ 时, $Av\cdot n<0$,这时我们仍把 $Av\cdot n$ 称为流体通过闭区域 A 流向 n 所指一侧的流量,它表示流体通过闭区域 A 实际上流向 $-n$ 所指一侧,且流向 $-n$ 所指一侧的流量为 $-Av\cdot n$. 因此,不论 $\langle v\cdot n \rangle$ 为何值,流体通过闭区域 A 流向 n 所指一侧的流量均为 $Av\cdot n$.

把曲面 Σ 分成 n 小块:$\Delta S_1, \Delta S_2, \cdots, \Delta S_n$($\Delta S_i$ 同时也代表第 i 小块曲面的面积). 在 Σ 是光滑的和 v 是连续的前提下,只要 ΔS_i 的直径很小,我们就可以用 ΔS_i 上任一点 (ξ_i, η_i, ζ_i) 处的流速

$$v_i = v(\xi_i, \eta_i, \zeta_i) = P(\xi_i, \eta_i, \zeta_i)i + Q(\xi_i, \eta_i, \zeta_i)j + R(\xi_i, \eta_i, \zeta_i)k$$

代替 ΔS_i 上其他各点处的流速,以该点 (ξ_i, η_i, ζ_i) 处曲面 Σ 的单位法向量 n_i 代替 ΔS_i 上其他各点处的单位法向量(图 8-24). 从而得到通过 ΔS_i 流向指定侧的流量的近似值为

$$v_i \cdot n_i \Delta S_i \quad (i=1,2,\cdots,n).$$

于是,通过 Σ 流向指定侧的流量

$$\Phi \approx \sum_{i=1}^{n} v_i \cdot n_i \Delta S_i$$

$$= \sum_{i=1}^{n} \left[P(\xi_i, \eta_i, \zeta_i)\cos\alpha_i + Q(\xi_i, \eta_i, \zeta_i)\cos\beta_i + R(\xi_i, \eta_i, \zeta_i)\cos\gamma_i \right]\Delta S_i,$$

但

$$\cos\alpha_i \cdot \Delta S_i \approx (\Delta S_i)_{yz}, \cos\beta_i \cdot \Delta S_i \approx (\Delta S_i)_{zx}, \cos\gamma_i \cdot \Delta S_i \approx (\Delta S_i)_{xy},$$

因此上式可以写成

$$\Phi \approx \sum_{i=1}^{n} \left[P(\xi_i, \eta_i, \zeta_i)(\Delta S_i)_{yz} + Q(\xi_i, \eta_i, \zeta_i)(\Delta S_i)_{zx} + R(\xi_i, \eta_i, \zeta_i)(\Delta S_i)_{xy} \right].$$

令 $\lambda \to 0$ 取上述和的极限,就得到流量 Φ 的精确值. 这样的极限还会在其他问题中遇到. 抽去它们的具体意义,就得出下列第二类曲面积分的概念.

定义 8.7.2 设 Σ 为光滑的有向曲面,函数 $R(x,y,z)$ 在 Σ 上有界.$n = (\cos\alpha, \cos\beta, \cos\gamma)$ 是 Σ 上的单位法向量,设 $f(x,y,z) = (P(x,y,z), Q(x,y,z), R(x,y,z))$ 为一向量值函数,定义

$$\iint_{\Sigma} f \cdot n\,\mathrm{d}S = \iint_{\Sigma} \left[P(x,y,z)\cos\alpha + Q(x,y,z)\cos\beta + R(x,y,z)\cos\gamma \right]\mathrm{d}S$$

为 f 在 Σ 上的第二类曲面积分.其中 f 叫做被积函数, Σ 叫做积分曲面. 注意到 $\cos\alpha\mathrm{d}S = \mathrm{d}y\mathrm{d}z, \cos\beta\mathrm{d}S = \mathrm{d}z\mathrm{d}x, \cos\gamma\mathrm{d}S = \mathrm{d}x\mathrm{d}y$,所以第二类曲面积分也写作

$$\iint\limits_{\Sigma} P\mathrm{d}y\mathrm{d}z + Q\mathrm{d}z\mathrm{d}x + R\mathrm{d}x\mathrm{d}y.$$

我们指出,当 $f(x,y,z)$ 在光滑曲面 Σ 上连续时对面积的曲面积分是存在的. 今后总假定 $f(x,y,z)$ 在 Σ 上连续.

如果 Σ 是分片光滑的有向曲面,我们规定函数在 Σ 上对坐标的曲面积分等于函数在各片光滑曲面上对坐标的曲面积分之和.

第二类曲面积分具有与第二类曲线积分类似的一些性质. 例如:

(1) 如果把 Σ 分成 Σ_1 和 Σ_2,则

$$\iint\limits_{\Sigma} P\mathrm{d}y\mathrm{d}z + Q\mathrm{d}z\mathrm{d}x + R\mathrm{d}x\mathrm{d}y$$

$$= \left(\iint\limits_{\Sigma_1} P\mathrm{d}y\mathrm{d}z + Q\mathrm{d}z\mathrm{d}x + R\mathrm{d}x\mathrm{d}y \right) + \left(\iint\limits_{\Sigma_2} P\mathrm{d}y\mathrm{d}z + Q\mathrm{d}z\mathrm{d}x + R\mathrm{d}x\mathrm{d}y \right).$$

(2) 设 Σ 是有向曲面,$-\Sigma$ 表示与 Σ 取相反侧的有向曲面,则

$$\iint\limits_{-\Sigma} P\mathrm{d}y\mathrm{d}z + Q\mathrm{d}z\mathrm{d}x + R\mathrm{d}x\mathrm{d}y = -\iint\limits_{\Sigma} P\mathrm{d}y\mathrm{d}z + Q\mathrm{d}z\mathrm{d}x + R\mathrm{d}x\mathrm{d}y.$$

四、第二类曲面积分的计算

定理 8.7.1 设积分曲面 Σ 由方程 $z = z(x,y)$ 给出,Σ 在 xOy 面上的投影区域为 D_{xy},函数 $z = z(x,y)$ 在 D_{xy} 上具有一阶连续偏导数,被积函数 $R(x,y,z)$ 在 Σ 上连续,则有

$$\iint\limits_{\Sigma} R(x,y,z)\mathrm{d}x\mathrm{d}y = \pm \iint\limits_{D_{xy}} R[x,y,z(x,y)]\mathrm{d}x\mathrm{d}y,$$

其中当 Σ 取上侧时,积分前取 "$+$";当 Σ 取下侧时,积分前取 "$-$".

类似地,如果 Σ 由 $x = x(y,z)$ 给出,则有

$$\iint\limits_{\Sigma} P(x,y,z)\mathrm{d}y\mathrm{d}z = \pm \iint\limits_{D_{yz}} P(x(y,z),y,z)\mathrm{d}y\mathrm{d}z.$$

等式右端的符号这样决定:如果积分曲面 Σ 是由方程 $x = (y,z)$ 所给出的曲面的前侧,即 $\cos\alpha > 0$,应取正号;反之,如果 Σ 取后侧,即 $\cos\alpha < 0$,应取负号.

如果 Σ 由 $y = y(x,z)$ 给出,则有

$$\iint\limits_{\Sigma} Q(x,y,z)\mathrm{d}z\mathrm{d}x = \pm \iint\limits_{D_{zx}} Q[x,y(z,x),z]\mathrm{d}z\mathrm{d}x.$$

等式右端的符号这样决定:如果积分曲面 Σ 是由方程 $y = y(x,z)$ 所给出的曲面的右侧,即 $\cos\beta > 0$,应取正号;反之,如果 Σ 取左侧,即 $\cos\beta < 0$,应取负号.

例 2 计算曲面积分

$$\oiint\limits_{\Sigma} x^2\mathrm{d}y\mathrm{d}z + y^2\mathrm{d}x\mathrm{d}z + z^2\mathrm{d}x\mathrm{d}y,$$

其中 Σ 是长方体 Ω 的整个表面的外侧,$\Omega = \{(x,y,z) \mid 0 \leqslant x \leqslant a, 0 \leqslant y \leqslant b, 0 \leqslant z \leqslant c\}$.

解 把有向曲面 Σ 分成以下六部分:

$\Sigma_1: z = c \ (0 \leqslant x \leqslant a, 0 \leqslant y \leqslant b)$ 的上侧；

$\Sigma_2: z = 0 \ (0 \leqslant x \leqslant a, 0 \leqslant y \leqslant b)$ 的下侧；

$\Sigma_3: x = a \ (0 \leqslant y \leqslant b, 0 \leqslant z \leqslant c)$ 的前侧；

$\Sigma_4: x = 0 \ (0 \leqslant y \leqslant b, 0 \leqslant z \leqslant c)$ 的后侧；

$\Sigma_5: y = b \ (0 \leqslant x \leqslant a, 0 \leqslant z \leqslant c)$ 的右侧；

$\Sigma_6: y = 0 \ (0 \leqslant x \leqslant a, 0 \leqslant z \leqslant c)$ 的左侧.

除 Σ_3, Σ_4 外，其余四片曲面在 yOz 面上的投影为零，因此

$$\iint_{\Sigma} x^2 \mathrm{d}y\mathrm{d}z = \iint_{\Sigma_3} x^2 \mathrm{d}y\mathrm{d}z + \iint_{\Sigma_4} x^2 \mathrm{d}y\mathrm{d}z = \iint_{D_{yz}} a^2 \mathrm{d}y\mathrm{d}z - \iint_{D_{yz}} 0^2 \mathrm{d}y\mathrm{d}z = a^2 bc.$$

类似地可得

$$\iint_{\Sigma} y^2 \mathrm{d}z\mathrm{d}x = b^2 ac,$$

$$\iint_{\Sigma} z^2 \mathrm{d}x\mathrm{d}y = c^2 ab.$$

于是所求曲面积分为 $(a+b+c)abc$.

 ## 知识链接

物理学中把某个物理量在空间的一个区域内的分布称为场，如温度场、密度场、引力场、电场、磁场等. 如果形成场的物理量只随空间位置变化，不随时间变化，这样的场称为定常场；如果不仅随空间位置变化，而且还随时间变化，这样的场称为不定常场. 在实际中，一般的场都是不定常场，但为了研究方便，可以把在一段时间内物理量变化很小的场近似地看作定常场. 曲面积分在场论中有着广泛应用.

 ## 任务训练

文档
扫一扫，看答案

1. 计算 $\oiint_{\Sigma} (x^2+y^2)\mathrm{d}S$，其中 Σ 为锥面 $z = \sqrt{x^2+y^2}$ 及平面 $z = 1$ 所围成的区域的整个边界曲面.

2. 计算 $\oiint_{\Sigma} xy\mathrm{d}y\mathrm{d}z$，其中 Σ 为平面 $x = 0, y = 0, z = 0$，及 $x+y+z = 1$ 所围的空间区域的整个边界曲面的外侧.

 ## 思考题

计算 $\oiint_{\Sigma} xz\mathrm{d}x\mathrm{d}y + xy\mathrm{d}y\mathrm{d}z + yz\mathrm{d}z\mathrm{d}x$，其中 Σ 是平面 $x = 0, y = 0, z = 0, x+y+z = 1$ 所围成的空间区域的整个边界曲面的外侧.

8.8 多元函数积分学的应用

 任务导入

我们知道平面薄片的质量与曲顶柱体的体积可用二重积分来计算,现在我们再进一步利用多元函数积分学来解决几何与物理上的一些其他问题.

一、曲面的面积

设曲面 Σ 由方程 $z=f(x,y)$ 确定, $x,y \in D$, 其中 D 为曲面 Σ 在 xOy 坐标面上的投影区域, 函数 $z=f(x,y)$ 在 D 上具有连续偏导数. 我们计算曲面 Σ 的面积 S.

在投影闭区域 D 上任取一直径很小的闭区域 $d\sigma$(这小闭区域的面积也记作 $d\sigma$). 在 $d\sigma$ 上取一点 $P(x,y)$, 对应地曲面 Σ 上有一点 $M(x,y,f(x,y))$, M 在 xOy 坐标面上的投影即点 P. 设曲面 Σ 在点 M 处的切平面为 T(图 8-25). 以小闭区域 $d\sigma$ 的边界为准线作母线平行于 z 轴的柱面, 这柱面在曲面 S 上截下一小片曲面, 在切平面 T 上截下一小片平面. 由于 $d\sigma$ 的直径很小, 切平面 T 上的那一小片平面的面积 dS 可以近似代替相应的那小片曲面的面积. 又设曲面 S 在点 M 处的法向量(指向朝上)与 z 轴所成的角为 γ, 则

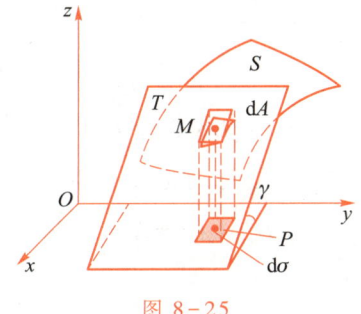

图 8-25

$$dS = \frac{1}{|\cos\gamma|}d\sigma.$$

因为

$$\cos\gamma = \frac{1}{\sqrt{1+f_x^2(x,y)+f_y^2(x,y)}},$$

所以

$$dS = \sqrt{1+f_x^2(x,y)+f_y^2(x,y)}\,d\sigma.$$

这就是曲面 S 的面积元素, 以它为被积表达式在闭区域 D 上积分, 得

$$S = \iint\limits_{D} \sqrt{1+f_x^2(x,y)+f_y^2(x,y)}\,d\sigma.$$

同理, 如果曲面 Σ 由显式方程 $x=x(y,z)$ 或 $y=y(z,x)$ 表示时, 曲面 Σ 的面积可以表示为

$$S = \iint\limits_{D_1} \sqrt{1+x_y^2(y,z)+x_z^2(y,z)}\,d\sigma,$$

或者

$$S = \iint\limits_{D_2} \sqrt{1+y_x^2(x,z)+y_z^2(x,z)}\,d\sigma,$$

其中 D_1, D_2 为曲面 Σ 在平面 yOz, zOx 的投影区域.

例 1 求半径为 a 的球的表面积.

解 在直角坐标系中,取球心在原点,半径为 a 的球面方程 $x^2+y^2+z^2=a^2$.根据球面关于三个坐标面对称,所以球面面积 S 应是球面在第一卦限部分面积 S_1 的 8 倍,即

$$S=8S_1.$$

第一卦限球面方程为 $z=\sqrt{a^2-x^2-y^2}$ $(x>0,y>0)$,此部分球面在 xOy 面上的投影区域 $D_{xy}=\{(x,y) \mid x^2+y^2 \leqslant a^2, x \geqslant 0, y \geqslant 0\}$.

由

$$\frac{\partial z}{\partial x}=\frac{-x}{\sqrt{a^2-x^2-y^2}}, \frac{\partial z}{\partial y}=\frac{-y}{\sqrt{a^2-x^2-y^2}},$$

得

$$\sqrt{1+\left(\frac{\partial z}{\partial x}\right)^2+\left(\frac{\partial z}{\partial y}\right)^2}=\frac{a}{\sqrt{a^2-x^2-y^2}}.$$

因为这个函数在闭区域 D_{xy} 上无界(即为二重反常积分),所以不能直接应用曲面面积公式.为此,先取区域 $D'_{xy}=\{(x,y) \mid x^2+y^2 \leqslant b^2, x \geqslant 0, y \geqslant 0\}$ $(0<b<a)$ 为积分区域,求出 D'_{xy} 上的球面面积 S'_1 后,令 $b \to a$,取 S'_1 的极限,就求得在第一卦限的球面面积 S_1.

$$S'_1=\iint\limits_{D'_{xy}}\frac{a}{\sqrt{a^2-x^2-y^2}}\mathrm{d}x\mathrm{d}y.$$

利用极坐标,得

$$S'_1=\iint\limits_{D'_{xy}}\frac{a}{\sqrt{a^2-\rho^2}}\rho\mathrm{d}\rho\mathrm{d}\theta=a\int_0^{\frac{\pi}{2}}\mathrm{d}\theta\int_0^b\frac{\rho}{\sqrt{a^2-\rho^2}}\mathrm{d}\rho$$

$$=\frac{\pi a}{2}\int_0^b\frac{\rho}{\sqrt{a^2-\rho^2}}\mathrm{d}\rho=\frac{\pi a}{2}\left[-(a^2-\rho^2)^{\frac{1}{2}}\right]\Big|_0^b$$

$$=\frac{\pi a}{2}\left[a-\sqrt{a^2-b^2}\right].$$

所以

$$S_1=\lim_{b \to a}S'_1=\frac{1}{2}\pi a^2.$$

故球的表面积为

$$S=8S_1=4\pi a^2.$$

二、质心与转动惯量

(一) 质心

设在 xOy 平面上有 n 个质点,它们分别位于点 (x_1,y_1), (x_2,y_2), $\cdots$, (x_n,y_n) 处,质量分别为 $m_1,m_2,\cdots,m_n$.由力学知识知道,该质点系的质心的坐标为

$$\bar{x} = \frac{M_y}{M} = \frac{\sum_{i=1}^{n} m_i x_i}{\sum_{i=1}^{n} m_i}, \quad \bar{y} = \frac{M_x}{M} = \frac{\sum_{i=1}^{n} m_i y_i}{\sum_{i=1}^{n} m_i},$$

其中 $M = \sum_{i=1}^{n} m_i$ 为该质点系的总质量. $M_y = \sum_{i=1}^{n} m_i x_i$，$M_x = \sum_{i=1}^{n} m_i y_i$ 分别为该质点系对 y 轴和 x 轴的静矩.

设有一平面薄片占有 xOy 面上的闭区域 D，在点 (x, y) 处的面密度为 $\rho(x, y)$，$\rho(x, y)$ 在 D 上连续，现在要找该薄片的质心坐标.

在闭区域 D 上任取一直径很小的闭区域 $d\sigma$（这个小闭域的面积也记作 $d\sigma$），(x, y) 是这个闭区域上的一个点. 由于 $d\sigma$ 直径很小，且 $\rho(x, y)$ 在 D 上连续，所以薄片中相应于 $d\sigma$ 的部分的质量近似等于 $\rho(x, y) d\sigma$，这部分质量可近似看作集中在点 (x, y) 上，于是可写出静矩元素 dM_y 及 dM_x 分别为

$$dM_y = x\rho(x, y) d\sigma, \quad dM_x = y\rho(x, y) d\sigma.$$

以这些元素为被积表达式，在闭区域 D 上积分，便得

$$M_y = \iint_D x\rho(x, y) d\sigma, \quad M_x = \iint_D y\rho(x, y) d\sigma.$$

又已知薄片的质量为

$$M = \iint_D \rho(x, y) d\sigma.$$

所以薄片的质心的坐标为

$$\bar{x} = \frac{M_y}{M} = \frac{\iint_D x\rho(x, y) d\sigma}{M},$$

$$\bar{y} = \frac{M_x}{M} = \frac{\iint_D y\rho(x, y) d\sigma}{M}.$$

如果薄片是均匀的，即面密度为常量，则上式中可把 ρ 提到积分记号外面并从分子、分母中约去，于是便得到均匀薄片质心的坐标为

$$\bar{x} = \frac{1}{A}\iint_D x d\sigma, \quad \bar{y} = \frac{1}{A}\iint_D y d\sigma,$$

其中 $A = \iint_D d\sigma$ 为闭区域 D 的面职，这时平面薄片的质心完全由闭区域 D 的几何形状所决定，我们把均匀平面薄片的质心叫做这平面薄片所占的平面图形的形心.

类似地，对于空间物体，假设物体占有空间有界闭区域 Ω，在点 (x, y, z) 处的体密度为 $u(x, y, z)$，并且 $u(x, y, z)$ 在 Ω 上连续，那么物体的质心坐标为

$$\bar{x} = \frac{1}{M}\iiint_\Omega xu(x, y, z) dV, \quad \bar{y} = \frac{1}{M}\iiint_\Omega yu(x, y, z) dV, \quad \bar{z} = \frac{1}{M}\iiint_\Omega zu(x, y, z) dV,$$

其中 $M = \iiint_\Omega u(x, y, z) dV$.

例 2 求在 $r=1, r=2$ 之间的均匀上半圆环薄片的质心.

解 假设均匀半圆环的圆心在原点,因为均匀半圆环的区域 D 对称于 y 轴,所以质心 $C(\bar{x}, \bar{y})$ 必位于 y 轴上,于是 $\bar{x}=0$,D 的面积为

$$A = \frac{1}{2} \times 2^2 \pi - \frac{1}{2} \times 1^2 \pi = \frac{3}{2}\pi.$$

而

$$\iint_D y \mathrm{d}\sigma = \int_0^\pi \sin\theta \mathrm{d}\theta \int_1^2 r^2 \mathrm{d}r = (-\cos\theta) \Big|_0^\pi \left(\frac{1}{3} r^3\right) \Big|_1^2 = \frac{14}{3},$$

所以

$$\bar{y} = \frac{1}{A} \iint_D y \mathrm{d}\sigma = \frac{1}{\frac{3}{2}\pi} \cdot \frac{14}{3} = \frac{28}{9\pi},$$

即质心为 $\left(0, \dfrac{28}{9\pi}\right)$.

（二）转动惯量

设在 xOy 平面上有 n 个质点,它们分别位于点 $(x_1, y_1), (x_2, y_2), \cdots, (x_n, y_n)$ 处,质量分别为 $m_1, m_2, \cdots, m_n$.由力学知识知道,该质点系对于 x 轴和 y 轴的转动惯量依次为:

$$I_x = \sum_{i=1}^n y_i^2 m_i, \quad I_y = \sum_{i=1}^n x_i^2 m_i.$$

设有一薄片,占有 xOy 面上的闭区域 D,在点 (x, y) 处的面密度为 $\rho(x, y)$,假定 $\rho(x, y)$ 在 D 上连续.现在要求该薄片对于 x 轴的转动惯量 I_x 以及对于 y 轴的转动惯量 I_y.

应用微元法.在闭区域 D 上任取一直径很小的闭区域 $\mathrm{d}\sigma$(这个小闭区域的面积也记作 $\mathrm{d}\sigma$),(x, y) 是这小闭区域上的一个点.因为 $\mathrm{d}\sigma$ 的直径很小,且 $\rho(x, y)$ 在 D 上连续,所以薄片中相应于 $\mathrm{d}\sigma$ 部分的质量近似等于 $\rho(x, y)\mathrm{d}\sigma$,这部分质量可近似看作集中在点 (x, y) 上,于是可写出薄片对于 x 轴以及对于 y 轴的转动惯量元素:

$$\mathrm{d}I_x = y^2 \rho(x, y) \mathrm{d}\sigma, \quad \mathrm{d}I_y = x^2 \rho(x, y) \mathrm{d}\sigma.$$

以这些元素为被积表达式,在闭区域 D 上积分,便得

$$I_x = \iint_D y^2 \rho(x, y) \mathrm{d}\sigma, \quad I_y = \iint_D x^2 \rho(x, y) \mathrm{d}\sigma.$$

例 3 求边长为 a 的均匀正方形薄片(面密度为常数 μ)对于一边的转动惯量.

解 如图 8-26 所示,设立坐标系,则薄片所占区域 D 可表示为 $0 \leqslant x \leqslant a, 0 \leqslant y \leqslant a$.所求转动惯量就是对于 x 轴的转动惯量 I_x.因此

$$I_x = \iint_D \mu y^2 \mathrm{d}\sigma = \int_0^a \mathrm{d}x \int_0^a \mu y^2 \mathrm{d}y = \frac{1}{3} \mu a^4.$$

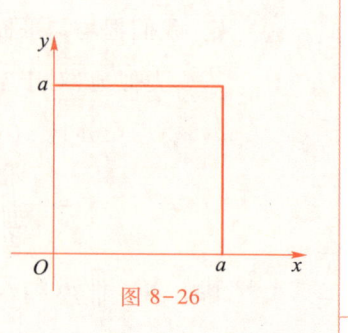

图 8-26

三、变力做功

例 4 设有一质量为 m 的质点受重力作用在铅直平面上沿某一曲线弧从点 A 移动到点 B,求重力所做的功.

解 取水平直线为 x 轴,y 轴铅直向上(图 8-27).重力为常力 mg,即重力在两坐标轴上的投影分别为

$$P(x,y) = 0,$$

$$Q(x,y) = -mg,$$

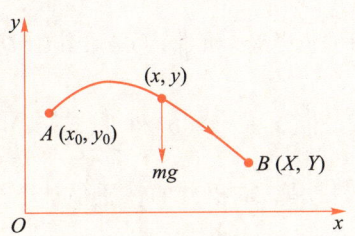

图 8-27

这里 g 是重力加速度,于是质点从点 $A(x_0,y_0)$ 移动到点 $B(X,Y)$ 时,重力所做的功为

$$W = \int_{AB} P\,\mathrm{d}x + Q\,\mathrm{d}y = \int_{AB} (-mg)\,\mathrm{d}y = mg(y_0 - Y).$$

这结果表明,重力所做的功与质点运动的路径无关,而仅取决于下降的高度.

 任务训练

求锥面 $z = \sqrt{x^2 + y^2}$ 被柱面 $z^2 = 2x$ 截下的部分的表面积.

文档
扫一扫,看答案

 思考题

设有一等腰直角三角形薄片,腰长为 a,各点处的面密度等于该点到直角顶点的距离的平方,求这薄片的质心.

习题八

一、基础练习

1. 根据二重积分的性质,比较下列积分大小:

(1) $\iint\limits_{D} e^{xy} d\sigma$ 和 $\iint\limits_{D} e^{x^2y} d\sigma$,其中 D 是矩形区域 $[0,1]\times[0,1]$;

(2) $\iint\limits_{D}(x+y)^2 d\sigma$ 和 $\iint\limits_{D}(x+y)^3 d\sigma$,其中 D 是圆周 $(x-2)^2+(y-1)^2=2$ 所围成的闭区域.

2. 利用二重积分的性质估计下列积分的值:

(1) $\iint\limits_{D}(x^2+y^3) d\sigma$,其中 D 是矩形区域 $[0,1]\times[0,1]$;

(2) $\iint\limits_{D}\sin^2 x \sin^2 y d\sigma$,其中 D 是矩形区域 $\left[0,\dfrac{\pi}{4}\right]\times\left[0,\dfrac{\pi}{4}\right]$.

3. 将下列区域 D 表示成 X 型区域和 Y 型区域:

(1) D 是由直线 $y=x$,抛物线 $y=x^2$ 所围成的闭区域;

(2) D 是由圆周 $x^2+y^2=9$ 所围成的闭区域;

(3) D 是由直线 $y=x-3$,抛物线 $y^2=4x$ 所围成的闭区域.

4. 交换下列二次积分的积分次序:

(1) $\displaystyle\int_0^1 dx \int_0^{1-x} f(x,y) dy$;

(2) $\displaystyle\int_0^2 dy \int_{y^2}^{2y} f(x,y) dx$;

(3) $\displaystyle\int_0^1 dy \int_0^{2y} f(x,y) dx + \int_1^3 dy \int_0^{3-y} f(x,y) dx$.

5. 计算下列二重积分:

(1) $\iint\limits_{D} xy dx dy$,$D$ 为矩形区域:$[0,1]\times[0,1]$;

(2) $\iint\limits_{D}(x+y^2) dx dy$,$D$ 为由直线 $x=0,y=0,y=x-1$ 所围成的闭区域;

(3) $\iint\limits_{D}(x^2-y^2) dx dy$,$D$ 为由曲线 $y=\sin x$ 在 $[0,\pi]$ 上与 x 轴所围成的闭区域.

6. 把下列闭区域用极坐标表示出来:

(1) $1\le x^2+y^2\le 4$;

(2) $0\le x\le 1, 0\le y\le 1$;

(3) $x^2+y^2\le 2(x+y)$.

7. 写出下列二重积分的极坐标下的二次积分形式:

(1) $\int_0^1 dx \int_0^{\sqrt{4-x^2}} (x^2+y^2) dx dy$;

(2) $\iint\limits_{D} \ln(1+x^2+y^2) dx dy$,其中 D 是由圆周 $x^2+y^2=1$ 及坐标轴所围成的位于第一象限的闭区域;

(3) $\iint\limits_{D} xy d\sigma$,$D:\{(x,y) \mid (x-1)^2+(y-1)^2 \leqslant 1\}$.

8. 计算下列二重积分:

(1) $\iint\limits_{D} (x^2+y^2) d\sigma$,$D:\{(x,y) \mid 1 \leqslant x^2+y^2 \leqslant 4\}$;

(2) $\iint\limits_{D} \arctan \dfrac{y}{x} d\sigma$,其中 D 是由圆周 $x^2+y^2=4$,$x^2+y^2=1$ 及直线 $y=0$,$y=x$ 所围成的在第一象限内的闭区域;

(3) $\iint\limits_{D} \sqrt{9-x^2-y^2} d\sigma$,其中 D 为圆周 $x^2+y^2=3x$ 所围成的闭区域.

9. 将下列三重积分表示成直角坐标系下的三次积分:

(1) $\iiint\limits_{\Omega} f(x,y,z) dV$,其中 Ω 为平面 $z=0$,$z=y$ 及柱面 $y=\sqrt{1-x^2}$ 所围成的闭区域;

(2) $\iiint\limits_{\Omega} f(x,y,z) dV$,其中 Ω 为曲面 $z=x^2+2y^2$,$z=2-x^2$ 所围成的闭区域.

10. 将下列三重积分表示成柱面坐标系下的三次积分:

(1) $\iiint\limits_{\Omega} f(x,y,z) dV$,其中 Ω 为曲面 $z=9-x^2-y^2$,$z=0$ 所围成的闭区域;

(2) $\iiint\limits_{\Omega} f(x,y,z) dV$,其中 Ω 为柱面 $x^2+y^2=1$,$x^2+y^2=4$ 之间被平面 $z=0$,$z=x+2$ 所围成的闭区域.

11. 将下列三重积分表示成球面坐标系下的三次积分:

(1) $\iiint\limits_{\Omega} f(x,y,z) dV$,其中 Ω 为球面 $1 \leqslant x^2+y^2+z^2 \leqslant 4$,$z=0$ 所围成的闭区域;

(2) $\iiint\limits_{\Omega} f(x,y,z) dV$,其中 Ω 为由曲面 $z=\sqrt{1-x^2-y^2}$ 与 xOy 平面所围成的闭区域.

12. 计算下列三重积分:

(1) $\iiint\limits_{\Omega} xy dV$,其中 Ω 为以点 $(0,0,0)$,$(1,0,0)$,$(0,2,0)$,$(0,0,3)$ 为顶点的四面体;

(2) $\iiint\limits_{\Omega} \sqrt{x^2+y^2} dV$,其中 Ω 是由曲面 $z=9-x^2-y^2$,$z=0$ 所围成的闭区域.

13. 计算 $\oint_L x ds$,其中 L 为直线 $y=x$ 及抛物线 $y=x^2$ 所围成的区域边界.

14. 计算 $\oint_L x ds$,其中 L 为抛物线 $y=x^2$,直线 $x=1$ 及 x 轴所围成的曲边三角形的整个边界.

15. 计算 $\int_{\Gamma} \dfrac{1}{x^2+y^2+z^2} ds$,其中 Γ 为曲线 $x=e^t\cos t$,$y=e^t\sin t$,$z=e^t(0 \leqslant t \leqslant 2)$.

16. 计算 $\int_L (x^2-y^2) dx$,其中 L 是抛物线 $y=x^2$ 从 $(0,0)$ 到 $(2,4)$ 的一段弧.

17. 计算 $\int_L (x^2 - 2xy)\,dx + (y^2 - 2y)\,dy$，其中 L 是抛物线 $y = x^2$ 从 $(-1,1)$ 到 $(1,1)$ 的一段弧.

18. 计算 $\oint_L (x+y)^2\,dy$，L 为圆周 $x^2 + y^2 = 2ax\,(a>0)$（按逆时针方向绕行）.

19. 计算下列对面积的曲面积分：

（1）$\oiint\limits_{\Sigma} (x^2 + y^2)\,dS$，其中 Σ 为锥面 $z = \sqrt{x^2 + y^2}$ 及平面 $z = 1$ 所围成的区域的整个边界曲面.

（2）$\iint\limits_{\Sigma} (x + y + z)\,dS$，其中 Σ 为球面 $x^2 + y^2 + z^2 = a^2$ 上 $z \geqslant h\,(0 \leqslant h \leqslant a)$ 的部分.

20. 计算下列对坐标的曲面积分：

（1）$\iint\limits_{\Sigma} z^2\,dS$，其中 Σ 为球面 $x^2 + y^2 + z^2 = a^2$ 的下半部分的下侧.

（2）$\oiint\limits_{\Sigma} xy\,dy\,dz$，其中 Σ 为平面 $x = 0, y = 0, z = 0$ 及 $x + y + z = 1$ 所围的空间区域的整个边界曲面的外侧.

21. 求下列曲面的面积：

（1）平面 $4x + 2y + z = 1$ 被椭圆柱面 $2x^2 + y^2 = 1$ 截下的部分；

（2）上半球面 $z = \sqrt{a^2 - x^2 - y^2}$ 含在圆柱面 $x^2 + y^2 = ax$ 内部的那一部分.

22. 设圆盘 $x^2 + y^2 \leqslant 2x$ 内任一点 (x,y) 处的面密度 $u(x,y) = x$，求该圆盘的质心.

23. 求下列均匀薄片对指定直线的转动惯量（设面密度为 ρ）.

（1）边长为 a 与 b 的矩形薄片对两条边的转动惯量；

（2）轴长为 $2a$ 与 $2b$ 的椭圆形薄片对两条对称轴的转动惯量.

二、提高练习

1. 填空题.

（1）设曲顶圆柱的顶部曲面函数 $z = f(x,y)$，它的底部区域为 D，则曲顶柱体的体积为 _____.

（2）$\iint\limits_{D} \sqrt{a^2 - x^2 - y^2}\,dx\,dy$（其中 D 为 $x^2 + y^2 \leqslant a^2$ 表示的区域）的几何意义是 _____.

（3）设一平面薄片在 xOy 面内的区域为 D，其密度函数 $\rho(x,y) = xy$，则此薄片的质量表示为 _____.

（4）交换积分次序 $\int_0^2 dy \int_{-\sqrt{2y - y^2}}^{\sqrt{2y - y^2}} f(x,y)\,dx =$ _____.

（5）对面积的曲面积分 $\iint\limits_{\Sigma} f(x,y,z)\,dS$ 的积分曲面是 _____（定向的,不定向的），利用方程 $z = z(x,y)$ 将它化为二重积分时，$\iint\limits_{\Sigma} f(x,y,z)\,dS =$ _____.

（6）对坐标的曲面积分 $\iint\limits_{\Sigma} f(x,y,z)\,dS$ 的积分曲面是 _____（定向的,不定向的），利用方程 $z = z(x,y)$ 将它化为二重积分时，$\iint\limits_{\Sigma} f(x,y,z)\,dS = \pm$ _____,符号选定的规则是 _____.

2. 计算题.

（1）$\iint\limits_{D} x\sqrt{y}\,\mathrm{d}\delta$，其中 D 为 $y^2=x^2$ 与 $x=y^2$ 所围成的区域；

（2）$\iiint\limits_{\Omega} x\,\mathrm{d}V$，其中 Ω 是由曲面 $2x^2+y^2=z$ 及 $z=1-y^2$ 所围成的闭区域；

（3）$\iiint\limits_{\Omega}(x^2+y^2)\,\mathrm{d}V$，其中 Ω 是球体 $x^2+y^2+z^2\leq 4$ 与 $x^2+y^2+z^2\leq 4z$ 的公共部分；

（4）$\int_{L}\sqrt{x^2+y^2}\,\mathrm{d}S$，其中 L 为上半圆周 $x^2+y^2=ax(y\geq 0)$.

3. 应用题.

（1）求高为 H，底半径为 R 的圆锥体的形心.

（2）求密度均匀的圆柱体 $x^2+y^2\leq a^2$，$|z|\leq h$ 对于 x 轴的转动惯量.

第 9 章
常微分方程

　　现实世界中,客观事物的量与量之间存在着各种各样的关系,函数便是这些内在关系的数量反映,能找到相应函数就可以对其规律进行研究.但在许多的问题中,反映其内在规律的量与量之间关系的函数往往不能直接找出来,但却可以根据实际的情况,建立起这些变量及其导数(或微分)之间的关系式,这种联系着自变量、因变量(即未知函数)及其导数(或微分)的关系式就是微分方程.微分方程的内容十分丰富,本章只介绍和研究微分方程的一些基本概念和几种简单微分方程的求解.

9.1 微分方程的基本概念与几何解释

 任务导入

　　宇宙是高度数学化的,我们的宇宙遵循的自然规律最终总能用微积分的语言和微分方程的形式表达出来.这类方程能描述某个事物在这一刻和在下一刻之间的差异,或者某个事物在这一点和在与该点无限接近的下一个点之间的差异.尽管细节会随着我们探讨的具体内容而有所不同,但自然规律的结构总是相同的.牛顿是最早瞥见这一宇宙奥秘的人,他发现行星的轨道、潮汐的韵律和炮弹的弹道都可以用一组微分方程来描述、解释和预测.如今,我们把这些方程称为牛顿运动定律和万有引力定律.

$$\sum F = m\,\frac{\mathrm{d}^2 r}{\mathrm{d}t^2},$$

$$F_{引} = G\,\frac{Mm}{r^2}.$$

　　从这一节开始,我们学习微分方程的相关知识.

一、常微分方程的一些基本概念

微视频
常微分方程的
基本概念

　　定义 9.1.1　联系自变量、未知函数以及未知函数导数(或微分)的函数方程叫做**微分方程**.如果一个微分方程的未知函数是一元函数,则称之为**常微分方程**,其一般形式为

$$F(x, y, y', y'', \cdots, y^{(n)}) = 0, \tag{1}$$

其中 F 是一个 $(n+2)$ 元的函数,而 $y, y', y'', \cdots, y^{(n)}$ 为未知函数 0 阶直到 n 阶的导数,我们称 n 为方程(1)的阶,称方程(1)为 n **阶常微分方程**,有时也简称 n **阶微分方程**、n **阶方程**.二阶及二阶以上的方程统称为**高阶方程**.

　　形如 $F(x, y, y', y'', \cdots, y^{(n)}) = 0$ 的方程称为**隐式微分方程**.若能够解出最高次导数,得到

$$y^{(n)} = f(x, y, y', y'', \cdots, y^{(n-1)}), \tag{2}$$

则称方程(2)为方程(1)的**规范形式**.

　　方程(1)中,若函数 $F(x, y, y', y'', \cdots, y^{(n)})$ 关于变量 $x, y, y', y'', \cdots, y^{(n)}$ 是一次的,则称方程(1)为**线性微分方程**,否则,称为**非线性微分方程**.

　　例 1　高速动车组列车在京沪高铁试验段以 100 m/s(相当于 360 km/h)的速度行驶,制动时获得制动加速度 $-10\ \text{m/s}^2$,问多长时间动车组列车能够停下来,这段时间列车又行驶了多长距离?

　　解　设列车开始制动后 t s,行驶了 s m,于是,制动阶段的函数关系为

$$\frac{d^2 s}{dt^2} = -10. \tag{3}$$

根据题目条件:未知函数 $s = s(t)$ 满足下列条件

$$s(0) = 0, \tag{4}$$

$$\frac{ds}{dt}\bigg|_{t=0} = 100. \tag{5}$$

将(3)式两边积分,得到

$$v = \frac{ds}{dt} = -10t + C_1, \tag{6}$$

再次积分,得到

$$s = s(t) = -5t^2 + C_1 t + C_2, \tag{7}$$

这里 C_1, C_2 是任意常数.

将(4)、(5)代入(6)、(7)式容易得到

$$C_1 = 100, C_2 = 0. \tag{8}$$

将(8)代入(6)、(7)式得到

$$v = v(t) = \frac{ds}{dt} = -10t + 100, \tag{9}$$

$$s = s(t) = -5t^2 + 100t, \tag{10}$$

这就是 s 与 t 的函数关系式.

在(9)中令 $v = v(t) = 0$,得到动车组列车从开始制动到完全停下来所用时间

$$t = 10(\text{s}),$$

将 $t = 10$ 代入(10),得到整个制动阶段列车又行驶的路程

$$s = s(t) = 500(\text{m}).$$

显然,上面例子中,关系式(3)就是一个二阶微分方程.而方程 $x^4 y''' + xyy' = x\sin x$ 是三阶方程, $xy^{(4)} + y'' = xe^x$ 是四阶方程.

需要指出的是,一阶方程 $F(x, y, y') = 0$ 中 x, y 可不出现, y' 必须出现,二阶方程中, x, y, y' 可不出现,但 y'' 必须出现.一般地,在方程(1)中, $x, y, y', y'', \cdots, y^{(n-1)}$ 可不全部出现,但 $y^{(n)}$ 必须出现.如在方程 $y^{(n)} = e$ 中,除了 $y^{(n)}$,其他的都没有出现.

二、常微分方程的解

在分析研究实际问题时,往往先建立微分方程,再想办法找出满足该微分方程的函数,这一过程便是**解微分方程**,也就是说找出这样的函数,将它代入建立的微分方程中,使得该方程变成了恒等式,则称此函数为微分方程的解.

定义 9.1.2 设函数 $y = \varphi(x)$ 在区间 I 上有 n 阶连续导数,若在区间 I 上有

$$F[x, \varphi(x), \varphi'(x), \varphi''(x), \cdots, \varphi^{(n)}(x)] = 0$$

恒成立,则称此函数 $y = \varphi(x)$ 为微分方程(1)的解.

定义 9.1.3   如果微分方程的解中含任意常数,并且所含独立的任意常数的个数与微分方程的阶数相同,这样的解为微分方程的**通解**.

例如,在上面例子中(7)是方程(3)的通解.

一般地,n 阶微分方程的通解是指形如 $G(x, C_1, C_2, C_3, \cdots, C_n)$ 的解,其中 $(C_1, C_2, C_3, \cdots, C_n) \in C, C$ 为 $\mathbf{R}^n$ 上的一个区域,并且 $C_1, C_2, C_3, \cdots, C_n$ 为 n 个相互独立的任意常数.

定义 9.1.4   不包含任意常数的微分方程的解就叫做微分方程的**特解**.

例如,在上面例子中(10)是方程(3)的特解.

通解是一族解,它反映实际问题的某种规律性,只有当任意常数被完全确定以后就获得相应的特定的解.而确定这些常数,必须根据问题的实际状况给出相关的条件,例如在上面例子中(4)(5)就是这样的条件.

对于 n 阶方程,我们称条件

$$y(x_0) = y_0, y'(x_0) = y'_0, \cdots, y^{(n-1)}(x_0) = y_0^{(n-1)}$$

为微分方程的**初值条件**.

求某微分方程满足初值条件的特解的问题称为**初值问题**,也称为 **Cauchy 问题**.

例2   求曲线族 $y = C_1 \cos x + C_2 \sin x$ 所满足的微分方程.并求满足初值条件 $y(0) = 1, y'(0) = 0$ 的特解.其中 C_1, C_2 为任意常数.

解   对函数 $y = C_1 \cos x + C_2 \sin x$ 求导二次得到

$$y' = -C_1 \sin x + C_2 \cos x,$$

$$y'' = -C_1 \cos x - C_2 \sin x,$$

在上面将 y, y'' 代入方程消去任意常数 C_1, C_2,得到微分方程 $y'' + y = 0$.

由于 $y = C_1 \cos x + C_2 \sin x$ 中有两个独立的任意常数,其常数个数与微分方程 $y'' + y = 0$ 的阶数都是 2,因此 $y = C_1 \cos x + C_2 \sin x$ 是方程 $y'' + y = 0$ 的通解.

由初值条件

$$1 = C_1 \cos 0 + C_2 \sin 0 = C_1,$$

$$0 = -C_1 \sin 0 + C_2 \cos 0 = C_2,$$

得到 $C_1 = 1, C_2 = 0$,所以方程 $y'' + y = 0$ 满足初值条件 $y(0) = 1, y'(0) = 0$ 的特解为 $y = \cos x$.

已知某微分方程的通解,而要求该微分方程,通常是由所给通解求导,得到若干式子,消去其中的任意常数,得到函数及其导数所满足的方程,即为所求微分方程.

三、常微分方程的几何解释

给定微分方程 $y'=f(x,y)$,其中 $f(x,y)$ 在平面上的某个区域内连续,从几何上看,方程的解 $y=\varphi(x)$ 是 xOy 平面上的一条曲线 $\varGamma$,称为方程 $y'=f(x,y)$ 的一条**积分曲线**.另一方面,方程 $y'=f(x,y)$ 在 xOy 平面上的每一个有定义的点 $P_0(x_0,y_0)$ 处都指明了一个积分曲线在该点的斜率 $f(x_0,y_0)$,像这样逐点定义了方向的平面区域称为微分方程的**方向场**.

掌握了方程 $y'=f(x,y)$ 定义的方向场的全部情况,也就大致了解积分曲线的分布情况,从而帮助我们初步了解方程解的性质.画出 $y'=f(x,y)$ 方向场的常用方法是**等倾线法**.所谓等倾线就是上面的每一点的斜率都是一样的曲线,它由 $f(x,y)=k$ 确定.特别地,分别称当 $k=0$ 与 $k=\infty$ 时相应的等倾线为水平等倾线、竖直等倾线.我们只需要针对一些不同的 k 的选取画出相应的等倾线及其所代表的方向就可以大致掌握方向场的分布情况.

> **例3** 作出下列方程的方向场:
>
> (1) $\dfrac{\mathrm{d}y}{\mathrm{d}x}=\dfrac{y+1}{x-1}$; (2) $\dfrac{\mathrm{d}y}{\mathrm{d}x}=y-x^2$.
>
> **解** 利用等倾线法,对方程(1),斜率为 k 的等倾线为直线 $y=k(x-1)-1$,其中水平等倾线为直线 $y=-1$.对方程(2),斜率为 k 的等倾线为 $y=x^2+k$,其中水平等倾线为直线 $y=x^2$.
>
> 在 Maple 环境下运行程序,就可以得到相应方程的方向场,分别如图 9-1、图 9-2 所示:
>
> ```
> with(detool);
> dfieldplot(diff(diff(y(x),x)=(y+1)/(x-1),y(x),x=-2..4,
> y=-4..2,color=BLACK);
> dfieldplot(diff(diff(y(x),x)=y-x^2,y(x),x=-2..2,y=-2..4,col-
> or=BLACK);
> ```
>
>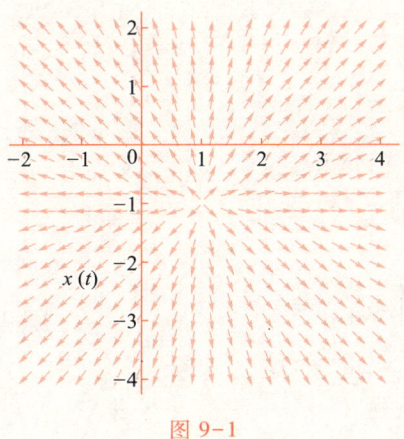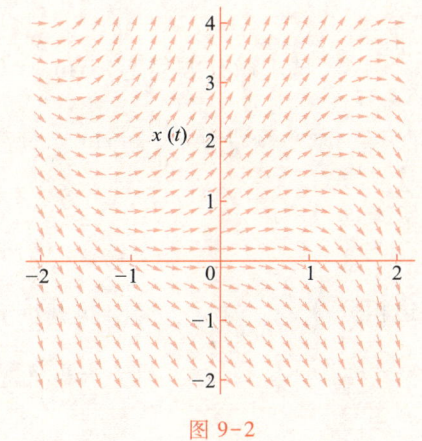
>
> 图 9-1 图 9-2

 任务训练

设曲线上点 $P(x,y)$ 处的法线与 x 轴的交点为 Q，而且线段 PQ 被 y 轴平分，试写出该曲线满足的微分方程.

 思考题

函数 $y=3\mathrm{e}^{2x}$ 是微分方程 $y''-4y=0$ 的什么解？

9.2 一阶微分方程

需要指出的是，能够快速求解的微分方程是不多的.下面我们归纳总结出几种特殊的微分方程的求解方法.

一、可分离变量的微分方程

定义 9.2.1 设 $f(x)$ 在区间 (a,b) 内连续，$h(y)$ 在 (c,d) 内连续，称形如

$$\frac{\mathrm{d}y}{\mathrm{d}x}=f(x)h(y) \tag{1}$$

的一阶方程为**可分离变量的微分方程**.

记 $h(y)=\dfrac{1}{g(y)}$，分离变量后得到

$$g(y)\mathrm{d}y=f(x)\mathrm{d}x, \tag{2}$$

两边积分得隐式通解

$$G(y)=F(x)+C, \tag{3}$$

其中 C 为任意常数.这里不定积分 $G(y)$ 与 $F(x)$ 分别为 $g(y)$ 与 $f(x)$ 的某个原函数.如果函数 $G(y)$ 存在反函数 $G^{-1}(y)$，则得到显式通解

$$y=G^{-1}(F(x)+C). \tag{4}$$

例1 试求微分方程 $xy'-y\ln y=0$ 的通解.

解 原方程即为 $x\dfrac{\mathrm{d}y}{\mathrm{d}x}=y\ln y$，分离变量得

$$\frac{\mathrm{d}y}{y\ln y}=\frac{\mathrm{d}x}{x},$$

两边积分得 $\qquad\ln|\ln y|=\ln|x|+C_1,$

即 $\qquad\ln y=\pm\mathrm{e}^{C_1}x=Cx$，其中 $C=\pm\mathrm{e}^{C_1}\neq0.$

即 $$y=\mathrm{e}^{Cx}(C\neq0).$$

容易验证,当 $C=0$ 时, $y=1$,也是方程的解,故其通解为 $y=\mathrm{e}^{Cx}$,其中 C 为任意常数.

例 2   试求微分方程 $(x^2+1)(y^2-1)\mathrm{d}x+xy\mathrm{d}y=0$ 的通解.

解   由原方程得 $\left(x+\dfrac{1}{x}\right)\mathrm{d}x+\dfrac{y}{y^2-1}\mathrm{d}y=0$,两边积分得

$$\frac{1}{2}x^2+\ln|x|+\frac{1}{2}\ln|y^2-1|=C_1,$$

即 $$x^2+2\ln|x|+\ln|y^2-1|=2C_1,$$

化简得

$$y^2-1=\pm\frac{\mathrm{e}^{2C_1}}{x^2\mathrm{e}^{x^2}}=Cx^{-2}\mathrm{e}^{-x^2},\text{其中 }C=\pm\mathrm{e}^{2C_1}\neq0.$$

容易验证当 $C=0$ 时, $y=\pm1$ 也是原方程的解.故其通解为 $y^2=1+Cx^{-2}\mathrm{e}^{-x^2}$,其中 C 为任意常数.

例 3   一条曲线通过点 $(0,1)$ 且在该曲线上任一点 $M(x,y)$ 处的切线斜率为该点横、纵坐标之和,求这条曲线方程.

解   所求曲线方程即为初值问题

$$\begin{cases}\dfrac{\mathrm{d}y}{\mathrm{d}x}=x+y & (1),\\[2mm] y\big|_{x=0}=1 & (2)\end{cases}$$

的解.方程(1)无法直接分离变量,令 $u=x+y$,则 $\dfrac{\mathrm{d}u}{\mathrm{d}x}=1+\dfrac{\mathrm{d}y}{\mathrm{d}x}$,方程(1)即化为 $\dfrac{\mathrm{d}u}{\mathrm{d}x}-1=u$,分离变量,得

$$\frac{\mathrm{d}u}{1+u}=\mathrm{d}x,$$

两边积分得 $$\ln|1+u|=x+C_1,$$

化简得 $$1+u=\pm\mathrm{e}^{C_1}\mathrm{e}^x=C\mathrm{e}^x(\text{其中 }C=\pm\mathrm{e}^{C_1}\neq0),$$

即 $$y=C\mathrm{e}^x-x-1,$$

将(2)代入上式有 $1=C\mathrm{e}^0-0-1=C-1$,得 $C=2$,故所求曲线方程为 $y=2\mathrm{e}^x-x-1$.

可见,有些方程虽不是可分离变量方程,但通过适当的变量代换,可使所得方程关于新的变量是可分离变量的方程,从而易得其解.

二、一阶线性微分方程

定义 9.2.2   形如

$$y'+P(x)y=Q(x) \tag{5}$$

的微分方程称为**一阶线性微分方程**,其中 $P(x)$,$Q(x)$ 为已知函数,$Q(x)$ 称为**自由项**.

当 $Q(x) = 0$ 时,(5)变为

$$y' + P(x)y = 0. \tag{6}$$

称(6)为**一阶齐次线性方程**.当 $Q(x) \neq 0$ 时,$y' + P(x)y = Q(x)$ 称为**一阶非齐次线性方程**.

现在先来求一阶齐次线性方程(6)的通解.显然,方程(6)是可分离变量的微分方程,分离变量得 $\dfrac{\mathrm{d}y}{y} = -P(x)\mathrm{d}x$,两边积分得

$$\ln|y| = -\int P(x)\,\mathrm{d}x + C_1,$$

$$y = \pm e^{-\int P(x)\mathrm{d}x + C_1} = \pm e^{C_1} e^{-\int P(x)\mathrm{d}x} = C e^{-\int P(x)\mathrm{d}x} \ (C = \pm e^{C_1} \neq 0).$$

容易验证,当 $C = 0$ 时,$y = 0$ 也是(6)的解,所以方程(6)的通解为

$$y = C e^{-\int P(x)\mathrm{d}x} \ (C\ 为任意常数). \tag{7}$$

以后对于方程(6)既可用分离变量法求其解,也可直接利用通解公式(7)求解.

现在再来求一阶非齐次线性方程(5)的通解.我们采用常数变易法求解,其基本思想为:把方程(6)的通解表达式(7)中的常数 C 替换成函数 $C(x)$.因此设方程(5)的通解为

$$y = C(x) e^{-\int P(x)\mathrm{d}x}.$$

于是有

$$y' = C'(x) e^{-\int P(x)\mathrm{d}x} - C(x) P(x) e^{-\int P(x)\mathrm{d}x},$$

将 y,y' 代入方程(5),可得

$$C'(x) = Q(x) e^{\int P(x)\mathrm{d}x},$$

积分得

$$C(x) = \int Q(x) e^{\int P(x)\mathrm{d}x}\,\mathrm{d}x + C,$$

于是有

$$y = e^{-\int P(x)\mathrm{d}x}\left[\int Q(x) e^{\int P(x)\mathrm{d}x}\,\mathrm{d}x + C\right]\ (C\ 为任意常数), \tag{8}$$

(8)即是方程(5)的通解.

上面得到方程(5)通解的方法称为**常数变易法**,最初是由拉格朗日给出的.

对于一阶非齐次线性方程,可先用分离变量法求得相应的一阶齐次线性方程的通解,再由常数变易法求得一阶非齐次线性方程的通解,也可直接应用公式(8)得到通解.

例 4 求解微分方程 $x^2\mathrm{d}y + (2xy - x + 1)\mathrm{d}x = 0$.

解 原方程可化为

$$\frac{\mathrm{d}y}{\mathrm{d}x} + \frac{2}{x}y = \frac{x-1}{x^2}, \tag{9}$$

它是一阶非齐次线性微分方程.

（9）所对应的齐次线性方程是

$$\frac{\mathrm{d}y}{\mathrm{d}x}+\frac{2}{x}y=0, \tag{10}$$

分离变量得

$$\frac{\mathrm{d}y}{y}=-\frac{2}{x}\mathrm{d}x,$$

积分易得方程（10）的通解为 $y=Cx^{-2}$.

现用常数变易法，设方程（9）的通解为 $y=C(x)x^{-2}$，则

$$y'=C'(x)x^{-2}-2C(x)x^{-3},$$

将 y,y' 代入方程（9），化简即得

$$C'(x)=x-1,$$

积分得

$$C(x)=\frac{1}{2}x^2-x+C.$$

于是方程（9）的通解为 $y=\left(\frac{1}{2}x^2-x+C\right)x^{-2}$，即

$$y=\frac{1}{2}-x^{-1}+Cx^{-2}.$$

或者，将原方程化为（9）式后，直接由公式（8）得

$$y=\mathrm{e}^{-\int\frac{2}{x}\mathrm{d}x}\left(\int\frac{x-1}{x^2}\mathrm{e}^{\int\frac{2}{x}\mathrm{d}x}\mathrm{d}x+C\right)=\mathrm{e}^{\ln x^{-2}}\left(\int\frac{x-1}{x^2}\mathrm{e}^{\ln x^2}\mathrm{d}x+C\right)$$

$$=x^{-2}\left[\int(x-1)\mathrm{d}x+C\right]=x^{-2}\left(\frac{1}{2}x^2-x+C\right)=\frac{1}{2}-x^{-1}+Cx^{-2},$$

即方程（9）的通解为 $y=\frac{1}{2}-x^{-1}+Cx^{-2}$.

有些一阶方程经变形可化为

$$\frac{\mathrm{d}x}{\mathrm{d}y}+P(y)x=Q(y), \tag{11}$$

若将 y 看做自变量，x 看做 y 的函数，则（11）即是一阶线性微分方程，与（5）完全类似，有通解公式

$$x=\mathrm{e}^{-\int P(y)\mathrm{d}y}\left[\int Q(y)\mathrm{e}^{\int P(y)\mathrm{d}y}\mathrm{d}y+C\right]\quad（C\ 为任意常数）. \tag{12}$$

例 5　求解初值问题 $\begin{cases}(y^2-x)\dfrac{\mathrm{d}y}{\mathrm{d}x}=y,\\[2mm] y\big|_{x=1}=1.\end{cases}$

解　方程可变形为 $\dfrac{\mathrm{d}x}{\mathrm{d}y}+\dfrac{1}{y}x=y$. 将 x 看做未知函数,其通解是

$$x=\mathrm{e}^{-\int\frac{1}{y}\mathrm{d}y}\left(\int y\mathrm{e}^{\int\frac{1}{y}\mathrm{d}y}\mathrm{d}y+c\right)=\dfrac{y^2}{3}+\dfrac{C}{y}.$$

又 $y\big|_{x=1}=1$, 得 $1=\dfrac{1}{3}+\dfrac{C}{1}$, $C=\dfrac{2}{3}$, 故原初值问题的解为

$$x=\dfrac{y^2}{3}+\dfrac{2}{3y}.$$

三、伯努利方程

定义 9.2.3　形如

$$\dfrac{\mathrm{d}y}{\mathrm{d}x}=f(x)y+g(x)y^{\alpha} \tag{13}$$

的方程,称为**伯努利方程**.

当 $\alpha=0$ 或者 $\alpha=1$ 时,(13)是一阶线性微分方程,当 $\alpha\neq0,1$ 时作变量替换 $z=y^{1-\alpha}$ 可以将方程(13)转化为一阶线性微分方程

$$\dfrac{\mathrm{d}z}{\mathrm{d}x}=(1-\alpha)f(x)z+(1-\alpha)g(x). \tag{14}$$

例 6　求伯努利方程 $\dfrac{\mathrm{d}y}{\mathrm{d}x}=2xy+2x^3y^2$ 的通解.

解　令 $z=y^{-1}$, 有 $\dfrac{\mathrm{d}z}{\mathrm{d}x}=-y^{-2}\dfrac{\mathrm{d}y}{\mathrm{d}x}$. 原方程可以变为

$$\dfrac{\mathrm{d}z}{\mathrm{d}x}=-2xz-2x^3,$$

这是一阶线性微分方程,其通解为

$$z=C\mathrm{e}^{-x^2}-x^2+1,$$

原方程的通解为

$$y=\dfrac{1}{C\mathrm{e}^{-x^2}-x^2+1},$$

这里 C 为任意常数.

四、齐次方程

定义 9.2.4　形如

$$\frac{\mathrm{d}y}{\mathrm{d}x}=f\left(\frac{y}{x}\right) \tag{15}$$

的方程,称为齐次方程.

作变量替换 $u=\dfrac{y}{x}$ 可以将方程(15)转化为可变量分离的方程求解

$$x\frac{\mathrm{d}u}{\mathrm{d}x}=f(u)-u. \tag{16}$$

例 7 求下列方程的通解.:

(1) $\dfrac{\mathrm{d}y}{\mathrm{d}x}=\dfrac{y}{x}+\tan\dfrac{y}{x}$;   (2) $(x^3+y^3)\mathrm{d}x-3xy^2\mathrm{d}y=0$.

解 (1) 令 $u=\dfrac{y}{x}$,原方程变化为可分离变量的方程:$x\dfrac{\mathrm{d}u}{\mathrm{d}x}=\tan u$,其通解为

$\sin u=Cx$,其中 C 为任意常数,把 u 替换成 $\dfrac{y}{x}$,得到原方程的通解

$$\sin\left(\frac{y}{x}\right)=Cx.$$

(2) 原方程可以变化为

$$\frac{\mathrm{d}y}{\mathrm{d}x}=\frac{1}{3}\left(\frac{x}{y}\right)^2+\frac{1}{3}\frac{y}{x},$$

令 $u=\dfrac{y}{x}$,原方程化为可分离变量的方程

$$x\frac{\mathrm{d}u}{\mathrm{d}x}+u=\frac{1}{3u^2}+\frac{1}{3}u,$$

其通解为

$$x^2(1-2u^3)=C,$$

其中 C 为任意常数,把 u 替换成 $\dfrac{y}{x}$,得到原方程的通解

$$x^3-2y^3=Cx.$$

五、全微分方程

定义 9.2.5 如果微分方程

$$M(x,y)\mathrm{d}x+N(x,y)\mathrm{d}y=0 \tag{17}$$

的左边恰好是某个函数 $u=U(x,y)$ 的全微分,也就是

$$\mathrm{d}U(x,y)=M(x,y)\mathrm{d}x+N(x,y)\mathrm{d}y, \tag{18}$$

则称其为**全微分方程**(或者**恰当方程**).显然这时 $U(x,y)=C$ 是方程(17)的隐式通解,C 为

任意常数.函数 $U(x,y)$ 称为方程(17)的**首次积分**.

如何判断方程(17)是否是全微分方程？我们给出以下定理.

定理 9.2.1 设函数 $M(x,y)$ 和 $N(x,y)$ 在区域 $R=\{(x,y)\mid\alpha<x<\beta,\gamma<y<\delta\}$ 上连续,且有连续的偏导数 $\dfrac{\partial M}{\partial y}$ 和 $\dfrac{\partial N}{\partial x}$,则方程(17)是全微分方程的充要条件是恒等式

$$\frac{\partial M}{\partial y}(x,y)\equiv\frac{\partial N}{\partial x}(x,y)$$

在 R 内成立.此时,方程(17)的通解为 $\displaystyle\int_{x_0}^{x}M(x,y)\mathrm{d}x+\int_{y_0}^{y}N(x_0,y)\mathrm{d}y=C$ 或 $\displaystyle\int_{x_0}^{x}M(x_0,y_0)\mathrm{d}x+\int_{y_0}^{y}N(x,y)\mathrm{d}y=C$,其中 $(x_0,y_0)\in R$.

例 8 验证方程

$$(5x^4+3xy^2-y^3)\mathrm{d}x+(3x^2y-3xy^2+y^2)\mathrm{d}y=0$$

是否为全微分方程,并且求出方程的解.

解 记 $M(x,y)=5x^4+3xy^2-y^3$,$N(x,y)=3x^2y-3xy^2+y^2$.由于

$$\frac{\partial M}{\partial y}=6xy-3y^2=\frac{\partial N}{\partial x},$$

因此原方程是全微分方程.令 $x_0=0$,$y_0=0$,可以计算出:

$$U(x,y)=\int_{x_0}^{x}M(x,y)\mathrm{d}x+\int_{y_0}^{y}N(x_0,y)\mathrm{d}y$$

$$=x^5+\frac{3}{2}x^2y^2-xy^3+\frac{y^3}{3},$$

因此原方程的通解为

$$x^5+\frac{3}{2}x^2y^2-xy^3+\frac{y^3}{3}=C,$$

其中 C 为任意常数.

 任务训练

1. 求解微分方程:$\dfrac{\mathrm{d}y}{\mathrm{d}x}+\cos\dfrac{x-y}{2}=\cos\dfrac{x+y}{2}$.

2. 求解微分方程:$xy'-y\ln y=0$.

3. 求微分方程 $\dfrac{\mathrm{d}y}{\mathrm{d}x}=\dfrac{\cos y}{\cos y\sin 2y-x\sin y}$ 的通解.

4. 求伯努利方程 $y'+y=y^2(\cos x-\sin x)$ 的通解.

5. 作适当的变换,求微分方程 $xy'+y=y(\ln x+\ln y)$ 的通解.

文档
扫一扫，看答案

判断方程 $e^y dx + (xe^y - 2y)dy = 0$ 是否为全微分方程,并求通解.

 ## 9.3 二阶常系数线性微分方程

一、二阶线性微分方程的概念

定义 9.3.1 形如

$$y'' + P(x)y' + Q(x)y = f(x) \tag{1}$$

的方程称为**二阶线性微分方程**,其中 $P(x), Q(x), f(x)$ 为已知函数,$f(x)$ 称为**自由项**,当 $f(x) \not\equiv 0$ 时,称(1)式为**二阶非齐次线性方程**.

当 $f(x) \equiv 0$ 时,方程(1)变为

$$y'' + P(x)y' + Q(x)y = 0, \tag{2}$$

称(2)为**二阶齐次线性方程**.若 $P(x), Q(x)$ 为常数,则(1)、(2)式分别称为**二阶常系数非齐次、齐次线性方程**.

二、二阶线性微分方程解的结构

在区间 I 内,若 $\dfrac{y_1(x)}{y_2(x)} \neq K$($K$ 是常数),则称 $y_1(x), y_2(x)$ 在区间 I 内**线性无关**.我们不加证明地给出二阶线性微分方程的解的结构定理.

定理 9.3.1 若 $y = y_1(x)$ 及 $y = y_2(x)$ 是齐次方程(2)的两个线性无关的解,则 $y = C_1 y_1(x) + C_2 y_2(x)$ 是齐次方程(2)的通解,其中 C_1, C_2 为任意常数.

定理 9.3.2 若 $\bar{y}$ 是齐次方程(2)的通解,y^* 是非齐次方程(1)的一个特解,则 $y = \bar{y} + y^*$ 是非齐次方程(1)的通解.

定理 9.3.3 若 y_1^*, y_2^* 分别是二阶非齐次线性方程 $y'' + P(x)y' + Q(x)y = f_1(x)$ 和 $y'' + P(x)y' + Q(x)y = f_2(x)$ 的特解.则 $y = y_1^* + y_2^*$ 是非齐次方程 $y'' + P(x)y' + Q(x)y = f_1(x) + f_2(x)$ 的特解.

解的结构定理使我们对二阶线性微分方程的解,尤其是通解有了深刻的认识,为我们求解微分方程的通解指明了方向.

三、二阶常系数线性微分方程的解

观察二阶常系数齐次线性微分方程

$$y'' + py' + qy = 0, \tag{3}$$

其中 p, q 为常数.左边是 y, y', y'' 乘以一定的系数后的组合式,而右边为零,显然,指数函数 $y = e^{rx}$(r 是待定常数)最有可能是 $y'' + py' + qy = 0$ 的解.

设 $y = e^{rx}$ 满足方程 $y'' + py' + qy = 0$，将 y，$y' = re^{rx}$，$y'' = r^2 e^{rx}$ 代入(3)式得

$$e^{rx}(r^2 + pr + q) = 0. \tag{4}$$

对任意 r，$e^{rx} \neq 0$，由(4)约去 e^{rx} 得到

$$r^2 + pr + q = 0. \tag{5}$$

也即只要常数 r 满足方程(5)，则 $y = e^{rx}$ 就是方程(3)的解. 方程(5)称为方程(3)的**特征方程**，其根称为方程(3)的**特征根**.

二阶常系数线性齐次微分方程的通解问题可通过代数方法求得，其一般步骤为

（1）写出相应的特征方程，求出特征根；

（2）根据特征根的不同情况，写出相应的通解.

特征方程 $r^2 + pr + q = 0$，特征根 r_1, r_2	微分方程 $y'' + py' + qy = 0$ 的通解
两个不相等的实根 $r_1 \neq r_2$	$y = C_1 e^{r_1 x} + C_2 e^{r_2 x}$
两个相等的实根 $r = r_1 = r_2$	$y = (C_1 + C_2 x) e^{rx}$
一对共轭复根 $r_{1,2} = \alpha \pm i\beta$	$y = e^{\alpha x}(C_1 \cos \beta x + C_2 \sin \beta x)$

例1 求微分方程 $y'' - y' - 6y = 0$ 的通解.

解 特征方程为 $r^2 - r - 6 = 0$，有两个不相等的实根 $r_1 = -2$，$r_2 = 3$，故得原方程的通解为 $y = C_1 e^{-2x} + C_2 e^{3x}$.

例2 求微分方程 $y'' - 6y' + 9y = 0$ 的通解.

解 特征方程为 $r^2 - 6r + 9 = 0$，有两个相等的实根 $r_1 = r_2 = 3$，故所求方程的通解为

$$y = (C_1 + C_2 x) e^{3x}.$$

例3 解微分方程：

（1）$y'' - 2y' + 5y = 0$；　　　　（2）$y'' + 3y = 0$.

解 （1）特征方程 $r^2 - 2r + 5 = 0$，特征根为 $r_{1,2} = 1 \pm 2i$，故其通解为

$$y = e^x(C_1 \cos 2x + C_2 \sin 2x).$$

（2）特征方程为 $r^2 + 3 = 0$，特征根 $r_{1,2} = \pm\sqrt{3}i$，故其通解为

$$y = C_1 \cos \sqrt{3}x + C_2 \sin \sqrt{3}x.$$

例4 求通解为 $y = (C_1 + C_2 x) e^{-x}$ 的微分方程.

解 由前面的讨论知道 $y = (C_1 + C_2 x) e^{-x}$ 应是某个二阶常系数齐次线性微分方程的通解，且该方程的特征根为二重根 $r = -1$，故特征方程为 $(r+1)^2 = 0$，即 $r^2 + 2r + 1 = 0$，所以所求微分方程为 $y'' + 2y' + y = 0$.

任务训练

求微分方程 $y''-y=x$ 的通解.

 思考题

文档
扫一扫，看答案

判断各组函数的线性相关性：

（1）$x,2x$；

（2）$\sin 2x,\cos 2x$；

（3）$\sin 2x,\cos x\sin x$；

（4）$\ln x,x\ln x$.

9.4 高阶微分方程

对于一些特殊形式的高阶微分方程

$$F(x,y,y',y'',\cdots,y^{(n)})=0,$$

可以通过变量替换将其转化为低阶微分方程，从而使得问题得到简化.下面讨论几种特殊形式的高阶微分方程的求解.

一、不含有未知函数 y 的方程

对于

$$F(x,y^{(k)},\cdots,y^{(n)})=0(k\geqslant 1),\tag{1}$$

令 $p=y^{(k)}$，则方程（1）变为关于 p 的 $n-k$ 阶微分方程

$$F(x,p,p',\cdots,p^{(n-k)})=0,$$

下面讨论 $F(x,y^{(k)},\cdots,y^{(n)})=0$ 几种常见形式的方程求解：

（1）形如 $F(x,y^{(n)})=0$ 的方程中可以解出 $y^{(n)}=f(x)$，两边积分 n 次可得通解；

（2）形如 $F(x,y^{(n)})=0$ 的方程中 $y^{(n)}$ 不可以解出.

由平面曲线 $F(x,p)=0$ 得到参数方程：

$$\begin{cases} x=\varphi(t), \\ p=y^{(n)}=\psi(t), \end{cases}$$

则

$$\mathrm{d}(y^{(n-1)})=y^{(n)}\mathrm{d}x=\psi(t)\varphi'(t)\mathrm{d}t,$$

从而

$$y^{(n-1)}=\int \psi(t)\varphi'(t)\mathrm{d}t=\varPhi_1(t,C_1),$$

再经过 $n-1$ 次积分就可以得到所求微分方程的参数形式的通解

$$\begin{cases} x=\varphi(t), \\ y=\varPhi_n(t,C_1,C_2,\cdots,C_n), \end{cases}$$

其中 $C_i(i=1,2,\cdots,n)$ 为任意常数.

例 1 求方程 $y^{(4)}=\mathrm{e}^x+\sin x$ 的通解.

解 对方程两边连续积分有

$$y'''=\int(\mathrm{e}^x+\sin x)\mathrm{d}x=\mathrm{e}^x-\cos x+C_1,$$

$$y''=\int(\mathrm{e}^x-\cos x+C_1)\mathrm{d}x=\mathrm{e}^x-\sin x+C_1x+C_2,$$

$$y'=\int(\mathrm{e}^x-\sin x+C_1x+C_2)\mathrm{d}x=\mathrm{e}^x+\cos x+\frac{1}{2}C_1x^2+C_2x+C_3,$$

$$y=\int\left(\mathrm{e}^x+\cos x+\frac{1}{2}C_1x^2+C_2x+C_3\right)\mathrm{d}x=\mathrm{e}^x+\sin x+\frac{1}{6}C_1x^3+\frac{1}{2}C_2x^2+C_3x+C_4,$$

此即为原方程的通解.

（3）形如 $F(y^{(n-1)},y^{(n)})=0$ 的方程中可以解出 $y^{(n)}=f(y^{(n-1)})$，则变量替换 $p=y^{(n-1)}$ 将其转化为低阶微分方程 $p'=f(p)$，积分解出 $y^{(n-1)}$ 的表达式，再经过 $n-1$ 次积分得到原来微分方程的通解.

（4）形如 $F(y^{(n-1)},y^{(n)})=0$ 的方程中 $y^{(n)}$ 不可以解出，由平面曲线 $F(p,q)=0$ 得到参数方程：

$$\begin{cases} p=y^{(n-1)}=\varphi(t),\\ p'=y^{(n)}=\psi(t),\end{cases}$$

则

$$\mathrm{d}(y^{(n-1)})=\mathrm{d}\varphi(t)=\varphi'(t)\mathrm{d}t=y^{(n)}\mathrm{d}x=\psi(t)\mathrm{d}x,$$

也就是

$$\varphi'(t)\mathrm{d}t=\psi(t)\mathrm{d}x,$$

$$\mathrm{d}x=\frac{\varphi'(t)}{\psi(t)}\mathrm{d}t,$$

从而

$$x=\int\frac{\varphi'(t)}{\psi(t)}\mathrm{d}t=\Phi(t,C),$$

再经过 n 次积分就可以得到所求微分方程的参数形式的通解

$$\begin{cases} x=\int\dfrac{\varphi'(t)}{\psi(t)}\mathrm{d}t=\Phi(t,C),\\ y=\Phi_n(t,C_1,C_2,\cdots,C_n),\end{cases}$$

其中 $C_i(i=1,2,\cdots,n)$ 为任意常数.

例 2 求方程 $xy''-y'-x^3=0$ 满足初值条件 $y\big|_{x=0}=\dfrac{1}{2}$ 及 $y'\big|_{x=1}=1$ 的特解.

解 令 $y'=z$，则 $y''=z'$，原方程为

$$xz' - z - x^3 = 0,$$

即
$$z' - \frac{1}{x}z = x^2.$$

此一阶线性微分方程通解为

$$z = e^{\int \frac{1}{x}dx}\left(\int x^2 e^{-\int \frac{1}{x}dx}dx + C_1\right) = x\left(\int x^2 \cdot \frac{1}{x}dx + C_1\right) = x\left(\frac{1}{2}x^2 + C_1\right) = \frac{1}{2}x^3 + C_1 x ,$$

即
$$y' = \frac{1}{2}x^3 + C_1 x.$$

积分即得原方程的通解

$$y = \frac{1}{8}x^4 + \frac{1}{2}C_1 x^2 + C_2.$$

将 $y|_{x=0} = \frac{1}{2}$ 及 $y'|_{x=1} = 1$ 代入上两式，得

$$C_1 = \frac{1}{2}, C_2 = \frac{1}{2}.$$

故原方程所求的特解为

$$y = \frac{1}{8}x^4 + \frac{1}{4}x^2 + \frac{1}{2}.$$

二、不含有自变量 x 的方程

形如 $F(y, y', y'', \cdots, y^{(n)}) = 0$，令 $p = \dfrac{dy}{dx}$，则有

$$\frac{d^2 y}{dx^2} = \frac{d(y')}{dx} = \frac{dp}{dx} = \frac{dp}{dy}\frac{dy}{dx} = p\frac{dp}{dy},$$

于是归纳得到

$$y, p, p', p'', \cdots, p^{(n-1)}$$

的各阶表示式，将它们代入方程就得到 p 的 $n-1$ 阶方程

$$H(y, p, p', p'', \cdots, p^{(n-1)}) = 0,$$

不断重复这个过程，就得到所求微分方程的通解.

例 3 求方程 $\dfrac{d^2 y}{dx^2} + \dfrac{1}{1-y}\left(\dfrac{dy}{dx}\right)^2 = 0$ 的通解.

解 令 $p = \dfrac{dy}{dx}$，则方程可以变化为

$$p\frac{dp}{dy} = \frac{p^2}{y-1},$$

容易发现 $p=0$ 是上面方程的解,因此 $y=C(C\neq 1)$ 为原方程的解,但不是通解.

当 $p\neq 0$ 时,分离变量得到

$$p=C_1(y-1),$$

其中 C_1 为任意常数.

求解方程

$$\frac{\mathrm{d}y}{\mathrm{d}x}=C_1(y-1)$$

得到原方程的通解 $y=C_2\mathrm{e}^{C_1x}+1,C_2\neq 0$. 当 $C_1=0$ 时就得到上面 $p=0$ 的情形.

三、齐次方程

定义 9.4.1　若函数 $F(x_1,x_2,\cdots,x_n)$ 满足对任意的 $\lambda\neq 0$,$F(\lambda x_1,\lambda x_2,\cdots,\lambda x_n)=\lambda^n F(x_1,x_2,\cdots,x_n)$,则称 $F(x_1,x_2,\cdots,x_n)$ 是关于变量 $x_1,x_2,\cdots,x_n$ 的 n 次齐次函数.

在一阶齐次微分方程 $\dfrac{\mathrm{d}y}{\mathrm{d}x}=f\left(\dfrac{y}{x}\right)$ 处理中,我们作变量代换 $u=\dfrac{y}{x}$ 将其化为可分离变量的微分方程求解. 现在对于 **n 阶齐次微分方程** $F(x,y,y',y'',\cdots,y^{(n)})=0$,我们也类似地作变量代换 $p=\dfrac{\dfrac{\mathrm{d}y}{\mathrm{d}x}}{y}$,则有

$$y'=\frac{\mathrm{d}y}{\mathrm{d}x}=py,$$

$$y''=\frac{\mathrm{d}^2y}{\mathrm{d}x^2}=\frac{\mathrm{d}(py)}{\mathrm{d}x}=\frac{\mathrm{d}p}{\mathrm{d}x}y+p\frac{\mathrm{d}y}{\mathrm{d}x},$$

$$=\frac{\mathrm{d}p}{\mathrm{d}x}y+p\cdot py=y\left(p^2+\frac{\mathrm{d}p}{\mathrm{d}x}\right).$$

类似地,我们可以得到 $p,p',p'',\cdots,p^{(n-1)}$ 的表示式,代入方程就可以得到关于 p 的 $n-1$ 阶方程

$$Q(x,p,p',p'',\cdots,p^{(n-1)})=0.$$

例 4　求方程 $\dfrac{\mathrm{d}y}{\mathrm{d}x}\dfrac{\mathrm{d}^3y}{\mathrm{d}x^3}-\left(\dfrac{\mathrm{d}^2y}{\mathrm{d}x^2}\right)^2=0$ 的通解.

解　令 $z=\dfrac{\mathrm{d}y}{\mathrm{d}x}$,原方程变化为

$$z\frac{\mathrm{d}^2z}{\mathrm{d}x^2}-\left(\frac{\mathrm{d}z}{\mathrm{d}x}\right)^2=0,$$

当 $z\neq 0$ 时,令 $p=\dfrac{1}{z}\dfrac{\mathrm{d}z}{\mathrm{d}x}$,则有

$$\frac{\mathrm{d}z}{\mathrm{d}x} = zp,$$

$$\frac{\mathrm{d}^2 z}{\mathrm{d}x^2} = zp^2 + z\frac{\mathrm{d}p}{\mathrm{d}x},$$

因此有
$$z^2 \frac{\mathrm{d}p}{\mathrm{d}x} = 0,$$

得到
$$p = C_1,$$

其中 C_1 为任意常数. 因此得到

$$z = C_2 \mathrm{e}^{C_1 x},$$

其中 C_2 为任意常数. 因此当 $C_1 \neq 0$ 时, 原方程的通解为 $y = C_3 \mathrm{e}^{C_1 x} + C_4$, 其中 $C_3 = \dfrac{C_2}{C_1}$, C_4 为任意常数. 当 $C_1 = 0$ 时, 原方程的解为 $y = Ax + B$, 其中 A, B 为任意常数. 这并不是通解. 当 $z = 0$ 时, 得到解 $y = C$, 其中 C 为任意常数, 但这也不是通解.

 **知识链接**

希尔伯特与希尔伯特问题

1900 年, 德国数学家希尔伯特在巴黎第二届国际数学家大会上作了题为《数学问题》的著名讲演, 其中对各类数学问题的意义、源泉及研究方法发表了精辟的见解, 而整个讲演的核心部分则是希尔伯特根据 19 世纪数学研究的成果与发展趋势而提出的 23 个问题.

这 23 个问题涉及现代数学大部分重要领域, 推动了 20 世纪数学的发展, 数学史上称之为希尔伯特数学问题.

希尔伯特 (1862—1943) 是二十世纪上半叶德国乃至全世界最伟大的数学家之一. 他几乎走遍了现代数学所有前沿阵地, 从而把他的思想深深地渗透进了整个现代数学.

希尔伯特是哥廷根数学学派的核心, 他以其勤奋的工作和真诚的个人品质吸引了来自世界各地的年青学者, 使哥廷根的传统在世界产生影响. 希尔伯特去世时, 德国《自然》杂志发表过这样的观点: 世界上难得有一位数学家的工作不是以某种途径导源于希尔伯特的工作. 他像是数学世界的亚历山大, 在数学版图上, 留下了他那显赫的名字. 由于希尔伯特个人巨大的影响, 使得许多数学家研究他的 23 个问题, 很大程度上促进了数学的发展, 能解决希尔伯特的 23 个问题中的一个, 是当代数学家的无上光荣.

文档
扫一扫，看答案

任务训练

求微分方程 $y^{(4)}+5y''-36y=0$ 的通解.

思考题

求欧拉方程 $x^3y'''+x^2y''-2xy'+2y=0$ 的通解.

9.5 微分方程的应用举例

微分方程在实际问题中有着十分广泛的应用,下面通过几个具体的例子来介绍.

例1 一物体受恒力作用从原点出发沿 x 轴正向运动,如果它的初速度为 50 m/s,在 5 s 的后速度为 30 m/s,求:

(1)物体在任意时刻 t 的速度;

(2)物体在任意时刻 t 的位置.

解 (1)设物体质量为 m,所受恒力的大小为 f,位移为 x,速度为 v,则物体的加速度为 $a=\dfrac{\mathrm{d}v}{\mathrm{d}t}$,根据牛顿第二运动定律,$f=ma$,得物体运动的微分方程 $f=m\dfrac{\mathrm{d}v}{\mathrm{d}t}$,即

$$\frac{\mathrm{d}v}{\mathrm{d}t}=\frac{f}{m}=K, \tag{1}$$

且有初值条件

$$v\big|_{t=0}=50, \quad v\big|_{t=5}=30. \tag{2}$$

由(1)得,$v=Kt+C$.又由(2)得 $50=K\cdot 0+C$,$30=K\cdot 5+C$,从而 $C=50$,$K=-4$,故有 $v=-4t+50$,此即物体在任意时刻 t 的速度.

(2)又 $v=\dfrac{\mathrm{d}x}{\mathrm{d}t}$,即 $\dfrac{\mathrm{d}x}{\mathrm{d}t}=-4t+50$,积分即得 $x=-2t^2+50t+C_1$,将 $x\big|_{t=0}=0$ 代入得 $C_1=0$,于是 $x=-2t^2+50t$,此即物体在任意时刻 t 的位置.

运动学中问题的微分方程的建立常常以运动学中的有关定律作为基础.

例2 甲、乙两支军队交战,甲方有 100 人,乙方有 50 人,甲方装备的杀伤力是乙方的 a 倍,问哪方会获胜?胜方最后剩几人?

解 随着交战的进行,双方人数逐渐减少,设战斗是连续均匀的,即人数减少的速度与对方人数和装备成正比,设时刻 t 时,甲方人数为 $x=x(t)$,乙方人数为 $y=y(t)$,则有

$$\frac{\mathrm{d}x}{\mathrm{d}t}=-k_2y, \frac{\mathrm{d}y}{\mathrm{d}t}=-k_1x,$$

其中 k_1 与 k_2 分别由甲、乙的装备决定,$\dfrac{k_1}{k_2}=a$,上述两式相除得

$$\frac{\mathrm{d}y}{\mathrm{d}x} = a\,\frac{x}{y},$$

分离变量 $y\mathrm{d}y = ax\mathrm{d}x$，解得

$$y^2 = ax^2 + C \,(C \text{ 为任意常数}). \tag{3}$$

即 $y^2 - ax^2 = C$，此即双方人数应满足的关系.

（1）若 $a = 1$，即双方装备相同，则 $y^2 - x^2 = C$，$x = 100$ 时 $y = 50$，得 $C = -7\,500$，即 $x^2 - y^2 = 7\,500$，$y = 0$ 时，$x = \sqrt{7\,500} \approx 87$，这表明甲方会获胜，最后甲方约剩 87 人. 可见装备相当的情况下，人多方会获胜且损失也很少.

（2）若 $a = \dfrac{1}{2}$，即甲方装备仅为乙方的一半，则 $y^2 - \dfrac{1}{2}x^2 = C$，$x = 100$ 时 $y = 50$，得 $C = -2\,500$，即 $\dfrac{1}{2}x^2 - y^2 = 2\,500$，$y = 0$ 时，$x = \sqrt{5\,000} \approx 70$，表明甲方仍会获胜，最后甲方约剩70人.

（3）若要最终同归于尽，即 $y = 0$ 时 $x = 0$，令 $C = 0$ 有 $y^2 - ax^2 = 0$，由 $x = 100$ 时 $y = 50$ 得 $a = \dfrac{1}{4}$，即 $a = \dfrac{1}{4}$ 时，双方同归于尽.

（4）若要甲方失败，即 $x = 0$ 时 $y > 0$，则要 $C > 0$（$C = y^2 - ax^2$，$x = 0$ 时 $C = y^2$，$C > 0$ 则 $y > 0$），又 $50^2 - a \times 100^2 = C$，即 $C = 50^2 - 4a \times 50^2 = (1 - 4a) \times 50^2 > 0 \Rightarrow 1 - 4a > 0$，所以 $a < \dfrac{1}{4}$，即 $a < \dfrac{1}{4}$，乙方会获胜.

例 3 质量为 m 的子弹以速度 v_0 射入沙箱，所受阻力与速度成正比（比例系数为 $p > 0$），问子弹能射入多深？

解 时刻 t 时，进入沙箱的深度 $s = s(t)$，速度 $v = \dfrac{\mathrm{d}s}{\mathrm{d}t}$，加速度 $a = \dfrac{\mathrm{d}^2 s}{\mathrm{d}t^2}$，根据牛顿第二运动定律，$F = ma = m\dfrac{\mathrm{d}^2 s}{\mathrm{d}t^2}$. 而子弹进入沙箱所受的阻力 $F = -pv = -p\dfrac{\mathrm{d}s}{\mathrm{d}t}$. 故有 $m\dfrac{\mathrm{d}^2 s}{\mathrm{d}t^2} = -p\dfrac{\mathrm{d}s}{\mathrm{d}t}$，即

$$\frac{\mathrm{d}^2 s}{\mathrm{d}t^2} + \frac{p}{m}\frac{\mathrm{d}s}{\mathrm{d}t} = 0, \tag{4}$$

其特征方程为 $r^2 + \dfrac{p}{m}r = 0$，$r_1 = 0$，$r_2 = -\dfrac{p}{m}$，于是（4）的通解为

$$s = C_1 + C_2 \mathrm{e}^{-\frac{p}{m}t}, \tag{5}$$

又由题设知 $s\big|_{t=0} = 0$，$v\big|_{t=0} = \dfrac{\mathrm{d}s}{\mathrm{d}t}\Big|_{t=0} = v_0$，可得 $C_1 + C_2 = 0$，$C_2 = -\dfrac{m}{p}v_0$，即 $C_1 = \dfrac{m}{p}v_0$，$C_2 = -\dfrac{m}{p}v_0$. 于是（4）的特解为

$$s = \frac{m}{p}v_0 - \frac{m}{p}v_0 \mathrm{e}^{-\frac{p}{m}t} = \frac{m}{p}v_0\left(1 - \mathrm{e}^{-\frac{p}{m}t}\right),$$

当 $t \to \infty$ 时，$s \to \dfrac{m}{p}v_0$，即子弹射入沙箱深度为 $\dfrac{m}{p}v_0$.

例4 一根链条悬挂在一钉子上,起动时一端离钉子 8 m,另一端离钉子 12 m,若不计摩擦阻力,求此链条滑过钉子所需要的时间.

解 建立微分方程.设在时刻 t 时,链条上较长的一段垂下 $s=s(t)$ m,且设链条的线密度为 ρ,则使链条下滑的作用为 $F=s\rho g-(20-s)\rho g=2\rho g(s-10)$,链条下滑的加速度为 $a=s''$,由牛顿第二运动定律 $F=ma$,得 $2\rho g(s-10)=ms''=20\rho s''$,即

$$s''-\frac{g}{10}s=-g, \tag{6}$$

求解微分方程(6)式对应的齐次方程为

$$s''-\frac{g}{10}s=0, \tag{7}$$

其特征方程为 $r^2-\dfrac{g}{10}=0$,$r_{1,2}=\pm\sqrt{\dfrac{g}{10}}$,故(7)的通解为

$$s=C_1\mathrm{e}^{-\sqrt{\frac{g}{10}}t}+C_2\mathrm{e}^{\sqrt{\frac{g}{10}}t}.$$

又(6)式的自由项为 $f(x)=-g$,故(6)的特解为 $s^*=A$,将 s^* 及 $(s^*)'=(s^*)''=0$ 代入(6)式,得 $A=10$,即 $s^*=10$,所以方程(6)的通解为 $s=C_1\mathrm{e}^{-\sqrt{\frac{g}{10}}t}+C_2\mathrm{e}^{\sqrt{\frac{g}{10}}t}+10$.

又 $t=0$ 时,$s=12$,$s'=0$ 代入,可得

$$C_1+C_2=2, \quad -C_1+C_2=0,$$

从而有 $C_1=C_2=1$,故 $s=\mathrm{e}^{-\sqrt{\frac{g}{10}}t}+\mathrm{e}^{\sqrt{\frac{g}{10}}t}+10$.令 $s=20$ 代入上式解得 $t=\sqrt{\dfrac{10}{g}}\ln(5+2\sqrt{6})$(s),此即链条滑过钉子所需要的时间.

利用微分方程解决实际问题的步骤为:

(1)分析实际问题,设立未知函数,寻求等量关系,建立微分方程,确定初值条件;

(2)求出方程的通解,确定未知常数,得到方程的特解.

文档
扫一扫,看答案

 任务训练

设跳伞运动员打开降落伞时的速度为 176 m/s,假设空气阻力为 $\dfrac{wv^2}{256}$(其中 w 为人与降落伞装备的总重量),试求降落伞打开后 t 秒时间的运动速度及其极限速度.

思考题

健康是促进人的全面发展的必然要求,是经济社会发展的基础条件,是民族昌盛和国家富强的重要标志,也是广大人民群众的共同追求.你知道我们每天应该吃多少,运动量控制在多少才是科学合理的吗?

习题九

一、基础练习

1. 下列方程中,哪些是微分方程? 如果是微分方程,指出微分方程的阶数.

（1）$2x^2\mathrm{d}y - y\mathrm{d}x = 0$；　　　　　　　（2）$y^2 - 3y - 4 = 0$；

（3）$y''y' + x^2y' + y = 3$；　　　　　　（4）$xy'^2 - yy' + x = 0$；

（5）$\dfrac{\mathrm{d}^2x}{\mathrm{d}t^2} - 2\dfrac{\mathrm{d}x}{\mathrm{d}t} = x + 3$；　　　　　（6）$y^{(4)} + y''y''' - x^2 = \mathrm{e}^x$.

2. 验证下列各题中显式或隐式的函数是所给方程的通解,并求满足初值条件的特解:

（1）$y = C\mathrm{e}^x + x - 1$，　$\dfrac{\mathrm{d}y}{\mathrm{d}x} + y - x = 0$，　$y\big|_{x=0} = 2$；

（2）$\mathrm{e}^y = (x + C_1)^2 + C_2$，　$y'' + (y')^2 = 2\mathrm{e}^{-y}$，　$y\big|_{x=0} = 0$，　$y'\big|_{x=0} = \dfrac{1}{2}$.

3. 求下列微分方程的通解:

（1）$x\mathrm{d}x + y\mathrm{d}y = 0$；　　　　　　（2）$\dfrac{\mathrm{d}x}{\mathrm{d}t} = \dfrac{1}{2}(x^2 - 1)$；

（3）$y' - \mathrm{e}^y\sin x = 0$；　　　　　　（4）$y' = \dfrac{\sqrt{1-y^2}}{\sqrt{1-x^2}}$；

（5）$\mathrm{e}^yy' - \mathrm{e}^{2x} = 0$；　　　　　　（6）$\sec^2x\tan y\mathrm{d}x + \sec^2y\tan x\mathrm{d}y = 0$；

（7）$(1+x^2)\mathrm{e}^yy' - 2x(1+\mathrm{e}^y) = 0$；　　（8）$x^2y\mathrm{d}x + (x^2y^2 + y^2 - x^2 - 1)\mathrm{d}y = 0$.

4. 求下列微分方程的通解:

（1）$\dfrac{\mathrm{d}y}{\mathrm{d}x} = \sec x - y\tan x$；　　　　　（2）$y' = \dfrac{y + x\ln x}{x}$；

（3）$y' + y\cos x = \mathrm{e}^{-\sin x}$；　　　　　（4）$\dfrac{\mathrm{d}\rho}{\mathrm{d}\theta} + 3\rho = 2$；

（5）$xy' + y = \dfrac{1}{1+x^2}$；　　　　　（6）$2y\mathrm{d}x + (y^2 - 6x)\mathrm{d}y = 0$.

5. 求下列微分方程满足所给初值条件的特解:

（1）$y' = y^2\cos x$，　$y\big|_{x=0} = 1$；　　（2）$\dfrac{\mathrm{d}y}{\mathrm{d}x} + \dfrac{\mathrm{e}^{x+y^3}}{y^2} = 0$，　$y\big|_{x=0} = 0$；

（3）$x\dfrac{\mathrm{d}y}{\mathrm{d}x} - 2y = x^3\mathrm{e}^x$，　$y\big|_{x=1} = 0$；　　（4）$(1+x^2)y' + 2xy = \cos x$，　$y\big|_{x=0} = 1$.

6. 求下列微分方程的通解:

（1）$y'' - 4y' + 3y = 0$；　　　　　　（2）$y'' - 2y' + y = 0$；

(3) $y''-5y'=0$; (4) $4y''-8y'+5y=0$.

7. 求下列微分方程满足所给初值条件的特解：

(1) $y''+4y=0$, $y\big|_{x=0}=2$, $y'\big|_{x=0}=6$；

(2) $y''+4y'+29y=0$, $y\big|_{x=0}=0$, $y'\big|_{x=0}=15$；

(3) $4y''+4y'+y=0$, $y\big|_{x=0}=2$, $y'\big|_{x=0}=0$；

(4) $y''-3y'-4y=0$, $y\big|_{x=0}=0$, $y'\big|_{x=0}=-5$.

8. 船以速度 $v_0=6$ m/s 行驶，关闭发动机 1 min 后速度减至一半，已知阻力与速度成正比，求船速随时间变化的函数关系.

9. 在某夏天将室内一支读数为 24 ℃ 的温度计放到室外，2 min 后温度计读数为 28 ℃，又过 2 min 后，读数为 30 ℃，假设温度计的读数变化遵循牛顿冷却定律（即变化速度与温差成正比），问室外的温度为多少摄氏度？

10. 一容器内有 40 L 淡盐水，其浓度为 1 g/L，现用浓度为 1.5 g/L 的盐水以 4 L/min 的流速注入容器内，假设盐水能立即和匀并同时以 4 L/min 的速度流出，问时刻 t 容器内的含盐量.

11. 一质量为 m 的质点从水面由静止开始下沉，所受阻力与下沉速度成正比（比例系数为 k），求此质点下沉深度 x 与时间 t 的函数关系.

12. 位于坐标原点的我舰向位于 Ox 轴上 A 点处的敌舰发射制导鱼雷，使鱼雷始终对准敌舰，设敌舰以最大速率 v_0 沿平行于 Oy 轴的直线行驶，又设鱼雷的速度为 $5v_0$，求鱼雷的航迹曲线方程，并问敌舰航行多远时被鱼雷击中.

二、提高练习

1. 作出下列方程的方向场，并描绘出经过指定点的积分曲线：

(1) $\dfrac{dy}{dx}=|y|$, $(0,0)$, $(0,-1)$；

(2) $\dfrac{dy}{dx}=x^2-y^2$, $(0,0)$, $\left(0,-\dfrac{1}{2}\right)$, $(\sqrt{2},0)$；

(3) $\dfrac{dy}{dx}=x^2+y^2$, $(0,0)$, $(0,1)$.

2. 求下列可分离变量微分方程的通解：

(1) $\dfrac{dy}{dx}=\dfrac{y}{x}+\tan\dfrac{y}{x}$； (2) $\dfrac{dy}{dx}=\dfrac{x-y+1}{x+y-3}$；

(3) $(2x+y-4)dx+(x+y-1)dy=0$； (4) $(x^3+y^3)dx-3xy^2dy=0$；

(5) $\dfrac{dy}{dx}=\dfrac{x^2+y^2}{xy}$； (6) $\dfrac{dy}{dx}=2\sqrt{\dfrac{y}{x}}+\dfrac{y}{x}$.

3. 求下列一阶线性微分方程的通解：

（1）$\dfrac{\mathrm{d}y}{\mathrm{d}x}-\dfrac{2y}{x+1}=(x+1)^{\frac{3}{2}}$；

（2）$\dfrac{\mathrm{d}y}{\mathrm{d}x}+\dfrac{1}{x}y=\dfrac{\sin x}{x}$；

（3）$x\dfrac{\mathrm{d}y}{\mathrm{d}x}+y=\mathrm{e}^x\,(x>0)$；

（4）$x^2\mathrm{d}y+(3xy+x-4)\mathrm{d}x=0$；

（5）$(x+1)\dfrac{\mathrm{d}y}{\mathrm{d}x}-y=x\,(x>-1)$；

（6）$\dfrac{\mathrm{d}y}{\mathrm{d}x}-2xy=x$；

（7）$\dfrac{\mathrm{d}y}{\mathrm{d}x}=\dfrac{y}{2x-y}$；

（8）$y\mathrm{d}x+(x-y^3)\mathrm{d}y=0$.

4. 求下列伯努利方程的通解：

（1）$\dfrac{\mathrm{d}y}{\mathrm{d}x}=6\dfrac{y}{x}-xy^2$；

（2）$\dfrac{\mathrm{d}y}{\mathrm{d}x}+\dfrac{y}{x}=y^2\ln x$；

（3）$x\dfrac{\mathrm{d}y}{\mathrm{d}x}-4y=2x^2\sqrt{y}$.

5. 求下列齐次方程的通解：

（1）$y^2+x^2\dfrac{\mathrm{d}y}{\mathrm{d}x}=xy\dfrac{\mathrm{d}y}{\mathrm{d}x}$；

（2）$\dfrac{\mathrm{d}y}{\mathrm{d}x}=\dfrac{1}{x+y}$；

（3）$\dfrac{\mathrm{d}y}{\mathrm{d}x}=\dfrac{1}{x+y}$；

（4）$\dfrac{\mathrm{d}y}{\mathrm{d}x}=\dfrac{x^2+y^2}{xy}$；

（5）$\dfrac{\mathrm{d}y}{\mathrm{d}x}=2\sqrt{\dfrac{y}{x}}+\dfrac{y}{x}$；

（6）$2x^2\dfrac{\mathrm{d}y}{\mathrm{d}x}=x^2+y^2$.

6. 求下列全微分方程的通解：

（1）$(3x^2+6xy^2)\mathrm{d}x+(6x^2y+4y^3)\mathrm{d}y=0$；

（2）$(x^2+y)\mathrm{d}x+(1-4xy)\mathrm{d}y=0$；

（3）$3x^2-2y^2+(1-4xy)\dfrac{\mathrm{d}y}{\mathrm{d}x}=0$；

（4）$(x^3+xy^2)\mathrm{d}x+(x^2y+y^3)\mathrm{d}y=0$.

7. 求下列微分方程的通解或满足初值条件的特解：

（1）$y''-3y'+2y=0$；

（2）$y''+5y'+4y=0$；

（3）$y''+3y'+2y=0$；

（4）$y''-10y'+9y=0$，$y\big|_{x=0}=\dfrac{6}{7}$，$y'\big|_{x=0}=\dfrac{23}{7}$.

8. 求下列高阶微分方程的通解：

（1）$\dfrac{\mathrm{d}^5y}{\mathrm{d}x^5}-\dfrac{1}{x}\dfrac{\mathrm{d}^4y}{\mathrm{d}x^4}=0$；

（2）$y\dfrac{\mathrm{d}^2y}{\mathrm{d}x^2}+\dfrac{\mathrm{d}y}{\mathrm{d}x}=0$；

（3）$y\dfrac{\mathrm{d}^2y}{\mathrm{d}x^2}=\dfrac{\mathrm{d}y}{\mathrm{d}x}$；

（4）$\left(\dfrac{\mathrm{d}^2y}{\mathrm{d}x^2}\right)^2=\dfrac{\mathrm{d}y}{\mathrm{d}x}$；

（5）$(1+y^2)\dfrac{\mathrm{d}^2y}{\mathrm{d}x^2}+\left(\dfrac{\mathrm{d}y}{\mathrm{d}x}\right)^2=0$；

（6）$4\dfrac{\mathrm{d}^4y}{\mathrm{d}x^4}=\dfrac{\mathrm{d}^2y}{\mathrm{d}x^2}$.

第 **10** 章
无穷级数

无穷级数是高等数学的一个重要组成部分,是一种有力的数学工具.本章将介绍数项级数与幂级数的有关知识.

10.1 数项级数

 任务导入

　　近年来,随着纺织机械的高速高产,纺织厂车间空气的除尘负荷有所增加,因此采取有效的除尘措施,是我国纺织工业现代化的一项重要内容.目前纺织厂的除尘设备基本都是除尘器,除尘器中含有过滤器,过滤器的原理是利用过滤介质,将棉尘吸附在过滤介质表面.以回转式过滤器为例,滚筒外面包裹过滤介质,排气风机从滚筒内部抽气,棉尘即吸附在滚筒外表面,随着表面聚集的灰尘层增厚,吸嘴同时往复运动,吸清滚筒外表面尘杂并收集至集尘器.纺织车间的机器在工作时,除尘设备也必然一直工作,设每次收集到集尘器的尘杂为 x_i m^3,当时间趋向于正无穷时,除尘器收集到的尘杂为 $x_1+x_2+\cdots+x_n+\cdots$,这些数值如果一直无限相加下去,结果必然为无穷大.而集尘器中灰袋的容量是固定的,所以除尘器在使用时,需要定时调换灰袋.

　　上述这种无穷项相加的形式,就是我们接下来要学习的数项级数.

一、级数及收敛与发散的概念

(一)数项级数的概念

定义 10.1.1　设给定一个数列 $\{u_n\}$:$u_1,u_2,u_3,\cdots,u_n,\cdots$,则式子

$$\sum_{n=1}^{\infty} u_n = u_1+u_2+u_3+\cdots+u_n+\cdots \tag{1}$$

称为**常数项无穷级数**,简称**数项级数**.其中第 n 项 $u_n(n=1,2,\cdots)$ 称为级数(1)的**一般项**或**通项**.

　　例如:$\sum_{n=1}^{\infty} \dfrac{1}{2^n} = \dfrac{1}{2}+\dfrac{1}{2^2}+\dfrac{1}{2^3}+\cdots+\dfrac{1}{2^n}+\cdots,$

$$\sum_{n=1}^{\infty} \frac{(-1)^{n-1}}{n} = 1-\frac{1}{2}+\frac{1}{3}-\frac{1}{4}+\cdots+\frac{(-1)^{n-1}}{n}+\cdots$$

都是数项级数.

(二)级数的收敛和发散

　　级数(1)的前 n 项和 $S_n = u_1+u_2+u_3+\cdots+u_n$,称为级数(1)的**前 n 项部分和**.

　　当 n 依次取 $1,2,3,\cdots$ 时,得到一个数列 $\{S_n\}$,称为部分和数列,级数与其部分和数列是一一对应的.

　　定义 10.1.2　如果级数(1)的部分和数列 $\{S_n\}$ 存在极限 S,即 $S=\lim\limits_{n\to\infty} S_n$,则称级数(1)**收敛**,$S$ 称为级数(1)的和,记作 $S=\sum\limits_{n=1}^{\infty} u_n = u_1+u_2+u_3+\cdots+u_n+\cdots$.如果部分和数列 $\{S_n\}$ 不存在极限,称级数(1)**发散**.发散级数的和不存在.

当级数收敛时,$r_n = S - S_n = u_{n+1} + u_{n+2} + \cdots$ 称为级数的余项.用 S_n 代替 S 所产生的误差是 $|r_n|$.

显然,级数收敛的充分必要条件是 $\lim\limits_{n \to \infty} r_n = 0$.

例1 讨论几何级数(等比级数) $\sum\limits_{n=0}^{\infty} aq^n = a + aq + aq^2 + \cdots + aq^{n-1} + \cdots$ 的敛散性 ($a \neq 0$, q 叫做级数的公比).

解 若 $q \neq 1$, 前 n 项部分和 $S_n = a + aq + aq^2 + \cdots + aq^{n-1} = \dfrac{a(1-q^n)}{1-q}$.

当 $|q| < 1$ 时, $\lim\limits_{n \to \infty} S_n = \lim\limits_{n \to \infty} \dfrac{a(1-q^n)}{1-q} = \dfrac{a}{1-q}$.

当 $|q| > 1$ 时, $\lim\limits_{n \to \infty} S_n = \lim\limits_{n \to \infty} \dfrac{a(1-q^n)}{1-q} = \infty$.

若 $q = 1$, $\lim\limits_{n \to \infty} S_n = \lim\limits_{n \to \infty} na = \infty$.

若 $q = -1$, $S_n = a + (-a) + a + \cdots + (-1)^{n-1}a = \begin{cases} 0, & n = 2k, k \in \mathbf{N}^*, \\ a, & n = 2k+1, k \in \mathbf{N}^*. \end{cases}$

于是 $\lim\limits_{n \to \infty} S_n$ 不存在.所以,几何级数 $\sum\limits_{n=0}^{\infty} aq^n$ 当 $|q| < 1$ 时收敛,其和为 $\dfrac{a}{1-q}$;

当 $|q| \geq 1$ 时发散.

例2 证明级数 $\sum\limits_{n=1}^{\infty} \dfrac{1}{3^n}$ 收敛,且 $\sum\limits_{n=1}^{\infty} \dfrac{1}{3^n} = \dfrac{1}{2}$.

证明 因为级数 $\sum\limits_{n=1}^{\infty} \dfrac{1}{3^n}$ 的前 n 项和为 $S_n = \dfrac{1}{2}\left[1 - \left(\dfrac{1}{3}\right)^n\right]$,所以 $\lim\limits_{n \to \infty} S_n =$

$\dfrac{1}{2}\left[1 - \left(\dfrac{1}{3}\right)^n\right] = \dfrac{1}{2}$.故级数 $\sum\limits_{n=1}^{\infty} \dfrac{1}{3^n}$ 收敛,且 $\sum\limits_{n=1}^{\infty} \dfrac{1}{3^n} = \dfrac{1}{2}$.

例3 证明调和级数 $\sum\limits_{n=1}^{\infty} \dfrac{1}{n}$ 是发散的.

证明 因为当 $x > 0$ 时, $x > \ln(1+x)$,级数 $\sum\limits_{n=1}^{\infty} \dfrac{1}{n}$ 的前 n 项部分和

$$S_n = 1 + \dfrac{1}{2} + \dfrac{1}{3} + \cdots + \dfrac{1}{n} > \ln(1+1) + \ln\left(1 + \dfrac{1}{2}\right) + \cdots + \ln\left(1 + \dfrac{1}{n}\right)$$

$$= \ln 2 + \ln \dfrac{3}{2} + \ln \dfrac{4}{3} + \cdots + \ln \dfrac{n+1}{n} = \ln(1+n).$$

而 $\lim\limits_{n \to \infty} S_n \geq \lim\limits_{n \to \infty} \ln(1+n) = \infty$,所以调和级数 $\sum\limits_{n=1}^{\infty} \dfrac{1}{n}$ 是发散的.

二、数项级数的基本性质

（一） 基本性质

性质 10.1.1（级数收敛的必要条件） 若级数 $\sum\limits_{n=1}^{\infty} u_n$ 收敛，则 $\lim\limits_{n\to\infty} u_n = 0$.

证明 设 $\sum\limits_{n=1}^{\infty} u_n = S$，则 $\lim\limits_{n\to\infty} S_n = \lim\limits_{n\to\infty} S_{n-1} = S$，由于 $S_n = S_{n-1} + u_n$，即 $u_n = S_n - S_{n-1}$，所以，
$\lim\limits_{n\to\infty} u_n = \lim\limits_{n\to\infty}(S_n - S_{n-1}) = \lim\limits_{n\to\infty} S_n - \lim\limits_{n\to\infty} S_{n-1} = 0$.

这一性质告诉我们，如果级数的通项不趋于 0，级数 $\sum\limits_{n=1}^{\infty} u_n$ 必定发散.

注意 $\lim\limits_{n\to\infty} u_n = 0$ 并不是级数收敛的充分条件，有些级数虽然通项趋于零，但仍然是发散的. 例如调和级数 $\sum\limits_{n=1}^{\infty} \dfrac{1}{n}$，它的通项的极限 $\lim\limits_{n\to\infty} \dfrac{1}{n} = 0$，但它是发散的.

性质 10.1.2 若级数 $\sum\limits_{n=1}^{\infty} u_n$ 和 $\sum\limits_{n=1}^{\infty} v_n$ 都收敛，则级数 $\sum\limits_{n=1}^{\infty}(u_n + v_n)$ 也收敛，且
$$\sum_{n=1}^{\infty}(u_n + v_n) = \sum_{n=1}^{\infty} u_n + \sum_{n=1}^{\infty} v_n.$$

性质 10.1.3 若级数 $\sum\limits_{n=1}^{\infty} u_n$ 收敛，k 为任意常数，则级数 $\sum\limits_{n=1}^{\infty} k u_n$ 也收敛，且 $\sum\limits_{n=1}^{\infty} k u_n = k \sum\limits_{n=1}^{\infty} u_n$.

性质 10.1.4 若级数 $\sum\limits_{n=1}^{\infty} u_n$ 加上、去掉或改变有限项，则级数的敛散性不变，但对于收敛的级数其和要改变.

性质 10.1.5 收敛级数加括号后所成的级数仍然收敛，且其和不变.

性质 10.1.5 的逆命题是不成立的，即一个级数加括号后所得的新级数收敛，原级数未必收敛. 例如，级数
$$[1+(-1)] + [1+(-1)] + \cdots + [1+(-1)] + \cdots$$
收敛于 0，但去掉了括号后的新级数
$$1+(-1)+1+(-1)+\cdots+(-1)^{n-1}+\cdots$$
却是发散的.

由性质 10.1.5 可得到如下结论：若加括号后所得到的级数发散，则原级数也发散.

（二） 利用性质讨论级数敛散性

例 4 判定下列级数的敛散性：

(1) $\sum\limits_{n=1}^{\infty} \dfrac{n}{3n+1}$；　　　(2) $\sum\limits_{n=1}^{\infty} \dfrac{3+(-1)^n}{2^n}$；　　　(3) $\sum\limits_{n=1}^{\infty}\left(\dfrac{n-1}{n}\right)^n$.

解 （1）因为 $\lim\limits_{n\to\infty}u_n=\lim\limits_{n\to\infty}\dfrac{n}{3n+1}=\dfrac{1}{3}\neq 0$，所以由性质10.1.1，级数 $\sum\limits_{n=1}^{\infty}\dfrac{n}{3n+1}$ 发散.

（2）由等比级数的敛散性知，级数 $\sum\limits_{n=1}^{\infty}\dfrac{1}{2^n}$ 与 $\sum\limits_{n=1}^{\infty}\dfrac{(-1)^n}{2^n}$ 收敛，再由性质10.1.2、10.1.3知，级数 $\sum\limits_{n=1}^{\infty}\dfrac{3+(-1)^n}{2^n}$ 收敛.

（3）因为 $\lim\limits_{n\to\infty}u_n=\lim\limits_{n\to\infty}\left(1-\dfrac{1}{n}\right)^n=\lim\limits_{n\to\infty}\left[\left(1+\dfrac{1}{-n}\right)^{-n}\right]^{-1}=\mathrm{e}^{-1}\neq 0$，所以由性质10.1.3，级数 $\sum\limits_{n=1}^{\infty}\left(\dfrac{n-1}{n}\right)^n$ 发散.

 **知识链接**

"阿基里斯"追龟悖论

公元前5世纪，芝诺发表了著名的阿基里斯悖论：他提出让乌龟在阿基里斯前面1 000 m处开始，和阿基里斯赛跑，并且假定阿基里斯的速度是乌龟的10倍.当比赛开始后，若阿基里斯跑了1 000 m，设所用的时间为 t，此时乌龟便领先他100 m；当阿基里斯跑完下一个100 m时，他所用的时间为 $\dfrac{t}{10}$，乌龟仍然前于他10 m；当阿基里斯跑完下一个10 m时，他所用的时间为 $\dfrac{t}{100}$，乌龟仍然前于他1 m……芝诺认为，阿基里斯能够继续逼近乌龟，但决不可能追上它.

事实上，阿基里斯能够追上乌龟的时间为 $\dfrac{10t}{9}$，即芝诺所说的阿基里斯不可能追上乌龟，就隐藏着时间必须小于 $\dfrac{10t}{9}$ 这样一个条件.

从数项级数的知识点出发，可以这样反驳芝诺：原来阿基里斯跑过的距离可以是一个等比级数，公比大于0小于1，收敛且有和，并不是芝诺认为的无穷无尽.芝诺被级数无穷无尽的假象迷惑了，没有考虑到跑过的距离1 000+100+1+…是一个定值.

 任务训练

1. 写出级数 $\sum\limits_{n=1}^{\infty}\dfrac{n+2}{1+n^2}$ 的前5项.

2. 根据敛散性的定义判定级数 $\sum\limits_{n=1}^{\infty}\dfrac{1}{(2n-1)(2n+1)}$ 敛散性.

文档
扫一扫，看答案

思考题

1. 级数的概念是什么？

2. 数项级数收敛的必要条件是什么？根据必要条件分析，如果数项级数的通项 $\lim\limits_{n\to\infty} u_n \neq 0$，数项级数的敛散性如何？

10.2 数项级数的审敛法

任务导入

纯棉面料是最常见的纺织品面料，因吸湿性好、透气性高而被大家熟知。但是这种面料制作出的衣服穿后容易上褶，穿着一段时间后会有破洞的现象。为了解决这些问题，研发人员研发出涤棉面料，目前最常见的涤棉面料有 6040（CVC）、6535 和 8020，这些涤棉面料的染色性、耐磨性好且强度高，因此经常被用于医护人员等行业的工作服制作中。在说明这些不同型号的涤棉面料性能时，都会将面料的性能指标和纯棉的性能指标进行比较，这样的比较方法，是将纯棉作为一个固定参照物，通过和参照物指标的比较，从而得到一系列涤纶面料性能的结论。

对涤棉面料性能的说明中用到了比较法，选最常见的纯棉面料作为参照物，这样的比较法在数项级数的敛散性判定中也常遇到，接下来就学习数项级数的审敛法。

一、正项级数及其审敛法

（一）正项级数

定义 10.2.1 若级数 $\sum\limits_{n=1}^{\infty} u_n$ 的通项满足 $u_n \geqslant 0 (n=1,2,\cdots)$，则称该级数为**正项级数**。

正项级数是一类特殊的数项级数，它的前 n 项部分和数列 $\{S_n\}$ 是单调递增的数列，即 $S_1 \leqslant S_2 \leqslant S_3 \leqslant \cdots$。

显然有两种可能性，一种是 $\{S_n\}$ 无上界，即 $\lim\limits_{n\to\infty} S_n = +\infty$，此时级数发散，另一种是 $\{S_n\}$ 有上界，由于单调有界数列必有极限，则 $\lim\limits_{n\to\infty} S_n$ 存在，于是级数收敛。反之，若级数 $\sum\limits_{n=1}^{\infty} u_n$ 收敛，即 $\lim\limits_{n\to\infty} S_n$ 存在，则 $\{S_n\}$ 有界。

因此，正项级数收敛的充要条件是它的部分和数列 $\{S_n\}$ 有界。

现在以正项级数收敛的充要条件为基础给出正项级数的审敛法。

微视频
正项级数
及其审敛法

（二）比较判别法

定理 10.2.1（比较判别法） $\sum\limits_{n=1}^{\infty} u_n$ 和 $\sum\limits_{n=1}^{\infty} v_n$ 为两个正项级数，如果它们的通项从某项

起满足 $u_n \leqslant v_n$ ($n \geqslant N, N$ 为确定的正整数),则

(1) 当 $\sum_{n=1}^{\infty} v_n$ 收敛时, $\sum_{n=1}^{\infty} u_n$ 也收敛;(2) 当 $\sum_{n=1}^{\infty} u_n$ 发散时, $\sum_{n=1}^{\infty} v_n$ 也发散.

定理条件中"$n \geqslant N$"表示,判别不等式 $u_n \leqslant v_n$ 不一定要求从级数的第一项起成立,而只需从第 N 项起成立就可以了.下文中若出现"$n \geqslant N$",也表示相同含义.由级数收敛的充要条件容易证得定理 10.2.1,这里不具体证明了.

例1　讨论 p 级数 $\sum_{n=1}^{\infty} \dfrac{1}{n^p}$ 的敛散性(p 是常数).

解　(1) 当 $p \leqslant 1$ 时,因为 $\dfrac{1}{n^p} \geqslant \dfrac{1}{n}$ ($n=1,2,\cdots$),而已知调和级数 $\sum_{n=1}^{\infty} \dfrac{1}{n}$ 发散,由比较判别法知此级数也发散.

(2) 当 $p>1$ 时因为 $k-1 \leqslant x \leqslant k$ 时,有 $\dfrac{1}{k^p} \leqslant \dfrac{1}{x^p}$,所以

$$\frac{1}{k^p} = \int_{k-1}^{k} \frac{1}{k^p}\,\mathrm{d}x \leqslant \int_{k-1}^{k} \frac{1}{x^p}\,\mathrm{d}x \ (k=2,3,\cdots),$$

从而级数 $\sum_{n=1}^{\infty} \dfrac{1}{n^p}$ 的部分和

$$S_n = 1 + \sum_{k=2}^{n} \frac{1}{k^p} \leqslant 1 + \sum_{k=2}^{n} \int_{k-1}^{k} \frac{1}{x^p}\,\mathrm{d}x = 1 + \int_{1}^{n} \frac{1}{x^p}\,\mathrm{d}x$$

$$= 1 + \frac{1}{p-1}\left(1 - \frac{1}{n^{p-1}}\right) < 1 + \frac{1}{p-1} \ (n=2,3,\cdots),$$

这表明,数列 $\{S_n\}$ 有界,因为当 $p>1$ 时,p 级数收敛.

综合上述讨论可知:p 级数 $\sum_{n=1}^{\infty} \dfrac{1}{n^p}$,当 $p \leqslant 1$ 时发散;当 $p>1$ 时收敛.

例2　证明级数 $\sum_{n=1}^{\infty} \dfrac{1}{3^n+100}$ 收敛.

证明　因为 $0 < \dfrac{1}{3^n+100} < \dfrac{1}{3^n} = \left(\dfrac{1}{3}\right)^n$,而级数 $\sum_{n=1}^{\infty} \dfrac{1}{3^n}$ 是公比为 $\dfrac{1}{3}$ 的几何级数,是收敛的,所以由比较判别法知所给级数收敛.

例3　判别下列级数的敛散性:

(1) $1 + \dfrac{1}{\sqrt{2}} + \dfrac{1}{\sqrt{3}} + \cdots + \dfrac{1}{\sqrt{n}} + \cdots$;　(2) $\sum_{n=1}^{\infty} \dfrac{n}{(n+1)^3}$.

解　(1) 因为 $\sum_{n=1}^{\infty} \dfrac{1}{\sqrt{n}} = \sum_{n=1}^{\infty} \dfrac{1}{n^{\frac{1}{2}}}$,它是 $p = \dfrac{1}{2} < 1$ 的 p 级数,所以原级数发散.

(2) 因为 $\dfrac{n}{(n+1)^3} \leqslant \dfrac{n}{n^3} = \dfrac{1}{n^2}$,而 $\sum_{n=1}^{\infty} \dfrac{1}{n^2}$ 收敛,所以由比较判别法知所给级数收敛.

用数列极限的定义和比较判别法,可以得到一个应用更为方便的正项级数判别敛散性的方法.

定理 10.2.2(比较判别法的极限形式) 设 $\sum\limits_{n=1}^{\infty} u_n$ 和 $\sum\limits_{n=1}^{\infty} v_n(v_n \neq 0, n \geq N)$ 是两个正项级数,若极限 $\lim\limits_{n \to \infty} \dfrac{u_n}{v_n} = k$,则

(1)当 $k \neq 0$ 时,$\sum\limits_{n=1}^{\infty} u_n$ 和 $\sum\limits_{n=1}^{\infty} v_n$ 具有相同的敛散性;

(2)当 $k = 0$ 时,如果级数 $\sum\limits_{n=1}^{\infty} v_n$ 收敛,则级数 $\sum\limits_{n=1}^{\infty} u_n$ 也收敛;

(3)当 $k = +\infty$ 时,如果级数 $\sum\limits_{n=1}^{\infty} v_n$ 发散,则级数 $\sum\limits_{n=1}^{\infty} u_n$ 也发散.

例 4 判别下列级数的敛散性:

(1)$\sum\limits_{n=1}^{\infty} \sin \dfrac{1}{n}$;　　(2)$\sum\limits_{n=1}^{\infty} \dfrac{1}{(n+1)(2n-5)}$;　　(3)$\sum\limits_{n=1}^{\infty} \dfrac{2n+1}{\sqrt{n^5+2}}$.

解 (1)因为 $\lim\limits_{n \to \infty} \dfrac{\sin \dfrac{1}{n}}{\dfrac{1}{n}} = 1$,而级数 $\sum\limits_{n=1}^{\infty} \dfrac{1}{n}$ 发散,所以级数 $\sum\limits_{n=1}^{\infty} \sin \dfrac{1}{n}$ 也发散.

(2)因为 $\lim\limits_{n \to \infty} \dfrac{\dfrac{1}{(n+1)(2n-5)}}{\dfrac{1}{n^2}} = \lim\limits_{n \to \infty} \dfrac{1}{2 - \dfrac{3}{n} - \dfrac{5}{n^2}} = \dfrac{1}{2} \neq 0$,而级数 $\sum\limits_{n=1}^{\infty} \dfrac{1}{n^2}$ 是收敛的 p

级数,所以级数 $\sum\limits_{n=1}^{\infty} \dfrac{1}{(n+1)(2n-5)}$ 收敛.

(3)因为 $\lim\limits_{n \to \infty} \dfrac{\dfrac{2n+1}{\sqrt{n^5+2}}}{\dfrac{1}{n^{\frac{3}{2}}}} = 2 \neq 0$ 且 $\sum\limits_{n=1}^{\infty} \dfrac{1}{n^{\frac{3}{2}}}$ 收敛,故级数 $\sum\limits_{n=1}^{\infty} \dfrac{2n+1}{\sqrt{n^5+2}}$ 收敛.

(三) 比值判别法

定理 10.2.3(达朗贝尔比值判别法) 设 $\sum\limits_{n=1}^{\infty} u_n$ 为正项级数,通项相邻两项之比的极限

为 $\lim\limits_{n \to \infty} \dfrac{u_{n+1}}{u_n} = k$,则

(1)当 $k < 1$ 时,级数 $\sum\limits_{n=1}^{\infty} u_n$ 收敛;

(2)当 $k > 1$ 或为 $+\infty$ 时,级数 $\sum\limits_{n=1}^{\infty} u_n$ 发散;

（3）当 $k=1$ 时,级数 $\sum\limits_{n=1}^{\infty} u_n$ 可能收敛也可能发散.

达朗贝尔比值判别法在 $k=1$ 时失效,这种情况下,必须选择其他的判别方法.

定理 10.2.3 利用级数自身的通项判别其敛散性,这给正项级数的敛散性的判别带来很大方便.

例 5 判别下列级数的敛散性:

（1） $\sum\limits_{n=1}^{\infty} \dfrac{n!}{10^n}$; （2） $\sum\limits_{n=1}^{\infty} \dfrac{n^2}{2^n}$; （3） $\sum\limits_{n=1}^{\infty} \dfrac{n^n}{n!}$.

解 （1） $\lim\limits_{n\to\infty} \dfrac{u_{n+1}}{u_n} = \lim\limits_{n\to\infty}\left[\dfrac{(n+1)!}{10^{n+1}} \cdot \dfrac{10^n}{n!}\right] = \lim\limits_{n\to\infty}\dfrac{n+1}{10} = \infty$,由比值判别法知, $\sum\limits_{n=1}^{\infty} \dfrac{n!}{10^n}$ 发散.

（2） $\lim\limits_{n\to\infty} \dfrac{u_{n+1}}{u_n} = \lim\limits_{n\to\infty}\left[\dfrac{(n+1)^2}{2^{n+1}} \cdot \dfrac{2^n}{n^2}\right] = \lim\limits_{n\to\infty}\dfrac{1}{2}\left(1+\dfrac{1}{n}\right)^2 = \dfrac{1}{2} < 1$,由比值判别法知, $\sum\limits_{n=1}^{\infty} \dfrac{n^2}{2^n}$ 收敛.

（3） $\lim\limits_{n\to\infty} \dfrac{u_{n+1}}{u_n} = \lim\limits_{n\to\infty}\left[\dfrac{(n+1)^{n+1}}{(n+1)!} \cdot \dfrac{n!}{n^n}\right] = \lim\limits_{n\to\infty}\left(1+\dfrac{1}{n}\right)^n = e > 1$,由比值判别法知, $\sum\limits_{n=1}^{\infty} \dfrac{n^n}{n!}$ 发散.

二、非正项级数

（一）交错级数及其审敛法

定义 10.2.2 若级数 $\sum\limits_{n=1}^{\infty} u_n$ 是正项级数,则级数

$$\sum_{n=1}^{\infty}(-1)^n u_n = -u_1 + u_2 - u_3 + \cdots + (-1)^n u_n + \cdots$$

或

$$\sum_{n=1}^{\infty}(-1)^{n-1} u_n = u_1 - u_2 + u_3 + \cdots + (-1)^{n-1} u_n + \cdots$$

称为**交错级数**.

微视频
交错级数
及其审敛法

定理 10.2.4（莱布尼茨审敛法） 如果交错级数 $\sum\limits_{n=1}^{\infty}(-1)^n u_n$（或 $\sum\limits_{n=1}^{\infty}(-1)^{n-1} u_n$）满足

（1） $u_n \geqslant u_{n+1} (n=1,2,\cdots)$;

（2） $\lim\limits_{n\to\infty} u_n = 0$.

那么交错级数收敛,且其和 $S \leqslant u_1$,余项 r_n 的绝对值 $|r_n| \leqslant u_{n+1}$.

例6 讨论下列交错级数的敛散性:

(1) $\sum\limits_{n=1}^{\infty} (-1)^n \dfrac{1}{n}$; (2) $\sum\limits_{n=1}^{\infty} (-1)^{n-1} \dfrac{n+3}{n+2} \cdot \dfrac{1}{\sqrt{n+1}}$.

解 (1) $u_n = \dfrac{1}{n} > \dfrac{1}{n+1} = u_{n+1}, \lim\limits_{n\to\infty} u_n = \lim\limits_{n\to\infty} \dfrac{1}{n} = 0$, 由定理 10.2.4 知, 级数 $\sum\limits_{n=1}^{\infty} (-1)^n \dfrac{1}{n}$

收敛.

(2) $\dfrac{u_n}{u_{n+1}} = \left(\dfrac{n+3}{n+2} \cdot \dfrac{1}{\sqrt{n+1}} \right) \Big/ \left(\dfrac{n+4}{n+3} \cdot \dfrac{1}{\sqrt{n+2}} \right) = \dfrac{(n+3)^2 \sqrt{n+2}}{(n+2)(n+4)\sqrt{n+1}} > 1$, 即 $u_n \geqslant$

$u_{n+1}, \lim\limits_{n\to\infty} u_n = \lim\limits_{n\to\infty} \dfrac{n+3}{n+2} \cdot \dfrac{1}{\sqrt{n+1}} = 0$. 由定理 10.2.4 知, 该级数收敛.

(二) 任意项级数

定理 10.2.5 如果级数 $\sum\limits_{n=1}^{\infty} |u_n|$ 收敛, 则级数 $\sum\limits_{n=1}^{\infty} u_n$ 也收敛. 若级数 $\sum\limits_{n=1}^{\infty} |u_n|$ 发散,

则级数 $\sum\limits_{n=1}^{\infty} u_n$ 未必一定发散. 例如级数 $\sum\limits_{n=1}^{\infty} (-1)^n \dfrac{1}{n}$ 的各项取绝对值所得到的级数 $\sum\limits_{n=1}^{\infty} \dfrac{1}{n}$ 是

发散的, 但 $\sum\limits_{n=1}^{\infty} (-1)^n \dfrac{1}{n}$ 却是收敛的.

定义 10.2.3 若级数 $\sum\limits_{n=1}^{\infty} |u_n|$ 收敛, 则称级数 $\sum\limits_{n=1}^{\infty} u_n$ **绝对收敛**; 若级数 $\sum\limits_{n=1}^{\infty} |u_n|$ 发散,

而级数 $\sum\limits_{n=1}^{\infty} u_n$ 是收敛的, 则称级数 $\sum\limits_{n=1}^{\infty} u_n$ **条件收敛**. 例如级数 $\sum\limits_{n=1}^{\infty} (-1)^n \dfrac{1}{n^2}$ 是绝对收敛的,

级数 $\sum\limits_{n=1}^{\infty} (-1)^n \dfrac{1}{n}$ 则是条件收敛的.

定理 10.2.6 (任意项级数的比值审敛法) 若任意项级数 $\sum\limits_{n=1}^{\infty} u_n$ 满足 $\lim\limits_{n\to\infty} \left| \dfrac{u_{n+1}}{u_n} \right| = k$, 则

当 $k < 1$ 时, 级数 $\sum\limits_{n=1}^{\infty} u_n$ 绝对收敛; 当 $k > 1$ (或 $k = +\infty$) 时, 级数 $\sum\limits_{n=1}^{\infty} u_n$ 发散.

 **知识链接**

一个交错级数敛散性的争论

数学史上, 有一个交错级数曾经引起热烈辩论. 该级数是 $-1+1-1+1-\cdots$, 在 17 和 18 世纪, 很多数学家都认为该级数有和. 比较著名的推理方法有 17 世纪雅各布·伯努利和 18 世纪格兰弟的推论.

雅各布·伯努利的推论如下: $\dfrac{1}{m+n} = \dfrac{1}{m}\left(1+\dfrac{n}{m}\right)^{-1} = \dfrac{1}{m} - \dfrac{n}{m^2} + \dfrac{n^2}{m^3} - \cdots$, 当 $m=n=1$ 时得到上

述交错级数的和为 $\frac{1}{2}$. 而意大利数学家格兰弟则利用幂级数展开对上述交错级数进行推论,利用 $\frac{1}{1+x}=1-x+x^2-x^3+\cdots$,令 $x=1$ 时也得到该交错级数和为 $\frac{1}{2}$.格兰弟称之为"无中生有".

对于上述交错级数,同学们可以尝试一下,用学过的知识去判断它的敛散性.

 任务训练

1. 用比较审敛法判定级数 $\sum_{n=1}^{\infty}\frac{1}{\sqrt{n+1}}$ 的敛散性.

2. 用比值审敛法判定级数 $\sum_{n=1}^{\infty}\frac{3^n}{n^2 2^n}$ 的敛散性.

文档
扫一扫,看答案

 思考题

1. 判断一个数项级数是否收敛,有哪几种方法?
2. 交错级数的敛散性判定定理的内容是什么?

10.3 幂级数

 任务导入

由于生产原料性能的不同,纺纱生产中目前有四大系统:棉纺、麻纺、毛纺和绢纺.目前应用最广泛的是棉纺纺纱系统,该系统主要选取原棉和棉形化纤为原料.最终得到的混合棉各项性质指标可以刻画为:$X=\sum_{i=1}^{n}X_i f_i$,这里的 X_i 是指混合棉中第 i 种纤维的某项性能指标,f_i 则指第 i 种纤维的混用重量百分率,总体来说混合棉各项性质指标一般以混用原棉各项性能的加权平均数计算.

混合棉的各项性质指标可刻画为幂函数相加的形式,体现出一种可加性.这和我们即将学习的幂级数很类似,不同的是我们学习的幂级数虽然也具有可加性,但表示的是无穷个幂函数相加的形式.接下来让我们进入到幂级数的学习.

一、函数项级数的概念

定义 10.3.1 如果无穷级数是由定义在同一数集 X 上的函数列 $\{u_n(x)\}$ 组成,形如

$$u_1(x)+u_2(x)+u_3(x)+\cdots+u_n(x)+\cdots,\qquad(1)$$

的级数称为**函数项级数**,简记为 $\sum_{n=1}^{\infty} u_n(x)$,$X$ 称为它的定义域.

例如 $\sum_{n=1}^{\infty} x^{n-1} = 1 + x + x^2 + \cdots + x^n + \cdots$,$\sum_{n=1}^{\infty} \cos nx = \cos x + \cos 2x + \cdots + \cos nx + \cdots$ 等都是定义在 $(-\infty, +\infty)$ 内的函数项级数.

如果将函数项级数的定义域中的某个值 x_0,代入级数(1)中,则得到一个数项级数

$$u_1(x_0) + u_2(x_0) + \cdots + u_n(x_0) + \cdots, \tag{2}$$

若级数(2)收敛,就称点 x_0 是函数项级数(1)的**收敛点**;若级数(2)发散,就称点 x_0 是函数项级数(1)的**发散点**,级数(1)的所有收敛点组成的集合称为级数(1)的**收敛域**,所有发散点的集合称为级数(1)的**发散域**.

设函数项级数(1)的收敛域为 D,对应于任一 $x_0 \in D$,级数(1)对应的数项级数 $\sum_{n=1}^{\infty} u_n(x_0)$ 有和 $S(x_0)$,因此确定了收敛域 D 上的一个函数 $S(x)$,通常称 $S(x)$ 为函数项级数(1)的**和函数**,记作 $S(x) = \sum_{n=1}^{\infty} u_n(x)$,$x \in D$.

如函数项级数 $\sum_{n=1}^{\infty} x^{n-1} = 1 + x + x^2 + \cdots + x^n + \cdots$ 是以 x 为公比的等比级数.当 $|x| < 1$ 时,这个级数是收敛的,所以它的收敛域为 $(-1, 1)$,且其和函数 $S(x) = \dfrac{1}{1-x}$,它的发散域为 $(-\infty, -1] \cup [1, +\infty)$.把函数项级数(1)的前 n 项的部分和记作 $S_n(x)$,则有 $\lim_{n \to \infty} S_n(x) = S(x)$,$x \in D$.

在函数项级数(1)的收敛域 D 上,$r_n(x) = S(x) - S_n(x)$ 称为(1)的余项,显然 $\lim_{n \to \infty} r_n(x) = 0$.

二、幂级数的概念及其敛散性

(一) 幂级数的概念

定义 10.3.2 形如

$$\sum_{n=0}^{\infty} a_n(x-x_0)^n = a_0 + a_1(x-x_0) + a_2(x-x_0)^2 + \cdots + a_n(x-x_0)^n + \cdots \tag{3}$$

的函数项级数,称为关于 $(x-x_0)$ 的**幂级数**,其中 x 是自变量,常数 $a_0, a_1, \cdots, a_n, \cdots$ 称为幂级数的系数.

定义 10.3.3 给定一个定义在区间 D 上的幂级数 $\sum_{n=0}^{\infty} a_n x^n$,对于每一个确定的值 $x_0 \in D$,幂级数成为收敛的数项级数,我们称 x_0 是该幂级数的收敛点.

定义 10.3.4 如果幂级数 $\sum_{n=0}^{\infty} a_n x^n$ 不是仅在一点 $x = 0$ 收敛,也不是在整个数轴上都收敛,则必存在一个确定的正数 R,使得 $|x| < R$ 时幂级数绝对收敛.正数 R 通常叫做幂级数的**收敛半径**,区间 $(-R, R)$ 称为幂级数的**收敛区间**.由幂级数在端点处 $x = \pm R$ 的收敛性就可以决定幂级数的收敛域是 $(-R, R)$、$[-R, R)$、$(-R, R]$ 或 $[-R, R]$ 这四个区间之一.

（二）幂级数的收敛半径及收敛域

定理 10.3.1 对幂级数 $\sum\limits_{n=0}^{\infty} a_n x^n$，若极限 $\lim\limits_{n\to\infty}\left|\dfrac{a_{n+1}}{a_n}\right|=\rho\,(0\leqslant\rho\leqslant+\infty)$，则

（1）当 $\rho=0$ 时，级数在 $(-\infty,+\infty)$ 内收敛；

（2）当 $\rho=+\infty$ 时，级数仅在 $x=0$ 处收敛；

（3）当 $\rho\neq0,+\infty$ 时，级数的收敛半径为 $\dfrac{1}{\rho}$.

例1 求下列级数的收敛半径及收敛域.

（1）$\sum\limits_{n=0}^{\infty}\dfrac{x^n}{n!}$； （2）$\sum\limits_{n=0}^{\infty}(-1)^n\dfrac{x^n}{n+1}$； （3）$\sum\limits_{n=1}^{\infty}n^n x^n$.

解 （1）因为 $\lim\limits_{n\to\infty}\left|\dfrac{a_{n+1}}{a_n}\right|=\lim\limits_{n\to\infty}\dfrac{n!}{(n+1)!}=\lim\limits_{n\to\infty}\dfrac{1}{n+1}=0$，所以收敛半径 $R=+\infty$，收敛域是 $(-\infty,+\infty)$.

（2）因为 $\lim\limits_{n\to\infty}\left|\dfrac{a_{n+1}}{a_n}\right|=\lim\limits_{n\to\infty}\left|\dfrac{(-1)^{n+1}}{n+2}\cdot\dfrac{n+1}{(-1)^n}\right|=1$，所以收敛半径 $R=1$，当 $x=1$ 时，级数为交错级数 $\sum\limits_{n=0}^{\infty}\dfrac{(-1)^n}{n+1}$，是收敛的；当 $x=-1$ 时，级数为调和级数 $\sum\limits_{n=0}^{\infty}\dfrac{1}{n+1}$，是发散的.因此收敛域为 $(-1,1]$.

（3）因为 $\lim\limits_{n\to\infty}\left|\dfrac{a_{n+1}}{a_n}\right|=\lim\limits_{n\to\infty}\dfrac{(n+1)^{n+1}}{n^n}=\lim\limits_{n\to\infty}\left(1+\dfrac{1}{n}\right)^n(1+n)=+\infty$，所以收敛半径 $R=0$，级数仅在 $x=0$ 处收敛.

例2 求幂级数 $\sum\limits_{n=0}^{\infty}\dfrac{1}{n^2+1}(x-1)^{2n}$ 的收敛域.

解 这是一个以 $(x-1)^2$ 为变量的幂级数，利用变量代换，令 $t=(x-1)^2$，该级数就化为 $\sum\limits_{n=0}^{\infty}\dfrac{1}{n^2+1}t^n$，于是可用定理 10.3.1 求其收敛半径.

因为 $\lim\limits_{n\to\infty}\left|\dfrac{a_{n+1}}{a_n}\right|=\lim\limits_{n\to\infty}\dfrac{n^2+1}{(n+1)^2+1}=1$，所以 $R=1$.

当 $t=-1$ 时，所给级数为 $\sum\limits_{n=0}^{\infty}\dfrac{(-1)^n}{n^2+1}$，收敛，当 $t=1$ 时，所给级数为 $\sum\limits_{n=0}^{\infty}\dfrac{1}{n^2+1}$，收敛.

级数 $\sum\limits_{n=0}^{\infty}\dfrac{1}{n^2+1}t^n$ 的收敛域为 $[-1,1]$，即 $-1\leqslant(x-1)^2\leqslant1,0\leqslant x\leqslant2$，故所求级数的收敛域为 $[0,2]$.

例3 求幂级数 $\sum\limits_{n=1}^{\infty}4^n x^{2n+1}$ 的收敛半径和收敛域.

解 所给幂级数缺少偶次项，因此不能直接用定理 10.3.1 求它的收敛半径.因为

$$\lim_{n \to \infty} \left| \frac{u_{n+1}(x)}{u_n(x)} \right| = \lim_{n \to \infty} \left| \frac{4^{n+1} x^{2n+3}}{4^n x^{2n+1}} \right| = 4 |x|^2,$$

当 $4|x|^2 < 1$，即 $|x| < \dfrac{1}{2}$ 时，所求级数绝对收敛；当 $4|x|^2 > 1$，即 $|x| > \dfrac{1}{2}$ 时，所求级数发散. 因此，收敛半径 $R = \dfrac{1}{2}$.

当 $x = \dfrac{1}{2}$ 时，所给级数为 $\displaystyle\sum_{n=1}^{\infty} \dfrac{1}{2}$，是发散级数；当 $x = -\dfrac{1}{2}$ 时，所给级数为 $\displaystyle\sum_{n=1}^{\infty} \left(-\dfrac{1}{2}\right)$，也是发散级数. 故所求幂级数的收敛域为 $\left(-\dfrac{1}{2}, \dfrac{1}{2}\right)$.

三、幂级数性质及其和函数的求法

（一）幂级数的性质

设幂级数 $\displaystyle\sum_{n=0}^{\infty} a_n x^n = f(x)$，收敛半径为 R_1，$\displaystyle\sum_{n=0}^{\infty} b_n x^n = g(x)$，收敛半径为 R_2. 记 $R = \min\{R_1, R_2\}$.

性质 10.3.1（可加性） $\displaystyle\sum_{n=0}^{\infty} a_n x^n \pm \sum_{n=0}^{\infty} b_n x^n = \sum_{n=0}^{\infty} (a_n \pm b_n) x^n = f(x) \pm g(x)$，收敛半径为 R.

性质 10.3.2（连续性） 若 x_0 是 $\displaystyle\sum_{n=0}^{\infty} a_n x^n$ 的收敛点，则 $\displaystyle\lim_{x \to x_0} f(x) = \lim_{x \to x_0} \sum_{n=0}^{\infty} a_n x^n = \sum_{n=0}^{\infty} a_n x_0^n = f(x_0)$.

性质 10.3.3（逐项可导性） $f'(x) = \left(\displaystyle\sum_{n=0}^{\infty} a_n x^n\right)' = \sum_{n=0}^{\infty} a_n (x^n)' = \sum_{n=0}^{\infty} a_n n x^{n-1}$，收敛半径仍为 R_1.

性质 10.3.4（逐项可积性） $\displaystyle\int_0^x f(x) \mathrm{d}x = \int_0^x \left(\sum_{n=0}^{\infty} a_n x^n\right) \mathrm{d}x = \sum_{n=0}^{\infty} \left(\int_0^x a_n x^n \mathrm{d}x\right) = \sum_{n=0}^{\infty} \dfrac{a_n}{n+1} x^{n+1}$，收敛半径仍为 R_1.

（二）幂级数和函数的求法

知道幂级数的收敛域之后，我们更关心幂级数在收敛域上的和函数是什么. 有时可以通过逐项求导、求积分等方法，得到和函数的解析表达式. 在此过程中，我们经常会用到等比级数的和函数公式：

$$\sum_{n=0}^{\infty} x^n = \frac{1}{1-x}, \quad x \in (-1, 1) \quad 或 \quad \sum_{n=0}^{\infty} (-1)^n x^n = \frac{1}{1+x}, \quad x \in (-1, 1).$$

例 4 求下列幂级数的和函数，并指出收敛域.

（1）$\displaystyle\sum_{n=1}^{\infty} (-1)^{n-1} \dfrac{x^n}{n}$；　（2）$\displaystyle\sum_{n=1}^{\infty} n(n+1) x^{n-1}$.

解 （1）由于 $\lim\limits_{n\to\infty}\dfrac{n}{n+1}=1$，易知收敛域为 $(-1,1]$．设 $S(x)=\sum\limits_{n=1}^{\infty}(-1)^{n-1}\dfrac{x^n}{n}=x-$

$\dfrac{x^2}{2}+\dfrac{x^3}{3}-\dfrac{x^4}{4}+\cdots+(-1)^{n-1}\dfrac{x^n}{n}+\cdots$，$x\in(-1,1]$，显然有 $S(0)=0$．

由逐项可导性可知，当 $x\in(-1,1)$ 时 $S'(x)=1-x+x^2-x^3+\cdots+(-1)^{n-1}x^{n-1}+\cdots=$

$\sum\limits_{n=0}^{\infty}(-1)^n x^n=\dfrac{1}{1+x}$，所以 $S(x)=\int_0^x S'(t)\,dt=\int_0^x\dfrac{1}{1+t}\,dt=\ln(1+x)$，$x\in(-1,1)$，

即 $\sum\limits_{n=1}^{\infty}(-1)^{n-1}\dfrac{x^n}{n}=\ln(1+x)$，$x\in(-1,1]$．

（2）由于 $\lim\limits_{n\to\infty}\left|\dfrac{a_{n+1}}{a_n}\right|=\lim\limits_{n\to\infty}\dfrac{(n+1)(n+2)}{n(n+1)}=1$，所以收敛半径为 1，由于 $\lim\limits_{n\to\infty}n(n+1)=\infty$，

所以 $x=\pm1$ 时幂级数不收敛，故收敛域为 $(-1,1)$．设 $S(x)=\sum\limits_{n=1}^{\infty}n(n+1)x^{n-1}$，$x\in(-1,$

$1)$，有 $S(0)=0$，记

$$f(x)=\int_0^x S(t)\,dt=\int_0^x\left[\sum_{n=1}^{\infty}n(n+1)t^{n-1}\right]dt=\sum_{n=1}^{\infty}\int_0^x n(n+1)t^{n-1}dt$$

$$=\sum_{n=1}^{\infty}(n+1)x^n,\quad x\in(-1,1).$$

则 $S(x)=f'(x)$，且 $f(0)=0$，对上式两边积分，得

$$\int_0^x f(t)\,dt=\int_0^x\left[\sum_{n=1}^{\infty}(n+1)t^n\right]dt=\sum_{n=1}^{\infty}x^{n+1}=\dfrac{x^2}{1-x},\quad x\in(-1,1).$$

上式两边求导，得 $f(x)=-1+\dfrac{1}{(1-x)^2}$，由 $S(x)=f'(x)$，得 $S(x)=$

$\left[-1+\dfrac{1}{(1-x)^2}\right]'=\dfrac{2}{(1-x)^3}$，$x\in(-1,1)$．即 $\sum\limits_{n=1}^{\infty}n(n+1)x^{n-1}=\dfrac{2}{(1-x)^3}$，$x\in(-1,1)$．

由本题结论可知，令 $x=\dfrac{1}{2}$，得 $\sum\limits_{n=1}^{\infty}n(n+1)\left(\dfrac{1}{2}\right)^{n-1}=16$；令 $x=-\dfrac{1}{2}$，得 $\sum\limits_{n=1}^{\infty}n(n+$

$1)\left(-\dfrac{1}{2}\right)^{n-1}=\dfrac{16}{27}$．

知识链接

多少米能摆满国际象棋棋盘？

传说国际象棋是印度大臣西萨·班·达依尔发明的，印度舍罕国王非常喜欢这个发明，打算重赏这位大臣．西萨·班·达依尔看到国王非常自负虚浮，想着给国王一点"小小的教训"．他跪在国王面前说："陛下，请你在这张棋盘的第一个小格内，赏给我一粒麦子，在第二个小格内给两粒，在第三个小格内给四粒，照这样下去，每一小格内都比前一小格加一倍．陛

下啊,把这样摆满棋盘上所有 64 格的麦粒,都赏给您的仆人吧!"国王说:"你的要求不高,会如愿以偿的."

接着,他下令把一袋麦子拿到宝座前,计算麦粒的工作开始了……还没到第二十小格,袋子已经空了,一袋又一袋的麦子被扛到国王面前来.但是,麦粒数一格接一格地迅速增长,很快看出,即使拿出来全印度的粮食,国王也兑现不了他对大臣许下的诺言.

为什么会出现这样的情况呢?是因为国王轻视了幂函数计算值的大小.根据已知条件,第 n 个格子内的米粒数量为 2^{n-1}.第 64 格放置的大米粒数为 2^{63},这个数量的大米,可供全球人口吃几十万年.

文档
扫一扫,看答案

 任务训练

1. 求幂级数 $\sum\limits_{n=0}^{\infty} \dfrac{x^n}{n!}$ 的收敛半径和收敛域.

2. 求幂级数 $\sum\limits_{n=0}^{\infty} \dfrac{x^n}{n!}$ 的和函数.

 思考题

1. 幂级数的一般形式是什么?

2. 在收敛域内,幂级数有哪些性质?

10.4 函数的幂级数展开式

 **任务导入**

检测工作对提高纺织产品质量、改进生产工艺、节约原材料、推动销售等方面有很大的影响.因此,越来越多的纺织企业开始重视检测工作,在纺织产品的检测工作中,对检测误差的处理是非常重要的,为确保纺织产品质量测试的准确性,企业会采取各种科学手段,消除测试结果中的误差.在误差消除的手段中,有一种方法蕴含着"逼近"思想,即先用最大的单位去度量产品,再依次用小一个级别的单位去度量误差部分,达到逐步提高精度并接近零误差的目的.

上述方法的精髓在于利用更小单位度量,从而达到精度上的无限逼近,这种方法在泰勒级数中也有相同的体现,接下来我们将学习这部分内容.

有些函数相当复杂,研究起来不太方便,有些函数虽然简单,但在某些计算中不可施行,如 $\int \dfrac{\sin x}{x} \mathrm{d}x, \int_0^x \mathrm{e}^{-t^2} \mathrm{d}t$ 等,如果能把这些函数在一定范围内表示为幂级数形式,那么,就可以利用幂级数的运算性质研究该函数.将一个已知函数表示为幂级数,称为函数的幂级数展开.

一、泰勒级数与泰勒公式

(一) 泰勒级数和麦克劳林级数

定理 10.4.1 设函数 $f(x)$ 在含有 x_0 的区间 $(-R,R)$ 内可用幂级数 $\sum_{n=1}^{\infty} a_n (x-x_0)^n$ 来表示,即 $f(x) = \sum_{n=0}^{\infty} a_n (x-x_0)^n$,则 $a_n = \dfrac{f^{(n)}(x_0)}{n!}$ $(n=0,1,2,\cdots)$.

证明 根据幂级数在收敛区间内可逐项求导的性质,有

$$f(x_0) = \left[\sum_{n=0}^{\infty} a_n (x-x_0)^n \right] \bigg|_{x=x_0} = a_0,$$

$$f'(x_0) = \left[\sum_{n=0}^{\infty} a_n (x-x_0)^n \right]' \bigg|_{x=x_0} = \left[\sum_{n=1}^{\infty} a_n \cdot n (x-x_0)^{n-1} \right] \bigg|_{x=x_0} = a_1,$$

$$f''(x_0) = \left[\sum_{n=2}^{\infty} a_n (x-x_0)^n \right]'' \bigg|_{x=x_0} = \left[\sum_{n=2}^{\infty} a_n \cdot n \cdot (n-1)(x-x_0)^{n-2} \right] \bigg|_{x=x_0} = 2a_2,即\ a_2 = \frac{1}{2!}f''(x_0).$$

$$f^{(n)}(x) = n!\ a_n + (n+1)!\ a_{n+1}(x-x_0) + \frac{(n+2)!}{2!}a_{n+2}(x-x_0)^2 + \cdots.$$

以 $x = x_0$ 代入上式,得 $f^{(n)}(x_0) = n!\ a_n$,即 $a_n = \dfrac{1}{n!}f^{(n)}(x_0)$ $(n=1,2,3,\cdots,n,\cdots)$.

定义 10.4.1 如果 $f(x)$ 在点 x_0 的某邻域 $U(x_0)$ 内具有任意阶导数,则形如

$$f(x_0) + f'(x_0)(x-x_0) + \frac{f''(x_0)}{2!}(x-x_0)^2 + \cdots + \frac{f^{(n)}(x_0)}{n!}(x-x_0)^n + \cdots \tag{1}$$

的幂级数称为函数 $f(x)$ 在点 x_0 处的**泰勒级数**,$\dfrac{f^{(n)}(x_0)}{n!}$ $(n=1,2,3,\cdots,n,\cdots)$ 称为 $f(x)$ 的**泰勒系数**.

当 $x_0 = 0$ 时,泰勒级数 (1) 的特殊形式

$$f(0) + f'(0) + \frac{f''(0)}{2!}x^2 + \cdots + \frac{f''(0)}{n!}x^n + \cdots \tag{2}$$

称为函数 $f(x)$ 的**麦克劳林级数**.

由定理 10.4.1 可知,如果 $f(x)$ 在 x_0 的某个邻域 $U(x_0)$ 内能展开为 $(x-x_0)$ 的幂级数,此幂级数必定是 $f(x)$ 在 x_0 处的泰勒级数,且 $f(x)$ 在 $x-x_0$ 处具有任意阶导数.

(二) 泰勒公式

设 $S_n(x) = f(x_0) + f'(x_0)(x-x_0) + \dfrac{f''(x_0)}{2!}(x-x_0)^2 + \cdots + \dfrac{f^{(n)}(x_0)}{n!}(x-x_0)^n$,称 $S_n(x)$ 为 $f(x)$ 的 n 阶泰勒多项式,$f(x)$ 与其 n 阶泰勒多项式的差记作 $R_n(x)$,称为 $f(x)$ 的 n 阶泰勒余项,即

$$R_n(x) = f(x) - \left[f(x_0) + f'(x_0)(x-x_0) + \frac{f''(x_0)}{2!}(x-x_0)^2 + \cdots + \frac{f^{(n)}(x_0)}{n!}(x-x_0)^n \right]$$

$$= f(x) - \sum_{n=0}^{n} \frac{f^{(n)}(x_0)}{n!}(x-x_0)^n.$$

关于 $R_n(x)$ 有如下重要结论:

定理 10.4.2(泰勒中值定理)　若函数 $f(x)$ 在含有点 x_0 的区间 (a,b) 内,具有 $n+1$ 阶导数,则当 x 取区间内任何值时,

$$f(x) = f(x_0) + f'(x_0)(x-x_0) + \frac{f''(x_0)}{2!}(x-x_0)^2 + \cdots + \frac{f^{(n)}(x_0)}{n!}(x-x_0)^n + R_n(x), \qquad (3)$$

其中的余项

$$R_n(x) = \frac{f^{(n+1)}(\xi)}{(n+1)!}(x-x_0)^{n+1} \quad (\xi \text{ 在 } x_0 \text{ 与 } x \text{ 之间}). \qquad (4)$$

此时,公式(3)称为函数 $f(x)$ 的**泰勒公式**.公式(4)形式的余项称为泰勒公式的拉格朗日型余项.

特别地,当 $x_0 = 0$ 时,公式(3)为

$$f(x) = f(0) + f'(0)x + \frac{f''(0)}{2!}x^2 + \cdots + \frac{f^{(n)}(0)}{n!}x^n + R_n(x), \qquad (5)$$

其中 $R_n(x) = \dfrac{f^{(n+1)}(\xi)}{(n+1)!}x^{n+1}$,(5)称为函数 $f(x)$ 的**麦克劳林公式**.

当 $n = 0$ 时,定理 10.4.2 就是拉格朗日中值定理.

定理 10.4.3　设函数 $f(x)$ 在 x_0 的某邻域 $U(x_0)$ 内具有任意阶导数,则函数 $f(x)$ 在 $U(x_0)$ 内可展开成 $x-x_0$ 的幂级数的充分必要条件是泰勒公式(3)中的余项满足

$$\lim_{n\to\infty} R_n(x) = 0 \quad (x \in U(x_0)).$$

必须指出,$f(x)$ 的泰勒公式与 $f(x)$ 可在 D 上展开为 x_0 处的泰勒级数是两回事.只要 $f(x)$ 能满足定理 10.4.2 的条件,就能写出 $f(x)$ 泰勒公式;但要把 $f(x)$ 展开为 x_0 处的泰勒级数,还需要检验是否满足定理 10.4.3 的条件.

二、函数展开成幂级数的方法

(一) 直接展开法

用直接展开法把函数 $f(x)$ 展开成 x 的幂级数,可按下列步骤进行.

第一步:求出 $f(x)$ 在 $x = 0$ 处的各阶导数 $f^{(n)}(x)$;

第二步:写出 $f(x)$ 的麦克劳林级数

$$f(0) + f'(0)x + \frac{f''(0)}{2!}x^2 + \cdots + \frac{f^{(n)}(0)}{n!}x^n + \cdots$$

并求其收敛半径 R;

第三步:证明 $\lim\limits_{n\to\infty} R_n(x) = \lim\limits_{n\to\infty} \dfrac{f^{(n+1)}(\xi)}{(n+1)!}x^{n+1} = 0$ 成立($-R < x < R$,ξ 在 0 与 x 之间);

第四步：写出 $f(x)$ 的麦克劳林展开式 $f(x) = \sum\limits_{n=0}^{\infty} \dfrac{f^{(n)}(0)}{n!} x^n, x \in D$.

例1 将函数 $f(x) = e^x$ 展开成 x 的幂级数.

解 因为 $f^{(n)}(x) = e^x (n \in N)$，所以 $f^{(n)}(0) = 1$，于是 $f(x) = e^x$ 的麦克劳林级数为

$$1 + x + \frac{1}{2!} x + \cdots + \frac{1}{n!} x^n + \cdots,$$

易求得其收敛半径为 $R = +\infty$.

对于任意取定的 $x \in (-\infty, +\infty)$，n 阶余项的绝对值

$$|R_n(x)| = \left| \frac{f^{(n+1)}(\xi)}{(n+1)!} \right| \cdot |x|^{n+1} = \frac{e^\xi}{(n+1)!} |x|^{n+1},$$

因为 ξ 在 0 与 x 之间，所以 $e^\xi \leqslant e^{|x|}$，由于 $\dfrac{|x|^{n+1}}{(n+1)!}$ 是收敛级数 $\sum\limits_{n=0}^{\infty} \dfrac{|x|^n}{n!}$ 的一般项，故有 $\lim\limits_{n \to \infty} \dfrac{|x|^{(n+1)}}{(n+1)!} = 0$，而 $e^{|x|}$ 又是与 n 无关的一个有限数，所以

$$\lim_{n \to \infty} |R_n(x)| = \lim_{n \to \infty} \frac{e^\xi}{(n+1)!} |x|^{n+1} \leqslant \lim_{n \to \infty} \frac{e^x}{(n+1)!} |x|^{n+1} = 0.$$

因此 e^x 的 x 的幂级数展开式为

$$e^x = 1 + x + \frac{1}{2!} x + \cdots + \frac{1}{n!} x^n + \cdots \quad (-\infty < x < +\infty).$$

为了更好地利用已知函数的幂级数展开式来求未知函数的幂级数展开式，以下给出六个常用级数：

(1) $\dfrac{1}{1-x} = 1 + x + x^2 + \cdots + x^n + \cdots, x \in (-1, 1)$；

(2) $e^x = 1 + x + \dfrac{1}{2!} x^2 + \cdots + \dfrac{1}{n!} x^n + \cdots, x \in (-\infty, +\infty)$；

(3) $\sin x = x - \dfrac{1}{3!} x^3 + \dfrac{1}{5!} x^5 + \cdots + \dfrac{(-1)^n}{(2n+1)!} x^{2n+1} + \cdots, x \in (-\infty, +\infty)$；

(4) $\cos x = 1 - \dfrac{1}{2!} x^2 + \dfrac{1}{4!} x^4 + \cdots + \dfrac{(-1)^n}{(2n)!} x^{2n} + \cdots, x \in (-\infty, +\infty)$；

(5) $\ln(1+x) = x - \dfrac{x^2}{2} + \dfrac{x^3}{3} + \cdots + (-1)^{n-1} \dfrac{x^n}{n} + \cdots, x \in (-1, 1)$；

(6) $(1+x)^m = 1 + mx + \dfrac{m(m-1)}{2!} x^2 + \cdots + \dfrac{m(m-1) \cdots (m-n+1)}{n!} x^n + \cdots, x \in (-1, 1)$.

（二） 间接展开法

以已知函数的展开式为基础，利用函数间的关系、幂级数运算性质及变量代换等方法，

将函数展开成幂级数,这就是间接展开法.

例 2 将函数 $f(x) = \cos x$ 展开成 x 的幂级数.

解 因为 $\cos x = (\sin x)'$ 而 $\sin x = x - \dfrac{1}{3!}x^3 + \dfrac{1}{5!}x^5 + \cdots + \dfrac{(-1)^n}{(2n+1)!}x^{2n+1} + \cdots, x \in (-\infty, +\infty)$.

利用幂级数逐项求导的性质,得到 $\cos x$ 的 x 的幂级数展开式为

$$\cos x = 1 - \frac{1}{2!}x^2 + \frac{1}{4!}x^4 + \cdots + \frac{(-1)^n}{(2n)!}x^{2n} + \cdots, x \in (-\infty, +\infty).$$

例 3 将下列函数展开成 x 的幂级数.

(1) $f(x) = e^{-x^2}$; (2) $f(x) = \dfrac{1}{1-x^3}$.

解 (1) 因为 $e^x = 1 + x + \dfrac{1}{2!}x^2 + \cdots + \dfrac{1}{n!}x^n + \cdots, x \in (-\infty, +\infty)$. 所以 $e^{-x^2} = 1 + (-x^2) + \dfrac{1}{2!}(-x^2)^2 + \cdots + \dfrac{1}{n!}(-x^2)^n + \cdots = \sum_{n=0}^{\infty} \dfrac{(-1)^n}{n!}x^{2n}, x \in (-\infty, +\infty)$.

(2) 因为 $\dfrac{1}{1-x} = 1 + x + x^2 + \cdots + x^n + \cdots, x \in (-1,1)$. 所以 $\dfrac{1}{1-x^3} = 1 + x^3 + (x^3)^2 + \cdots + (x^3)^n + \cdots = \sum_{n=0}^{\infty} x^{3n}, x \in (-1,1)$.

例 4 将函数 $f(x) = \ln(1+x)$ 展开成 $x-2$ 的幂级数.

解 令 $x - 2 = u, x = u + 2$, 求 $f(x)$ 的 $x-2$ 的幂级数,相当于求 $\ln(1+x) = \ln(3+u)$ 对于 u 的幂级数展开式.

$$\ln(3+u) = \ln 3\left(1 + \frac{u}{3}\right) = \ln 3 + \ln\left(1 + \frac{u}{3}\right)$$

$$= \ln 3 + \left[\frac{u}{3} - \frac{1}{2}\left(\frac{u}{3}\right)^2 + \cdots + (-1)^{n-1}\frac{1}{n}\left(\frac{u}{3}\right)^n + \cdots\right]$$

$$= \ln 3 + \frac{1}{3}u - \frac{1}{2 \cdot 3^2}u^2 + \cdots + \frac{(-1)^{n-1}}{n \cdot 3^n}u^n + \cdots, \quad u \in (-3,3).$$

由于 $-3 < u < 3$, 即 $-3 < x - 2 < 3, -1 < x < 5$, 将 $u = x - 2$ 代入上式,得:

$$\ln(1+x) = \ln 3 + \frac{1}{3}(x-2) - \frac{1}{2 \cdot 3^2}(x-2)^2 + \cdots + \frac{(-1)^{n-1}}{n \cdot 3^n}(x-2)^n + \cdots, \quad x \in (-1,5).$$

本题也可表述为将函数在 $x=2$ 处展开为幂级数.

 **知识链接**

泰勒和麦克劳林

布鲁克·泰勒(1685—1731),1685 年 8 月 18 日出生于英格兰密德萨斯埃德蒙顿,逝世

于伦敦,是一名英国数学家,他在数学上取得了很多成就.他 1715 年发表了《正的和反的增量方法》,在其中提出有限差分的方法,并用这个方法来确定一个振动弦运动的问题;同时在同一著作中他还提出了著名的泰勒公式,该公式非常重要,被称为"导数计算的基础",这些研究为高等数学添加了一个新的分支.

科林·麦克劳林(1698—1746),苏格兰数学家,1698 年 2 月生于苏格兰的基尔莫登,他是牛顿的学生,被誉为 18 世纪英国最有影响力的数学家.麦克劳林在数学上的成就很多:21 岁时就已经发表了他人生第一本重要著作《构造几何》,在这本书中描述了作圆锥曲线的一些新的巧妙方法,精辟地讨论了圆锥曲线及高次平面曲线的种种性质.44 岁时撰写的《流数论》更是以泰勒级数作为基本工具,不仅对牛顿的流数术作出符合逻辑的系统解释,还把级数作为求积分的方法,给出了无穷级数收敛的积分判别法,也就是我们学习的麦克劳林级数展开式.

 任务训练

计算 e 的近似值.

文档
扫一扫,看答案

 思考题

函数展开成幂级数的方法有哪些?请进行具体的阐述.

10.5 傅里叶级数

 **任务导入**

随着国民生活水平的提高,人们越来越追求衣服的个性化.由于纺织生产中针织物可以编织出形式多样的图案而广受消费者喜爱.针织物的图案设计若想体现出特别的视觉效果,就需要很复杂的绘制过程,这是通过手工很难实现的.随着计算机技术的兴起,产生了一门崭新的边缘学科,叫数学美术学.数学美术学的产生,使得数学公式所具有的美术价值被世人目睹.从此,针织行业中的很多复杂的图形设计都可以通过电脑模拟数学公式得以实现,其中傅里叶级数的图形就是最常用的图形之一,一般的模拟方法是:利用电脑编程先绘制傅里叶级数的图形,然后对图形进行对称叠加,最后去除多余部分.利用这个方法,可以绘制出各种复杂的图形.

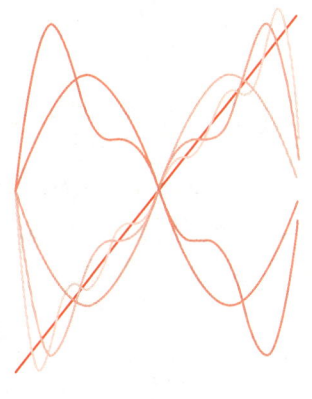

接下来我们就要来学习这个神奇的函数项级数——傅里叶级数.

一、三角级数与三角函数系的正交性

（一）三角级数

形如

$$\frac{a_0}{2} + \sum_{n=1}^{\infty} (a_n \cos nx + b_n \sin nx) \tag{1}$$

的级数称为三角级数，其中 $a_0, a_n, b_n (n=1,2,\cdots)$ 都是常数.

（二）三角函数系的正交性

三角函数集 $\{1, \sin x, \cos x, \sin 2x, \cos 2x, \cdots, \sin nx, \cos nx, \cdots\}$ $\qquad$ (2)

称为三角函数系.

三角函数系(2)中任何两个不同的函数的乘积在区间 $[-\pi, \pi]$ 上的积分等于 0，即

$$\int_{-\pi}^{\pi} \sin mx \cdot \sin nx \, dx = 0 \quad (m, n = 1, 2, 3, \cdots, m \neq n),$$

$$\int_{-\pi}^{\pi} \sin mx \cdot \cos nx \, dx = 0 \quad (m, n = 1, 2, 3, \cdots),$$

$$\int_{-\pi}^{\pi} \cos mx \cdot \cos nx \, dx = 0 \quad (m, n = 1, 2, 3, \cdots, m \neq n),$$

$$\int_{-\pi}^{\pi} \sin mx \, dx = 0 \quad (m = 1, 2, 3, \cdots),$$

$$\int_{-\pi}^{\pi} \cos mx \, dx = 0 \quad (m = 1, 2, 3, \cdots).$$

称三角函数系在区间 $[-\pi, \pi]$ 上是**正交**的.

三角函数系中除 1 外的任何一个函数的平方在区间 $[-\pi, \pi]$ 上的积分都等于 π，即

$$\int_{-\pi}^{\pi} \cos^2 nx \, dx = \int_{-\pi}^{\pi} \sin^2 nx \, dx = \pi \quad (n = 1, 2, 3, \cdots).$$

由于三角函数系有这些特性，所以可以考虑把一个已知函数 $f(x)$ 展开成为三角函数系组成的三角级数：

$$f(x) = \frac{a_0}{2} + \sum_{n=1}^{\infty} (a_n \cos nx + b_n \sin nx). \tag{3}$$

二、周期为 2π 的函数的傅里叶级数

（一）傅里叶系数和傅里叶级数

式(3)两端在 $[-\pi, \pi]$ 上积分，并假定可逐项积分，则由三角函数系的正交性，得

$$\int_{-\pi}^{\pi} f(x) \, dx = a_0 \int_{-\pi}^{\pi} \frac{1}{2} dx + \sum_{n=1}^{\infty} \left[a_n \int_{-\pi}^{\pi} \cos nx \, dx + b_n \int_{-\pi}^{\pi} \sin nx \, dx \right] = a_0 \pi,$$

$$a_0 = \frac{1}{\pi} \int_{-\pi}^{\pi} f(x) \, dx.$$

式(3)两端同乘 $\cos nx$，并在 $[-\pi,\pi]$ 上积分得

$$\int_{-\pi}^{\pi} f(x)\cos nx\mathrm{d}x = \frac{a_0}{2}\int_{-\pi}^{\pi}\cos nx\mathrm{d}x + \sum_{n=1}^{\infty}\left[a_n\int_{-\pi}^{\pi}\cos nx\cdot\cos nx\mathrm{d}x + b_n\int_{-\pi}^{\pi}\sin nx\cdot\cos nx\mathrm{d}x\right],$$

由三角函数的正交性可知，上式等号右端中除 $\int_{-\pi}^{\pi}\cos nx\cdot\cos nx\mathrm{d}x = \pi$ 外，其他各项的积分

值均等于零，故 $\int_{-\pi}^{\pi} f(x)\cos nx\mathrm{d}x = a_n\pi$，

$$a_n = \frac{1}{\pi}\int_{-\pi}^{\pi} f(x)\cos nx\mathrm{d}x \quad (n=1,2,3,\cdots).$$

类似地，式(3)两端同乘 $\sin nx$，并在 $[-\pi,\pi]$ 上积分，可得

$$b_n = \frac{1}{\pi}\int_{-\pi}^{\pi} f(x)\sin nx\mathrm{d}x \quad (n=1,2,3,\cdots).$$

这样从形式上得到，如果(3)成立且可逐项积分，那么其中的系数为

$$\left.\begin{array}{l} a_n = \dfrac{1}{\pi}\displaystyle\int_{-\pi}^{\pi} f(x)\cos nx\mathrm{d}x \quad (n=1,2,3,\cdots) \\[3mm] b_n = \dfrac{1}{\pi}\displaystyle\int_{-\pi}^{\pi} f(x)\sin nx\mathrm{d}x \quad (n=1,2,3,\cdots) \end{array}\right\} \tag{4}$$

公式(4)所确定的系数 a_n, b_n 称为 $f(x)$（关于三角函数系(2)）的**傅里叶系数**.

以傅里叶系数为系数构成的**三角级数**

$$\frac{a_0}{2} + \sum_{n=1}^{\infty}(a_n\cos nx + b_n\sin nx) \tag{5}$$

称为 $f(x)$ 的**傅里叶级数**.

（二）函数傅里叶级数展开的方法

已知周期为 2π 的周期函数 $f(x)$，要将它展开为形如(5)的傅里叶级数，可按下列步骤进行.

第一步：据公式(4)，求出 $f(x)$ 的全部傅里叶系数 $a_0, a_n, b_n(n=1,2,3,\cdots)$；

第二步：据收敛定理（见参考文献[1]），写出 $f(x)$ 的傅里叶级数的和函数 $S(x)$；

第三步：写出 $f(x)$ 的傅里叶级数 $f(x) = \dfrac{a_0}{2} + \displaystyle\sum_{n=1}^{\infty}(a_n\cos nx + b_n\sin nx)$，注明在哪些点处

成立.

例1 将函数 $f(x) = x^2\,(0<x<\pi)$ 展开成傅里叶级数.

解 $f(x)$ 仅在 $(0<x<\pi)$ 内有定义，不是周期为 2π 的周期函数，令

$$g(x) = \begin{cases} f(x), & 0<x<\pi, \\ 0, & -\pi\leqslant x\leqslant 0. \end{cases}$$

以 2π 为周期做周期延拓，则 $g(x)$ 满足收敛定理条件. $f(x), g(x)$ 的图像如图 10-1 所示.

计算 $g(x)$ 的傅里叶系数：

$$a_0 = \frac{1}{\pi} \int_{-\pi}^{\pi} g(x) \, \mathrm{d}x = \frac{1}{\pi} \int_0^{\pi} x^2 \, \mathrm{d}x = \frac{\pi^2}{3},$$

$$a_n = \frac{1}{\pi} \int_{-\pi}^{\pi} g(x) \cos nx \, \mathrm{d}x$$

$$= \frac{1}{\pi} \int_0^{\pi} x^2 \cos nx \, \mathrm{d}x = \frac{(-1)^n 2}{n^2} \quad (n = 1, 2, 3, \cdots),$$

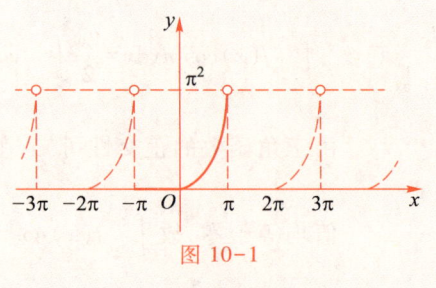

图 10-1

$$b_n = \frac{1}{\pi} \int_{-\pi}^{\pi} g(x) \sin nx \, \mathrm{d}x = \frac{1}{\pi} \int_0^{\pi} x^2 \sin nx \, \mathrm{d}x = \frac{(-1)^{n+1}\pi}{n} - \frac{2[1-(-1)^n]}{n^3 \pi} \, (n = 1, 2, 3, \cdots),$$

因为 $g(x)$ 在 $(0, \pi)$ 内连续，所以

$$g(x) = \frac{\pi^2}{6} + \sum_{n=1}^{\infty} \left\{ \frac{2(-1)^n}{n^2} \cos nx + \left[\frac{(-1)^{n+1}\pi}{n} - 2\frac{1-(-1)^n}{n^3\pi} \right] \sin nx \right\}, \quad x \in (0, \pi).$$

又在 $(0, \pi)$ 内，$g(x) = f(x)$，所以

$$f(x) = \frac{\pi^2}{6} + \sum_{n=1}^{\infty} \left\{ \frac{2(-1)^n}{n^2} \cos nx + \left[\frac{(-1)^{n+1}\pi}{n} - 2\frac{1-(-1)^n}{n^3\pi} \right] \sin nx \right\}, \quad x \in (0, \pi).$$

（三）正弦展开或余弦展开

当 $f(x)$ 为以 2π 为周期的奇函数时，它的傅里叶系数为

$$a_n = 0 \, (n \in \mathbf{N}), \qquad b_n = \frac{2}{\pi} \int_0^{\pi} f(x) \sin nx \, \mathrm{d}x \, (n \in \mathbf{N}^*).$$

所以奇函数的傅里叶级数中只含有正弦项．只含有正弦项的三角级数称为**正弦级数**．

当 $f(x)$ 为以 2π 为周期的偶函数时，它的傅里叶系数为

$$a_n = \frac{2}{\pi} \int_0^{\pi} f(x) \cos nx \, \mathrm{d}x \, (n \in \mathbf{N}), \qquad b_n = 0 \, (n \in \mathbf{N}^*).$$

偶函数的傅里叶级数中只含有常数项和余弦项，只含有常数项和余弦项的三角级数称为**余弦级数**．

例2 将函数 $f(x) = x \, (0 < x < \pi)$ 展开成正弦级数、余弦级数．

解 （1）将 $f(x)$ 展开成正弦级数．将 $f(x)$ 进行奇延拓和周期延拓，如图 10-2 所示，成为

$$g(x) = \begin{cases} f(x), & 0 < x < \pi, \\ 0, & x = 0, \pm\pi, \\ x & -\pi < x < 0 \\ \text{以 } 2\pi \text{ 为周期的周期延拓}, & \text{其他}, \end{cases}$$

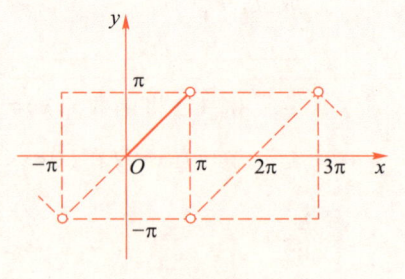

图 10-2

则 $g(x)$ 是以 2π 为周期的奇函数，计算 $g(x)$ 的傅里叶系数：

$$a_n = 0 \quad (n = 0, 1, 2, \cdots),$$

$$b_n = \frac{2}{\pi} \int_0^\pi g(x) \sin nx \, dx = \frac{2}{\pi} \int_0^\pi x \sin nx \, dx = \frac{(-1)^{n+1} 2}{n} \quad (n = 0, 1, 2, \cdots),$$

因为在 $(0, \pi)$ 上 $g(x)$ 连续且等于 $f(x)$，所以

$$f(x) = g(x) = 2 \sum_{n=1}^\infty \frac{(-1)^{n+1}}{n} \sin nx \quad (0 < x < \pi).$$

（2）将 $f(x)$ 展开成余弦级数. 将 $f(x)$ 进行偶延拓和周期延拓，如图 10-3 所示，成为

$$g(x) = \begin{cases} x, & 0 \leqslant x \leqslant \pi, \\ -x, & -\pi \leqslant x < 0, \\ \text{以 } 2\pi \text{ 为周期的周期函数}, & \text{其他}, \end{cases}$$

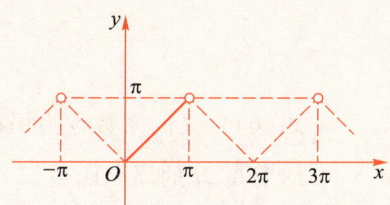

图 10-3

则 $g(x)$ 是以 2π 为周期的偶函数，计算 $g(x)$ 的傅里叶级数：

$$a_0 = \frac{2}{\pi} \int_0^\pi x \, dx = \pi,$$

$$a_n = \frac{2}{\pi} \int_0^\pi g(x) \cos nx \, dx = \frac{2}{\pi} \int_0^\pi x \cos nx \, dx = \begin{cases} -\dfrac{4}{n^2 \pi}, & n = 2m-1, \\ 0, & n = 2m \end{cases} \quad (m = 1, 2, 3, \cdots),$$

$$b_n = 0.$$

$g(x)$ 在 $(0, \pi)$ 上连续且等于 $f(x)$，所以

$$f(x) = g(x) = \frac{\pi}{2} - \frac{4}{\pi} \sum_{m=1}^\infty \frac{1}{(2m-1)^2} \cos(2m-1)x, \quad x \in (0, \pi).$$

三、周期为 $2l$ 的函数的傅里叶级数

（一）周期为 $2l$ 的函数展开成傅里叶级数

设 $f(x)$ 是周期为 $2l$ 的周期函数，在一个周期 $[-l, l]$ 上除有限个第一类间断点外连续，且仅有有限个极值点，作代换 $u = \dfrac{\pi x}{l}, (-l \leqslant x \leqslant l)$，则

$$x = \frac{lu}{\pi}, \quad -\pi \leqslant u \leqslant \pi, \quad du = \frac{\pi}{l} dx.$$

记 $F(u) = f\left(\dfrac{lu}{\pi}\right)$，易知 $F(u)$ 是以 2π 为周期的周期函数，且满足收敛定理的条件，求 $F(u)$ 的傅里叶系数，并在各积分中作变量代换 $u = \dfrac{\pi x}{l}$，得

$$
\left.\begin{aligned}
a_0 &= \frac{1}{\pi}\int_{-\pi}^{\pi} F(u)\,\mathrm{d}u = \frac{1}{l}\int_{-l}^{l} f(x)\,\mathrm{d}x,\\
a_n &= \frac{1}{\pi}\int_{-\pi}^{\pi} F(u)\cos nu\,\mathrm{d}u = \frac{1}{l}\int_{-l}^{l} f(x)\cos\frac{n\pi}{l}x\,\mathrm{d}x,\\
b_n &= \frac{1}{\pi}\int_{-\pi}^{\pi} F(u)\sin nu\,\mathrm{d}u = \frac{1}{l}\int_{-l}^{l} f(x)\sin\frac{n\pi}{l}x\,\mathrm{d}x.
\end{aligned}\right\} \tag{6}
$$

于是 $F(u)=\frac{a_0}{2}+\sum_{n=1}^{\infty}(a_n\cos nu+b_n\sin nu)$.

在上式中以 $u=\frac{\pi x}{l}$ 代回,得到以 x 为变量的三角级数

$$
f(x)=\frac{a_0}{2}+\sum_{n=1}^{\infty}\left(a_n\cos\frac{n\pi}{l}x+b_n\sin\frac{n\pi}{l}x\right). \tag{7}
$$

式(6)定义的系数称为周期是 $2l$ 的周期函数 $f(x)$ 的傅里叶系数.式(7)表示的三角级数称为周期是 $2l$ 的周期函数 $f(x)$ 的傅里叶级数.

对 $F(u)$ 应用收敛定理,因为 $f(x)$ 的连续点所对应的 u,也是 $F(u)$ 的连续点,通过变量回代,不难得到下面结果:

$$
\begin{aligned}
S(x) &= \frac{a_0}{2}+\sum_{n=1}^{\infty}\left(a_n\cos\frac{n\pi}{l}x+b_n\sin\frac{n\pi}{l}x\right)\\
&= \begin{cases} f(x), & x\text{ 是在 } f(x)\text{ 的连续点},\\ \frac{1}{2}[f(x-0)+f(x+0)], & x\text{ 是在 } f(x)\text{ 的第一类间断点}. \end{cases}
\end{aligned}
$$

例 3 设 $f(x)$ 是周期为 4 的周期函数,在一个周期上 $f(x)=\begin{cases}0, & -2\leqslant x<0,\\ 2, & 0\leqslant x<2,\end{cases}$ 试将其展开为傅里叶级数.

解 $f(x)$ 的图像如图 10-4 所示.

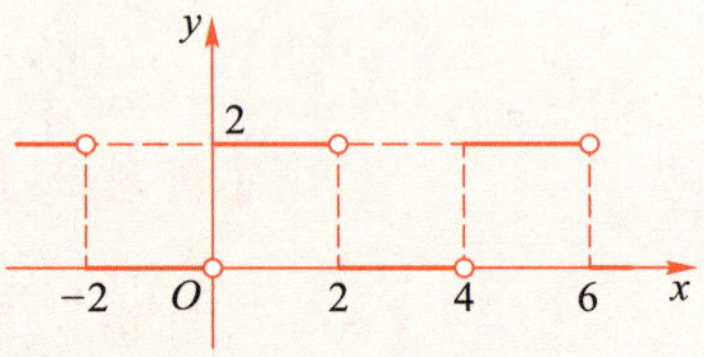

图 10-4

半周期 $l=2$,按公式(6)计算 $f(x)$ 的傅里叶系数:

$$
a_0=\frac{1}{l}\int_{-l}^{l} f(x)\,\mathrm{d}x=\frac{1}{2}\int_0^2 2\,\mathrm{d}x=2,
$$

$$
a_n=\frac{1}{l}\int_{-l}^{l} f(x)\cos\frac{n\pi}{l}x\,\mathrm{d}x=\frac{1}{2}\int_0^2 2\cos\frac{n\pi}{2}x\,\mathrm{d}x=0\quad(n=1,2,\cdots),
$$

$$
\begin{aligned}
b_n &= \frac{1}{l}\int_{-l}^{l} f(x)\sin\frac{n\pi}{l}x\,\mathrm{d}x=\frac{1}{2}\int_0^2 2\sin\frac{n\pi}{2}x\,\mathrm{d}x=\frac{2}{n\pi}(1-\cos n\pi)\\
&= \begin{cases}\frac{4}{n\pi}, & n=2m-1,\\ 0, & n=2m\end{cases}\quad(m=1,2,3,\cdots),
\end{aligned}
$$

$f(x)$的傅里叶级数的和函数

$$S(x)=\begin{cases}f(x), & x\neq 2m,\\ \dfrac{1}{2}[f(2m-0)+f(2m+0)], & x=2m,\end{cases}$$

$$=\begin{cases}f(x), & x\neq 2m,\\ 1, & x=2m\end{cases}\quad (m\in\mathbf{Z}).$$

$f(x)$的傅里叶级数为$f(x)=1+\dfrac{4}{\pi}\displaystyle\sum_{m=1}^{\infty}\dfrac{1}{2m-1}\sin\dfrac{(2m-1)\pi}{2}x$

$(x\neq 2m,m\in\mathbf{Z})$，$f(x)$的傅里叶级数的和函数的图像如

图 10-5 所示.

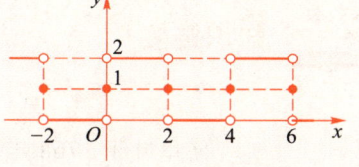

图 10-5

（二）傅里叶级数的复数形式

前面讨论函数的傅里叶级数都是三角形式，在工程中为简便，常采用傅里叶级数的复数形式.

设周期为 $2l$ 的函数 $f(x)$ 的傅里叶级数为

$$\frac{a_0}{2}+\sum_{n=1}^{\infty}\left(a_n\cos\frac{n\pi}{l}x+b_n\sin\frac{n\pi}{l}x\right),\tag{8}$$

由欧拉公式有

$$\cos\frac{n\pi}{l}x=\frac{1}{2}(\mathrm{e}^{\mathrm{i}\frac{n\pi}{l}x}+\mathrm{e}^{-\mathrm{i}\frac{n\pi}{l}x}),$$

$$\sin\frac{n\pi}{l}x=\frac{1}{2\mathrm{i}}(\mathrm{e}^{\mathrm{i}\frac{n\pi}{l}x}-\mathrm{e}^{-\mathrm{i}\frac{n\pi}{l}x}).$$

代入式（7）得

$$\frac{a_0}{2}+\sum_{n=1}^{\infty}\left[\frac{a_n}{2}(\mathrm{e}^{\mathrm{i}\frac{n\pi}{l}x}+\mathrm{e}^{-\mathrm{i}\frac{n\pi}{l}x})-\frac{\mathrm{i}b_n}{2}(\mathrm{e}^{\mathrm{i}\frac{n\pi}{l}x}-\mathrm{e}^{-\mathrm{i}\frac{n\pi}{l}x})\right]$$

$$=\frac{a_0}{2}+\sum_{n=1}^{\infty}\left[\frac{a_n-\mathrm{i}b_n}{2}\mathrm{e}^{\mathrm{i}\frac{n\pi}{l}x}+\frac{a_n+\mathrm{i}b_n}{2}\mathrm{e}^{-\mathrm{i}\frac{n\pi}{l}x}\right].\tag{9}$$

令 $c_0=\dfrac{a_0}{2}$，$c_n=\dfrac{a_n-\mathrm{i}b_n}{2}$，$c_{-n}=\dfrac{a_n+\mathrm{i}b_n}{2}(n\in N)$，则式（8）即为

$$c_0+\sum_{n=1}^{\infty}(c_n\mathrm{e}^{\mathrm{i}\frac{n\pi}{l}x}+c_{-n}\mathrm{e}^{-\mathrm{i}\frac{n\pi}{l}x})=\sum_{-\infty}^{+\infty}c_n\mathrm{e}^{\mathrm{i}\frac{n\pi}{l}x},\tag{10}$$

式（10）就是傅里叶级数的复数形式，其中 $c_0=\dfrac{a_0}{2}=\dfrac{1}{2l}\displaystyle\int_{-l}^{l}f(x)\,\mathrm{d}x$，

$$c_n=\frac{a_n-\mathrm{i}b_n}{2}=\frac{1}{2l}\int_{-l}^{l}f(x)\left[\cos\frac{n\pi}{l}x-\mathrm{i}\sin\frac{n\pi}{l}x\right]\mathrm{d}x=\frac{1}{2l}\int_{-l}^{l}f(x)\mathrm{e}^{-\mathrm{i}\frac{n\pi}{l}x}\,\mathrm{d}x(n\in\mathbf{N}),$$

$$c_{-n} = \frac{1}{2l} \int_{-l}^{l} f(x) e^{\frac{n\pi}{l}x} dx \quad (n \in \mathbf{N}^*),$$

把它们合并成一个式子

$$c_n = \frac{1}{2l} \int_{-l}^{l} f(x) e^{-i\frac{n\pi}{l}x} dx \quad (n \in \mathbf{Z}), \tag{11}$$

式(11)就是傅里叶系数的复数形式.

知识链接

傅里叶和傅里叶级数

傅里叶于1768年3月21日出生于法国中部欧塞尔.1777年,9岁的傅里叶不幸成为了孤儿,幸得当地一名主教收养,才不用颠沛流离.童年的不幸让傅里叶比同龄人要成熟不少,早早便懂得要努力读书,努力改变自己的人生轨迹.12岁时,被送入小镇的军校就读,在学习中萌生了对数学的浓厚兴趣,几乎每日都翻看各种数学专著.在毕业后本想前往巴黎继续深造,不料法国大革命爆发,无法成行,只能返回家乡欧塞尔执教.1795年在巴黎综合工科学校,傅里叶被评为助教,协助拉格朗日和蒙日从事数学教研工作.1798年傅里叶被选派跟随拿破仑远征埃及,政治才华受到拿破仑赏识,回国后担任了地方长官,但是他依然没有放弃对数学的研究.

19世纪,傅里叶和他同时代的科学家一样,开始从事热传导的研究.他在解偏微分方程的时候,敏锐地观察到,每一个周期函数都可以展开为三角函数的级数.傅里叶在当时提交的论文却被巴黎科学院拒绝了,论文的评委之一坚决否认周期函数可以展开为三角级数,并批评了该论文缺乏严密性.当然,那时傅里叶在论文中提到的方法确实存在缺陷,比如求级数系数时采用的方法不够严密,并且比欧拉所采用的运用三角函数的正交性质的方法要复杂得多.总体来说,傅里叶始终没有能在他的论文中对傅里叶级数理论做出严格的证明.

随着数学思想的进步,狄利克雷迈开了傅里叶级数严密化的坚实的第一步,他证明了当函数满足一定条件时,其傅里叶级数是收敛的,这一研究非常具有标志性,从而狄利克雷一直被称为傅里叶级数理论的真正奠基者.除了狄利克雷之外,黎曼、吉布斯、雷蒙德、卡尔松和卡茨纳尔分别对傅里叶级数的理论进行了补充,最终得到连续周期函数的傅里叶级数只在零测集上发散,即几乎处处收敛,至此关于连续函数傅里叶级数的收敛性问题就完全清楚了.

文档
扫一扫,看答案

 任务训练

将 $f(x) = x + 1 (0 \leqslant x \leqslant \pi)$ 分别展开成正弦级数和余弦级数.

思考题

以 2π 为周期的函数为例,阐述傅里叶级数的收敛定理.

习题十

一、基础练习

1. 写出下列级数的前五项部分和:

(1) $\displaystyle\sum_{n=1}^{\infty} \frac{1}{\sqrt{2n-1}}$; 　　(2) $\displaystyle\sum_{n=0}^{\infty} \left(\frac{n+2}{n+1}\right)^{n+1}$; 　　(3) $\displaystyle\sum_{n=1}^{\infty} (-1)^n \left(\frac{1}{3^n}+\frac{1}{n^3}\right)$; 　　(4) $\displaystyle\sum_{n=1}^{\infty} \frac{n^n}{n!}$.

2. 用定义判别下列级数的敛散性:

(1) $\dfrac{1}{2} - \dfrac{1}{4} + \dfrac{1}{8} + \cdots + \dfrac{(-1)^{n-1}}{2^n} + \cdots$; 　　　　(2) $\displaystyle\sum_{n=1}^{\infty} (\sqrt{n+1}-\sqrt{n})$; 　　　(3) $\displaystyle\sum_{n=1}^{\infty} \ln\left(1+\frac{1}{n}\right)$.

3. 用性质判别下列级数的敛散性;若收敛,求出其和:

(1) $\displaystyle\sum_{n=1}^{\infty} \frac{n}{3+5n}$; 　　(2) $\displaystyle\sum_{n=1}^{\infty} \frac{3\times 2^n - 2\times 3^n}{6^n}$; 　(3) $\displaystyle\sum_{n=1}^{\infty} \left(\frac{2n-4}{2n+1}\right)^n$; 　　(4) $\displaystyle\sum_{n=1}^{\infty} 2^n \sin\frac{1}{2^n}$.

4. 判断下列级数的敛散性.

(1) $\displaystyle\sum_{n=1}^{\infty} \frac{1}{4n-5}$; 　　(2) $\displaystyle\sum_{n=1}^{\infty} \frac{3n+2}{n^2(n+1)}$; 　　(3) $\displaystyle\sum_{n=1}^{\infty} \sin\frac{\pi}{4^n}$; 　　(4) $\displaystyle\sum_{n=1}^{\infty} \frac{2n}{(n-5)2^n}$.

5. 用比值判别法判别下列级数的敛散性.

(1) $\displaystyle\sum_{n=1}^{\infty} \frac{1}{(n-1)!}$; 　　(2) $\displaystyle\sum_{n=1}^{\infty} \frac{n!}{2^n(2n+1)}$; 　　(3) $\displaystyle\sum_{n=1}^{\infty} \frac{n^3}{a^n}(a<1)$; 　　(4) $\displaystyle\sum_{n=1}^{\infty} \frac{n^4}{(n+2)!}$.

6. 用适当的方法判别下列级数的敛散性.

(1) $\displaystyle\sum_{n=1}^{\infty} \frac{n+3}{10n-1}$; 　　(2) $\displaystyle\sum_{n=1}^{\infty} \frac{n+1}{n^3(n+5)}$; 　　(3) $\displaystyle\sum_{n=1}^{\infty} \frac{n!}{n^n}$; 　　(4) $\displaystyle\sum_{n=1}^{\infty} 2^n \sin\frac{\pi}{6^n}$.

7. 判别下列交错级数是否收敛? 如果收敛,指出是条件收敛还是绝对收敛.

(1) $\displaystyle\sum_{n=1}^{\infty} \frac{(-1)^n}{\sqrt{n+1}}$; 　(2) $\displaystyle\sum_{n=1}^{\infty} (-1)^n \frac{n^3}{3^n}$; 　(3) $\displaystyle\sum_{n=1}^{\infty} (-1)^{n-1} \frac{2n}{5n+3}$; 　(4) $\displaystyle\sum_{n=1}^{\infty} \frac{(-1)^n}{n^2}\cos n\pi$.

8. 求下列幂级数的收敛半径和收敛域.

(1) $\displaystyle\sum_{n=1}^{\infty} n!\, x^n$; 　　(2) $\displaystyle\sum_{n=1}^{\infty} \frac{x^n}{3^n+5}$; 　　(3) $\displaystyle\sum_{n=1}^{\infty} \frac{(-1)^n}{\ln(n+1)} x^n$; 　　(4) $\displaystyle\sum_{n=1}^{\infty} \frac{1}{(2n)!} x^{2n}$.

9. 利用逐项求导或逐项积分,求下列各级数的和函数.

(1) $\displaystyle\sum_{n=1}^{\infty} (n+1)x^n \,(-1<x<1)$; 　　　　(2) $\displaystyle\sum_{n=1}^{\infty} \frac{x^{2n}}{2n} \,(-1<x<1)$;

(3) $\displaystyle\sum_{n=0}^{\infty} \frac{(-1)^n x^{2n}}{2n+1} \,(-1\leqslant x\leqslant 1)$.

10. 求 $\displaystyle\sum_{n=2}^{\infty} \frac{1}{n(n-1)} x^n$ 的和函数,并计算 $\displaystyle\sum_{n=2}^{\infty} \frac{1}{n(n-1)}\cdot\left(\frac{1}{4}\right)^n$ 的值.

11. 将下列函数展开成 x 的幂级数.

(1) $f(x) = xe^{-2x}$;　　(2) $f(x) = \dfrac{1}{4+x}$;　　(3) $f(x) = \ln(4+x)$;　　(4) $f(x) = \cos^2 x$;

(5) $f(x) = \dfrac{1}{(1-x)^2}$;　(6) $f(x) = \dfrac{1}{x^2+x-2}$.

12. 将函数 $f(x) = \sin x$ 展开成 $\left(x - \dfrac{\pi}{4}\right)$ 的幂级数.

13. 将函数 $f(x) = \ln(1+x)$ 在 $x=1$ 处展开成幂级数(展开成 $(x-3)$ 的幂级数).

14. 将函数 $f(x) = \dfrac{1}{x^2-3x+2}$ 在 $x=3$ 处展开成幂级数.

15. 将下列周期为 2π 的函数展开成傅里叶级数.

(1) $f(x) = x + \pi$　$(-\pi < x < \pi)$;　　　　　(2) $f(x) = 3\sin\dfrac{x}{3}(0 < x < 2\pi)$;

(3) $f(x) = \begin{cases} x, & -\pi \leqslant x < 0, \\ 0, & 0 \leqslant x < \pi. \end{cases}$

16. 将 $f(x) = \cos\dfrac{x}{2}(-\pi < x \leqslant \pi)$ 展开成傅里叶级数.

17. 将 $f(x) = \pi - x(0 < x \leqslant \pi)$ 展开成正弦级数.

18. 将周期为 2π 的函数 $f(x) = \begin{cases} 1+x, & -1 < x < 0, \\ 1-x, & 0 \leqslant x < 1 \end{cases}$ 展开成傅里叶级数.

二、提高练习

（一）选择题

1. 如果级数 $\displaystyle\sum_{n=1}^{\infty} u_n$ 收敛, 下列级数收敛的是(　　　).

A. $\displaystyle\sum_{n=1}^{\infty} u_{n+10}$　　　　　　　　　　B. $\displaystyle\sum_{n=1}^{\infty} (u_n + 10)$

C. $\displaystyle\sum_{n=1}^{\infty} (10u_n - 1) \sum_{n=1}^{\infty} (10u_n - 1)$　　　　D. $\displaystyle\sum_{n=1}^{\infty} (-1)^n u_n$

2. 已知 $\lim\limits_{n\to\infty} u_n = 0$, 则级数 $\displaystyle\sum_{n=1}^{\infty} u_n$(　　　).

A. 一定收敛　　　　　　　　　　B. 一定收敛, 和可能为零

C. 一定发散　　　　　　　　　　D. 可能收敛, 也可能发散

3. 正项级数 $\displaystyle\sum_{n=1}^{\infty} a_n$ 满足下列条件(　　　)则必收敛.

A. $\lim\limits_{n\to\infty} a_n = 0$　　　　　　　　　　B. $\lim\limits_{n\to\infty} \dfrac{a_n}{a_{n+1}} \leqslant 1$

C. $\lim_{n\to\infty}\dfrac{a_n}{a_{n+1}}=\lambda>1$ \qquad\qquad D. $\lim_{n\to\infty}\dfrac{a_n}{a_{n+1}}\leqslant 1$

4. 关于幂级数 $\displaystyle\sum_{n=1}^{\infty}\dfrac{x^n}{n}$,下列结论正确的是(   ).

A. 当 $|x|\leqslant 1$ 时收敛 \qquad\qquad B. 当且仅当 $|x|<1$ 时收敛

C. 当 $-1\leqslant x<1$ 时收敛 \qquad\qquad D. 当 $-1<x\leqslant 1$ 时收敛

5. 幂级数 $\displaystyle\sum_{n=0}^{\infty}\dfrac{n[2+(-1)^n]}{n+1}x^n$ 的收敛域是(   ).

A. $[-1,1)$ \qquad B. $(-1,1)$ \qquad C. $[-1,1]$ \qquad D. $(-1,1]$

6. 若 $\displaystyle\sum_{n=1}^{\infty}a_n(x-5)^n$ 在 $x=3$ 处收敛,则它在 $x=-3$ 处(   ).

A. 发散 \qquad\qquad B. 条件收敛 \qquad\qquad C. 绝对收敛 \qquad\qquad D. 不能确定

7. 设级数 $\displaystyle\sum_{n=1}^{\infty}a_n$,$\displaystyle\sum_{n=1}^{\infty}b_n$,$\displaystyle\sum_{n=1}^{\infty}c_n$,且 $a_n<b_n<c_n(n=1,2,3\cdots)$,则下列结论正确的是(   ).

A. $\displaystyle\sum_{n=1}^{\infty}b_n$ 发散,则 $\displaystyle\sum_{n=1}^{\infty}c_n$ 必发散

B. $\displaystyle\sum_{n=1}^{\infty}c_n$ 收敛,则 $\displaystyle\sum_{n=1}^{\infty}a_n$ 必收敛

C. 若 $\displaystyle\sum_{n=1}^{\infty}a_n$,$\displaystyle\sum_{n=1}^{\infty}c_n$ 都发散,则 $\displaystyle\sum_{n=1}^{\infty}b_n$ 必发散

D. 若 $\displaystyle\sum_{n=1}^{\infty}a_n$,$\displaystyle\sum_{n=1}^{\infty}c_n$ 都收敛,则 $\displaystyle\sum_{n=1}^{\infty}b_n$ 必收敛

8. $\displaystyle\sum_{n=1}^{\infty}\dfrac{x^{2n}}{2n+1}$ 的和函数是(   ).

A. $\dfrac{1}{2x}\ln\dfrac{1+x}{1-x}$ \qquad B. $\dfrac{x}{2}\ln\dfrac{1+x}{1-x}$ \qquad C. $\dfrac{1}{2}\ln\dfrac{1+x}{1-x}$ \qquad D. $x+\dfrac{x}{2}\ln\dfrac{1+x}{1-x}$

9. 函数 $f(x)=\dfrac{x}{x^2-5x+6}$ 的关于 x 的幂级数展开式是(   ).

A. $\displaystyle\sum_{n=0}^{\infty}\left(\dfrac{x}{2}\right)^n-\sum_{n=0}^{\infty}\left(\dfrac{x}{3}\right)^n$ \quad $(|x|<+\infty)$

B. $\displaystyle\sum_{n=0}^{\infty}\left(\dfrac{x}{2}\right)^n-\sum_{n=0}^{\infty}\left(\dfrac{x}{3}\right)^n$ \quad $(|x|<2)$

C. $\displaystyle\sum_{n=0}^{\infty}\dfrac{3^n-2^n}{6^n}x^n$ \quad $(|x|<3)$

D. $\displaystyle\sum_{n=0}^{\infty}\left(\dfrac{x}{2}\right)^n-\sum_{n=0}^{\infty}\left(\dfrac{x}{3}\right)^n$ $(|x|>2)$

10. 设 $f(x)$ 是周期为 2 的周期函数,在 $(-1,1)$ 上的表达式为 $f(x)=\begin{cases}-2, & -1<x\leqslant 0, \\ x^2, & 0<x\leqslant 1,\end{cases}$ 则 $f(x)$ 的傅里叶

级数在 $x=1$ 处收敛于(   ).

A. $-\dfrac{1}{2}$ B. $\dfrac{1}{2}$ C. $f(1)$ D. $f(x)$

（二）填空题

1. 已知级数 $\displaystyle\sum_{n=0}^{\infty} u_n$ 的部分和 $S(n)=\left(1+\dfrac{1}{n}\right)^n$，则 $\displaystyle\sum_{n=0}^{\infty} u_n=$ _____.

2. $\displaystyle\sum_{n=0}^{\infty}(\sqrt{n+1}-\sqrt{n})$ 的敛散性是 _____.

3. 级数 $\displaystyle\sum_{n=1}^{\infty}\cos n\pi$ 发散，因为 _____.

4. 级数 $\displaystyle\sum_{n=1}^{\infty}(-1)^{n-1}\dfrac{1}{n^p}$ 当 p _____ 时，级数条件收敛，当 p _____ 时，级数绝对收敛，当 p

_____ 时，级数发散.

5. $\displaystyle\sum_{n=1}^{\infty}\dfrac{1}{(2n)!}x^{2n}=$ _____.

6. $\displaystyle\sum_{n=1}^{\infty}\dfrac{5^n}{n^2}(x-1)^n$ 的收敛半径为 _____，收敛域为 _____.

（三）解答题

1. 判定下列级数的敛散性：

(1) $\displaystyle\sum_{n=1}^{\infty}\left(\dfrac{n}{n+1}\right)^n$；(2) $\displaystyle\sum_{n=1}^{\infty}\dfrac{1}{\sqrt{n}\cdot\sqrt{n^2+1}}$；(3) $\displaystyle\sum_{n=1}^{\infty}\dfrac{n^4}{4^n}$；(4) $\displaystyle\sum_{n=1}^{\infty}(-1)^n\dfrac{1}{\sqrt{n+1}}$.

2. 求下列级数的收敛域：

(1) $\displaystyle\sum_{n=0}^{\infty}10^n x^n$； (2) $\displaystyle\sum_{n=1}^{\infty}\dfrac{(n-3)x^n}{\sqrt{n}}$.

3. 求 $\displaystyle\sum_{n=1}^{\infty}\dfrac{x^{2n+1}}{2n}$ 的和函数及其收敛域.

4. 将 $f(x)=xe^{-x}$ 展开成 x 的幂级数.

5. 将 $f(x)=\dfrac{1}{x}$ 展开成 $x-3$ 的幂级数.

6. 将 $f(x)=\begin{cases}2x, & -\pi<x<0,\\ -x, & 0\leqslant x\leqslant\pi\end{cases}$ 展开成傅里叶级数.

第11章

线性代数

第12章
概率论与数理统计

附　　录

参考文献

［1］同济大学数学系.高等数学［M］.7 版.北京:高等教育出版社,2014.

［2］张天德,王玮.高等数学［M］.北京:人民邮电出版社,2020.

［3］吴赣昌.高等数学［M］.5 版.北京:中国人民大学出版社,2017.

［4］梁宗巨,王青建,孙宏安.世界数学通史:下册［M］.沈阳:辽宁教育出版社,2001.

［5］莫里斯·克莱因.古今数学思想:第二册［M］.朱学贤,等译.上海:上海科学技术出版社,2002.

［6］杜瑞芝.数学史辞典［M］.济南:山东教育出版社,1999.

［7］赵慕愚,肖良质.不求闻达、唯求真知的一生——美国物理学家吉布斯传略［J］.自然杂志,1985(6).

［8］孙庆华,包芳勋.吉布斯及其向量理论［J］.自然科学史研究,2008,27(1).

［9］杜正东,徐冰,何志蓉,等.常微分方程学习指导［M］.北京:科学出版社,2011.

［10］FINNEY WEIR GIORDAND.托马斯微积分［M］.10 版.叶其孝,王耀东,唐兢,译.北京:高等教育出版社,2003.

［11］M.R.施皮格尔.微积分［M］.施建兵,朱卓宇,冯玉英,等译.北京:科学出版社,2002.

［12］李有慧,黄毅蓉.高等数学［M］.3 版.北京:科学出版社,2019.

［13］龚飞兵.高等应用数学［M］.苏州:苏州大学出版社,2017.

［14］高伟,等.高等数学应用基础［M］.杭州:浙江大学出版社,2014.

［15］邱筝.高等数学［M］.苏州:苏州大学出版社,2005.

郑重声明

高等教育出版社依法对本书享有专有出版权。任何未经许可的复制、销售行为均违反《中华人民共和国著作权法》,其行为人将承担相应的民事责任和行政责任;构成犯罪的,将被依法追究刑事责任。为了维护市场秩序,保护读者的合法权益,避免读者误用盗版书造成不良后果,我社将配合行政执法部门和司法机关对违法犯罪的单位和个人进行严厉打击。社会各界人士如发现上述侵权行为,希望及时举报,我社将奖励举报有功人员。

反盗版举报电话　(010)58581999　58582371

反盗版举报邮箱　dd@hep.com.cn

通信地址　北京市西城区德外大街 4 号

　　　　　　高等教育出版社法律事务部

邮政编码　100120

读者意见反馈

为收集对教材的意见建议,进一步完善教材编写并做好服务工作,读者可将对本教材的意见建议通过如下渠道反馈至我社。

咨询电话　400-810-0598

反馈邮箱　gjdzfwb@pub.hep.cn

通信地址　北京市朝阳区惠新东街 4 号富盛大厦 1 座

　　　　　　高等教育出版社总编辑办公室

邮政编码　100029

资源服务提示

授课教师如需获得本书配套教辅资源,请登录"高等教育出版社产品信息检索系统"(http://xuanshu.hep.com.cn/)搜索本书并下载资源,首次使用本系统的用户,请先注册并进行教师资格认证。也可电邮至资源服务支持邮箱:mayzh@hep.com.cn,申请获得相关资源。

联系我们

高教社高职数学研讨群:498096900